U0296615

国家科学技术学术著作出版基金资助出版

# 页岩储层水平井多段多簇压裂理论

郭建春 等 著

科 学 出 版 社

北 京

# 内 容 简 介

本书在广泛调研国内外页岩储层水力压裂相关理论与技术的基础上，结合我国海相页岩储层的特殊性，对页岩储层可压性评价、支撑/自支撑裂缝导流能力测试、多段多簇压裂裂缝及施工参数优选、支撑剂输送和铺置优化，以及页岩水相自吸和返排机理等方面的理论和技术最新进展进行全面、系统的阐述。通过对这些内容的系统介绍，可以清晰地透视页岩储层压裂技术的关键，把握页岩压裂的来龙去脉，并展望未来的发展趋势。

本书适合非常规油气勘探开发的相关技术和管理人员，以及从事压裂相关工作的大专院校师生参考使用。

**图书在版编目（CIP）数据**

页岩储层水平井多段多簇压裂理论 / 郭建春等著. —北京：科学出版社，2020.08

ISBN 978-7-03-064059-8

Ⅰ. ①页… Ⅱ. ①郭… Ⅲ. ①油页岩－储集层－水平井－油层水力压裂－研究 Ⅳ. ①TE243 ②TE357.1

中国版本图书馆 CIP 数据核字（2019）第 296581 号

责任编辑：罗　莉 / 责任校对：彭　映
责任印制：罗　科 / 封面设计：墨创文化

**科 学 出 版 社** 出版
北京东黄城根北街 16 号
邮政编码：100717
http://www.sciencep.com
四川煤田地质制图印刷厂印刷
科学出版社发行　各地新华书店经销
\*
2020 年 08 月第 一 版　开本：787×1092　1/16
2020 年 08 月第一次印刷　印张：27
字数：637 260 字

定价：398.00 元
（如有印装质量问题，我社负责调换）

# 页岩储层水平井多段多簇压裂理论

## 作 者 名 单

郭建春　曾凡辉　张　涛

# 前　　言

页岩油气作为典型的非常规油气资源，是常规油气资源的重要接替。中国页岩油气资源丰富，勘探开发潜力巨大。水平井多段多簇射孔、大规模滑溜水、大排量施工以"打碎储层"形成裂缝网络为目标的压裂改造是页岩油气开发的核心技术。如何系统考虑页岩储层压裂前评估、压裂中参数优化以及压裂后返排协同优化是提高页岩油气开发效果亟待解决的难题。

本专著以页岩储层可压裂性、裂缝网络导流能力评价、裂缝网络参数、多段多簇裂缝竞争扩展、支撑剂输送以及压裂液自吸与返排优化作为主要内容。为了保证内容的完整性和系统性，第1章简要介绍页岩气资源概况、中国南方海相页岩储层特征以及页岩压裂技术发展现状；第2章在分析目前国内外页岩可压性评价方法不足的基础上，建立一套综合考虑岩石脆性、地应力和天然裂缝综合影响的可压裂性综合评价方法；第3章根据页岩储层压裂后裂缝的不同支撑模式，通过改进美国石油协会推荐的导流能力测试装置、方法和流程，系统测试页岩储层压裂后支撑剂支撑和自支撑裂缝导流能力；第4章首先建立统一的页岩气多尺度运移表观渗透率模型，结合无限大地层点源函数、镜像反映以及Newman积分原理，考虑缝网离散段相互干扰、流量非均匀分布特点，建立储层-缝网多尺度耦合的页岩压裂水平井非稳态产能模型，优化压裂裂缝参数；第5章综合考虑裂缝诱导应力、滤失诱导应力、裂缝内流体流动、井筒中流体流动以及多裂缝扩展准则等，通过建立水平井多裂缝扩展数学模型，系统研究多裂缝扩展形态、应力分布及流量分配等规律，优化页岩水平多分段多簇压裂施工参数；第6章通过设计和改进支撑剂在缝网中流动模拟装置，系统模拟清水和压裂液在裂缝中携砂运移和铺置规律，为确立合理的泵注参数提供依据；第7章则采用计算流体动力学方法，建立多种复杂裂缝形态下的支撑剂和压裂液两相流动数值模型，对支撑剂在复杂裂缝中输送机理和规律进行系统研究；第8章紧密围绕页岩水相自吸作用和返排机理，开展微观结构表征、自吸流动模型、工程影响分析等研究，进行工程尺度返排率预测分析、工程参数优化，并分析解释现场压裂井的自吸与返排特征。

本书出版得到国家杰出青年科学基金项目"低渗与致密油气藏压裂酸化"（编号：51525404）和国家科技重大专项"页岩气井体积压裂后返排制度研究"（编号：2016ZX05037-004）的联合资助。

本书的分工如下：第1章、第2章、第3章、第8章由郭建春教授撰写，第4章、第5章由曾凡辉副教授撰写，第6章、第7章由张涛副教授撰写，全书由郭建春教授统稿定稿。在本书的成书过程中，何颂根、马健、苟兴豪、张晗、龙川、黄超、许鑫等在技术研究、资料整理、绘图等方面付出了辛勤的劳动，作者在此表示特别的感谢。

鉴于作者知识水平和研究领域的局限，书中疏漏之处在所难免。敬请读者批评指正，作者衷心感谢。

# 目　　录

# 第1章　绪　　论

## 1.1　全球页岩气资源

### 1.1.1　页岩及页岩气

#### 1.1.1.1　页岩

页岩是指由粒径小于 0.0039mm 的碎屑、黏土、有机质等组成的，具页状或薄片状层理、容易碎裂的一类细粒沉积岩（表 1-1）。美国一般将粒径小于 0.0039mm 的细粒沉积岩统称为页岩[1]。

表 1-1　常用碎屑岩分类简表

| 颗粒粒径/mm | >2 | 2～0.0625 | 0.0625～0.0039 | <0.0039 | |
| --- | --- | --- | --- | --- | --- |
| | | | | 无纹层、无页理 | 有纹层、有页理 |
| 岩石类型 | 砾岩 | 砂岩 | 粉砂 | 泥岩 | 页岩 |

页岩在自然界分布广泛，沉积物中页岩约占 55%。常见的页岩类型有黑色页岩、碳质页岩、油页岩、硅质页岩、铁质页岩和钙质页岩等。

（1）黑色页岩：主要由有机质与分散状的黄铁矿、菱铁矿组成，有机质含量[①]为 3%～10% 或者更高。黑色页岩形成于有机质丰富而缺氧的闭塞海湾、潟湖、湖泊深水区、欠补偿盆地及深水陆棚等沉积环境中，是形成页岩气的主要岩石。在我国南方寒武系底部，发育了大套黑色页岩地层。黑色页岩的外观看起来与碳质页岩相似，区别是碳质页岩会染手，而黑色页岩不会。黑色页岩出露地表后，常因其中的黄铁矿风化成氧化铁而使岩石的表面、节理裂缝染成淡红色。

（2）碳质页岩：含有大量呈细分散状的碳化有机质，有机碳含量一般为 10%～20%，黑色，染手，灰分含量大于 30%，常含大量植物化石，是湖泊、沼泽环境下的产物，常见于煤层的顶板与底板。

（3）油页岩：是一种高灰分含量（>40%）的含可燃有机质的页岩，颜色以黑棕色、浅黄褐色等为主，一般来说，含有机质越多，其颜色越深。其特点是比一般的页岩轻，而且有弹性，易燃，并发出沥青味及流出油珠。油页岩属于页岩的范畴，但具有腐泥煤的特征，也有人称其为"高灰分的腐泥煤"。油页岩主要是在闭塞海湾或湖沼环境中由低等植物如藻类及浮游生物的遗体死亡后，在隔绝空气的还原条件下形成的，常与生油岩系或含煤岩系共生。它与煤的主要区别是灰分含量超过 40%，与碳质页岩的主要区别是含油率

---

①含量：本书含量无单独说明，均指质量分数。

大于 3.5%。油页岩经低温干馏可以得到页岩油。

（4）硅质页岩：一般页岩中的 $SiO_2$ 平均含量为 58%左右，硅质页岩中由于含有较多的玉髓、蛋白石等，$SiO_2$ 含量在 85%以上，并常保存有丰富的硅藻、海绵和放射虫化石，所以一般认为硅质页岩中的硅质来源与生物有关，有的也可能和海底喷发的火山灰有关。

（5）铁质页岩：含少量铁的氧化物、氢氧化物等，多呈红色或灰绿色，在红层和煤系地层中较常见。

（6）钙质页岩：含 $CaCO_3$，但不超过 25%。钙质页岩分布广，常见于陆相、过渡相的红色岩系中，也可见于海相的钙泥质岩系中。

此外，还有混入一定砂质成分的页岩，称为砂质页岩，砂质页岩根据所含的砂质颗粒大小，分为粉砂质页岩和砂质页岩两类。

页岩由碎屑矿物和黏土矿物组成，碎屑矿物包括石英、长石、方解石等，黏土矿物包括高岭石、蒙脱石、伊利石、水云母等。碎屑矿物和黏土矿物含量的不同是导致不同页岩差异明显的主要原因。富有机质页岩是形成页岩油气的主要岩石类型，主要包括碳质页岩和黑色页岩。富有机质页岩含有大量的有机质与细粒、分散状黄铁矿、菱铁矿等，有机质含量通常为 3%~15%或更高，常具极薄层理。

页岩形成于陆相、海相以及海陆过渡相沉积环境中，如前所述，黑色富有机质页岩主要形成于有机质丰富、缺氧的闭塞海湾、潟湖、湖泊深水区、欠补偿盆地及深水陆棚等沉积环境中；碳质页岩常与煤系伴生，一般出现在煤层顶、底板或者夹层中，以湖泊、沼泽沉积环境为主。石炭—二叠纪、三叠—侏罗纪和古近—新近纪是中国地质史上三次主要的成煤期，发育了多套与煤系伴生的碳质页岩。从震旦纪到中三叠纪，中国南方地区发育了广泛的海相沉积，分布面积达 200 余万平方千米，累计最大地层厚度超过 10km，形成了上震旦统（陡山沱组）、下寒武统、上奥陶统（五峰组）-下志留统（龙马溪组）、中泥盆统（罗富组）、下石炭统、下二叠统（栖霞组）、上二叠统（龙潭组和大隆组）、下三叠统（青龙组）8 套以黑色页岩为主体特点的烃源岩层系。晚古生代克拉通海陆交互及陆相煤系地层富含有机质泥页岩在华北地区、华南地区和准噶尔盆地分布广泛。

常规油气的勘探是以砂岩、碳酸盐岩以及火山岩等储层为目标，尽管所钻探的数百万口油气井大量钻遇了暗色有机质页岩层段，并且在其中发现了丰富的油气显示或工业油气流，但由于页岩基质孔隙度小于 10%、渗透率小于 1mD，因此储集有机质的页岩一直作为烃源岩层或阻挡油气运移的封盖层，只有小部分裂缝非常发育的储层被当作裂缝性油气藏开发。随着北美页岩气商业开发的成功，从页岩中发现了大量的天然气资源，人们逐渐认识到暗色富有机质页岩可以大量生气、储气，形成自生自储式天然气聚集。页岩中有机孔隙、粒间孔隙及颗粒孔隙等发育，可以有效储集油气，这成为油气勘探开发的新领域。与此同时，石英、长石、方解石等脆性矿物含量高的富有机质黑色页岩具有层理发育、易产生裂缝的特点，而其中的粉砂岩、砂岩等夹层能够有效改善页岩的储、渗能力，填充的天然裂缝在水力压裂作用下形成裂缝，从而大幅度地提高了页岩气井的产量。目前，富有机质页岩已成为全球油气勘探开发的重要目标，页岩气是天然气开发的重要领域。

### 1.1.1.2　页岩气

页岩气很早就被发现，但现代页岩气概念起源于 20 世纪 70 年代。1975 年以前是美国页岩气早期勘探开发阶段。1821 年由 William Hart 在纽约州 Canadaway Creek 附近完成了第一口泥盆系页岩气商业性钻探。直到 1975 年，美国的页岩气完成了从发现到工业化大规模生产的发展过程，在东肯塔基和西弗吉尼亚气田（泥盆系页岩）形成了当时世界上最大的天然气田。

Curtis[2] 对页岩气做了如下描述：页岩气系统本质上是连续类型的生物成因（或生物成因为主）、热成因或生物-热成因混合型天然气聚集，它具有普遍的天然气饱和度，并且聚集机理复杂，岩石学特征多变性显著，以及成藏过程中局域相对较短的烃类运移距离。页岩气可以在天然裂缝和粒间孔隙中以游离状态储集，也可以在干酪根和黏土表面吸附储集，甚至可以溶解于干酪根和沥青质中。张金川等[3] 认为页岩气是指主体位于暗色泥页岩或高碳泥页岩中，以吸附或游离状态为主要存在方式的天然气聚集。自 2004 年以来，国土资源部（现自然资源部）油气资源战略研究中心开展的页岩气资源调查评价工作，一直在不断界定和完善页岩气相关概念。2009～2013 年的页岩气资源调查评价及有利区优选工作中，在不断总结我国富有机质页岩类型、分布规律及页岩气富集特征的同时，页岩气的概念也在逐步清晰。页岩气是指生成并赋存于烃源岩层系内的天然气，为烃源岩层系内有机质经热演化或生物作用生成的油气滞留在烃源岩层系内而形成。其主要赋存方式为吸附、游离和溶解状态，主要成分为甲烷，并含有乙烷、丙烷、丁烷等多碳烃。

综合上述定义，本书将页岩气定义为：页岩气是以吸附态与游离态赋存于富有机质和纳米级孔径的页岩地层系统中的天然气。该页岩地层系统以页岩为主，可能含极少量粉砂岩、碳酸盐岩极薄夹层。

与常规及其他非常规天然气不同，页岩气具有独特的地质特征和开发特点。从储集特征、聚集机理、气藏特征和开发特点等方面，分别对常规天然气、页岩气、煤层气、致密气进行了总结（表 1-2）[4]。

**表 1-2　页岩气与常规及其他非常规天然气藏主要特征对比**

| 项目 | | 常规气 | 页岩气 | 煤层气 | 致密气 |
|---|---|---|---|---|---|
| 烃源岩条件 | | 富有机质黑色页岩、煤系地层等 | 富有机质黑色页岩（TOC>2%） | 煤岩（层） | 富有机质黑色页岩、煤系地层等 |
| 储集特征 | 岩性 | 砾岩、砂岩、碳酸盐岩、火山岩等 | 富有机质黑色页岩为主，可含粉砂岩、砂岩、碳酸盐岩等夹层 | 煤岩 | 富含石英的致密砂岩为主，及碳酸盐岩等 |
| | 岩石密度/(g/cm³) | 2.65～2.75 | 2.60 | 1.20～1.70 | 2.65 |
| | 孔隙类型 | 原生粒间孔、粒内溶孔、晶间孔、溶洞等为主，少量次生孔隙 | 基质孔隙（粒间孔、粒内溶孔、晶间孔）、有机质孔隙、微裂缝 | 基质孔、割理、裂缝等 | 残余粒间孔、粒内溶孔、高岭石晶间孔、杂基内微孔、裂缝等次生孔隙为主 |
| | 孔隙直径/nm | >1000 | 5～1000（平均 100） | 2～30 | $10～10^5$ |

续表

| | 项目 | 常规气 | 页岩气 | 煤层气 | 致密气 |
|---|---|---|---|---|---|
| 储集特征 | 孔隙结构 | 单孔隙结构为主 | 双重孔隙结构 | 双重孔隙结构 | 双重孔隙结构 |
| | 孔隙连通性 | 好或极好 | 极差或不连通 | 连通性好 | 差或不连通 |
| | 渗透率（覆压下）/mD | ＞0.1 | ＜100 | ＜100 | ≤0.1 |
| 聚集机理 | 源-储关系 | 外源，烃源岩与储集岩一般隔离较远，少数紧密接触或侧向接触 | 自源，自生自储、原位饱和富集，生-储-盖三位一体 | 自源，自生自储、原位饱和富集，生-储一体，泥、页岩为顶、底封盖条件 | 外源，源-储直接接触或紧密相邻，具有良好封盖层 |
| | 气体成因 | 多种成因 | 多种成因（热成因为主） | 生物成因与热成因 | 多种成因 |
| | 气体赋存方式 | 游离气为主（＞90%） | 游离气与吸附气并存，相对含量变化范围大 | 吸附气为主（＞90%） | 游离气为主 |
| | 圈闭类型 | 多种类型圈闭 | 无明显圈闭界限 | 无明显圈闭界限 | 非构造圈闭 |
| | 运移距离 | 较远 | 极短或无运移 | 极短或无运移 | 有远有近 |
| | 封盖条件 | 致密岩石盖层为主 | 富有机质黑色页岩 | 致密顶底板岩石 | 致密岩石或其他（如水）封盖 |
| 聚集特征 | 气体成分 | 甲烷为主（＞60%） | 甲烷为主（＞90%） | 甲烷为主（＞97%） | — |
| | 气-水关系 | 分异程度高 | 无水 | 分异程度低 | 分异程度低 |
| | 含水饱和度/% | 45～70 | ＜45 | ＞50 | 30～50 |
| | 束缚水饱和度/% | 高（45～70） | 低 | 高 | 中 |
| | 气藏压力 | 常压、超压或欠压 | 超压或常压 | 异常压力或常压 | 超压或欠压 |
| | 分布特征 | 正向构造单元为主 | 负向构造单元为主 | 陆相高等植物发育区 | 盆地中心或斜坡部位 |
| 开发特点 | 资源特征 | 以圈闭为单元 | 资源丰度较低，储量按井控区块计算 | 资源丰度较低，储量按井控区块计算 | 含气区块为单元 |
| | 开采范围 | 圈闭以内 | 较大面积连片 | 较大面积连片 | 致密岩性 |
| | 采收率/% | 75～90 | 10～35 | 10～15 | 15～50 |
| | 渗流特征 | 达西流为主 | 解吸、扩散等非达西流为主 | 解吸为主，非达西流 | 达西流为主 |
| | 是否排水降压 | 否 | 否 | 是 | 否 |
| | 井间距 | 一般较大 | 小 | 小 | 小 |
| | 产气曲线 | 下降型 | 由高至低，后期平稳时间长，无水 | 产气：低—高—低；产水：高—低—高 | 产气：低—高—低；产水：高—低—高 |
| | 有效厚度/m | 变化范围大 | ＞30 | ＞20 | 变化范围大 |
| | 开采工艺 | 直井为主 | 水平井、大型体积压裂 | 直井、水平井、压裂 | 直井、水平井、压裂 |

注：TOC，total organic carbon，总有机碳。

## 1.1.2　国外主要地区页岩气资源

页岩气开发具有开采寿命长和生产周期长的特点，大部分产气页岩分布范围广、厚度大，且普遍含气，使得页岩气井能够长期稳定产气。页岩气将烃源岩作为储集层，将常规意义上的"生、储、盖、圈"融为一体，极大地拓展了油气勘探的领域和范围。世界页岩气资源量巨大，随着页岩气勘探开发的进步，在北美地区掀起了一场页岩气的工业革命。在美国，页岩气被称为"游戏规则改变者"，意指它会给美国甚至全球的能源结构带来巨大的改变[5]。

世界页岩气的勘探开发历史悠久，从美国 1821 年第一口页岩气井商业开发至今已有近 200 年的历史，目前正迈入快速发展期。北美页岩气的发展尤其迅速，实现了高效经济、规模开发，成为北美天然气供应的重要来源，并引起全球天然气供应格局的重大变化。欧洲的德国、法国、英国、波兰、奥地利、瑞典，亚洲的中国、印度，大洋洲的澳大利亚、新西兰，南美洲的阿根廷、智利等国家都已充分认识到页岩气资源的价值和前景，开始进行页岩气基础理论研究、资源潜力评价、工业化开采实验等。

美国能源信息署（Energy Information Administration，EIA）[6]对世界上除美国以外的 32 个国家 48 个页岩气盆地的 70 个页岩层资源进行了评估，这些评估覆盖了所选择国家的最丰富的页岩气资源。根据地质资料分析，可在短期内获得的页岩气技术可采储量如表 1-3 所示。EIA 评估数据显示，当前全球拥有页岩气技术可采储量 $187.03 \times 10^{12} m^3$，其中北美地区拥有 $54.65 \times 10^{12} m^3$，位居第一；亚洲拥有 $39.31 \times 10^{12} m^3$，位居第二；非洲拥有 $29.49 \times 10^{12} m^3$，位居第三；欧洲拥有 $18.08 \times 10^{12} m^3$，位居第四。全球其他地区拥有 $45.51 \times 10^{12} m^3$。在 EIA 的本次评估中，中国页岩气技术可采储量为 $36.08 \times 10^{12} m^3$，位居世界第一，远远高出美国 $24.39 \times 10^{12} m^3$ 的技术可采储量。

表 1-3　世界各地区及国家的页岩气资源量预测表

| 地区和国家 | | 页岩气技术可采储量 $/(\times 10^8 m^3)$ | 地区和国家 | | 页岩气技术可采储量 $/(\times 10^8 m^3)$ |
|---|---|---|---|---|---|
| 欧洲 | 法国 | 50940 | 北美洲 | 美国 | 243946 |
| | 德国 | 2264 | | 加拿大 | 109804 |
| | 荷兰 | 4811 | | 墨西哥 | 192723 |
| | 挪威 | 23489 | 南美洲 | 委内瑞拉 | 3113 |
| | 英国 | 5660 | | 哥伦比亚 | 5377 |
| | 丹麦 | 6509 | | 阿根廷 | 219042 |
| | 瑞典 | 11603 | | 巴西 | 63958 |
| | 波兰 | 52921 | | 智利 | 18112 |
| | 土耳其 | 4245 | | 乌拉圭 | 5943 |
| | 乌克兰 | 11886 | | 巴拉圭 | 17546 |
| | 立陶宛 | 1132 | | 玻利维亚 | 13584 |
| | 其他 | 5377 | 大洋洲 | 澳大利亚 | 112068 |

续表

| 地区和国家 | | 页岩气技术可采储量 /($\times 10^8 \text{m}^3$) | 地区和国家 | | 页岩气技术可采储量 /($\times 10^8 \text{m}^3$) |
|---|---|---|---|---|---|
| 亚洲 | 中国 | 360825 | 非洲 | 阿尔及利亚 | 65373 |
| | 印度 | 17829 | | 摩洛哥 | 3113 |
| | 巴基斯坦 | 14433 | | 西撒哈拉 | 1981 |
| 非洲 | 南非 | 137255 | | 毛里塔尼亚 | |
| | 利比亚 | 82070 | 以上数据合计 | | 1874026 |
| | 突尼斯 | 5094 | | | |

#### 1.1.2.1 美国页岩气资源

美国是世界上页岩气勘探开发最成功的国家,已经在 20 多个盆地开展了页岩气勘探开发工作,并对其他盆地进行了资源前景调查,目前已经确定有 50 多个盆地具有页岩气资源前景,本土 48 个州的页岩气可采储量为（15～30）$\times 10^{12}\text{m}^3$。

随着新的含气区带的不断发现、更密集的开发井钻探以及开采理论与技术的进步,美国页岩气探明储量也在不断增加,2007 年美国本土 48 个州的页岩气探明可采储量为 $6151 \times 10^8\text{m}^3$,2008 年为 $9290 \times 10^8\text{m}^3$,增加了 $3139 \times 10^8\text{m}^3$,增加 51%。美国目前投入规模开发的页岩主要有巴尼特（Barnett）、马塞勒斯（Marcellus）、费耶特维尔（Fayetteville）、海恩斯维尔（Haynesville）、伍德福德（Woodford）、刘易斯（Lewis）、安特里姆（Antrim）、新奥尔巴尼（New Albany）等,页岩气主要产于中上泥盆统、密西西比系、侏罗系和白垩系地层。其中以巴尼特页岩为主要产层的纽瓦克东部（Newark East）页岩气田成为美国页岩气产量最大的气田。

#### 1.1.2.2 加拿大页岩气资源

加拿大是继美国之后第二个实现页岩气商业开发的国家。加拿大页岩气资源主要分布在西加拿大盆地的几个主要产气区,包括西部不列颠哥伦比亚省、艾伯塔省、萨斯喀彻温省以及东部的安大略省、魁北克省等地区,代表性的页岩包括霍恩河（Horn River）、蒙特尼（Montney）、科罗拉多（Colorado）、尤蒂卡（Utica）、霍顿角（Horton Bluff）等 5 个区块。

加拿大的页岩气勘探开发起步较晚,从 2000 年开始加强了重点针对 11 个盆地（地区）的页岩气研究,涉及地层包括古生界（寒武系、奥陶系、泥盆系等）和中生界（三叠系至白垩系）,目前已有越来越多的石油勘探公司把注意力集中到页岩气上来。美国天然气技术研究所（Gas Technology Institute,GTI）预测艾伯塔盆地页岩气地质资源量约为 $24.4 \times 10^{12}\text{m}^3$,而全加拿大页岩气资源量超过了 $28.3 \times 10^{12}\text{m}^3$。加拿大非常规天然气协会（Canadian Society for Unconventional Gas,CSUG）最新预测,整个加拿大地区页岩气资源量为 $31.5 \times 10^{12}\text{m}^3$。

#### 1.1.2.3 欧洲页岩气资源

2007 年，在德国波茨坦地球科学国家研究中心成立了欧洲第一个专门页岩气研究机构。并在 2009 年，启动了欧洲页岩气项目，邀请了超过 30 家公司、大学、科研院所以及地调单位参加，计划花费 6 年时间通过收集欧洲各个地区的页岩样品以及测井、试井和地震资料数据建立欧洲的黑色页岩数据库，并与美国的含气页岩进行对比分析，形成页岩气成藏体系模型，从而进一步对欧洲页岩气盆地进行优选。

欧洲页岩气主要分布在波兰、法国、挪威、瑞典、乌克兰、丹麦等国，据 EIA 预测，欧洲页岩气技术可采资源量为 $18.08 \times 10^{12} m^3$，其中，以波兰和法国最多，分别为 $5.3 \times 10^{12} m^3$ 和 $5.1 \times 10^{12} m^3$。欧洲目前多个盆地正在开展页岩气勘查，其中以波兰的志留系（Silurian）页岩、瑞典的阿勒姆（Alum）页岩以及奥地利的米库洛夫（Mikulov）页岩进展最快[7]。据初步估算[8]，这三个盆地的页岩气资源量为 $30 \times 10^{12} m^3$，可采资源为 $4 \times 10^{12} m^3$。

### 1.1.3 中国页岩气资源

中国陆域地区自前寒武纪到新近纪发育了丰富的富有机质页岩，分别形成于海相、海陆过渡相和陆相三大沉积环境[9]（表 1-4）。海相富有机质页岩主要分布在南方、华北、塔里木盆地等地区的前古生界—古生界。在南方地区有上震旦统陡山沱组、下寒武统筇竹寺组（牛蹄塘组、水井坨组、荷塘组等）、上奥陶统五峰组—下志留统龙马溪组、中—上泥盆统印塘组—罗富组和下石炭统旧司组等，以及与上述层组相当层系；华北地区有上元古界串岭沟组、洪水庄组、下马岭组、中奥陶统平凉组等，以及与上述层组相当层系；塔里木盆地主要为下寒武统玉尔吐斯组、中—上奥陶统萨尔干组与印干组等。海陆过渡相富有机质页岩分布于南方、华北等地区，南方地区为二叠系的梁山组、龙潭组及其相当层组，华北地区为石炭系—二叠系的本溪组、太原组、山西组及其相当层组。陆相富有机质页岩在南方地区以四川盆地的上三叠统须家河组，中—下侏罗统沙溪庙组、自流井组为主，在西部地区以二叠系的佳木河组、风城组和下乌尔禾组，上三叠统黄山街组，侏罗系八道湾组、三工河组、西山窑组、阳霞组、克孜勒努尔组为主，在鄂尔多斯盆地以上三叠统延长组（长 7 段、长 9 段）为主，在渤海湾盆地以古近系沙河街组、孔店组为主[10]（表 1-5）。

**表 1-4 中国三种主要富有机质页岩沉积类型与分布**

| 沉积类型 | 地区和地层分布 |
| --- | --- |
| 海相页岩 | 四川盆地震旦系—志留系，扬子地区震旦系、寒武系、奥陶系—志留系，华北地区元古界—古生界，塔里木盆地寒武系—奥陶系，羌塘盆地三叠系—侏罗系 |
| 陆相页岩 | 四川盆地三叠系—侏罗系，鄂尔多斯盆地三叠系，渤海湾盆地古近系，松辽盆地白垩系，塔里木盆地三叠系—侏罗系，准噶尔盆地-吐哈盆地侏罗系，柴达木盆地古近系—新近系 |
| 海陆过渡相页岩 | 中国南方地区二叠系，华北地区石炭系—二叠系，鄂尔多斯盆地石炭系—二叠系，塔里木盆地石炭系—二叠系，准噶尔盆地石炭系—二叠系 |

表 1-5 中国陆上主要含油气盆地（区）富有机质页岩

| 界 | 系 | 统 | 松辽盆地 | 渤海湾盆地（华北地区） | 鄂尔多斯盆地 | 四川盆地 | 南方及其他地区 | 柴达木盆地 | 准噶尔-吐哈盆地 | 塔里木盆地 |
|---|---|---|---|---|---|---|---|---|---|---|
| 新生界 | 古近系 | 渐新统 | | 东营组 $E_3d$ | | | | | | |
| | | 始新统 | | 沙河街组 $E_2s_3$ | | | | | | |
| | | | | 沙河街组 $E_2s_4$ | | | | | | |
| | | 古新统 | | 孔店组 $E_1k$ | | | | | | |
| 中生界 | 白垩系 | 上统 | 嫩江组 $K_2n$ | | | | | | | |
| | | | 青山口组 $K_2qv_1$ | | | | | | | |
| | | 下统 | 泉头组 $K_1q$ | | | | | | | |
| | | | 营城组 $K_1y$ | | | | | | | |
| | | | 沙河子组 $K_4y$ | | | | | | | |
| | | | 火石岭组 $K_1h$ | | | | | | | |
| | 侏罗系 | 中统 | | | | 沙溪庙组 $J_2s$ | | 大煤沟组 $J_2d$ | 西山窑组 $J_2x$ | 恰克马克组 $J_2qk$ 克孜勒努尔组 $J_2kz$ |
| | | 下统 | | | | 白流井组 $J_1s$ | | 湖西山组 $J_1h$ | 三工河组 $J_1s$ 八道湾组 $J_1b$ | 阳霞组 $J_1y$ |
| | 三叠系 | 上统 | | | 延长组长7$T_3ych$ 延长组长9$T_3ych$ | 顾家河组 $T_3x_{1\text{-}2\text{-}3}$ | | | 百碱滩组 $T_3b$ | 塔里奇克组 $T_3t$ 黄山街组 $T_3h$ |
| 上古生界 | 二叠系 | 上统 | | | | 龙潭组 $P_1l$ | 龙潭组 $P_1l$ | | | |
| | | 中统 | | 山西组 $P_2s$ | 山西组 $P_2s$ | | | | 下乌尔禾组 $P_2w$（平地泉-芦草沟组 $P_2p\text{-}l$） | |
| | | 下统 | | 太原组 $P_1t$ | 太原组 $P_1t$ | | | | 风城组 $P_1f$ 佳木河组 $P_1j$ | |
| | 石炭系 | 上统 | | 本溪组 $C_2b$ | 本溪组 $C_2b$ | | | 克鲁克组 $C_2k$ | 滴水泉-巴山组 $C_1d\text{-}C_2b$ | |
| | | 下统 | | | | | 旧司组 $C_1j$ 大塘组 $C_1d$ | | | |
| | 泥盆系 | 中统 | | | | | 罗富组 $D_2j$ 应堂组 $D_2y$ | | | |
| 下古生界 | 志留系 | 下统 | | | | 龙马溪组 $S_1l$ | 龙马溪组 $S_3j$ | | | |
| | 奥陶系 | 上统 | | | | 五峰组 $O_3w$ | 五峰组 $O_3w$ | | | 印干组 $O_3y$ |
| | | 中统 | | | 平凉组 $O_2p$ | | | | | 萨尔干组 $O_{1\text{-}2}s$ |
| | | 下统 | | | | | | | | 黑十凹组 $O_{1\text{-}2}h$ |
| | 寒武系 | 下统 | | | | 筇竹寺组 $€_1q$ | 筇竹寺组 $€_1q$ | | | 玉尔吐斯组 $€_1y$ |
| 元古界 | 震旦系 | 新元古界 | | | | 陡山沱组 $Z_2d$ | 陡山沱组 $Z_2d$ | | | |
| | 待建系 | 中元古界 | | 下马岭组 $Pt xm$ | | | | | | |
| | 蓟县系 | | | 洪水庄组 $Pt Jxhs$ | | | | | | |
| | 长城系 | 古元古界 | | 串岭沟组 $Pt Chch$ | | | | | | |

陆相　　海陆过渡相　　海相

与北美相比，中国富有机质页岩的形成与分布条件非常复杂，具有"一深二杂三多"特点[11]。"一深"是中国富有机质页岩埋藏深，据统计埋深超过 3500m 的页岩约占 65%。"二杂"是页岩演化历史复杂、地表条件复杂。演化历史复杂体现在演化时间长、经历期次多、改造强度大，其中热成熟度高低差异大、南方地区海相页岩改造程度大。地表条件复杂是南方及中西部地区以山地、戈壁、沙漠等地貌为主。"三多"指页岩类型多、分布时代多、页岩气成藏及富集控制因素多。

2009 年以来，国内外不同机构对中国页岩气资源潜力做了大量预测（表 1-6）。预测显示中国页岩气资源丰富，其中地质资源量为（30～166）$\times 10^{12}$m$^3$，技术可采资源量为（10～45）$\times 10^{12}$m$^3$，业内对国土资源部 2012 年的调查结果认同度较高。

表 1-6　中国陆上页岩气资源量预测统计

| 年份 | 预测机构 | 预测范围 | 地质资源量/($\times 10^{12}$m$^3$) | | 技术可采资源量/($\times 10^{12}$m$^3$) | |
| --- | --- | --- | --- | --- | --- | --- |
| | | | 区间值 | 期望值 | 区间值 | 期望值 |
| 2009 | 中国石油勘探开发研究院[12] | 中国陆上 | 86～166 | 100 | 15～32 | 20 |
| 2010 | 中国石油勘探开发研究院 | 中国陆上 | | | 15.1～33.7 | 24.5 |
| 2010 | 中国石油勘探开发研究院[13] | 中国陆上 | 30～100 | 50 | 10～15 | |
| 2011 | 中国石油勘探开发研究院[14] | 中国陆上 | | | 21.4～45 | 30.7 |
| 2011 | 中国地质大学（北京） | 中国陆上 | | | 15～30 | 26.5 |
| 2011 | 国土资源部油气战略中心[15] | 中国陆上 | | | | 31 |
| 2011 | 美国能源信息署（EIA）[6] | 四川盆地、塔里木盆地 | | 144.4 | | 36.1 |
| 2011 | 中国石油勘探开发研究院[16] | 中国陆上 | | | | 15.2 |
| 2012 | 中国工程院[16] | 中国陆上 | | 83.3 | | 11 |
| 2012 | 国土资源部油气战略中心[17] | 中国陆上 | | 134.42 | | 25.08 |
| 2013 | 美国能源信息署（EIA）[18] | 四川盆地、塔里木盆地 | | 134.3 | | 31.58 |

通过对全国 4 个大区的 41 个盆地和地区、87 个评价单元、57 个含气页岩层系的系统评价，得到全国页岩气技术可采资源量为 25.08$\times 10^{12}$m$^3$（不含青藏区）。其中，上扬子及滇黔桂区 9.94$\times 10^{12}$m$^3$，占全国总量的 39.63%；华北及东北区 6.69$\times 10^{12}$m$^3$，占全国总量的 26.68%；中下扬子及东南区 4.64$\times 10^{12}$m$^3$，占全国总量的 18.50%；西北区 3.81$\times 10^{12}$m$^3$，占全国总量的 15.19%[19, 20]。

中国海相页岩气资源：

（1）上扬子及滇黔桂牛蹄塘组。上扬子及滇黔桂牛蹄塘组含气页岩层段厚度高值区有 4 个，即：川南-黔中，以宜宾-长宁为中心，从威远至自贡、泸州、金沙岩孔，贵阳一带的有效厚度一般大于 60m，形成的范围主要走向是北西向；川东-大巴山，该区有效厚度自盆地向造山带逐渐变厚，主要是渐变的趋势；鄂西渝东，该区有效厚度大于 60m 的区域向东增厚，形成了以咸 2 井至铜仁北的沉积中心；黔东南，黔山 1 井至铜仁南形成一个厚度大于 60m 的中心。

（2）上扬子龙马溪组。上扬子志留系页岩气有利区 5 个，主要发育于上奥陶统五峰组—下志留统龙马溪组，累计面积 74328km²，主要分布在川南、川东、渝东南、湘鄂西、黔北、大巴山前缘。打屋坝组等富有机质页岩主要分布在贵州南部、西部和桂中地区，优选出 3 个页岩气有利区，面积合计为 7549km²。

# 1.2　中国南方海相页岩储层特征

海洋环境是富有机质页岩沉积的主要环境之一。由于海洋面积广阔，环境多变，条件复杂，致使在不同的海洋环境中沉积作用差异巨大。现代形成富有机质页岩的海洋环境包括：①具上升洋流大陆边缘浅海环境；②正常大陆边缘浅海环境；③缺氧的分隔盆地；④局限海湾环境。中国南方海相页岩具有以下地质特征[21]：

（1）页岩埋藏较深。下寒武统筇竹寺组、上奥陶统五峰组—下志留统龙马溪组海相页岩比北美地区大多数页岩沉积年代更为古老，因而页岩地层埋深普遍较大，只有盆地内局部隆起区和盆地边缘地带埋藏较浅。以筇竹寺组页岩为例，盆地边缘埋深 2000m 左右，盆地内部埋深大于 8000m。埋深大不仅增加了开发的难度和风险，对开发工艺提出了更高的要求，而且随着深度的增加地层压力变大，页岩气资源丰度显著提高。

（2）页岩构造复杂，断裂发育。古生界两套富有机质页岩沉积以后，经历了中生代—新生代一系列的构造演化，对页岩气的保存产生重要影响。构造运动在改造盆地形态的同时会形成天然裂缝系统。天然裂缝能提高富有机质页岩的渗流能力，是页岩气从基质孔隙流向井底的重要通道之一，同时也是页岩气体积压裂形成复杂缝网系统的必要条件。

（3）南方海相页岩气多位于盆地边缘埋深相对较浅的区域，这些区域以山地和丘陵为主，沟壑纵横。崎岖的地表环境，脆弱的生态条件，给井场、管道建设和压裂施工带来困难，增加了页岩气整体开发的难度。

中国海相富有机质页岩分布于南方地区古生界（表 1-7），勘探及研究证实，南方尤其是四川盆地，海相页岩分布稳定、优质页岩厚度大、TOC 含量高、有机质类型好（以Ⅰ-Ⅱ型为主）、热演化为原油热裂解成气阶段、页岩储层有机质孔隙发育，石英等脆性矿物含量高，在四川盆地及邻区筇竹寺组、五峰组—龙马溪组发现了页岩气，尤其是在五峰组—龙马溪组实现了页岩气工业化开发（表 1-8）。因此，中国南方海相页岩储层特征研究主要以五峰组—龙马溪组页岩为例，分析页岩组分特征、物性特征、力学特征、润湿性特征以及流体特征等。

表 1-7　中国海相富有机质页岩基本特征

| 地区 | 页岩名称 | 页岩面积/km² | 页岩厚度/m | TOC/% | 有机质类型 | 热成熟度/% | 脆性矿物含量/% | 黏土矿物含量/% |
|---|---|---|---|---|---|---|---|---|
| 华北地区 | 下马岭组 | >20000 | 50~170 | 0.85~24.3 5.14 | Ⅰ | 0.6~1.65 | 45~67 | 23~34 |

续表

| 地区 | 页岩名称 | 页岩面积/km² | 页岩厚度/m | TOC/% | 有机质类型 | 热成熟度/% | 脆性矿物含量/% | 黏土矿物含量/% |
|---|---|---|---|---|---|---|---|---|
| 华北地区 | 洪水庄组 | >20000 | 40~100 | 0.95~12.83 | I | 1.1 | 43~60 | 25~40 |
| | | | | 2.84 | | | | |
| | 平凉组 | 15000 | 50~392 | 0.1~2.17 | I-II | 0.57~1.5 | 31~68 | 23~45 |
| | | | 162 | 0.4 | | | | |
| 四川盆地及南方地区 | 陡山沱组 | 290325 | 10~233 | 0.58~12 | I | 2.0~4.5 | 29~56 | 25~42 |
| | | | 60 | 2.02 | | | | |
| | 筇竹寺组 | 873555 | 20~465 | 0.35~22.15 | I | 1.28~5.2 | 28~78 | 8~47 |
| | | | 225 | 3.44 | | | | |
| | 五峰组—龙马溪组 | 389840 | 23~847 | 0.41~25.73 | I-II | 1.6~3.6 | 21~44 | 10~65 |
| | | | 226 | 2.57 | | | | |
| | 应堂组—罗富组 | 236355 | 50~1113 | 0.53~12.1 | I-II | 0.99~2.03 | 32~74 | 21~57 |
| | | | 425 | 2.36 | | | | 43 |
| | 旧司组 | 97125 | 20~500 | 0.61~15.9 | I-II | 1.34~2.22 | 18~43 | 51~82 |
| | | | 250 | 3.07 | | | | 68 |
| 塔里木盆地 | 玉尔吐斯组 | 130208 | 0~200 | 0.5~14.21 | I-II | 1.2~5.0 | 55~82 | 4~44 |
| | | | 80 | 2.0 | | | | |
| | 萨尔干组 | 101125 | 0~160 | 0.61~4.65 | I-II | 1.2~4.6 | 54~86 | 14~45 |
| | | | 80 | 2.86 | | | | |
| | 印干组 | 99178 | 0~120 | 0.5~4.4 | I-II | 0.8~3.4 | 32~57 | 24~36 |
| | | | 40 | 1.5 | | | | |

## 1.2.1 组分特征

页岩组分主要由有机质组分和无机质组分组成。页岩气储层中含有大量的有机质,其干酪根类型、丰度和成熟度对页岩气资源量有重要影响[22],有机质丰度反映烃源岩中有机质的数量特征,是形成油气的物质基础,是评价烃源岩的基础指标[23,24]。烃源岩有机质丰度常以总有机碳含量、氯仿可溶有机质(A)和总烃(HC)含量来表达,其中总有机碳是控制后两者的参数,也是油气资源评价的基本参数[25]。在页岩的有机质丰度评价中,总有机碳是最常用的指标。而无机质组分主要分为全岩矿物组分和黏土矿物组分。

### 1.2.1.1 有机质组分特征

**1. 有机碳含量(TOC)**

页岩有机质含量差异较大,但总体呈现上部含量低、下部含量高的特征,局部差异性大,反映出较强的非均质性(图 1-1)。

**表 1-8 五峰组—龙马溪组与北美页岩气层地质特征对比**

| 地区 | 盆地 | 区块 | 层位 | 埋深/m | 有利区面积/km² | 可采储量/(×10⁸m³) | 厚度/m | TOC/% | $R_o$/% | 有机质类型 | 孔隙度/% | 渗透率/(×10⁻³μm²) | 含气量/(m³/t) | 岩石矿物组成/% | 泊松比 | 杨氏模量/(×10⁴MPa) |
|---|---|---|---|---|---|---|---|---|---|---|---|---|---|---|---|---|
| 中国 | 四川 | 威远 | 上奥陶统—下志留统 五峰组—龙马溪组 | 1300~3700 | 2800 | 2500 | 45 | 2.70 | 2.70 | 腐泥型、偏腐泥混合型 | 5.3 | 42 | 2.92 | 脆性矿物 66.4 黏土 33.6 | 0.18~0.21 | 1.33~2.1 |
| | | 富顺—永川 | 上奥陶统—下志留统 五峰组—龙马溪组 | 3200~4500+ | 13500 | 26000 | 80 | 3.80 | 3.00 | 腐泥型、偏腐泥混合型 | 4.2 | 233 | 3.50 | 脆性矿物 61.3 黏土 38.7 | 0.23~0.28 | 2.3~3.1 |
| | | 长宁 | 上奥陶统—下志留统 五峰组—龙马溪组 | 2000~4500 | 4300 | 5500 | 60 | 3.45 | 2.95 | 腐泥型、偏腐泥混合型 | 5.4 | 290 | 4.10 | 脆性矿物 69.5 黏土 30.5 | 0.18~0.25 | 2.07~2.5 |
| | | 昭通 | 上奥陶统—下志留统 五峰组—龙马溪组 | 900~2200 | 1500 | 1100 | 38 | 3.20 | 2.95 | 腐泥型、偏腐泥混合型 | 5.0 | 190 | 2.30 | 脆性矿物 68.0 黏土 32.0 | 0.19~0.22 | 1.07~269 |
| | | 焦石坝 | 上奥陶统—下志留统 五峰组—龙马溪组 | 2100~3500 | 545 | 809 | 40 | 3.50 | 2.60 | 腐泥型、偏腐泥混合型 | 6.2 | 348 | 6.10 | 脆性矿物 67.0 黏土 31.4 | 0.20~0.30 | 2.5~4.0 |
| 美国 | 得克萨斯州 | 墨西哥湾沿岸盆地 | 白垩系鹰滩组 | 1120~4270 | 3000 | 5900 | 61 | 2.76 | 1.20 | 偏腐泥混合型 | 9.0 | 1000 | 2.8~5.7 | 脆性矿物 45~65 黏土 35~55 | 0.20~0.30 | 1.3~3.5 |
| | | 沃斯堡盆地 | 石炭系巴尼特组 | 1980~2590 | 13000 | 12461 | 90 | 3.74 | 1.60 | 偏腐泥混合型 | 5.0 | 50 | 8.5~9.9 | 脆性矿物 40~60 黏土 40~60 | 0.12~0.22 | 1.37~2.12 |

续表

| 地区 | 主要页岩地层 | | | 埋深/m | 有利区面积/km² | 可采储量/(×10⁸m³) | 富有机质页岩地球化学参数 | | | | 物性参数 | | | | 脆性参数 | |
| --- | --- | --- | --- | --- | --- | --- | --- | --- | --- | --- | --- | --- | --- | --- | --- | --- |
| | 盆地 | 区块 | 层位 | | | | 厚度/m | TOC/% | $R_o$/% | 有机质类型 | 孔隙度/% | 渗透率/(×10⁻³μm²) | 含气量/(m³/t) | 岩石矿物组成/% | 泊松比 | 杨氏模量/(×10⁴MPa) |
| 美国 | 路易斯安那州北部 | 盐盆地 | 侏罗系海恩斯维尔 | 3200~4200 | 23000 | 71083 | 80 | 3.01 | 1.50 | 腐泥型、偏腐泥混合型 | 8.3 | 350 | 2.8~9.3 | 脆性矿物35~65；黏土35~65 | 0.24 | 1.4~3.5 |
| | 阿肯色州 | 阿科马盆地 | 石炭系费耶特维尔 | 305~2134 | 23000 | 11781 | 40 | 3.77 | 2.50 | 腐泥型、偏腐泥混合型 | 6.0 | 50 | 1.7~2.6 | 脆性矿物40~70；黏土30~60 | 0.23 | 1.4~3.2 |
| | 俄克拉荷马州 | 阿纳达科盆地 | 泥盆系伍德福德 | 1829~3353 | 29000 | 3228 | 48 | 5.34 | 1.50 | 腐泥型、偏腐泥混合型 | 5.0 | 50 | 5.6~8.5 | 脆性矿物50~75；黏土25~50 | 0.10~0.25 | 1.2~2.4 |
| 加拿大 | 西加 | 西加拿大盆地 | 三叠系蒙特尼 | 900~2740 | 142000 | 13875 | 105 | 2.79 | 1.50 | 腐泥型、偏腐泥混合型 | 5.0 | 30 | 1.1~3.2 | 脆性矿物45~70；黏土30~55 | 0.10~0.23 | 2.4~3.8 |

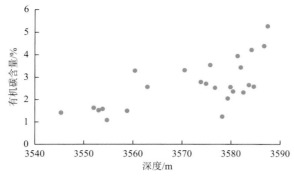

图 1-1　有机碳含量测试结果

**2. 有机质类型**

有机质中干酪根占绝大部分，因此干酪根类型也被看作有机质类型。据干酪根元素组成不同可划分为如下三种类型[26]。

Ⅰ型干酪根：具有高 H/C 原子比（≥1.5）和低的 O/C 原子比（一般<0.1），主要以脂族链组成，芳香核及杂原子化合物少。Ⅱ型干酪根：具有较高 H/C 原子比（1～1.5）比及较低的 O/C 原子比（0.1～0.2），其结构以中等长度的脂族链化合物及脂环化合物为主，较Ⅰ型干酪根芳香结构和含氧官能团增多。Ⅲ型干酪根：具有较低的 H/C 原子比（一般<1.0）和较高的 O/C 原子比（0.2～0.3），具有芳基结构和含氧官能团丰富、饱和链经少等结构特征。

据生物来源法可将有机质类型划分为腐泥型和腐殖型，腐泥型形成于滞水盆地，以水生浮游生物为主，H/C 原子比高、O/C 原子比低，有机质类型好；腐殖型是由高等植物沉积转化而来，H/C 原子比低、O/C 原子比高。

某井段干酪根类型测试结果如表 1-9 所示。

**表 1-9　干酪根类型测试结果**

| 井段/m | 腐泥组 | | 壳质组 | 镜质组 | | 干酪根 | |
| --- | --- | --- | --- | --- | --- | --- | --- |
| | 腐泥无定形占比% | 藻类体占比% | 壳质碎屑体占比% | 结构镜质体占比% | 无结构镜质体占比% | 指数 | 类型 |
| 3526.95～3527.12 | 99.31 | 0.23 | | | 0.46 | 99.86 | Ⅰ |
| 3541.02～3541.21 | 97.70 | 0.46 | 0.23 | | 1.61 | 99.08 | Ⅰ |
| 3556.73～3556.92 | 98.85 | 0.23 | | 0.23 | 0.69 | 99.54 | Ⅰ |
| 3568.54～3568.74 | 75.25 | 0.49 | | 2.45 | 21.81 | 87.87 | Ⅰ |
| 3587.21～3587.38 | 56.43 | | | 1.17 | 42.40 | 78.22 | Ⅱ |

**3. 有机质成熟度**

成熟度是衡量有机质向油气转换的关键指标，而镜质体反射率（$R_o$）是目前应用最广泛、最权威的成熟度指标。测试结果表明（表 1-10），页岩干酪根演化适中，$R_o$ 为 2.11%～3.37%，平均为 2.74%，处于高—过成熟阶段，以生成干气为主。

**表 1-10　镜质体反射率测试结果**

| 井段/m | $R_o$ 分布范围/% | 室温/℃ |
| --- | --- | --- |
| 3541.02～3541.21 | 2.97～3.37 | 20 |

| 井段/m | $R_o$ 分布范围/% | 室温/℃ |
|---|---|---|
| 3568.54~3568.74 | 2.11~2.93 | 20 |
| 3587.21~3587.38 | 2.30~3.34 | 20 |

#### 1.2.1.2　无机质组分特征

运用 X 射线衍射仪（X-ray diffraction，XRD）测定目标页岩的全岩矿物组分和黏土矿物组分（图 1-2、图 1-3）。该页岩各矿物组分平均含量为：石英 34.99%、方解石 16.18%、白云石 12.92%、黏土 27.39%、长石 5.79%、黄铁矿 2.73%。矿物组分以石英、碳酸盐矿物、黏土为主，该三类主要组分含量大体相当。

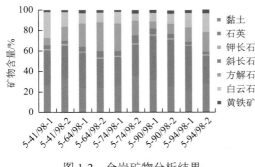

图 1-2　全岩矿物分析结果

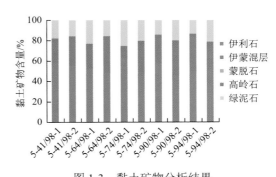

图 1-3　黏土矿物分析结果

黏土矿物各组分平均含量为：伊利石 52.84%、伊蒙混层 23.89%、绿泥石 18.62%、高岭石 4.54%。黏土矿物以伊利石为主，其次为伊蒙混层和绿泥石，不含蒙脱石。

统计分析国内外页岩全岩矿物含量，可以发现相对于砂岩和碳酸盐岩，页岩的组分更为复杂，除有机孔含量高以外，另一大突出特征就是黏土含量高。如图 1-4 所示，页岩黏土矿物含量一般为 10%~50%。

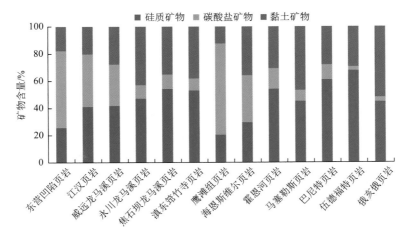

图 1-4　国内外典型页岩矿物组分[27-30]

中国南方海相页岩组分特征表现为富含有机质，高成熟度，且干酪根类型大多以Ⅰ型（腐泥型）干酪根为主，Ⅱ型（腐泥-腐殖混合型）次之，也见Ⅲ型（腐殖型）干酪根。无机质组分由常见的黏土矿物（伊利石、蒙脱石和高岭石）混杂石英、长石、方解石、白云石、云母、黄铁矿等碎屑矿物和自生矿物组成，呈现多矿物特征[22]。

### 1.2.2　物性特征

页岩物性特征主要包含孔隙度和渗透率两个参数，它们是页岩气藏评价的两个非常重要且是最基本的参数。孔隙度的大小直接关系到游离气含量的多少；而渗透率是气体流动能力的度量，它关系到页岩气藏的产量以及产能预测。其中页岩孔隙特征包含孔隙类型组成、孔隙形状和孔径分布等。

#### 1.2.2.1　孔隙类型组成

从赋存状态即孔隙赋存的矿物组分划分，页岩基质孔隙可以划分为有机孔、脆性矿物孔、黏土孔，除此之外，页岩还存在大量微裂缝。有机孔、脆性矿物孔、黏土孔的场发射扫描电子显微镜图像如图 1-5 所示。

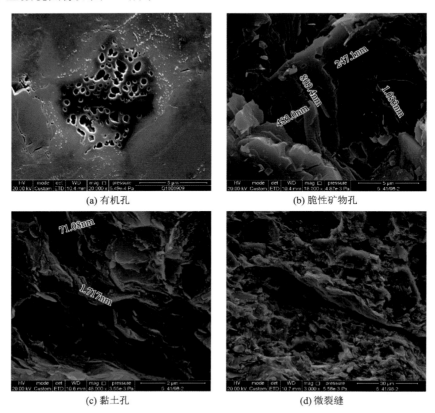

(a) 有机孔　　　　　　　　　(b) 脆性矿物孔

(c) 黏土孔　　　　　　　　　(d) 微裂缝

图 1-5　页岩孔隙类型

### 1.2.2.2 孔隙形状

**1. 定性分析**

采用全自动比表面及孔隙度分析仪进行氮气吸附实验，孔径范围 3.5～500nm（氮气），实际应用最佳为 1.5～60nm，比表面测定值 0.01m²/g，孔体积（结构）＞0.0001cm³/g。氮气吸附实验可以较好地分析页岩介孔、微孔特征。

在相对压力较高的部分（$P/P_0$＞0.4），页岩的氮气吸附测试曲线在中高压段吸附、解吸分支分离，样品的吸附等温线和解吸等温线不重合，解吸曲线位于吸附曲线上方，形成滞后回线。

根据 De Boer 和国际纯粹与应用化学联合会的分类[31-33]，根据滞后回线特征，吸附/解吸等温曲线可以划分为 5 类，同时分别对应圆柱形孔、裂缝型孔、楔形/V 形孔、墨水瓶孔（图 1-6）。

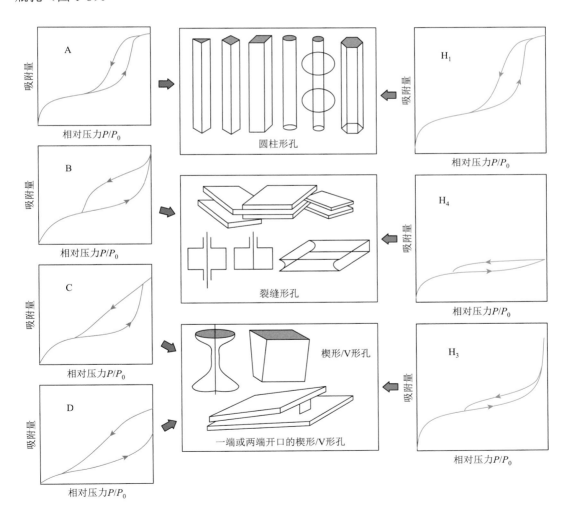

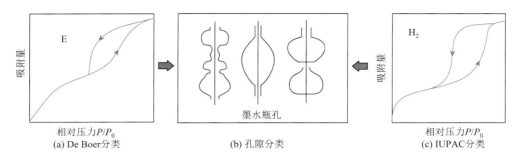

图 1-6　滞后回线分类及对应的孔隙类型

在 $P/P_0 > 0.4$ 阶段，等温曲线出现滞后回线（图 1-7）。从曲线形态上看，吸附和解吸曲线均稳定上升，解吸曲线在相对压力 0.4~0.5 范围内出现较大的拐点；在相对压力接近 1 时，吸附量开始迅速增加，滞后环趋于闭合。

总体来看测试曲线属于 $H_2$ 型或者 B 型，孔隙形态以狭缝型为主，通常黏土孔隙为狭缝型，因此可间接说明该页岩孔隙中黏土孔隙占比较高。

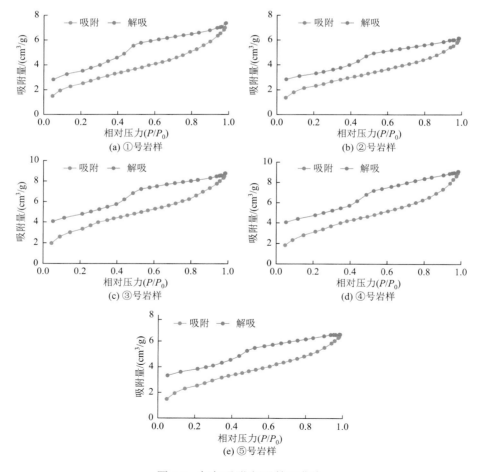

图 1-7　氮气吸附/解吸等温曲线

## 2. 定量分析

采用 Quanta 250 FEG 场发射扫描电子显微镜（field emission scanning electron microscope，FESEM）（图 1-8）观测页岩的微观形貌特征。该仪器采用场发射灯丝，具更高分辨率。二次电子成像高真空模式分辨率为 1.2nm，背散射电子成像分辨率 2.5nm，该仪器同时配备了 INCA-max20 型能谱仪，可对样品进行微区成分分析。对于有机孔等纳米级孔隙的观测，先采用氩离子抛光预处理。

该岩样总体发育有 4 类孔隙：粒间孔、黏土孔、有机孔和脆性矿物孔。

粒间孔：黏土与碎屑颗粒之间，部分碎屑颗粒间较发育，呈现不规则狭长状（图 1-9）。

黏土孔：整体黏土孔隙及黏土片间微裂缝较发育，黏土孔常呈现叠书、片架结构及纹层状。总体单个孔缝长宽比较高，形态呈现狭缝特征（图 1-10）。

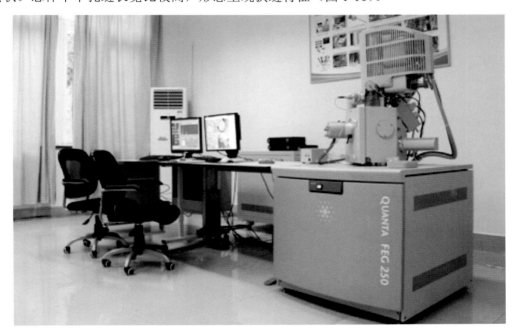

图 1-8 场发射扫描电子显微镜

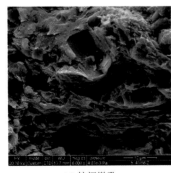
(a) 粒间微孔

(b) 粒间微孔及微缝

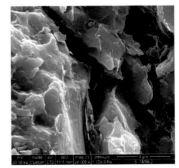
(c) 粒缘缝及粒间微孔

图 1-9 粒间孔

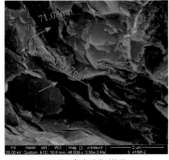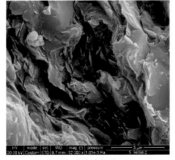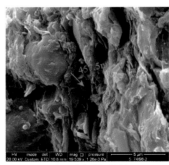

(a) 泥质碎片间微孔　　　　　　　　(b) 泥质碎片间微孔　　　　　　　　(c) 泥质碎片间微缝

图 1-10　黏土孔

有机孔：有机质局部较为发育，也侵染于碎屑颗粒间。有机质内孔隙较发育，面孔率较高，有机质呈现近似圆形或椭圆形（图 1-11）。

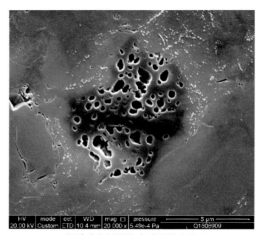

(a) 有机孔(未抛光处理)　　　　　　　　　　　(b) 泥质碎片间微缝(氩离子抛光处理)

图 1-11　有机孔

脆性矿物孔：总体发育程度较低，局部见白云石和方解石的晶内溶孔（图 1-12），面孔率较低；局部发育黄铁矿晶间孔。总体脆性矿物孔发育程度较低，孔隙形态以不规则多边形为主。

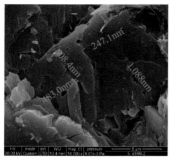

(a) 白云石晶内孔　　　　　　　　(b) 方解石晶内孔　　　　　　　　(c) 黄铁矿晶间孔

图 1-12　脆性矿物孔

直观定性分析，发育程度：黏土孔和粒间孔发育较好，其次为有机孔，最后为脆性矿物孔。孔隙形态（孔隙长宽比）：从高到低依次为黏土孔和粒间孔、脆性矿物孔、有机孔。

直观图像分析仅能定性了解形貌特征，对于研究自吸流动，需要对孔隙形态定量，因此借助图像处理技术，对 FESEM 图像进行灰度处理后用于形态分析（图 1-13）。

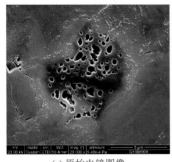　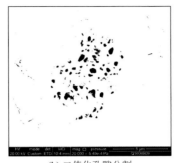　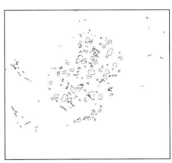

(a) 原始电镜图像　　　　　　(b) 二值化孔隙分割　　　　　　(c) 孔隙轮廓参数提取

图 1-13　图像处理过程

图像处理主要包括以下步骤：①图像采集；②图像二值化；③滤波锐化；④标定尺寸；⑤除杂（设置阈值）；⑥提取形态参数。基于 ImageJ 专业图像处理软件，通过面孔率校正孔隙分割阈值，按上述过程处理即可定量统计孔隙形态参数。

表征孔隙形状因子的参数有长宽比、正圆度、圆度、Feret 比（表 1-11）。

表 1-11　孔隙形状表征参数

| 参数 | 符号 | 意义 | 计算式 |
| --- | --- | --- | --- |
| 长宽比（aspect ratio） | AR | 孔隙拟合匹配的椭圆的长轴与短轴比（1～∞） | $AR = a/b$ |
| 正圆度（roundness） | Round | 长宽比的倒数（0～1） | $Round = b/a$ |
| 圆度（circularity） | Circl | 孔隙在二维平面上的投影形状近圆程度（0～1） | $Circl = (4\pi A)^{0.5}/P$ |
| Feret 比（Feret ratio） | FR | 颗粒对应的最小 Feret 直径与最大 Feret 直径的比值（0～1） | $FR = d_{minFeret}/d_{maxFeret}$ |

采用以上图像处理方法，分别统计有机孔、脆性矿物孔、黏土孔的孔隙形状参数（表 1-12、图 1-14）。

表 1-12　孔隙形状参数统计

| 参数平均值 | 有机孔 | 脆性矿物孔 | 黏土孔 |
| --- | --- | --- | --- |
| 长宽比（AR） | 2.336 | 3.286 | 4.397 |
| 正圆度（Round） | 0.527 | 0.442 | 0.345 |
| 圆度（Circl） | 0.583 | 0.418 | 0.426 |
| Feret 比（FR） | 0.553 | 0.481 | 0.385 |

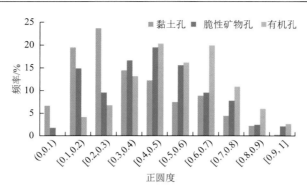

图 1-14 三类孔隙正圆度统计对比

可以看出，正圆度、圆度、Feret 比虽略有差异，但大体相当。从正圆度看：黏土孔＜脆性矿物孔＜有机孔，即黏土孔更狭长，有机孔与正圆度最高，脆性矿物孔居中，其他表征参数统计结果趋势相当。

### 1.2.2.3 孔径分布

**1. 成像法孔径统计**

采用图像处理法，可以直观地统计出有机孔、脆性矿物孔、黏土孔的孔径分布。图像统计尺寸范围为 10nm～2μm，受图像分割时的灰度损失的影响，统计数据的下限精度低于 FESEM 本身的成像精度。

在孔隙尺寸方面，无论等效椭圆统计法，还是 Feret 法，孔隙直径：脆性矿物孔＞有机孔＞黏土孔（图 1-15）。

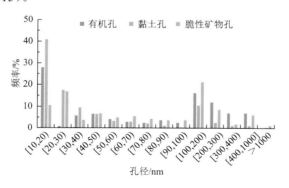

图 1-15 不同类型孔隙分布图

在长轴方面，脆性矿物孔尺寸明显更大，而有机孔直径仅略大于黏土孔，但在短轴方面，黏土孔明显小于有机孔和脆性矿物孔（表 1-13）。这是因为黏土孔长宽比较高，所以呈现狭缝状。

表 1-13 FESEM 孔隙尺寸参数统计

| 平均参数 | 等效椭圆长轴/nm | 等效椭圆短轴/nm | Feret 直径/nm | minFeret 直径/nm |
| --- | --- | --- | --- | --- |
| 黏土孔 | 81.7 | 22.4 | 95.4 | 31.0 |

| 平均参数 | 等效椭圆长轴/nm | 等效椭圆短轴/nm | Feret 直径/nm | MinFeret 直径/nm |
|---|---|---|---|---|
| 有机孔 | 89.2 | 46.7 | 101.3 | 56.3 |
| 脆性矿物孔 | 163.3 | 61.7 | 205.4 | 87.9 |

从不同类型孔隙分布图上看（图 1-15），有机孔和黏土孔在 10～30nm 范围占比最多，而脆性矿物孔直径在 100～200nm 范围最多，且分布相对更均匀。

Chen 等[34]根据牛蹄塘组页岩研究发现不同页岩孔隙类型其孔隙具有不同的主要分布范围。Kuila 等[35]也得到了相似的结果，即碳酸盐矿物孔和脆性矿物孔直径最大，主要分布于大孔范围；其次为黏土层间孔，分布于大孔到介孔范围；最后为黏土层内孔和有机孔，分布于介孔到微孔；总体认识与本研究结果一致（图 1-16）。

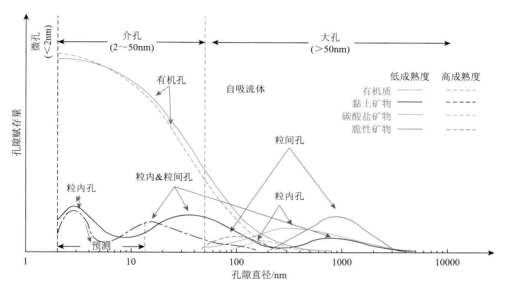

图 1-16　孔径与孔隙类型关系（Chen 等[34]）

**2. 压汞法与氮气吸附法联合孔径表征**

压汞法实际最佳范围为 20nm～1.5μm，氮气吸附法实际应用最佳范围为 1.5～60nm，两种方法测试区间有部分重叠。从图 1-17 可以看出，氮气吸附测试孔径为 1.47～128.4nm，压汞测试孔径为 4.2nm～5.25μm，在 4.2～128.4nm 区域两种方法的结果有所重叠。为获取页岩孔径完整分布，需要将氮气吸附法和压汞法的测试结果联合使用。

从联合法解释孔径分布结果来看（图 1-17），该区域页岩孔隙总体以介孔为主，同时覆盖少部分微孔和大孔。联合法能够较全面地覆盖页岩的整体孔径分布范围，弥补了氮气吸附法和压汞法各自的测试局限。

从不同孔径解释方法下孔隙度对比结果也可以看出（表 1-14），单独氮气吸附或压汞解释的孔隙度远低于氦气孔隙度测试结果，而联合法解释的孔隙度虽然仍一定程度低于氦气法测试值，但是总体比较接近。氦气分子直径比氮气分子小，能够进入更小的微孔，所以孔隙度测试值更高，同时各个实验制样要求不同，实验测试岩样本身可能也会有一定差异。

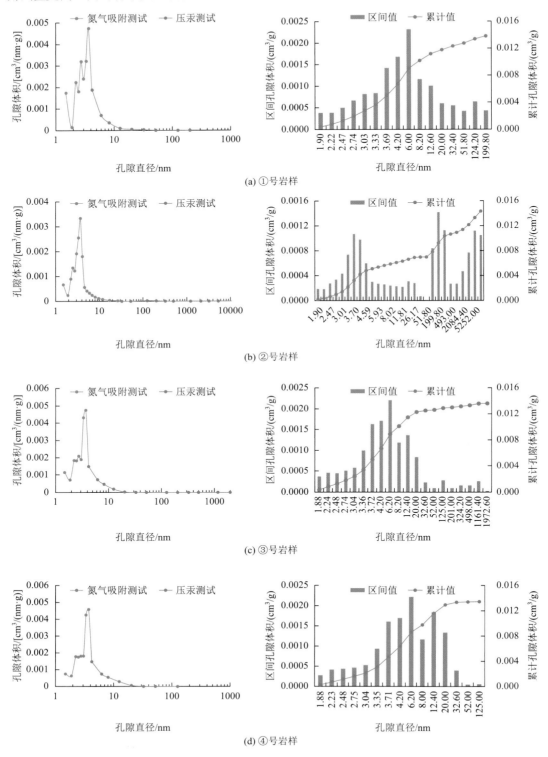

(a) ①号岩样

(b) ②号岩样

(c) ③号岩样

(d) ④号岩样

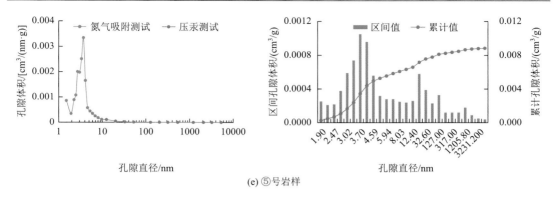

(e) ⑤号岩样

图 1-17　压汞法和氮气吸附联合法孔径分布

**表 1-14　不同孔径解释方法下孔隙度对比**

| 编号 | 孔隙体积/(cm³/g) | | | 孔隙度/% | | | | | |
|---|---|---|---|---|---|---|---|---|---|
| | 氮气吸附法 | 压汞 | 氮气吸附+压汞 | 氮气吸附 | 压汞 | 氮气吸附+压汞 | 氦气法（1#） | 氦气法（2#） | 氦气法 |
| ① | 0.010 | 0.00713 | 0.01383 | 2.36 | 1.81 | 3.52 | 2.04 | 5.85 | 3.94 |
| ② | 0.007 | 0.00895 | 0.01434 | 1.77 | 2.29 | 3.66 | 2.02 | 3.89 | 2.95 |
| ③ | 0.011 | 0.00693 | 0.01364 | 2.51 | 1.76 | 3.46 | 2.06 | 5.98 | 4.02 |
| ④ | 0.011 | 0.00708 | 0.01347 | 2.66 | 1.76 | 3.36 | 4.53 | 4.72 | 4.63 |
| ⑤ | 0.007 | 0.00482 | 0.00884 | 1.80 | 1.22 | 2.24 | 3.54 | 3.89 | 3.71 |

如图 1-17，②号和⑤号岩样表现出双峰或多峰特征，这是由于页岩本身是多重孔隙介质，而页岩的有机孔、黏土孔、脆性矿物孔具有不同的孔径分布区间。Naraghi 等[36]、Lin 等[37]、李军等[38]分别基于不同地区页岩也得到类似的认识。将三类孔隙微观孔隙结构及物理对比特征汇总如表 1-15 所示。

**表 1-15　三类孔隙微观孔隙结构及物理性质对比**

| 孔隙类型组成 | | 有机孔 | 脆性矿物孔 | 黏土孔 |
|---|---|---|---|---|
| 孔隙形状 | 形状特征 | 近似圆或椭圆 | 不规则多边形 | 狭缝状 |
| | 正圆度 | 0.527 | 0.442 | 0.345 |
| | 圆度 | 0.583 | 0.418 | 0.426 |
| | Feret 比 | 0.553 | 0.481 | 0.385 |
| 孔径分布 | 面孔率 | 高 | 较低 | 较高 |
| | 分布范围 | 介孔、微孔为主 | 大孔、介孔为主 | 介孔、微孔为主 |
| | FESEM 统计平均孔径/nm | 长轴：89.2 短轴：46.7 | 长轴：163.3 短轴：61.5 | 长轴：81.7 短轴：22.4 |

### 1.2.2.4　孔隙度

采用 HXK-Ⅲ型氦孔隙度自动测定仪对两口不同地区龙马溪组页岩气井样品的孔隙度进行测试，该分析仪器测量压力为 0.7MPa，采用氦气进行测量，测量精度为 0.5%，环压为 1.2MPa，如图 1-18 所示。

图 1-18　氦孔隙度自动测定仪

测试了 WY1 井和 YY2 井页岩样品的孔隙度情况，结果如图 1-19 所示。从图 1-19 中可以看出，WY1 井孔隙度为 2.02%～8.69%，平均值为 5.64%；YY2 井孔隙度为 0.45%～6.72%，平均值为 1.73%，总体表现为低孔特征。

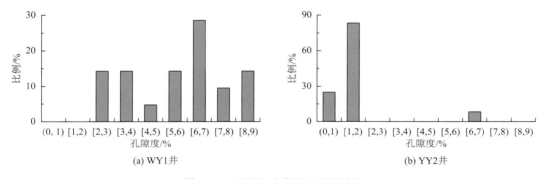

(a) WY1井　　　　　　　　　　　　(b) YY2井

图 1-19　页岩孔隙度测试分布结果

### 1.2.2.5　渗透率

由于页岩渗透率极低，常规的渗透率测试仪无法准确地测出页岩渗透率。结合页岩自身低孔低渗特性，而压力脉冲衰减法是测定超低渗渗透率的唯一方法，因此采用 ELK-2 型超低渗透率测定仪对页岩样品的渗透率进行测试，该分析仪器渗透率测试范围为 $10^{-7}$～0.1mD，岩心尺寸：$\Phi$ 宽（20～25mm）×长（30～100mm）。其中测试压力≤70MPa，精度≤0.1MPa，恒速恒压泵流量为 0.01mL/min，压力 60MPa，精度为 0.5%，如图 1-20 所示。

图 1-20　超低渗渗透率测定仪

测试了 WY1 井和 YY2 井页岩样品的渗透率情况，结果如图 1-21 所示。

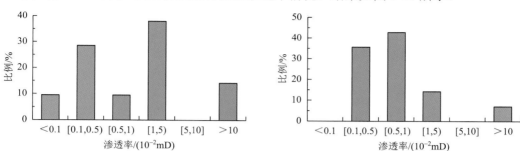

(a) WY1 井

(b) YY2 井

图 1-21 页岩渗透率测试分布结果

从图 1-21 中可以看出，WY1 井渗透率为 0.00007～1.04mD，平均值为 0.07mD；YY2 井渗透率为 0.00107～1.91mD，平均值为 0.14mD，总体表现为特低渗特征。同时，将孔隙度与渗透率测试结果合并为孔渗交汇图，如图 1-22 所示。

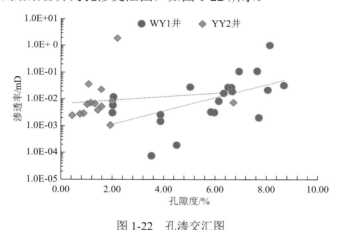

图 1-22 孔渗交汇图

从图 1-22 中可以看出，WY1 井和 YY2 井的孔隙度与渗透率呈现正相关性，随着页岩孔隙度的增加，其渗透率也相应地增加。因此，中国南方海相页岩储层具有典型的低孔特低渗的物性特征，且孔隙度与渗透率之间呈现一定的相关性。

### 1.2.3 地质力学特征

#### 1.2.3.1 天然裂缝

通过对野外地表露头和岩心的宏观描述及其薄片、扫描电镜的微观分析，可以将泥页岩中的裂缝分为构造缝（张性缝和剪性缝）、低角度滑脱裂缝、层间页理缝、成岩收缩微裂缝和有机质演化异常压力缝，这 5 种裂缝的地质成因、识别特征和分布规律都不尽相同[39]。

构造缝是指岩石在构造应力作用下产生破裂而形成的裂缝，是裂缝中最主要的类型。其最大的特点是裂缝成组出现，沿一定方向有规律地分布，分布具不均匀性，裂缝边缘比较平直，延伸较远。构造具多期次性，可以加以分期。构造缝是泥页岩中最常见也是最主要的裂缝类型。根据裂缝不同的力学性质，又可分为张性缝、剪性缝两种[40]，如图 1-23 所示。张性缝由于表面风化呈土黄色[41]。野外地表露头和岩心上观察到的宏观张性裂缝一般倾角、张开度和长度变化较大，破裂面具有不平整的特性，多数已被完全充填或部分充填。在薄片中和扫描电镜下见到的微观张裂缝，裂缝与层面交角不等，最常见的为近垂直于层面的张裂缝，常切穿顺层缝，起到连通顺层裂缝的作用。剪性缝较张裂缝少，其产状变化也较大，有近垂直层面的菱形共轭剪节理，也有高角度的剪切裂缝，较平直，破裂面光滑，局部有充填物。薄片中和扫描电镜下的微观剪裂缝很少见，多与层面低角度斜交，平直，一般未被充填。构造裂缝主要发育在褶皱构造转折端和断裂附近。

(a) 张性缝

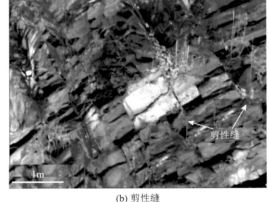
(b) 剪性缝

图 1-23　页岩露头与岩心中的构造缝

低角度滑脱裂缝常常发育在与层面大致平行的低渗透储层的泥岩中，一般倾角小于30°，它们主要分布在泥页岩层的顶部和底部，尤其是在靠近储集层的部分发育，这类裂缝具有倾角较小、倾向变化较大，以及明显的擦痕和阶步等特征，是在岩石的伸展和挤压的作用下，由于顺层的剪切应力作用而产生的（图 1-24）。低角度滑脱裂缝一般存在大量平整、光滑或具有划痕、阶步的面，且在地下不易闭合。

层间页理缝主要为具剥离线理的平行层理纹层面间的孔缝，为沉积作用所形成。一般为强水动力条件的产物，由一系列薄层页岩组成，页岩间页理为力学性质薄弱的界面，极易剥离，这种界面即为层间页理缝。层间页理缝是泥页岩中最基本的裂缝类型，如图 1-25所示。页岩的页理面上多含砂质，这种裂缝在岩心和薄片及扫描电镜下都可见到。层间页理缝张开度一般较小，多数被完全充填，与高角度张性缝连通。层间页理缝在页理发育的泥页岩中极为常见。

成岩收缩微裂缝指成岩过程中由于岩石收缩体积减小而形成的与层面近于平行的裂缝，泥页岩在成岩作用过程中，由于上覆地层压力导致沉积物脱水收缩，因而在同一岩层内，容易形成延伸长度较小的纵向裂缝以及不规则的多向裂缝。形成这些裂缝的主要原因

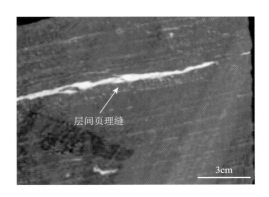

图 1-24　低角度滑脱裂缝　　　　　　　　　图 1-25　层间页理缝

是干缩作用、脱水作用、矿物相变作用或热力收缩作用，与构造作用无关[42]。成岩收缩裂缝包括脱水收缩缝和矿物相变缝。成岩收缩缝在泥岩层和水平层理泥灰岩的泥质夹层的扫描电镜下常见，连通性较好，开度变化较大，部分被充填。一般在沉积时，硅质含量较高的页岩，在成岩过程中由于化学变化而发生收缩作用，从而形成广泛分布的成岩收缩微裂缝。

　　机质演化异常压力缝指有机质在演化过程中产生局部异常压力使岩石破裂而形成的裂缝。有机质演化异常压力缝在有机碳含量较高的碳质泥页岩中普遍发育。这种裂缝一般缝面不规则，不成组系，多充填有机质，地下泥质岩超压微裂缝带在垂向上一般集中分布在一定的深度区间，在横向上呈区域性分布[43]，如图 1-26 和图 1-27 所示。

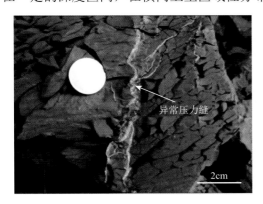

图 1-26　长宁双河剖面龙马溪组露头中的异常压　　图 1-27　长心 1 井岩心五峰组中的异常压力缝
　　　　　　力缝

　　页岩发育特征综合分析如表 1-16 所示。

表 1-16　页岩发育特征综合分析

| 裂缝类型 | 主控地质因素 | 发育特点 | 成因分类 |
| --- | --- | --- | --- |
| 构造缝 | 构造运动作用 | 产状变化大，破裂面不平整，多数被完全充填和部分充填 | 后生裂缝 |
| 低角度滑脱裂缝 | 构造作用与沉积成岩作用 | 平整、光滑或具有擦痕、阶步的面，且在地下不易闭合 | 过渡型裂缝 |

续表

| 裂缝类型 | 主控地质因素 | 发育特点 | 成因分类 |
|---|---|---|---|
| 层间页理缝 | 沉积成岩作用 | 多数被完全充填，一端与高角度张性缝连通 | 原生裂缝 |
| 成岩收缩微裂缝 | 成岩作用 | 连通性好，开度变化大，部分被充填 | 原生裂缝 |
| 有机质演化异常压力缝 | 有机质演化局部异常压力作用 | 缝面不规则，不成组系，多填充有机质 | 原生裂缝 |

涪陵气田是我国首个高丰度裂缝型页岩气田，这表明我国南方海相地层分布区具有形成裂缝型页岩气藏的有利构造条件，尤其川东拗陷、川南拗陷经历了燕山-喜马拉雅期以来的强烈褶皱，在五峰组—龙马溪组页岩地层具有大面积滑脱变形的构造机制，是寻找裂缝型页岩气"甜点"的有利地区。据李秋生等[44]学者研究，在地震剖面上，滑脱层表现为杂乱或弱反射特征，断层沿其终止。川东志留系页岩滑脱层以横向可连续追踪的双轴次强反射为标志，在多数情况下，第一个正向轴较弱，第二个正向轴较强，两轴相距 0.1s。王玉满等[45]针对川东拗陷、川南拗陷五峰组—龙马溪组开展了滑脱层地震解释以及富有机质页岩分布、构造条件等综合研究（图 1-28）。我国南方海相页岩分布区具有形成裂缝型页岩气藏的有利构造条件，勘探前景值得期待。

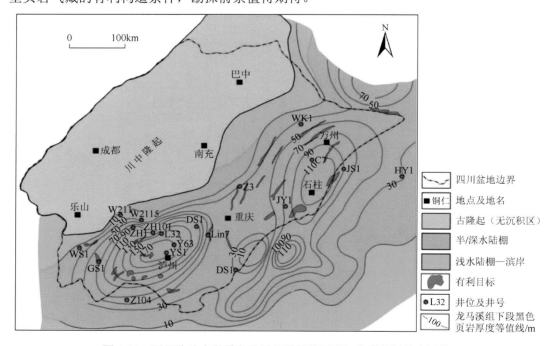

图 1-28　四川盆地志留系龙马溪组裂缝性页岩气有利目标综合评价

## 1.2.3.2　地应力特征

页岩的岩石应力分析，包括岩体内应力的来源、初始应力（构造应力、自重应力等）、二次应力、附加应力等。初始应力由现场测量决定，常用钻孔应力解除法和水压致裂法。二次应力和附加应力常用固体力学经典公式。

### 1.2.3.3 力学参数

表征页岩力学性质的参数主要包括弹性模量、泊松比、岩石抗压强度等，其中弹性模量是弹性材料最重要、最具特征的力学性质，也是物体变形难易程度的表征，弹性模量越大，脆性越大，越容易产生裂缝；泊松比是横向正应变与轴向正应变的绝对值的比值，泊松比越低，页岩脆性越大且越容易产生裂缝；抗压强度是页岩气开发阶段的压裂强度计算的重要参数，对页岩气资源开发具有重要意义，岩石单轴抗压强度是岩石在无侧限条件下受轴向力作用破坏时单位面积所承受的荷载，是岩石最重要的物理力学性质之一。分别对孔二段、岐口、江汉谭口、胜利罗家等地区的页岩样品进行了力学参数测试，见图1-29～图1-32。

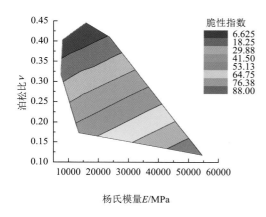

图 1-29 孔二段试样力学参数及脆性指数分布图

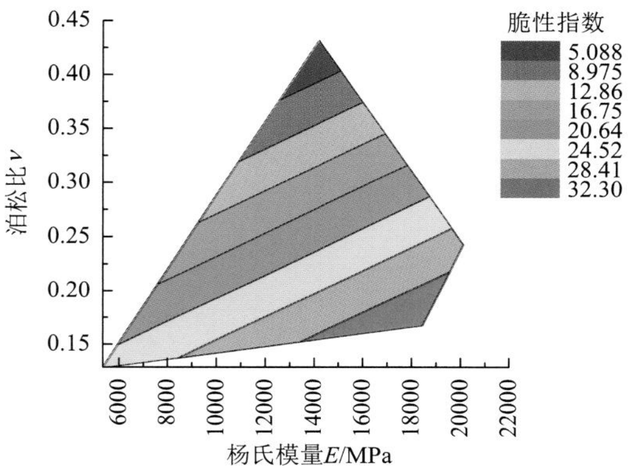

图 1-30 岐口试样力学参数及脆性指数分布图

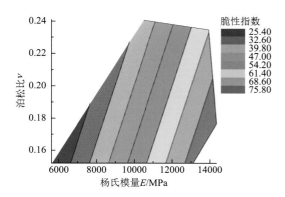

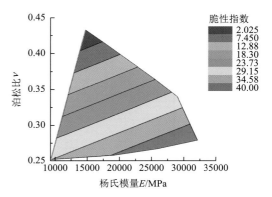

图 1-31 江汉试样力学参数及脆性指数分布图

图 1-32 胜利试样力学参数及脆性指数分布图

孔二段页岩力学参数分布见图 1-29：杨氏模量主要范围为 7～55GPa，平均为 15GPa；泊松比主要范围为 0.12～0.45，平均为 0.32。力学参数分布较散，这与孔二段在不同地区埋深不一致有较大关系，该段 Rickman 脆性指数范围为 2.40～88.00，平均为 21.09。

岐口页岩力学参数分布见图 1-30：杨氏模量主要范围为 5～20GPa，平均为 18GPa；

泊松比主要范围为 0.11～0.43，平均为 0.23。该段 Rickman 脆性指数范围为 1.25～32.30，平均为 20.69。

江汉谭口页岩力学参数分布见图 1-31：杨氏模量范围为 6～14GPa，平均为 11GPa；泊松比主要范围为 0.15～0.24，平均为 0.20。该段 Rickman 脆性指数范围为 32.10～51.80，平均为 41.38。

胜利罗家地区泥页岩力学参数分布见图 1-32：杨氏模量主要范围为 9～32GPa，平均为 20GPa；泊松比主要范围为 0.25～0.43，平均为 0.31。该段 Rickman 脆性指数范围为 11.08～39.97，平均为 23.80。

中国南方海相页岩静态杨氏模量分布范围为 5～55GPa，泊松比为 0.11～0.45（图 1-33）。测试围压、页岩类型以及取心角度等与其力学表现关系显著。

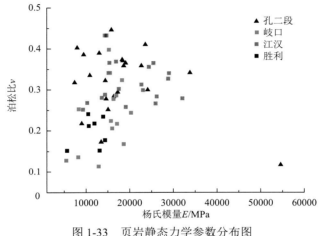

图 1-33　页岩静态力学参数分布图

## 1.2.4　润湿性特征

页岩组分分为无机矿物和有机质两种，无机矿物包括脆性矿物、黏土矿物。在页岩气藏，孔隙中矿物表面没有原始烃类影响，无机矿物如石英、硅酸盐、碳酸盐、铝硅酸盐表面均亲水，亲水性排序：云母组成的黏土＞石英＞石灰石＞白云石＞长石[46]，见表 1-17。

表 1-17　页岩主要矿物组分润湿性[47, 48]

| 矿物组分 | 石英 | 长石 | 方解石 | 白云石 | 黄铁矿 | 伊利石 | 高岭石 |
|---|---|---|---|---|---|---|---|
| 接触角/（°） | 0～16.45 | — | 20～46.0 | — | 30～33 | 11.5 | 9.5 |

对于有机质孔隙的润湿性，传统上均认为亲油不亲水，但近来一些实验证明干酪根中含有水分。Chalmers 等[49]用不同地区的页岩测试了不同成熟度下的水分；Ruppert 等[50]利用小角和超小角中子散射实验（SANS/USANS）测试到甲烷和水均进入页岩孔隙，并发现水分子更容易进入小孔。

有机质类型、成熟度对有机质润湿性影响较大。有机质组成元素主要为碳、氢、氧，其次为氮、硫。对于煤的研究表明[51]，有机质亲水性与氧含量正相关（尤其是含氧官能团），与碳、氢元素负相关，氧含量影响更为突出。分子动态模拟表明不同的成熟度（O/C 原子比）和羧基链分布方式下，干酪根润湿性差异较大，可能亲水也可能疏水（表 1-18）[52]。

表 1-18　分子动态模拟页岩干酪根水/辛烷系统下水润湿性[52]

| 羧基链分布方式 | 接触角/(°) | | |
| --- | --- | --- | --- |
| | O/C = 5% | O/C = 11.5% | O/C = 20% |
| 非均匀分布 | 120.55 | 83.58 | 0 |
| 均匀分布 | 180 | 92.18 | 71.12 |

根据干酪根类型的划分依据[53]（图 1-34），从 I 型到Ⅲ型干酪根，H/C 原子比、O/C 原子比均增加，润湿性降低，即接触角：I 型＞Ⅱ型＞Ⅲ型。Mokhtari 等[54]对北美不同地区页岩进行表面接触测试（图 1-35），结果验证了不同类型有机质润湿性的显著差异。

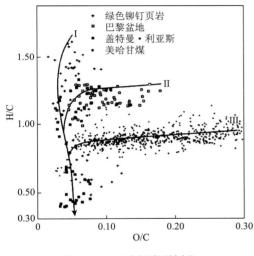

图 1-34　干酪根类型划分

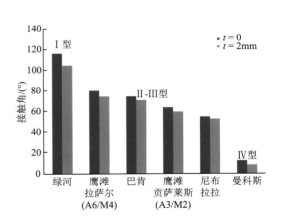

图 1-35　不同干酪根类型页岩表面接触角

### 1.2.4.1　页岩混合润湿性表征方法

页岩为多组分介质，其中脆性矿物、黏土矿物已有大量单矿物的润湿性测试结果，可通过单矿物的润湿性结果加权计算得出。有机质为高分子结构，元素及烃链差异大，无标准化结构，因此有机质的润湿性难以直接测量，但可通过混合润湿性模型间接计算。

对于多组分介质，Cassie 等[55]提出了一个表征混合介质表面润湿性和单组分润湿性的关系模型：

$$\cos\theta_{app} = f_1\cos\theta_1 + f_2\cos\theta_2 \tag{1-1}$$

式中，$\theta_{app}$、$\theta_1$、$\theta_2$——分别为页岩表面、组分 1、组分 2 的接触角，(°)；

$f_1$、$f_2$——分别为组分 1 和组分 2 在表面上的面积分数，%。

该模型可进一步推广到多组分情况：

$$\cos \theta_{\mathrm{app}} = \sum_{i=1}^{n} f_i \cos \theta_i \tag{1-2}$$

有机质接触角（$\theta_{\mathrm{OM}}$）可通过表面润湿性测试、全岩矿物的体积分数、各无机矿物的接触角反算得到：

$$\cos \theta_{\mathrm{OM}} = \left( \cos \theta_{\mathrm{app}} - \sum_{i}^{n=1} f_i \cos \theta_i \right) \Big/ f_{\mathrm{OM}} \tag{1-3}$$

式中，$f_i$——除有机质外的组分 $i$ 的面积分数，%；

　　　　$\theta_i$——除有机质外的组分 $i$ 的接触角，（°）；

　　　　$f_{\mathrm{OM}}$——有机质的面积分数，%。

### 1.2.4.2　有机质接触角计算

**1. 页岩表面润湿性测试**

页岩表面润湿性是多组分共同作用下的综合表现，采用 KRUSS DSA30S 型号界面参数体测量系统测试去离子水与页岩表面的接触角（图 1-36）。

图 1-36　接触角测试水滴

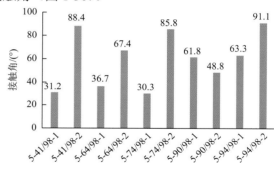

图 1-37　接触角测试结果

如图 1-37 所示，本研究井段页岩的接触角测试值为 31.2°～91.1°，平均为 60.5°，总体中等亲水；接触角与 TOC 含量正相关，说明有机质相比无机矿物亲水性更弱；本井段有机质类型以 I 型为主，部分 II 型，但 TOC 含量相对降低，总体表面接触角测试结果与北美 II 型页岩测试结果相当。

**2. 全岩矿物体积分数计算**

在统计学上，页岩单组分的面积分数与体积分数相同。体积分数可通过全岩矿物分析测得的质量分数除以单矿物的密度计算得到。全岩矿物测试和有机质含量分析，结合表 1-19 中页岩主要组分的密度，即可得到各矿物组分的体积分数（图 1-38）。

表 1-19　页岩主要组分[56, 57]

| 脆性矿物组分 | 石英 | 长石 | 方解石 | 白云石 | 黄铁矿 |
|---|---|---|---|---|---|
| 密度/(g/cm³) | 2.648 | 2.59 | 2.71 | 2.866 | 5.011 |
| 黏土矿物及有机质 | 伊利石 | 蒙脱石 | 高岭石 | 绿泥石 | 有机质 |
| 密度/(g/cm³) | 2.66 | 2.608 | 2.594 | 2.8 | 1.25 |

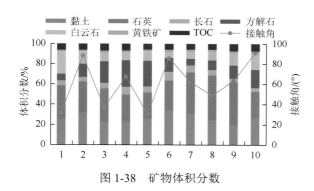

图 1-38 矿物体积分数

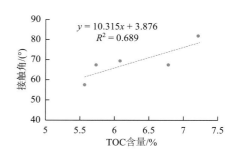

图 1-39 接触角与 TOC 含量（体积分数）关系

从图 1-39 可以看出，有机质含量增加，接触角增加。总体反映出水润湿性弱于无机矿物，这与 Mokhtari 等[54]、刘向君等[58]的研究一致。在相同条件下对比页岩与砂岩、碳酸盐岩，页岩接触角更大[59]。

**3.有机质接触角计算**

根据已知的脆性矿物、黏土矿物的润湿性，以及各矿物的体积分数（表 1-20），根据公式（1-3）计算有机质接触角。计算得到该页岩有机质的平均接触角为 80.4°，润湿性为弱亲水，说明水相能够进入有机孔，但进入能力弱于无机孔隙。

表 1-20 有机质润湿性计算表

| $\theta_{app} = 60.5°$ | 脆性矿物 | | | 黏土 | 有机质 |
|---|---|---|---|---|---|
| | 石英 | 碳酸盐矿物 | 其他 | | |
| 体积分数 $f$/% | 33.76 | 26.78 | 7.1 | 26.1 | 6.26 |
| 接触角 $\theta$/（°） | 10 | 20 | 31.5 | 11.5 | 80.4 |

## 1.2.5 储层流体特征

### 1.2.5.1 含水饱和度特征

在岩心分析中发现，我国南方海相页岩的含水饱和度可以划分为两类：①一类为含水饱和度超高的，如昭 101 井、YQ1 井等，其页岩的含水饱和度为 60%~95%，这些井一般位于断裂或构造活动较为强烈的部位；②另一类为含水饱和度较低的，如威 201 井、宁 201 井等，其页岩的含水饱和度为 30%~45%，位于构造稳定的部位。蜀南地区含水饱和度高的井含气量低（含气饱和度低），产量低；含水饱和度低的井含气量高，产量高（含气饱和度高），相关性非常好[60]。

页岩岩心充分抽真空、浸泡后，利用离心实验、相对渗透率实验证明页岩具有较高的束缚水饱和度值，为 80%~95%，评价达到 92%（图 1-40）。一般富气页岩孔隙内主要为天然气，其含水饱和度较低（10%~40%），把富气页岩储层中初始含水饱和度值低于束缚水饱和度值的现象，称为超低含水饱和度现象（图 1-41）。

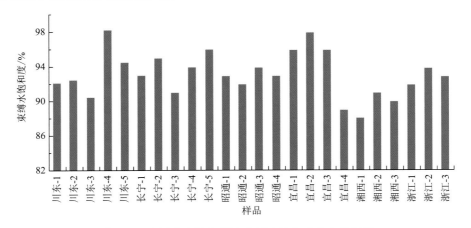

图 1-40　我国南方海相页岩束缚水饱和度分布特征图

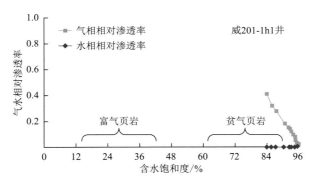

图 1-41　非稳态法测定的页岩气、水相对渗透率曲线图

　　研究发现,在富气页岩储层条件下含水饱和度低,贫气页岩储层条件下含水饱和度高。这种现象将对页岩气的成藏与开发产生重要影响,如果含水饱和度高,水将以束缚水形式大量存在,水分子膜降低了吸附能力,影响吸附量;如果含水饱和度较高,孔隙中充满了大量水,会影响气相的渗透率(图 1-41)。对于页岩储层中含水饱和度远远低于束缚水饱和度值的原因,刘洪林等[60]分析认为主要是生烃排水作用和汽化携液作用所造成。烃原岩在大量生烃期间,干酪根的体积不断减小,之前由干酪根支撑的那部分有效压应力向孔隙流体转移,倘若不能及时排除流体就必然将产生异常高压,压力突破岩石破裂极限强度产生裂缝,排水过程即开始。热裂解气在运移过程中存在较强的携液能力。随着埋深的增加地层温度逐渐增加,热裂解气气化携液作用愈发强烈。据 Bennion 等[61]研究,在 10MPa 下,天然气在 40℃条件下携液能力($85kg/10^3m^3$)仅仅是在 100℃条件下携液能力($789kg/10^3m^3$)的 1/10。热裂解气气化作用增大了地层水被携带到上覆地层的可能性(图 1-41),从而形成了超低含水饱和度现象。

### 1.2.5.2　含气性特征

　　页岩含气量是指每吨岩石中所含天然气折算到标准温度和压力条件下(101.325kPa,25℃)的天然气总量,包括游离气、吸附气、溶解气等。游离气是指以游离状态赋存于孔隙和微裂缝中的天然气；吸附气是指吸附于有机质和黏土矿物表面的天然气，以有机质吸附为主，伊利石等黏土矿物也有一定的吸附能力[62]。

从形成机理和过程的角度看，富有机质页岩含气量的大小取决于生烃量和排烃量，即页岩含气量 = 生烃量–排烃量。其中，生烃量受有机质的类型、含量和成熟度的控制；排烃量主要受排烃门限高低的控制，突破压力大、排烃门限高，则在相同的生烃条件下，含气量高。

页岩气的勘探需要寻找含气量高的地区，其资源丰度高，在同样的增产改造规模下，单井最终开采量也较高，经济性也好。页岩含气量 = 吸附气 + 游离气 + 溶解气，与压力系数关系密切[63, 64]。由于北美地质条件稳定，美国页岩气研究者认为超压对于页岩气藏不太重要，正常压力、甚至欠压都可以实现商业开发，因此未将超压作为一个关键指标，但是在我国南方这是一个必需的关键指标。我国与北美的差异主要体现在地质成藏背景的不同，北美页岩气产区主要位于环加拿大克拉通盆地，较为稳定，我国由多个地块拼接构成，总体构造复杂，页岩时代较老。成熟度高低和构造运动的强弱差别是最大差别，北美页岩成熟适中，而我国南方海相成熟度高，造成孔隙度低；我国构造运动相对活跃，断裂发育，保存条件相对较差。对于我国高成熟、低孔隙度的页岩，同样的含水饱和度需要较大的地层压力系数，才能使得地下页岩达到较高的含气量，从而形成超压页岩气藏，单井最终开采量达到经济。因此，我国的页岩气有利勘探区需要超压地质条件[60]。

昭通除靠近四川盆地的小部分区域外，多数钻井都不成功，含气量低（0.05～0.5m³/t）。昭通与蜀南相邻，应该大致经历了相似的演化历程，含气性差别大。昭 101 井位于芒部背斜，地表断裂发育。目的层筇竹寺组因断裂出现地层重复，页岩裂隙发育、方解石充填严重，含气量的现场分析结果不足 0.1m³/t，评价为极低含气量，基本全部逸散。开展的昭 101 井热演化历史和含气量历史模拟研究表明：昭通地区 J—K 末期含气量最大，如果稳定抬升页岩将出现超压，含气量应该至少为 3～5m³/t，但是目前少于 0.1m³/t（图 1-42）。

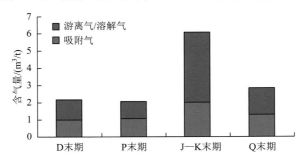

图 1-42　昭 101 井页岩不同地质时期含气量历史模拟结果图

# 1.3　页岩压裂技术发展历程与理论研究现状

## 1.3.1　页岩压裂技术发展历程

### 1.3.1.1　国外页岩压裂技术发展历程

美国对页岩气的研究有较长的历史，是全球页岩气勘探开发最早、技术水平最高的国家，其在页岩气方面做了大量工作，目前已进入页岩气开发的快速发展阶段。

1821 年，美国钻出第一口页岩气井，成为世界上最早进行页岩气勘探开发的国家[65]。然而，由于开采难度大、成本高，在很长一段时间内，页岩气大规模开发并不具备可行性。随着压裂技术的进步，页岩气商业化开发逐渐成为可能。总的来说，页岩气压裂发展历程可分为探索起步、快速发展以及大规模推广应用三个阶段[66-68]。

探索起步阶段（1978～1997 年）：1978 年，美国《国家天然气政策法》重启了美国页岩气的开发进程，当时主要依靠硝化甘油爆炸增产改造技术实现量产；1981 年，美国页岩气井首次实施压裂改造并取得了成功，验证了水力压裂技术开发页岩气的可行性，页岩气开发实现了历史性突破。

快速发展阶段（1997～2002 年）：1997 年，Mitchell 公司首次将清水压裂液应用于页岩气开发；1999 年，重复压裂应用于页岩气开发，增产效果显著；2002 年，Devon 公司对密西西比州沃斯堡地区的 7 口页岩气水平井进行了压裂实验，取得巨大成功，为实现页岩气的大规模商业化开发奠定了基础。

大规模推广应用阶段（2002 年至今）：水平井成功后，页岩气水平井数量迅速增加，2004 年，水平井分段压裂＋清水压裂的压裂工艺迅速推广，广泛应用于页岩气开发中；2005 年，国外进行了水平井同步压裂技术实验，进而发展为"工厂化"压裂模式。美国页岩气开发中以得克萨斯州沃斯堡盆地的巴尼特（Barnett）页岩开发技术最成熟、商业化程度最高，其压裂技术发展历程见图 1-43。

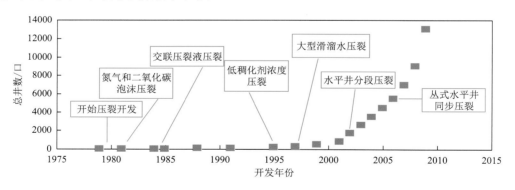

图 1-43　巴尼特（Barnett）页岩气储层压裂技术发展历程

随着页岩气压裂技术大规模推广应用，美国页岩气产量由 2006 年的 $278.92×10^8 m^3$ 快速增长到 2012 年的 $2653.28×10^8 m^3$，平均年增长率为 46.6%，且 2013 年产量达到 $2764×10^8 m^3$（占美国天然气总产量约 40%）。页岩气产量的增加改变了美国天然气结构比例，影响了全球能源供给格局。

受美国页岩气取得巨大成功的影响，加拿大迅速由初期勘探研究阶段进入商业开发初步阶段，是世界上第二个进行页岩气勘探与商业开发的国家。加拿大发展速度较快的原因是其地质结构与美国西部地区类似，可直接移植并应用美国的成熟技术。

除美国、加拿大外，其他部分国家也对页岩气工程压裂技术进行了研究，但相对来说还不是很成熟。

### 1.3.1.2 我国页岩压裂技术发展历程

与北美相比，我国页岩气勘探开发起步较晚。2000 年，我国开始追踪国际页岩气勘探开发进展；2004 年，启动页岩气资源调查；2006 年，中国石油西南油气田公司正式从对外合作和自主开发两方面展开了页岩气勘探开发研究工作，并启动了与美国新田公司联合评价威远气田页岩气资源的研究；2008 年，设立"中国重点地区页岩气资源潜力及有利区带优选"页岩气项目；2009 年，完成了第一口页岩气评价井——威 201 井。至此，我国页岩气勘探开发的序幕正式拉开。2011 年，我国第一口页岩气水平井威 201-H1 井开钻（图 1-44），水平段长超千米，通过压裂获取工业气流，创造了我国页岩气水平井压裂段数最多、单井用液量最大、加砂量最大、施工排量最大等记录。2011 年国土资源部进行了首轮页岩气探矿权招标，并将页岩气确立为新矿种。2012 年，涪陵焦石坝地区多口水平井整体取得突破，标志着我国页岩气由勘查阶段步入开发阶段。

图 1-44 我国第一口页岩气水平井威 201-H1 井

随着页岩气水平井的开发，页岩水平井大型压裂也取得了初步进展，一系列页岩气水平井压裂取得成功，促进了页岩气的开发速度。威 201-H1 井作为国内第一口页岩气评价井，先导性实验虽然在工艺上取得了成功，但是，页岩气藏改造技术尚未真正起步，增产改造技术有待发展和引进。必须在实践的基础上，吸收国外先进技术与经验，深入开展页岩气水平井多段压裂工艺与配套技术研究[69]。

江汉油田在建页 HF-1 井开展了大液量多段压裂实验，取得了成功。在地面供液流程设计、分段压裂完井工具优选、压裂液体系及支撑剂优选、井口装置设计基础上，采用可钻桥塞和射孔联作工艺技术，成功完成了建页 HF-1 水平井大液量多段（7 段）压裂实验，该井压裂效果显著，为页岩气水平井大液量多段压裂改造积累了技术及现场实施经验。涪陵 HF-1 井泵送易钻桥塞分段大型压裂技术的成功实施，为今后国内页岩气水平井分段大型压裂提供了参考。

### 1.3.2　页岩压裂理论研究现状

#### 1.3.2.1　页岩可压裂性评价

页岩储层只有通过体积压裂形成复杂裂缝网络才能获得较理想的产能。体积压裂通过大排量、大液量以及大量转向材料等的应用，沟通天然裂缝，打碎有效储集体，创造油气运移的复杂裂缝网络，实现基质油气向裂缝的最短距离渗流[70, 71]。不同于常规砂岩储层冻胶压裂形成的双翼缝，页岩的体积压裂需要沟通天然裂缝和打碎储层，压裂后的裂缝形态十分复杂。因此，对页岩压裂缝形态特征的评价以及表征是压裂规模及压裂方案设计的前提。对页岩压裂缝形态特征的评价可以分为压前评价和压后评价。

**1. 可压性评价**[72-75]

压前评价称为可压性评价，可压性是在增产改造中评价地层产生裂缝网络的能力时提出的，是近几年出现的新概念。可压性好坏表明页岩压后形成复杂缝网能力的强弱，反映储层压后效果的好坏，是储层评价中的重要方面。可压性评价的目的很明确，但目前对可压性的准确定义和评价方法尚未统一。狭义上可压性即指的是页岩的脆性，广义上也包含一切影响压裂缝复杂程度的地质因素，包括岩石本身的脆性、天然裂缝、地应力条件，也包括沉积环境、成岩作用等，是页岩地质和储层特征的综合反映。

在脆性评价方面的研究十分丰富，室内研究方面学者们分别从脆性矿物、弹性力学参数、弹塑性力学参数、应力-应变曲线形态、压痕测试、岩样破裂面特征、强度参数差异、硬度或坚固性等方面进行了研究；矿场研究方面，学者们通过矿场测井或地震等方法可获取的参数，从地球物理角度提出了基于矿物组分法和弹性参数法两大类岩石脆性矿场预测方法。

岩石脆性通常与矿物组成、力学性能和微观结构特征有关，也受温度、压力、流体、成岩作用以及工程作业等因素的影响。在实验室评价时，岩石脆性受到材料特性、试样形状、尺寸效应、加载方式和仪器等多种因素的影响。此外，由于现今岩石脆性的评价方法没有统一的标准和认识，脆性的评价很大程度上还依赖于评价方法的选择，不同评价方法得出的结果可能并不一致，并且受各因素影响的程度也不同。如何建立统一的标准和度量是脆性评价需要研究的重要方面。

广义可压性并不等同于脆性，还与地应力、天然裂缝发育程度等地质因素息息相关。由于涉及水力裂缝和天然裂缝的交互破坏机理目前尚不清楚，主要通过室内实验定性反映地应力差异和天然裂缝的产状、数量对于压后裂缝复杂形态的影响趋势。在综合可压性评价中对地应力和天然裂缝进行了一定的考虑，由于度量目标难以定量描述，对于脆性、地应力、天然裂缝各个方面参数的权重也难以进行确定。因此，如何明确天然裂缝和地应力的影响机理，抽提评价参数，确定标准和权重是综合可压性评价方面需要开展进一步的研究。

**2. 压后裂缝监测及评价**

压裂施工后对压裂缝的评价方法主要包括远离裂缝直接成像法、直接近井筒裂缝诊断法、间接压裂诊断法。远离裂缝直接成像法包括微地震监测、测斜仪监测等，直接近井筒裂缝诊断法包括示踪剂监测、生产测井等，间接压裂诊断法包括裂缝破裂体模拟、裂缝扩展拟合、产量拟合等。

以上裂缝评价方法综合利用起来可以较好地评价常规储层压裂缝的方位、长度、高度、甚至宽度。在页岩储层压裂缝为复杂裂缝，除了方位、长度范围、高度范围以外，更为关注改造体积（stimulation reservoir volume，SRV）、裂缝特征（密度、接触面积等）。

目前页岩裂缝监测评价主要针对改造体积开展，其中井下微地震监测是应用最广泛的直接监测方法，通过微地震事件监测可以确定人工裂缝的整体趋势，但仍需要对震源机制进行深入研究以确定裂缝的产生性质、流体导流能力和维持时间等参数。目前震源机制的反演方法主要基于纵波、横波振幅值进行。井下监测能监测较多和水力压裂相关的微地震信号，并且信号质量较高，适合进行震源机制分析研究。现有的微地震监测数据进行震源机制反演试算，初步认识到不同井型或井况水力压裂过程中诱导的微地震震源机制是有差异的。

下一步需要对震源机制 3D 显示方法、优化完善观测方式、结合岩石物理及施工参数的综合研究等问题进行深入研究。目前 SRV 评价技术逐渐发展起来，但对于页岩缝网的跨尺度表征、基于压裂施工压力的裂缝延伸特征评价、储层参数反演等评价技术仍未开展研究，需要开展相关研究。对于缝网内部形态、分布密度、破坏机制等裂缝形态的精细评价也需要进一步的攻关。

**3. 压裂裂缝形态表征方法**

压裂裂缝形态的准确表征是页岩储层产能模拟、压裂优化的重要基础。Warpinski 等[76]根据矿场实验的结果分析表明，压裂形成的裂缝区域为宽度为 6～9m 的裂缝带，同时提出了远井裂缝网络的构想图。Mahrer 等[77]研究裂缝性储层中结构弱面的作用和影响时，认识到远井区域形成的压裂裂缝为宽的裂缝带，即所谓缝网，提出了"网络裂缝"（network fractures）的概念。McDaniel 等[78]于 2001 年研究了压裂过程中支撑剂的铺置情况，给出了从近井区域延伸的几种多裂缝形态，并提出径向缝网延伸的概念图。以上缝网形态表征均处在概念模型状态。

微地震监测反映出页岩压裂后的裂缝形态是十分复杂的非平面网络裂缝。Fisher 等[79]、Warpinski 等[80]对大量页岩、致密岩层压裂裂缝监测资料进行分析，利用裂缝复杂指数（fracture complex index，FCI）值（垂直于主缝长度方向压裂液波及距离 $W$ 与压裂主缝长度 $L$ 之比）将不同复杂程度的水力裂缝分为四类，对应的 FCI 值分别为：0、0～0.15（低复杂程度裂缝）、0.15～0.25（中等复杂程度裂缝）、大于 0.25（高复杂程度裂缝）。目前，一些学者采用裂缝复杂指数 FCI 值来表征体积改造效果的好坏，但该方法仅能定性判断复杂程度，无法判别裂缝网络内部特征。

在研究页岩复杂裂缝扩展时，不同学者也对裂缝形态进行了不同的假设。线网模型考虑压裂改造体积为沿井轴对称的椭柱体，裂缝网络为正交的裂缝[81]。离散网络模型将压裂缝考虑为相互垂直正交的裂缝带，改造体积相互对称[82]。非常规压裂裂缝模型则考虑了压裂缝的不规则性，将压裂缝扩展以后的形态取决于地层天然弱面的分布[83]。也有学者引用分形理论，采用树状分叉网络描述地下的裂缝网络[84]。受限于监测手段，以上裂缝形态仍属于理论假设范畴，难以判别模型的准确性。

压裂裂缝的形态特征描述、表征、评价是目前研究的难点，即使微地震监测也仅能间接反映裂缝的延伸特征。页岩压前的可压性评价、压后的裂缝监测与评估、裂缝网络的表征仍是需要攻关的难题。

### 1.3.2.2　页岩压裂导流能力评价与预测

#### 1. 支撑裂缝导流能力

水力压裂施工中后期需要泵送带有支撑剂的混砂液，使压裂施工结束后裂缝始终能够得到有效支撑，从而在地层中形成足够长、足够宽的支撑裂缝。支撑裂缝的导流能力和支撑裂缝长度是影响水力压裂增产效果最主要的两个因素。支撑裂缝导流能力是指支撑剂在储层闭合压力作用下通过或输送储层流体的能力，通常以支撑裂缝渗透率与裂缝宽度的乘积表示。

支撑裂缝导流能力测试是基于达西定律，通过支撑裂缝导流能力测试分析系统（图1-45）测量得到，根据测量时间长短又分为短期导流能力和长期导流能力。支撑裂缝导流能力主要受到支撑剂类型和形状、支撑剂粒径和组合、支撑剂质量、铺砂浓度、闭合压力、地层强度以及压裂液残渣伤害等因素的影响[85-89]。

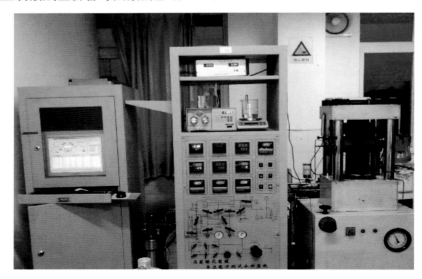

图1-45　西南石油大学压裂酸化裂缝导流能力测试分析系统

#### 2. 支撑剂嵌入研究

裂缝闭合后，支撑剂在闭合应力的作用下，会嵌入裂缝壁面（图1-46）。Penny[86]在进行长期导流能力的研究中，首次发现了支撑剂嵌入对导流能力的影响。他指出，支撑剂的嵌入会导致支撑裂缝宽度的减小，并且支撑剂嵌入深度随闭合应力的增大而加深，进一步降低支撑裂缝的导流能力。同时，支撑剂嵌入还受到支撑剂类型、支撑剂粒径、铺置浓度以及岩板岩性等的影响[90-93]。目前，国内外对支撑剂嵌入研究以实验测量为主，对支撑剂嵌入机理研究相对较少。并且，还只是定性地说明软地层嵌入严重，对于嵌入严重程度没有明确的表征方式。

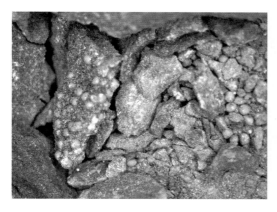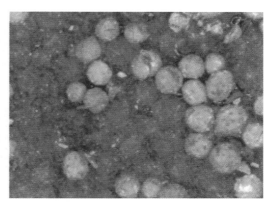

图 1-46 支撑剂嵌入形态及支撑剂嵌入实验结果

对于页岩储层，由于黏土含量较高，岩石较软，且深层页岩储层地应力普遍较高，支撑剂嵌入更为严重，对导流能力影响更大，需要对页岩支撑剂嵌入影响因素及嵌入程度进行综合分析研究。

**3. 自支撑裂缝导流能力**

页岩储层体积压裂通常采用滑溜水等低黏压裂液，由于压裂液携砂性差，导致远离井筒的大量裂缝区域未被支撑剂充填；同时，体积压裂会促使脆性岩石和天然裂缝发生剪切破坏[94, 95]，使得裂缝面产生相对位移，因此，这些未被支撑剂支撑的裂缝在闭合应力作用下，仍可保持一定的通过储层流体的能力，这些裂缝也被称为自支撑裂缝，它们延伸了页岩储层改造体积，对提高体积压裂压后产量具有重要意义（图 1-47）[96-99]。自支撑裂缝在闭合应力作用下通过或输送储层流体的能力就称为自支撑裂缝导流能力。

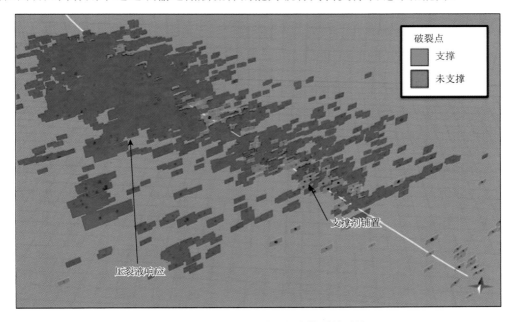

图 1-47 页岩支撑裂缝与自支撑裂缝对比

　　页岩体积压裂形成的自支撑裂缝通常分为以下三种形式：①地层中岩石天然裂缝具有一定表面粗糙度，闭合后仍能保持一定的缝隙，从而形成对低渗透储层来说有足够导流能力的自支撑裂缝；②剪切力使裂缝壁面产生剪切滑移，使已存在的微裂隙、断层面等弱面张开形成自支撑裂缝；③压裂过程中页岩储层岩石脱落下来的碎屑支撑形成的自支撑裂缝（图1-48）。

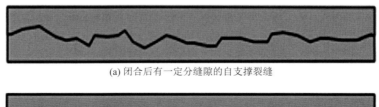

(a) 闭合后有一定分缝隙的自支撑裂缝

(b) 剪切滑动裂隙张开的自支撑裂缝

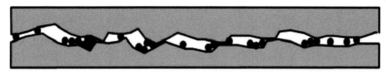

(c) 碎屑支撑的自支撑裂缝

图1-48　自支撑裂缝类型

　　自支撑裂缝导流能力主要通过自支撑裂缝导流能力测试系统（图1-49）测试得到，其测试装置和测试方法都是从常规支撑裂缝导流能力测试装置和测试方法演变而来。目前，主要研究了裂缝位移量、裂缝面粗糙度、闭合应力、岩板岩性等自支撑裂缝导流的影响。Fredd等[100]首先使用拉张破裂模式对自支撑裂缝导流能力进行了研究，实验结果表明自支撑裂缝导流能力受裂缝面粗糙度、岩心性质、闭合应力的影响较大。Morales等[101]、Ramurthy等[102]采用与Fredd等[100]类似的实验方法，但通过对直径2.54cm或3.81cm的岩心进行巴西劈裂获取粗糙裂缝面，其结果表明，具有错位量的粗糙裂缝在闭合应力条件下具有一定导流能力。Zhang 等[103]对巴尼特页岩自支撑裂缝导流能力进行了测试，他们指出自支撑裂缝具有一定导流能力，但受闭合应力影响较大，支撑剂的加入能有效减弱粗糙裂缝对闭合应力的敏感程度。

图1-49　西南石油大学自支撑裂缝导流能力测试系统及页岩测试岩板

通过实验测试自支撑裂缝导流能力,可在室内最大限度模拟地层真实状态,进行温度、应力、流体等多因素耦合设置,并获取准确的导流能力数值。但自支撑裂缝导流能力影响因素较多,实验难度大,自支撑裂缝导流能力测试仍然存在较多的不足之处。

(1)实验方法及实验条件与国外差距较大:应力加载方式上,国内应用较多的还是用胶皮筒对岩样加载围压,以至于闭合应力难以达到 20MPa 以上,而地层应力通常都超过 20MPa,其实验条件与地层情况差别较大;测试流体的选用上,对于页岩气藏的研究,国内研究者仍然使用清水或 KCl 溶液作为测试流体,这样不仅与页岩气藏本身的流动情况区别较大,在测试过程中流体(清水)还会与泥页岩发生理化反应而改变渗流通道,影响测试结果的准确性。

(2)自支撑裂缝导流能力计算公式可靠性较差:自支撑裂缝导流能力计算还是依据达西公式,但达西公式只考虑了黏滞阻力,而没有考虑惯性阻力以及气体滑脱效应;且流体在自支撑裂缝中的流动应属于裂隙流,与流体在多孔介质中的流动有较大区别,随着流量的增加存在明显的非达西效应,尤其是当流体在裂缝中流速很快时非达西效应明显加强。并且,由于自支撑裂缝壁面粗糙、双壁面啮合情况复杂以至于渗流通道不连续,流体在流经自支撑裂缝时会出现流体转向、涡流、重复加速减速等情况,造成额外的惯性能量损失,这也会使得裂缝的视渗透率降低,压差与流量的关系不呈现线性关系,继续使用达西公式对其流动状态进行描述明显是不切实际的。另外,Zhang 等[103]使用氮气作为测试裂缝导流能力的实验流体,但在其导流能力的计算中并未考虑气体滑脱效应的影响。

(3)在研究内容上,通过理论分析与现场实验都说明岩性是影响自支撑裂缝导流能力的关键因素,如:郭保华等[104]的研究指出,裂缝面的粗糙度与岩石矿物组分及粒径大小有着很强的相关性;赵海峰等[105]、邹雨时等[106]针对自支撑裂缝滑移量的研究指出,支撑裂缝滑移量的大小受到岩石杨氏模量、泊松比、裂缝长度等因素的影响。但目前自支撑裂缝室内实验研究中很少涉及岩性对支撑裂缝导流能力影响的讨论。

### 1.3.2.3 页岩水平井压裂裂缝参数优化

相比常规油气藏,页岩气藏主要有以下几点区别:①赋存方式多样[107-109]。页岩气藏具有自生自储的特点,其中含有大量的烃源岩,因此除了赋存于孔隙和裂缝中的游离气,纳微米孔隙壁上赋存有大量吸附气,还有部分气体溶解于干酪根和水体中。②运移机理复杂[110]。由于页岩气天然储渗空间(包括有机质纳米孔隙、微孔隙、地层天然微裂缝)和压裂后形成的复杂裂缝网络具有多尺度性,导致气体在流动过程中存在多重运移机理(包括气体吸附-解吸、扩散、渗流和滑脱效应等)。

页岩气的产出过程涉及多种流态条件下的微观运移机理[111-115],具体包括游离态页岩气的黏性流、滑脱效应、Knudsen 扩散,吸附态页岩气的解吸附作用、表面扩散作用和溶解态页岩气的扩散作用。页岩气的产出过程同时涉及不同渗流尺度之间的跨越:从微纳米孔隙运移到天然裂缝,再渗流到人工裂缝,最终流向水平井筒。随着运移尺度的变化,页岩气在不同孔隙中的运移规律不同,此时常规气藏的水动力连续性模型(达西定律)不再适用于页岩气的多尺度运移过程。

国内外学者对页岩气在多尺度空间的运移模型进行了探索研究,目前对页岩气多尺度运移模型的描述可以分为两类：第一类是从修正边界滑脱条件来考虑多种运移机理[116-118]，这类方法的缺点是含有较多经验系数，其中一些经验系数必须通过实验才能获得；第二类是将多种运移机理按相应贡献权重进行叠加[119-121]，对于贡献权重系数的获得采用直接线性相加的方法获得，此外也有部分学者通过经验公式或分析模拟得到贡献权重系数的表达式[122-124]。但是目前的页岩气多尺度运移模型并没有全面考虑在不同流态下的多重微观运移机理，即黏性流、解吸附、扩散作用和滑脱效应的综合作用。

页岩气藏产能模型研究是裂缝参数优化的基础，其研究方法总体上可分为三大类：数值模拟方法[125-127]、解析方法[128-130]和半解析方法[131-133]。其中，数值模拟方法可以考虑复杂的裂缝形态以及多相流情况，但其使用的参数多、数据处理困难、求解难度大，且裂缝离散化可能会引起求解不收敛、迭代次数多和运行速度慢等问题，导致预测的准确性差，目前学者们在采用数值方法时很少考虑到页岩气渗流的多尺度效应。解析方法在处理页岩气多尺度运移问题时，只能局限于处理稳态渗流问题，无法考虑物性参数（渗透率等）随储层压力下降而产生的动态变化，也无法考虑裂缝之间相互干扰、裂缝延伸方向流量非均匀分布等问题。半解析方法基于"化整为零"的思想，利用源函数或者有限差分方法，将裂缝系统离散为大量离散单元，通过精细刻画每一个离散单元的特征参数和物性参数，从而实现整个缝网系统的刻画。半解析方法的研究对象是离散单元，通过对每一个离散单元建立起储层-离散单元-井筒的渗流方程，然后将每个离散单元的压力、流量关系方程组装起来，从而得到储层-缝网-水平井筒整个系统的渗流方程组，代入约束条件即可求解得到单个离散单元的流量贡献，从而叠加得到整个压裂水平井的总产能。

现有的关于页岩气的微观流动所建立的运移模型各不相同，对于气体的流动机制还没有形成统一的认识，对于微观与宏观的结合也是页岩气产能模拟亟待解决的问题之一。同时，页岩气产能预测模型研究面临复杂裂缝形态表征和多变的渗流模式的问题，而目前的模型在裂缝形态上没有考虑不规则的压裂改造区域以及网状裂缝不规则分布的情况。此外，目前采用解析方法及半解析方法建立的产能模型大多假设为单相渗流，而实际由于压裂液大部分存在于地层中，因此对页岩气藏气水两相流动规律的研究也是以后的研究重点。

### 1.3.2.4　页岩压裂裂缝扩展理论

对于常规水力压裂裂缝模拟，一般是假设均质地层中不存在天然裂缝，井眼两侧形成垂直于最小水平主应力方向的对称双翼平面裂缝。而在页岩储层中，由于天然裂缝和层理界面的大量存在，使得常规的双翼裂缝扩展模型不能准确地描述页岩储层水力裂缝的真实形态。Warpinski 等[76]在对非连续地质体进行水力裂缝扩展实验研究时发现，水力裂缝在与天然裂缝相交后，根据受到的地应力场会产生穿过、剪切滑移或者错位扩展三种可能，从而首先提出了裂缝网络概念。

目前针对较低孔隙度、特低渗透率的页岩储层，通过体积压裂施工希望尽可能多地沟通天然裂缝，打碎有效储集体，创造油气运移的大型复杂裂缝网络，从而实现基质油气向裂缝的最短距离渗流。基于这种思想，学者们提出了线网模型（wire-mesh model）、离散化缝网（discrete fracture network，DFN）模型、非常规裂缝模型（unconventional fracture model，UFM）、扩展有限元模型、混合有限元模型等多种非常规裂缝扩展模型。

这些非常规裂缝扩展模型重点考虑了两方面的因素：一是天然裂缝对水力裂缝扩展的影响，二是多裂缝扩展时产生的应力干扰。

**1. 天然裂缝起裂与延伸**

目前，关于天然裂缝对人工裂缝扩展的影响已经进行了大量的实验研究。研究表明，水平应力差以及天然裂缝和人工主缝之间的夹角是影响人工裂缝扩展的关键因素。Lamont 等[134]采用露头岩心进行人工裂缝与天然裂缝相互作用实验，结果表明水平主应力差值较大时人工裂缝穿过了所有预设的天然裂缝。Blanton 等[135]运用大型室内三轴实验设备，对裂缝性储层岩心试样进行了测试。结果表明，人工裂缝与天然裂缝相遇后会出现以下三种情况：沿天然裂缝张开、被天然裂缝捕获和穿过天然裂缝。天然裂缝显著影响了人工裂缝的最终形态。Beugelsdijk 研究团队[136]研究了不同排量、压裂液黏度、水平主应力差值时，天然裂缝对人工裂缝形态的影响程度。结果表明，当水平主应力差较大、液体黏度较高、排量较大时，人工裂缝扩展受到天然裂缝的影响较小；而当水平主应力差较小时，人工裂缝更易与天然裂缝相交。

在理论研究方面，Renshaw 等[137]基于线弹性力学理论，建立了人工裂缝与天然裂缝相交后是否继续延伸的判定准则。Warpinski 等[76]提出了新的人工裂缝与天然裂缝相互作用准则，他们考虑了作用在裂缝面的剪应力引起的剪切滑移破坏以及裂缝面上的正应力引起的张性破坏，能预测人工裂缝是否会被天然裂缝捕获，即人工裂缝是沿着天然裂缝面延伸，还是天然裂缝面发生张开破坏。

**2. 多裂缝诱导应力干扰**

压裂过程中，裂缝挤压储层岩体，在地层中产生大小不等的诱导应力，这种现象被称为裂缝"应力阴影"效应[138]。这些诱导应力会改变周边地层的地应力状态，从而干扰其他裂缝的扩展，也就是所谓的应力干扰。水平井分段压裂由于是多裂缝扩展，会产生显著的应力干扰，因此，研究裂缝诱导应力场是研究水平井分段压裂多裂缝扩展的基础。

Sneddon 等[139]首先提出并推导出了诱导应力干扰的解析解，但主要应用在岩土工程上，在压裂施工中并没有受到关注。1987 年，美国能源部通过多次裂缝诱导应力现场实验，证实了人工裂缝扩展会产生一定的诱导应力场，并会对邻井裂缝产生一定的影响，同时提出裂缝诱导应力干扰对重复压裂时地层应力场具有显著的影响。2004 年，Fisher 等[140]通过微地震监测，发现水平井中各裂缝扩展长度不同，他们认为这是由于裂缝诱导应力阻碍了中间裂缝的正常扩展。2011 年，Nagel 等[141]利用 FLAC 3D 岩土软件模拟了多条裂缝扩展时的应力干扰效应。Weng 等[142]提出了非常规裂缝模型，为多裂缝扩展提供了设计工具。他们提出可以利用诱导应力场降低地层主应力差，从而增加裂缝网络的复杂程度。

目前，诱导应力场的计算方法主要分为解析法、半解析法和数值法三大类。解析法在计算裂缝诱导应力场时计算简单、求解方便；但是解析解未能全部考虑所有的裂缝性质和地层性质，因此其计算精度并不高。半解析法也就是位移不连续法，属于间接边界元法的一种，由 Crouch[143]在研究二维含有裂缝岩体问题时所提出。该方法以裂缝面两侧的相对位移为未知量，通过位移不连续量来表征平面内任意位置处的应力场和位移场，因此位移不连续法只需划分一维网格，计算量低且求解方便。数值法主要包括有限差分法、有限元法、扩展有限元法、离散元法等，Dahi-Taleghani 等[144]、Nagel 等[145]、Roussel 等[146]均采用不同的数值方法计算裂缝诱导应力场，分析裂缝诱导应力场对多裂缝起裂和扩展的影响，但数值法计算速度较慢。

**3. 非常规裂缝扩展模拟**

由于天然裂缝和层理的大量存在，以及页岩气采用水平井多段多簇压裂工艺，页岩储层压裂裂缝扩展有别于砂岩常规裂缝扩展。目前，非常规裂缝扩展模型主要包括线网模型、离散化缝网模型、非常规裂缝模型、FPM 模型、扩展有限元模型、混合有限元模型等。

线网模型为半解析解模型，该模型将地层中的天然裂缝假设为相互平行的正交裂缝。Xu 等[147-149]最早提出了线网模型，以表示裂缝性储层的复杂裂缝；Meyer 等[150]在 Xu 等[147-149]的基础上，利用自相似原理以及双重介质模型，提出了离散化缝网模型（图 1-50）。目前，Meyer 所建立的线网模型已经形成了商业软件，为非常规油气藏压裂提供了一定的理论依据。但线网模型和离散化缝网模型都假设水力裂缝和天然裂缝之间是直接连通的，而没有建立对应的相交准则；同时，两个模型对天然裂缝也进行了一定简化，将无限长的天然裂缝按照等间距的方式在地层中排列。因此，线网模型和离散化缝网模型无法真实模拟随机裂缝的扩展情况，不具有普遍适用性。

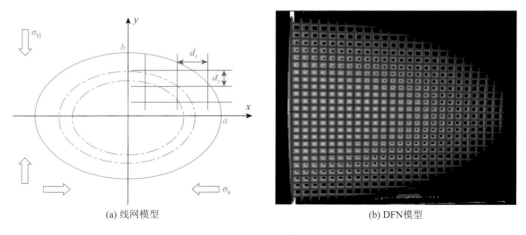

(a) 线网模型                      (b) DFN模型

图 1-50   线网模型和 DFN 模型模拟裂缝扩展

非常规裂缝模型是基于位移不连续法的页岩储层裂缝扩展模型，由 Kresse 等[151]提出。该模型利用位移不连续法计算储层中裂缝产生的诱导应力场，通过裂缝延伸准则和水力裂缝与天然裂缝相交准则共同判断裂缝延伸的方向，同时还利用了支撑剂沉降方程，模拟了支撑剂在裂缝中的分布。非常规裂缝模型考虑了水力裂缝与天然裂缝随机相交的情况，可以准确地模拟水力裂缝在遇到任意角度的天然裂缝后的延伸情况。但是，该模型假设天然裂缝均为垂直裂缝，并且实际地层中天然裂缝的分布较难获取，对输入参数的要求较高。在非常规裂缝模型的基础上，Wu 等[152]结合边界元理论提出了 FPM 模型，进一步改进了非常规裂缝模型的缺点，但 FPM 模型为提高计算效率，同样进行了一定简化。

常规有限元方法能有效处理不规则的裂缝形态，并且离散格式和求解格式较为固定，有利于算法的推广和应用，但是常规有限元流固耦合求解计算量大，网格数量多，且每次计算都需要重新划分网格，难以满足页岩气储层复杂的、多分支裂缝的模拟需求。Moës 等[153]提出了扩展有限元法（extended finite element method，XFEM）以模拟不连续体，该方法不需要对整个计算区域进行重新网格划分，大大提高了计算效率，是目前求解不连续问题最有效的方法之一。Dahi-Taleghani 等[154]将流体方程融入扩展有限元方法中将缝内流体压力和诱导应力进行部分耦合模拟了裂缝性储层中水力裂缝扩展。同时，Keshavarzi 等[155]、Gordeliy 等[156]、Mohammadnejad 等[157]运用扩展有限元法，分析了平面应变和准静态情况下天然裂缝与水力裂缝相交时的变化情况。Lamb 等[158]结合双孔双渗模型，将裂缝和岩体划分为相同的单元，并利用扩展有限元将流体流动-渗流和岩体应力进行全耦合，模拟了裂缝性储层的岩体变形和裂缝延伸。此外，2013 年 Li 等[159]通过将任意拉格朗日-欧拉（arbitrary Lagrangian-Eulerian，ALE）算法引入常规有限元中，能方便地模拟裂缝扩展流-固耦合及大变形等问题，但是模型计算过程中需要进行网格重划，计算速度较慢、效率较低。

各个非常规裂缝扩展模型优劣情况如表 1-21 所示。

**表 1-21　主要非常规裂缝扩展模型对比分析**

| 扩展模型 | 时间 | 理论 | 计算方法 | 优缺点 |
| --- | --- | --- | --- | --- |
| 线网模型 | 2009 年 | 双重介质模型 | 有限差分法 | 考虑天然裂缝，未考虑应力干扰 |
| 扩展有限元模型 | 2010 年 | 扩展有限元理论 | 扩展有限元法 | 网格无须重划分，计算效率高 |
| 边界元模型 | 2008 年 | 边界元理论 | 位移不连续法 | 边界划分网格、计算速度快，未考虑流体作用 |
| 非常规裂缝模型 | 2011 年 | 边界元理论 | 位移不连续法 | 考虑随机天然裂缝，计算应力干扰存在简化 |
| 混合有限元模型 | 2013 年 | 有限元理论 | ALE 算法 | 重新划分网格、效率低 |
| 裂缝扩展模型 | 2014 年 | 边界元理论 | 位移不连续法 | 考虑了裂缝-流体干扰，计算存在简化 |

### 1.3.2.5　页岩压裂复杂裂缝支撑剂输送模拟

**1. 复杂裂缝支撑剂输送实验研究**

对于常规砂岩储层，室内实验和现场分析都认识到水力压裂形成的是对称双翼裂缝，因此，Kern 等[160]首先采用透明流动长槽模拟单翼裂缝，研究了支撑剂砂堤的建立过程。随后，基于 Kern 等[160]的实验装置，Babcock 等[161]、Shah 等[162]和 Gadde 等[163]建立了不同尺寸的单翼裂缝流动装置，并对压裂液黏度、支撑剂粒径、支撑剂浓度、支撑剂密度、实验排量、入口位置、裂缝宽度等低黏流体中支撑剂沉降和输送的影响规律进行了研究。实验结果表明，低黏流体中支撑剂在重力作用下快速沉降，以砂堤的形式运移。而砂堤的形成又分为三个阶段：①支撑剂进入裂缝后就产生沉降，随着时间推移，砂堤逐渐形成直到井壁附近达到平衡高度，即砂堤不再升高；②井壁砂堤达到平衡高度后，砂堤长度并不增加，只在离开井壁以后的砂堤高度增加，直到整个长度上都达到平衡高度；③支撑剂颗粒超过原有砂堤长度以后的裂缝继续沉降，即砂堤在长度方向上以平衡高度的形态向前推进。

而对于页岩储层，由于天然裂缝的大量存在和体积压裂改造工艺的使用，水力压裂形成的是复杂的裂缝网络。目前，关于复杂裂缝中支撑剂输送的实验研究还较少，主要探讨了支撑剂由主缝进入次缝的运移机理。Dayan 等[164]通过在单翼裂缝实验装置上再增加一条平行次缝，首先研究了支撑剂在复杂裂缝中的输送和运移规律，研究结果表明，只有当流动速度大于某个临界流速，支撑剂才能由主缝进入次缝。随后，Sahai 等[165]用一系列主缝、次缝组合的裂缝形态代表复杂缝网，系统地研究了支撑剂在页岩复杂缝网中的输送规律。他们指出支撑剂由主缝向次缝运移受到两种机理的控制：当主缝流速大于某个临界流速时，支撑剂可被流体携带进入次缝；否则，支撑剂只能在主缝形成砂堤后在重力的作用下滚落进入次生裂缝。Alotaibi 等[166]进一步增强了复杂裂缝装置的复杂程度，建立了一个由 1 条主缝、3 条次级裂缝和 2 条三级裂缝组成的复杂裂缝装置，实验结果表明，当裂缝宽度为支撑剂粒径 3 倍以上时，增加裂缝宽度对支撑剂的沉降和运移影响非常小。

**2. 复杂裂缝支撑剂输送数值研究**

目前，关于支撑剂输送数值模拟的研究主要集中在单翼裂缝，不同学者采用了不同的方法对该问题进行了研究，研究参数包括压裂液黏度、支撑剂粒径、支撑剂浓度、支撑剂密度、实验排量、入口位置、裂缝宽度等。Wang 等[167]首先采用基于拉格朗日-欧拉描述的直接数值模拟方法，模拟了单翼裂缝中支撑剂颗粒在牛顿以及非牛顿流体中的自由沉降。Gadde 等[163]、Liu[168]采用有限元方法，将裂缝扩展与支撑剂输送耦合起来，研究了支撑剂在单翼裂缝中的沉降和输送规律，指出压裂液黏度较低时必须考虑支撑剂沉降。随后，张涛等[169]采用欧拉双流体模型，通过将支撑剂处理成一种拟流体，建立了压裂液-支撑剂在单翼裂缝中的欧拉双流体模型。Christopher 等[170]、Zeng 等[171]采用计算流体力学（computational fluid dynamics，CFD）离散元方法（discrete element method，DEM）耦合的方法，研究了单翼裂缝中支撑剂在清水和冻胶压裂液中的沉降和输送规律。

而对于页岩复杂裂缝中支撑剂输送的数值模拟研究还较少。Tsai 等[172]基于计算流体力学，分别采用大涡模型和拉格朗日方法模拟压裂液的流动和支撑剂的输送，研究了支撑剂在页岩气清水压裂中的沉降。Shrivastava 等[173]在 Gadde 等的基础上，进一步考虑天然裂缝和层理的存在，分析了支撑剂在复杂裂缝中的输送规律。模拟结果表明，需要保证张开层理被支撑剂支撑，并且压后支撑剂沉降对复杂裂缝网络的有效性影响很大。

综上所述，关于支撑剂输送的研究还是主要集中在常规的单翼裂缝，页岩复杂裂缝网络支撑剂输送的研究还处于起步阶段，且裂缝形态考虑得较为简单，需要在提高裂缝形态特征认识的基础上，进一步考虑次缝角度、水平次缝等的影响。同时，需要进一步明确支撑剂由主缝进入次缝的控制机理，确定支撑剂被压裂液携带进入次缝的临界流速，以及临界流速的影响因素。

## 1.3.2.6 页岩压裂水相自吸机理与返排优化

**1. 页岩气藏压后返排特征**

常规油气藏压裂施工结束时，裂缝尚未闭合，支撑剂也尚未沉降。若返排过早、返排速率过快，支撑剂回流入井筒，造成裂缝有效缝长和缝宽的损失，同时带来井下作业的一系列负面影响。若返排过晚、返排速率过慢，压裂液长时间滞留于地层，压裂液中高分子残渣、水相侵入引发的黏土膨胀等作用均会引起储层伤害。因此，常规油气藏压后返排优化目标明确，就是在防止支撑剂回流的情况下，提高返排率，提高产量。

区别于常规砂岩，页岩具有孔喉尺度小、低孔致密、组分多元、多重孔隙并存、天然弱面发育等地质特征。页岩压裂在压裂缝特征、压裂液的流体性质方面也不同于砂岩储层压裂。页岩压裂用液量大，裂缝形态整体为复杂网络裂缝，裂缝比表面大，且页岩压裂所用的压裂液以低黏度的滑溜水为主（图 1-51）。

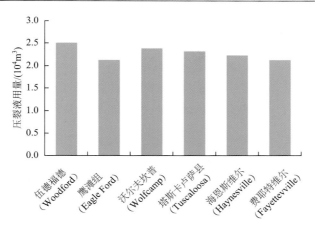

图 1-51 北美地区页岩单井用液量

由于在地质特征、压裂缝面积、压裂液性能等方面的差异，页岩表现出完全不同于常规储层的压后返排特征：压裂液返排率低（表 1-22）、产气量与返排率呈负相关关系[174]（图 1-52）、闷井后产水量降低而产气量增加[175,176]、返排液气水比曲线呈"V"形[174,177]等。以上特殊的返排现象说明压裂液在页岩孔隙中的运移机理不同于常规储层。

表 1-22 国内外页岩区块返排率统计

| 北美页岩返排率/% | | 国内页岩返排率/% | |
| --- | --- | --- | --- |
| 巴尼特页岩/马塞勒斯页岩（Barrnet/Marcelus）[178] | 50 | 威远龙马溪组 | 40.3 |
| 霍恩河页岩（Horn River）[179] | 25～5 | 永川龙马溪组 | 34.3 |
| 海恩斯维尔页岩（Haynesville）[178] | 5 | 长宁龙马溪组 | 12.7 |
| 鹰滩组页岩（Eagle Ford）[180] | <20 | 涪陵龙马溪组 | 3.9 |
| 北美各页岩区块平均值[181] | 7～10 | — | — |

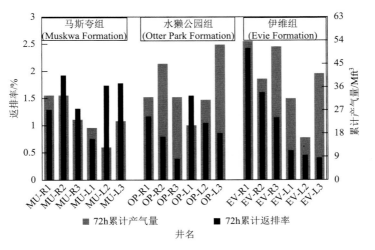

图 1-52 霍恩河（Horn River）页岩产量和返排率对比

（注：1ft³ = 28.3L）

页岩组分复杂、微观结构特殊，尤其是黏土含量高、黏土孔缝和层理发育。水相吸入对微观结构会产生特殊的影响。目前对于吸水对页岩物性参数的影响是否有利尚无一致认识[181-183]（图 1-53）：传统观点认为页岩吸水引起侵入区含水饱和度增加、黏土膨胀充填孔隙，降低基质和天然裂缝的渗透率；近年另一种观点认为吸水后黏土膨胀、孔隙压力增加、力学强度弱化等因素会诱发微裂缝的起裂扩展，进而改善页岩的渗透性。

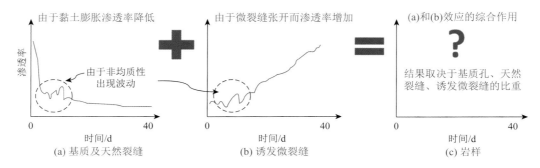

图 1-53　页岩吸水对渗透率的影响示意图

页岩压裂后返排存在两个最突出的工程问题：对页岩压后返排率（吸水强弱）的关键控制因素认识不清；返排率的高低（吸水量大小）对地层物性的影响规律认识不清。由于存在以上两个问题，现场返排工作制度优化目标不明确，如是否需要进行闷井目前难以回答。

**2. 页岩气藏压后返排控制机理**

页岩压裂液低返排率的控制因素主要包括：页岩自发渗吸效应[174, 184-186]、压裂裂缝中气水两相的不稳定驱替和重力分异[187-189]、次级裂缝中水相滞留[190]。其中自发渗吸效应是页岩压裂后返排规律不同于常规储层的主要因素。

自发渗吸（简称自吸）指的是多孔介质在毛管压力驱动下自发地吸入某种润湿液体的过程[191, 192]（图 1-54）。该定义最初指的是毛管自吸，即反映的是动力为毛管力的现象。针对页岩储层，自吸的动力除了毛管力，还有渗透压等作用力[193]。

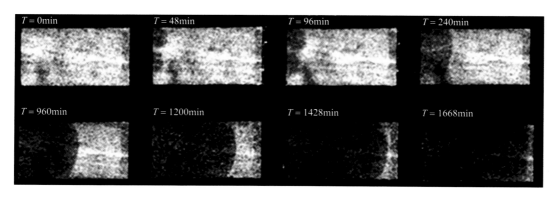

图 1-54　核磁共振监测水相在贝雷砂岩中的自吸过程[194]

目前对页岩水相自吸的研究以实验为主（图 1-55），主要包括页岩自吸能力的影响因素分析、自吸后页岩诱导裂缝宏观分析、自吸作用力的定性讨论三个方面。

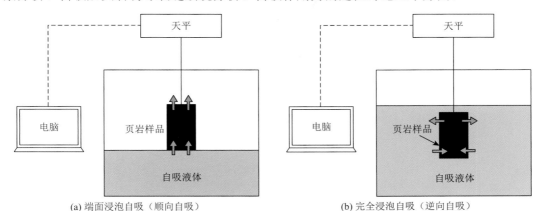

(a) 端面浸泡自吸（顺向自吸）　　　　　　　　(b) 完全浸泡自吸（逆向自吸）

图 1-55　直接称重法自吸实验

目前实验研究主要集中于自吸能力的影响因素上，尽管分析了岩样组分[195]、液体类型[196]、各向异性[196]、自吸方式[197, 198]、电测参数[185]等方面，但在页岩多重孔隙混合润湿性、孔隙尺度及孔径分布、考虑围压自吸监测等方面的研究较少。在自吸后诱导微裂缝、孔隙度、渗透率变化方面，围压有限。在诱导裂缝破坏机理分析方面，均观测到微裂缝的产生[196]，宏观分析较多，微观分析、定量分析较少。在自吸作用力方面，实验观测到毛管力和渗透压共同影响自吸过程[199]，但尚未结合页岩孔径分布、复杂矿物组分、多重孔隙，开展页岩毛管力和渗透压力定量表征及实验对比分析。

页岩返排及自吸的理论研究较少，目前主要采用油藏数值模拟器，模拟分析工作制度对水相置换、返排动态和气水生产的影响。结果表明，毛管力、渗透压、相渗曲线改变是控制气水动态的主要机制。通过增加裂缝复杂程度和关井时间可以增强气水置换，返排率降低，产气增加。

目前返排动态研究中的毛管力都采用与含水饱和度的拟合关系来间接考虑，并非基于真实岩石孔径分布的毛管力计算模型。对于渗透压的模拟文献较少，尤其是渗透压中关键参数半透膜效率并无定量模型描述。目前的返排模拟仅能考虑多相之间渗流置换，尚无法考虑页岩自吸后诱导微裂缝等破坏行为及对地层物性的影响。

自吸模型方面，目前研究页岩自吸的自吸模型较少，但在传统砂岩或其他多孔介质方面，主要有 Lucas-Washburn 模型系列[200]、Handy 模型系列[201, 202]、Terzaghi 模型系列[203]、分形自吸模型[204-206]。Handy 模型和 Terzaghi 模型为宏观半经验性模型，无法反映微观流动特征；LW 模型从毛管流动出发，物理意义明确；分形自吸模型可解决孔隙跨尺度问题，值得借鉴。目前的自吸模型仅考虑了毛管力，对页岩的基本结构特征、流动特征、渗透压等尚无考虑。

在页岩返排及自吸优化方面，亟须明确水相在页岩复杂微观孔隙结构条件下的自吸流动规律，以及吸入水相对页岩物性（微观结构）的物理化学作用，最后形成自吸流动与力学变化的动态耦合预测方法，为返排优化提供定量指导（图 1-56）。

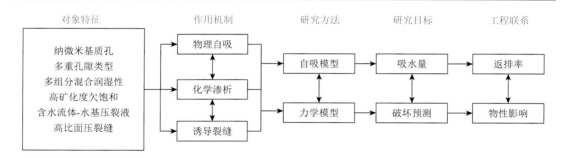

图 1-56　页岩返排及自吸作用机理示意图

# 参 考 文 献

[1] 《页岩气地质与勘探开发实践丛书》编委会. 中国页岩气地质研究进展[M]. 北京：石油工业出版社，2011.

[2] Curtis J B. Fractured shale-gas systems[J]. AAPG Bulletin，2002，86（11）：1921-1938.

[3] 张金川，金之钧，袁明生. 页岩气成藏机理和分布[J]. 天然气工业，2004，24（7）：15-18.

[4] 邹才能. 非常规油气地质[M]. 北京：地质出版社，2011.

[5] 肖钢. 页岩气及其勘探开发[M]. 北京：高等教育出版社，2012.

[6] EIA. World shale gas resources：an initial assessment of 14 regions outside the United States[R]. 2011.

[7] Albrycht I，Boyfield K，Jankowski J M，et al. Unconventional gas：a chance for Poland and Europe? Analysis and recommendations[R]. 2011.

[8] Kuuskraa V，Stevens S. Worldwide gas shales and unconventional gas：astatus report[R]. Advanced Resources International，Inc. 2009.

[9] 董大忠，高世葵，黄金亮，等. 论四川盆地页岩气资源勘探开发前景[J]. 天然气工业，2014，34（12）：1-15.

[10] 董大忠，王玉满，黄旭楠，等. 中国页岩气地质特征、资源评价方法及关键参数[J]. 天然气地球科学，2016，27（9）：1583-1601.

[11] 陈新军，包书景，侯读杰，等. 页岩气资源评价方法与关键参数探讨[J]. 石油勘探与开发，2012，39（5）：567-571.

[12] 董大忠，邹才能，李建忠，等. 页岩气资源潜力与勘探开发前景[J]. 地质通报，2011，30（2）：324-336.

[13] 邹才能，董大忠，王社教，等. 中国页岩气形成机理、地质特征及资源潜力[J]. 石油勘探与开发，2010，37（6）：641-653.

[14] 刘洪林，王红岩，刘人和，等. 中国页岩气资源及其勘探潜力分析[J]. 地质学报，2010，84（9）：1374-1378.

[15] 张大伟. 加快中国页岩气勘探开发和利用的主要路径[J]. 天然气工业，2011，31（5）：1-5.

[16] 董大忠，邹才能，杨桦，等. 中国页岩气勘探开发进展与发展前景[J]. 石油学报，2012，33（s1）：107-114.

[17] 张大伟. 全国页岩气资源潜力调查评价[M]. 北京：地质出版社，2012.

[18] EIA. Technically recoverable shale oil and shale gas resources：an assessment of 137 shale formations in 41 countries outside the United States[J]. Natural Gas Industry，2013（5）：3.

[19] 齐亚东，刘志远，瞿云华. 页岩气的开发[J]. 科技导报，2016，34（23）：18-27.

[20] 张金川，姜生玲，唐玄，等. 我国页岩气富集类型及资源特点[J]. 天然气工业，2009，29（12）：109-114.

[21] 贾爱林，位云生，金亦秋. 中国海相页岩气开发评价关键技术进展[J]. 石油勘探与开发，2016（6）：949-955.

[22] 谢小国，杨筱. 页岩气储层特征及测井评价方法[J]. 煤田地质与勘探，2013（6）：27-30.

[23] 秦建中，刘宝泉，国建英，等. 关于碳酸盐烃源岩的评价标准[J]. 石油实验地质，2004，26（3）：281-286.

[24] 郭小文，何生. 珠江口盆地番禺低隆起-白云凹陷恩平组烃源岩特征[J]. 油气地质与采收率，2006，13（1）：31-33.

[25] 金强，查明，赵磊. 柴达木盆地西部第三系盐湖相有效生油岩的识别[J]. 沉积学报，2001，19（1）：125-129.

[26] 傅家谟. 干酪根地球化学[M]. 广州：广东科技出版社，1995.

[27] Clarkson C R，Solano N，Bustin R M，et al. Pore structure characterization of North American shale gas reservoirs using USANS/SANS，gas adsorption，and mercury intrusion[J]. Fuel，2013，103：607-616.

[28]　Kuila U，McCarty D K，Derkowski A，et al. Nano-scale texture and porosity of organic matter and clay minerals in organic-rich mudrocks[J]. Fuel，2014，135：359-373.

[29]　李昂，丁文龙，张国良，等. 滇东地区马龙区块筇竹寺组海相页岩储层特征及对比研究[J]. 地学前缘，2016（2）：177-189.

[30]　张晓明，石万忠，徐清海，等. 四川盆地焦石坝地区页岩气储层特征及控制因素[J]. 石油学报，2015（8）：927-939.

[31]　Sing K S W. Reporting physisorption data for gas/solid systems with special reference to the determination of surface area and porosity，IUPAC[J]. Pure & Applied Chemistry，1985，57（4）：603-619.

[32]　Labani M M，Rezaee R，Saeedi A，et al. Evaluation of pore size spectrum of gas shale reservoirs using low pressure nitrogen adsorption，gas expansion and mercury porosimetry：a case study from the Perth and Canning Basins，Western Australia[J]. Journal of Petroleum Science and Engineering，2013，112：7-16.

[33]　赵振国. 吸附作用应用原理[M].北京：化学工业出版社，2005.

[34]　Chen Q，Zhang J，Tang X，et al. Relationship between pore type and pore size of marine shale：an example from the Sinian-Cambrian formation，upper Yangtze region，South China[J]. International Journal of Coal Geology，2016，158：13-28.

[35]　Kuila U，Prasad M. Specific surface area and pore-size distribution in clays and shales[J]. Geophysical Prospecting，2013，61（2）：341-362.

[36]　Naraghi M E，Javadpour F. A stochastic permeability model for the shale-gas systems[J]. International Journal of Coal Geology，2015，140：111-124.

[37]　Lin B，Chen M，Jin Y，et al. Modeling pore size distribution of southern Sichuan shale gas reservoirs[J]. Journal of Natural Gas Science and Engineering，2015，26：883-894.

[38]　李军，金武军，王亮，等. 利用核磁共振技术确定有机孔与无机孔孔径分布——以四川盆地涪陵地区志留系龙马溪组页岩气储层为例[J]. 石油与天然气地质，2016（1）：129-134.

[39]　陈叶，高向东，韩文龙，等. 页岩储层天然裂缝发育特征概述[J]. 西部探矿工程，2015，27（2）：73-75.

[40]　吴元燕，吴胜和，蔡正旗. 油矿地质学 [M]. 第3版. 北京：石油工业出版社，2005.

[41]　朱利锋，翁剑桥，吕文雅. 四川长宁地区页岩储层天然裂缝发育特征及研究意义[J]. 地质调查与研究，2016，39（2）：104-110.

[42]　张金功，袁政文. 泥质岩裂缝油气藏的成藏条件及资源潜力[J]. 石油与天然气地质，2002，23（4）：337-338.

[43]　龙鹏宇，张金川，唐玄，等. 泥页岩裂缝发育特征及其对页岩气勘探和开发的影响[J]. 天然气地球科学，2011，22（3）：525-532.

[44]　李秋生，高锐，王海燕，等. 川东北-大巴山盆山体系岩石圈结构及浅深变形耦合[J]. 岩石学报，2011，27（3）：612-620.

[45]　王玉满，李新景，董大忠，等. 海相页岩裂缝孔隙发育机制及地质意义[J]. 天然气地球科学，2016，27（9）：1602-1610.

[46]　何更生，唐海. 油层物理[M]. 第2版. 北京：石油工业出版社，2011.

[47]　沈旭. 浮选技术[M]. 重庆：重庆大学出版社，2011.

[48]　刘晓文，胡岳华，邱冠周，等.3种二八面体型层状硅酸盐矿物的润湿性研究[J]. 矿物岩石，2005（1）：10-13.

[49]　Chalmers G，Bustin M. The effects and distribution of moisture in gas shale reservoir systems[C].AAPG ACE，2010.

[50]　Ruppert L F，Sakurovs R，Blach T P，et al. A USANS/SANS study of the accessibility of pores in the barnett shale to methane and water[J]. Energy & Fuels，2013，27（2）：772-779.

[51]　村田逞诠. 煤的润湿性研究及其应用[M]. 朱春笙，译. 北京：煤炭工业出版社，1992.

[52]　Hu Y，Devegowda D，Sigal R. A microscopic characterization of wettability in shale kerogen with varying maturity levels[J]. Journal of Natural Gas Science and Engineering，2016，33：1078-1086.

[53]　Vandenbroucke M，Largeau C. Kerogen origin，evolution and structure[J]. Organic Geochemistry，2007，38（5）：719-833.

[54]　Mokhtari M，Alqahtani A A，Tutuncu A N，et al. Stress-dependent permeability anisotropy and wettability of shale resources，2013[C]. Unconventional Resources Technology Conference，2013：2713-2728.

[55]　Cassie A B D，Baxter S. Wettability of porous surfaces[J]. Transaction of the Faraday Society，1944，40：547-551.

[56]　Schön J H. Physical Properties of Rocks：A Workbook，Handbook of Petroleum Exploration and Production [M]. Amsterdam：Elsevier，2011.

[57] Boyd C E. Bottom Soils，Sediment，and Pond Aquaculture[M]. US：Springer，1995.

[58] 刘向君，熊健，梁利喜，等. 川南地区龙马溪组页岩润湿性分析及影响讨论[J]. 天然气地球科学，2014，25（10）：1644-1652.

[59] Teklu T W，Alameri W，Kazemi H，et al. Contact angle measurements on conventional and unconventional reservoir cores[C]. Unconventional Resources Technology Conference，2015.

[60] 刘洪林，王红岩. 中国南方海相页岩超低含水饱和度特征及超压核心区选择指标[J]. 天然气工业，2013，33（7）：140-144.

[61] Bennion B D，Thomas F B，Bietz R F，et al. Remediation of water and hydrocarbon phase trapping problems in low permeability gas reservoirs[J]. Journal of Canadian Petroleum Technology，1999，38（8）：39-48.

[62] 李玉喜，乔德武，姜文利，等. 页岩气含气量和页岩气地质评价综述[J]. 地质通报，2011，30（z1）：308-317.

[63] 刘洪林，王红岩. 中国南方海相页岩吸附特征及其影响因素[J]. 天然气工业，2012，32（9）：5-9.

[64] 郭伟，刘洪林，李晓波，等. 滇东北黑色岩系储层特征及含气性控制因素[J]. 天然气工业，2012，32（9）：29-34.

[65] 张金川，薛会，张德明，等. 页岩气及其成藏机理[J]. 现代地质，2003，17（4）：466.

[66] 李世臻，乔德武，冯志刚，等. 世界页岩气勘探开发现状及对中国的启示[J]. 地质通报，2010，29（6）：918-924.

[67] 王永辉，卢拥军，李永平，等. 非常规储层压裂改造技术进展及应用[J]. 石油学报，2012，33（s1）：149-158.

[68] 刘广峰，王文举，李雪娇，等. 页岩气压裂技术现状及发展方向[J]. 断块油气田，2016，23（2）：235-239.

[69] 王中华. 国内页岩气开采技术进展[J]. 中外能源，2013，18（2）：23-32.

[70] 吴奇，胥云，王腾飞，等. 增产改造理念的重大变革——体积改造技术概论[J]. 天然气工业，2011，31（4）：7-12.

[71] 吴奇，胥云，王晓泉，等. 非常规油气藏体积改造技术——内涵、优化设计与实现[J]. 石油勘探与开发，2012，39（3）：352-358.

[72] 赵金洲，许文俊，李勇明，等. 页岩气储层可压性评价新方法[J]. 天然气地球科学，2015，26（6）：1165-1172.

[73] Guo J C，Zhao Z H，He S G，et al. A new method for shale brittleness evaluation[J]. Environmental Earth Sciences，2015，73（10）：5855-5865

[74] Jarvie D，Hill R，Ruble T，et al. Unconventional shale-gas systems: the Mississippian Barnett Shale of north-central Texas as one model for thermogenic shale-gas assessment[J]. Am Assoc Pet Geol Bull，2007（91）：475-499.

[75] Rickman R，Mullen M J，Petre J E，et al. A practical use of shale petrophysics for stimulation design optimization: all shale plays are not clones of the Barnett shale[C]. SPE Annual Technical Conference and Exhibition，Colorado，USA，2008. SPE 115258.

[76] Warpinski N R，Teufel L W. Influence of geologic discontinuities on hydraulic fracture propagation（includes associated papers 17011 and 17074）[J]. Journal of Petroleum Technology，1987，39（2）：209-220.

[77] Mahrer K D，Aud W W，Hansen J T. Far-field hydraulic fracture geometry: a changing paradigm[C]. SPE Annual Technical Conference and Exhibition，Denver，Colorado，1996，SPE 36441.

[78] McDaniel B W，McMechan D E，Stegent N A. Proper use of proppant slugs and viscous gel slugs can improve proppant placement during hydraulic fracturing applications[C]. SPE Annual Technical Conference and Exhibition，New Orleans，Louisiana，2001，SPE 71661.

[79] Fisher M K，Wright C A，Davidson B M，et al. Integrating fracture mapping technologies to improve stimulations in the Barnett shale[J]. SPE Production & Facilities，2005，20（2）：85-93.

[80] Warpinski N R，Mayerhofer M J，Vincent M C，et al. Stimulating unconventional reservoirs: maximizing network growth while optimizing fracture conductivity[J]. Journal of Canadian Petroleum Technology，2009，48（10）：39-51.

[81] Xu W，Thiercelin M J，Walton I C. Characterization of hydraulically-induced shale fracture network using an analytical/semi-analytical model[C]. SPE Annual Technical Conference and Exhibition，New Orleans，Louisiana，2009，SPE 124697.

[82] Meyer B R，Bazan L W. A discrete fracture network model for hydraulically induced fractures-theory，parametric and case studies[C]. SPE Hydraulic Fracturing Technology Conference. The Woodlands，Texas，USA，2011，SPE 140514.

[83] Weng X，Kresse O，Cohen C，et al. Modeling of hydraulic-fracture-network propagation in a naturally fractured formation[J]. SPE Production & Operations，2011，26（4）：368-380.

[84] Wang S, Yu B. Analysis of seepage for power-law fluids in the fractal-like tree network[J]. transport in porous media, 2011, 87 (1): 191-206.

[85] Cooke C E. Conductivity of fracture proppants in multiple layers[J]. Journal of Petroleum Technology, 1973, 25 (9): 1101-1107.

[86] Penny G S. An evaluation of the effects of environmental conditions and fracturing fluids upon the long-term conductivity of proppants[C]. SPE Technical Conference and Exhibition, 1987.

[87] 肖勇军, 郭建春, 王文耀, 等. 不同粒径组合支撑裂缝导流能力实验研究[J]. 断块油气田, 2009, 16 (3): 102-104.

[88] 温庆志, 张士诚, 王秀宇, 等. 支撑裂缝长期导流能力数值计算[J]. 石油钻采工艺, 2005, 27 (4) 68-70.

[89] Awoleke O, Romero J, Zhu D. Experimental Investigation of propped fracture conductivity in tight gas reservoirs using factorial design[C]. SPE 151963, 2012.

[90] 王春鹏, 张士诚, 王雷, 等. 煤层气井水力压裂裂缝导流能力实验评价[J].中国煤层气, 2006, 3 (1): 17-20.

[91] 张士诚, 牟善波, 张劲, 等. 煤岩对压裂裂缝长期导流能力影响的实验研究[J].地质学报, 2008, 82 (10): 1444-1449.

[92] 卢聪, 郭建春, 王文耀, 等. 支撑剂嵌入及对裂缝导流能力损害的实验[J].天然气工业, 2008, 28 (2): 99-101.

[93] 郭建春, 卢聪, 赵金洲. 支撑剂嵌入程度的实验研究[J].煤炭学报, 2008, 33 (6): 661-664.

[94] 周健, 陈勉, 金衍, 等. 压裂中天然裂缝剪切破坏机制研究[J]. 岩石力学与工程学报, 2008 (S1): 2637-2641.

[95] 邹雨时, 张士诚, 马新仿. 页岩压裂剪切裂缝形成条件及其导流能力研究[J]. 科学技术与工程, 2013 (18): 5152-5157.

[96] 邹才能, 杨智, 崔景伟, 等.页岩油形成机制、地质特征及发展对策[J].石油勘探与开发, 2013, 40 (1): 14-25.

[97] Bandis S C, Lumsden A C, Barton N R. Fundamentals of rock joint deformation[J]. International Journal of Rock Mechanics & Mining Sciences & Geomechanics Abstracts, 1983, 20 (6): 249-268.

[98] Olsson W A, Brown S R. Hydromechanical response of a fracture undergoing compression and shear[J]. International Journal of Rock Mechanics & Mining Science & Geomechanics Abstracts, 1993, 30 (7): 845-851.

[99] Dam D B V, Pater C J D. Roughness of hydraulic fractures: the importance of in-situ stress and tip processes[J]. SPE Journal, 1999, 6 (1): 4-13.

[100] Fredd C N, Mcconnell S B, Boney C L, et al. Experimental study of fracture conductivity for water-fracturing and conventional fracturing applications[J]. SPE Journal, 2001, 6 (3): 288-298.

[101] Morales R H, Suarez-Rivera R, Edelman E. Experimental evaluation of hydraulic fracture impairment in shale reservoirs[J]. Diabetes & Metabolism, 2011, 25 (4): 334-340.

[102] Ramurthy M, Barree R D, Kundert D P, et al. Surface-area vs. conductivity-type fracture treatments in shale reservoirs[J]. SPE Production & Operations, 2011, 26 (4): 357-367.

[103] Zhang J, Kamenov A, Zhu D, et al. Laboratory measurement of hydraulic fracture conductivities in the Barnett Shale[J]. SPE Production & Operations, 2014, 29 (3): 1-12.

[104] 郭保华, 李小军, 苏承东. 岩石裂隙法向循环加载本构关系实验研究[J]. 岩石力学与工程学报, 2012, 31 (s1): 2973-2980.

[105] 赵海峰, 陈勉, 金衍, 等. 页岩气藏网状裂缝系统的岩石断裂动力学[J]. 石油勘探与开发, 2012, 39 (4): 465-470.

[106] 邹雨时, 张士诚, 马新仿. 页岩压裂剪切裂缝形成条件及其导流能力研究[J]. 科学技术与工程, 2013 (18): 5152-5157.

[107] Smith H. Transport phenomena[J]. Encyclopedia of Applied Physics, 1998.

[108] Ziarani A S, Aguilera R. Knudsen's permeability correction for tight porous media[J]. Transport in Porous Media, 2012, 91 (1): 239-260.

[109] Beskok A, Karniadakis G E. Report: a model for flows in channels, pipes, and ducts at mico and nano scales[J]. Nanoscale and Microscale Thermophysical Engineering, 1999, 3 (1): 43-77.

[110] Loucks R G, Reed R M, Ruppel S C, et al. Morphology, genesis, and distribution of nanometer-scale pores in siliceous mudstones of the Mississippian Barnett shale[J]. Journal of Sedimentary Research, 2009, 79 (12): 848-861.

[111] Javadpour F, Fisher D, Unsworth M. Nanoscale gas flow in shale gas sediments[J]. Journal of Canadian Petroleum Technology, 2007, 46 (10): 55-61.

[112] Azom P N, Javadpour F. Dual-continuum modeling of shale and tight gas reservoirs[C]. SPE Paper 159584 presented at SPE

Annual Technical Conference and Exhibition，San Antonio，Texas，USA，2012.

[113] Singh H，Javadpour F，Ettehadtavakkol A，et al. Nonempirical apparent permeability of shale[J]. SPE Reservoir Evaluation & Engineering，2013，17（3）：414-424.

[114] Ma J，Sanchez J P，Wu K，et al. A pore network model for simulating non-ideal gas flow in micro- and nano-porous materials[J]. Fuel，2014，116（1）：498-508.

[115] Wu K，Li X，Wang C，et al. A model for gas transport in microfractures of shale and tight gas reservoirs[J]. Aiche Journal，2015，61（6）：2079-2088.

[116] Klinkenberg L J. The permeability of porous media to liquids and gases[J]. Socar Proceedings，1941，2（2）：200-213.

[117] Beskok A，Karniadakis G E. Report：a model for flows in channels，pipes，and ducts at Mico and nano scales[J]. Nanoscale and Microscale Thermophysical Engineering. 1999，3（1）：43-77.

[118] Civan F，Rai C S，Sondergeld C H. Shale-gas permeability and diffusivity inferred by improved formulation of relevant retention and transport mechanisms[J]. Transport in Porous Media，2011，86（3）：925-944.

[119] Adzumi H. Studies on the flow of gaseous mixtures through capillaries：I. the viscosity of binary gaseous mixtures[J]. Bulletin of the Chemical Society of Japan，1937，12（5）：199-226.

[120] Adzumi H. Studies on the flow of gaseous mixtures through capillaries：II. the molecular flow of gaseous mixtures[J]. Bulletin of the Chemical Society of Japan，1937，12（6）：285-291.

[121] Adzumi H. Studies on the flow of gaseous mixtures through capillaries：III. the flow of gaseous mixtures at medium pressures[J]. Bulletin of the Chemical Society of Japan，1937，12（6）：292-303.

[122] Ertekin，King G R，Schwerer F C. Dynamic gas slippage：a unique dual-mechanism approach to the flow of gas in tight formations[J]. SPE Formation Evaluation，2013，1（1）：43-52.

[123] Liu Q，Shen P，Yang P. Pore scale network modelling of gas slippage in tight porous media[J]. Contemporary Mathematics，2002，295：367-376.

[124] Shahri M R R，Aguilera R，Kantzas A. A new unified diffusion-viscous flow model based on pore level studies of tight gas formations[J]. SPE Journal，2012，18（1）：38-49.

[125] Wu Y S，Moridis G J，Bai B，et al. A multi-continuum model for gas production in tight fractured reservoirs[C]. SPE Paper 118944 presented at SPE Hydraulic Fracturing Technology Conference，The Woodlands，Texas，USA，2009.

[126] Wang J，Luo H，Liu H，et al. Variations of gas flow regimes and petro-physical properties during gas production considering volume consumed by adsorbed gas and stress dependence effect in shale gas reservoirs[C]. SPE Paper 174996 presented at SPE Annual Technical Conference and Exhibition，Houston，Texas，USA，2015.

[127] 孙海. 页岩气藏多尺度流动模拟理论与方法[D]. 青岛：中国石油大学（华东），2013.

[128] Ambrose R J，Clarkson C R，Youngblood J E，et al. Life-cycle decline curve estimation for tight/shale reservoirs[C]. SPE Paper 140519 presented at SPE Hydraulic Fracturing Technology Conference，The Woodlands，Texas，USA，2011.

[129] Ozkan E，Brown M L，Raghavan R，et al. Comparison of fractured-horizontal-well performance in tight sand and shale reservoirs[J]. SPE Reservoir Evaluation & Engineering，2011，14（2）：248-259.

[130] Swami V. Shale gas reservoir modeling：from nanopores to laboratory[C]. SPE Paper 163065 presented at SPE Annual Technical Conference and Exhibition，San Antonio，Texas，USA，2012.

[131] Medeiros F，Ozkan E，Kazemi H. A semianalytical approach to model pressure transients in heterogeneous reservoirs[J]. SPE Reservoir Evaluation & Engineering，2010，13（2）：341-358.

[132] Zhao J，Pu X，Li Y，et al. A semi-analytical mathematical model for predicting well performance of a multistage hydraulically fractured horizontal well in naturally fractured tight sandstone gas reservoir[J]. Journal of Natural Gas Science and Engineering，2016，32：273-291.

[133] Ren J，Guo P. Anomalous diffusion performance of multiple fractured horizontal wells in shale gas reservoirs[J]. Journal of Natural Gas Science and Engineering，2015，26：642-651.

[134] Lamont N，Jessen F W. The effects of existing fractures in rocks on the extension of hydraulic fractures[J]. SPE 419，1963.

[135] Blanton T L. An experimental study of interaction between hydraulically induced and pre-existing fractures[J]. SPE 10847, 1982.

[136] De Pater C J, Beugelsdijk L. Experiments and numerical simulation of hydraulic fracturing in naturally fractured rock[J]. SPE 05-780, 2005.

[137] Renshaw C E, Pollard D D. An experimentally verified criterion for propagation across unbounded frictional interfaces in brittle, linear elastic materials[C]. International Journal of Rock Mechanics and Mining Sciences & Geomechanics Abstracts. Pergamon, 1995, 32 (3): 237-249.

[138] Nolte K G, Smith M B. Interpretation of fracturing pressures[J]. Journal of Petroleum Technology, 1981, 33 (9): 1767-1775.

[139] Sneddon I N, Elliot H A. The opening of a griffith crack under internal pressure[J]. Quarterly of Applied Mathematics, 1946, 4 (3): 262-267.

[140] Fisher M K, Heinze J R, Harris C D, et al. Optimizing horizontal completion techniques in the Barnett shale using micro-seismic fracture mapping[C]. SPE Annual Technical Conference and Exhibition, Houston, USA, 2004. SPE90051.

[141] Nagel N B, Sanchez-Nagel M. Stress shadowing and micro-seismic events: a numerical evaluation[C]. SPE Annual Technical Conference and Exhibition, Denver, USA, 2011. SPE 147363.

[142] Weng X, Kresse O, Cohen C E, et al. Modeling of hydraulic-fracture-network propagation in a naturally fractured formation[J]. SPE Production & Operations, 2011, 26 (4): 368-380.

[143] Crouch S L. Solution of plane elasticity problems by the displacement discontinuity method: i. infinite body solution[J]. International Journal for Numerical Methods in Engineering, 1976, 10 (2): 301-343.

[144] Dahi-Taleghani A, Olson J E. Numerical modeling of multistranded-hydraulic-fracture propagation: accounting for the interaction between induced and natural fractures[J]. Society of Petroleum Engineers Journal, 2011, 16 (3): 575-581.

[145] Nagel N, Zhang F, Sanchez-Nagel M, et al. Stress shadow evaluations for completion design in unconventional plays[C]. SPE Unconventional Resources Conference Canada, Calgary, Canada, 2013. SPE167128.

[146] Roussel N P, Sharma M M. Optimizing fracture spacing and sequencing in horizontal-well fracturing[J]. SPE Production & Operations, 2011, 26 (2): 173-184.

[147] Xu W, Le Calvez J H, Thiercelin M J. Characterization of hydraulically-induced fracture network using treatment and microseismic data in a tight-gas sand formation: a geomechanical approach[C]. SPE Tight Gas Completions Conference, San Antonio, USA, 2009. SPE125237.

[148] Xu W, Thiercelin M J, Walton I C. Characterization of hydraulically-induced shale fracture network using an analytical/semi-analytical model[C]. SPE Annual Technical Conference and Exhibition, New Orleans, Louisiana, 2009. SPE124697.

[149] Xu W, Thiercelin M J, Ganguly U, et al. Wiremesh: a novel shale fracturing simulator[C]. International Oil and Gas Conference and Exhibition, Beijing, China, 2010. SPE132218.

[150] Meyer B R, Bazan L W. A discrete fracture network model for hydraulically induced fractures-theory, parametric and case studies[C]. SPE Hydraulic Fracturing Technology Conference, the Woodlands, USA, 2011. SPE140514.

[151] Kresse O, Weng X, Gu H, et al. Numerical modeling of hydraulic fractures interaction in complex naturally fractured formations[J]. Rock mechanics and rock engineering, 2013, 46 (3): 555-568.

[152] Wu K, Olson J. Mechanics analysis of interaction between hydraulic and natural fractures in shale reservoirs[C]. Unconventional Resources Technology Conference, Denver, USA, 2014.

[153] Moës N, Dolbow J, Belytschko T. A finite element method for crack growth without remeshing[J]. International Journal for Numerical Methods in Engineering, 1999, 46 (1): 131-150.

[154] Dahi-Taleghani A, Olson J E. Numerical modeling of multistranded-hydraulic-fracture propagation: accounting for the interaction between induced and natural fractures[J]. Society of Petroleum Engineers Journal, 2011, 16 (3): 575-581.

[155] Keshavarzi R, Mohammadi S. A new approach for numerical modeling of hydraulic fracture propagation in naturally fractured reservoirs[C]. SPE/EAGE European Unconventional Resources Conference and Exhibition, Vienna, Austria, 2012. SPE 152509.

[156] Gordeliy E，Peirce A. Coupling schemes for modeling hydraulic fracture propagation using the xfem[J]. Computer Methods in Applied Mechanics and Engineering，2013，253（6）：305-322.

[157] Mohammadnejad T，Khoei A R. An extended finite element method for hydraulic fracture propagation in deformable porous media with the cohesive crack model[J]. Finite Elements in Analysis and Design，2013，73（4）：77-95.

[158] Lamb A R，Gorman G J，Elsworth D. A fracture mapping and extended finite element scheme for coupled deformation and fluid flow in fractured porous media[J]. International Journal for Numerical and Analytical Methods in Geomechanics，2013，37（17）：2916-2936.

[159] Li Y，Wei C，Qi G，et al. Numerical simulation of hydraulically induced fracture network propagation in shale formation[C]. International Petroleum Technology Conference，Beijing，China，2013.

[160] Kern K，Perkins T K，Wyant R E. The mechanics of sand movement in fracturing[J]. Journal of Petroleum Technology，1959，11（7）：55-57.

[161] Babcock R E，Prokop C L，Kehle R O. Distribution of propping agents in vertical fractures[J]. America Petroleum Institute （API）Publication（United States），1967，851-41-a.

[162] Shah S N，Asadi M，Lord D L. Proppant transport characterization of hydraulic fracturing fluids using a high pressure simulator integrated with a fiber optic/led vision system[C]. SPE Annual Technical Conference and Exhibition，New Orleans，USA，2001. SPE 69210.

[163] Gadde P B，Liu Y，Jay N，et al. Modeling proppant settling in water-fracs[C]. SPE Annual Technical Conference and Exhibition，Houston，Texas，USA，2004. SPE 89875.

[164] Dayan A，Stracener S M，Clark P E. Proppant transport in slickwater fracturing of shale gas formations[C]. SPE Annual Technical Conference and Exhibition，New Orleans，USA，2009. SPE 125068.

[165] Sahai R，Miskimins J L，Olson K E. Laboratory results of proppant transport in complex fracture systems[C]. SPE Hydraulic Fracturing Technology Conference，Woodlands，Texas，USA，2014. SPE 168579.

[166] Alotaibi M A，Miskimins J L. Slickwater proppant transport in complex fractures：new experimental findings & scalable correlation[C]. SPE Technical Conference and Exhibition，2015.

[167] Wang J，Joseph D D，Patankar N A，et al. Bi-power law correlations for sediment transport in pressure driven channel flows[J]. International Journal of Multiphase Flow，2003（3）：475-494.

[168] Liu Y. Settling and hydrodynamic retardation of proppants in hydraulic fractures[J]. Dissertations & Theses-Gradworks，2006.

[169] 张涛，郭建春，刘伟. 清水压裂中支撑剂输送沉降行为的 CFD 模拟[J]. 成都：西南石油大学学报（自然科学版），2014（1）：74-82.

[170] Christopher A J，Blyton，Deepen P G，et al. A comprehensive study of proppant transport in a hydraulic fracture[C]. SPE Annual Technology Conference & Exhibition，Houston，Texas，USA，2015. SPE 174973.

[171] Zeng J，Li H，Zhang D. Numerical simulation of proppant transport in hydraulic fracture with the upscaling CFD-DEM method[J]. Journal of Natural Gas Science & Engineering，2016，33：264-277.

[172] Tsai K，Fonseca E，Lake E，et al. Advanced computational modeling of proppant settling in water fractures for shale gas production[C]. SPE Hydraulic Fracturing Technology Conference & Exhibition，Woodlands，Texas，USA，2012. SPE151607.

[173] Shrivastava K，Sharma M M. Proppant transport in complex fracture networks[C]. SPE Hydraulic Fracturing Technology Conference & Exhibition，Woodlands，Texas，USA，2018. SPE 189895.

[174] Ghanbari E，Dehghanpour H. The fate of fracturing water：a field and simulation study[J]. Fuel，2016，163：282-294.

[175] Cheng Y. Impact of water dynamics in fractures on the performance of hydraulically fractured wells in gas shale reservoirs[J]. Journal of Canadian Petroleum Technology，2012，51（2）：143-151.

[176] Zolfaghari A，Dehghanpour H，Ghanbari E，et al. Fracture characterization using flowback salt-concentration transient[J]. SPE Journal，2016：234-244.

[177] Abbasi M，Dehghanpour H，Hawkes R V. Flowback analysis for fracture characterization[C]. SPE Canadian Unconventional Resources Conference，Calgary，Alberta，Canada，2012.

[178] King G E. Hydraulic Fracturing 101：what every representative，environmentalist，regulator，reporter，investor，university researcher，neighbor and engineer should know about estimating frac risk and improving frac performance in unconventional gas and oil wells[C]. SPE Hydraulic Fracturing Technology Conference，The Woodlands，Texas，USA，2012.

[179] Fakcharoenphol P，Torcuk M A，Wallace J，et al. Managing shut-in time to enhance gas flow rate in hydraulic fractured shale reservoirs：a simulation study[C]. SPE，2013.

[180] Nicot J，Scanlon B R. Water use for shale-gas production in Texas，U.S.[J]. Environmental Science & Technology，2012，46（6）：3580-3586.

[181] Singh H. A critical review of water uptake by shales[J]. Journal of Natural Gas Science and Engineering，2016，34：751-766.

[182] Zhou Z，Abass H，Li X，et al. Experimental investigation of the effect of imbibition on shale permeability during hydraulic fracturing[J]. Journal of Natural Gas Science and Engineering，2016，29：413-430.

[183] Ghanbari E，Dehghanpour H. Impact of rock fabric on water imbibition and salt diffusion in gas shales[J]. International Journal of Coal Geology，2015，138：55-67.

[184] Dehghanpour H，Lan Q，Saeed Y，et al. Spontaneous imbibition of brine and oil in gas shales：effect of water adsorption and resulting microfractures[J]. Energy & Fuels，2013，27（6）：3039-3049.

[185] Dehghanpour H，Zubair H A，Chhabra A，et al. Liquid intake of organic shales[J]. Energy & Fuels，2012，26（9）：5750-5758.

[186] Roshan H，Ehsani S，Marjo C E，et al. Mechanisms of water adsorption into partially saturated fractured shales：an experimental study[J]. Fuel，2015，159：628-637.

[187] Parmar J，Dehghanpour H，Kuru E. Unstable displacement：a missing factor in fracturing fluid recovery[C]. SPE Canadian Unconventional Resources Conference，Calgary，Alberta，Canada，2012. SPE 162649.

[188] Kuru E，Parmar J S，Dehghanpour H. Drainage against gravity：factors impacting the load recovery in fractures[C]. SPE Unconventional Resources Conference，The Woodlands，Texas，USA，2013. SPE 164530.

[189] Parmar J，Dehghanpour H，Kuru E. Displacement of water by gas in propped fractures：combined effects of gravity，surface tension，and wettability[J]. Journal of Unconventional Oil and Gas Resources，2014，5：10-21.

[190] Fan L，Thompson J W，Robinson J R. Understanding gas production mechanism and effectiveness of well stimulation in the haynesville shale through reservoir simulation[C]. Canadian Unconventional Resources and International Petroleum Conference，Calgary，Alberta，Canada，2010. SPE 136696.

[191] 蔡建超，郁伯铭. 多孔介质自发渗吸研究进展[J]. 力学进展，2012（6）：735-754.

[192] 郁伯铭. 分形多孔介质输运物理[M]. 北京：科学出版社，2014.

[193] Zhou Z，Abass H，Li X，et al. Mechanisms of imbibition during hydraulic fracturing in shale formations[J]. Journal of Petroleum Science and Engineering，2016，141：125-132.

[194] Fernø M A，Haugen A，Wickramathilaka S，et al. Magnetic resonance imaging of the development of fronts during spontaneous imbibition[J]. Journal of Petroleum Science and Engineering，2013，101：1-11.

[195] Mokhtari M，Alqahtani A A，Tutuncu A N，et al. Stress-dependent permeability anisotropy and wettability of shale resources[C]. Unconventional Resources Technology Conference，Denver，Colorado，USA，2013. URTEC 1555068.

[196] Makhanov K K. An experimental study of spontaneous imbibition in horn river shales[D]. Alberta：University of Alberta，2013.

[197] Meng M，Ge H，Ji W，et al. Monitor the process of shale spontaneous imbibition in co-current and counter-current displacing gas by using low field nuclear magnetic resonance method[J]. Journal of Natural Gas Science and Engineering，2015，27：336-345.

[198] Meng M，Ge H，Ji W，et al. Research on the auto-removal mechanism of shale aqueous phase trapping using low field nuclear magnetic resonance technique[J]. Journal of Petroleum Science and Engineering，2016，137：63-73.

[199] Zolfaghari A，Dehghanpour H，Noel M，et al. Laboratory and field analysis of flowback water from gas shales[J]. Journal of Unconventional Oil and Gas Resources，2016，14：113-127.

[200] Washburn E W. The dynamics of capillary flow[J]. Physical Review，1921，17（3）：273-283.

[201] Handy L L. Determination of effective capillary pressures for porous media from imbibition data[C]. Society of Petroleum

Engineers，1960. SPE 1361.

[202] Li K，Horne R N. Characterization of spontaneous water imbibition into gas-saturated rocks[C]. SPE/AAPG Western Regional Meeting，Long Beach，California，USA，2001. SPE 62552.

[203] Terzagki K. Theoretical Soil Mechanics[M]. New York：J. Wiley and Sons，Inc，1943.

[204] Li K，Zhao H. Fractal prediction model of spontaneous imbibition rate[J]. Transport in Porous Media，2012，91（2）：363-376.

[205] Cai J，Yu B，Zou M，et al. Fractal characterization of spontaneous co-current imbibition in porous media[J]. Energy & Fuels，2010，24（3）：1860-1867.

[206] Cai J，Hu X，Standnes D C，et al. An analytical model for spontaneous imbibition in fractal porous media including gravity[J]. Colloids and Surfaces A：Physicochemical and Engineering Aspects，2012，414：228-233.

# 第 2 章　页岩可压性评价

砂岩储层压裂形成双翼缝，裂缝的基本参数包括裂缝的高度、长度、宽度、渗透率，从裂缝形态和流动能力两个角度出发，在平面上以裂缝半长、导流能力（缝宽与渗透率的乘积）即可表征双翼缝的裂缝特征。

页岩压后形成复杂裂缝，裂缝参数可以通过裂缝复杂程度、裂缝导流能力进行表征。页岩压后复杂裂缝形态目前难以直接描述，可通过可压性进行评价，导流能力则可通过实验测试和流动模拟等手段获取。

## 2.1　页岩可压性评价方法

### 2.1.1　可压性与脆性定义

#### 2.1.1.1　可压性定义

Chong 等[1]、唐颖等[2]将可压性定义为页岩在水力压裂中具有能够被有效压裂的能力的性质。赵金洲等[3]将可压性定义为页岩储层能被有效改造的难易程度，其表现为相同压裂工艺技术条件下，页岩储层中形成复杂裂缝网络并获得足够大的储层改造体积的概率以及获取高经济效益的能力。页岩可压性的核心在于表征形成复杂裂缝网络的能力，是页岩开发中关键的评价参数，俗称工程甜点。

可压性有狭义和广义之分，狭义上页岩可压性即指页岩的脆性，广义上也包含一切影响压裂缝复杂程度的地质因素，包括岩石本身的脆性、天然裂缝、地应力条件，也包括沉积环境、成岩作用等，是页岩地质和储层特征的综合反映。目前大量文献将可压性和脆性混用即是采用了狭义可压性。

#### 2.1.1.2　脆性定义

关于脆性的定义，相关学者给出了多种解释。Heard[4]把破裂前应变不超过 3%的破裂视为脆性破裂；Duba 等[5]把试样破坏时变形小于 1%定义为脆性，1%～5%为脆性-延性过渡，大于 5%定义为延性；Goktan 等[6]将脆性定义为低应力下无明显变形的断裂倾向。Morley[7]、Hetenyi[8]等将脆性定义为材料塑性的缺失；Ramsey[9]认为岩石内聚力被破坏时，材料即发生脆性破坏；Obert 等[10]认为试样达到或稍超过屈服强度即破坏的性质为脆性；李庆辉等[11]认为脆性是材料的综合特性，在自身非均质性和载荷作用下产生内部非均匀应力，导致局部破坏，形成多维破裂面的能力；Tarasov 等[12]认为脆性是在自身天然非均质性和外在特定加载条件下材料弹性能量积累而在峰后破坏过程中表现出的自我维持的宏观破坏的岩石能力。

尽管目前关于脆性的定义尚未统一，但得到的基本共识是高脆性材料具有以下特征[13]：低应变时发生破坏；内部微裂纹主导破坏形态；岩石由细颗粒组成；高压拉强度比；高回弹能；内摩擦角大；硬度测试时裂纹发育。

从以上不同特征出发，可以得到不同的脆性评价方法，目前脆性评价方法可达几十种。根据不同角度可以将脆性评价方法划分为以下几类：脆性矿物评价法[14]、岩石力学参数评价法[15]、压痕评价法[16]、基于破裂面特征评价法[17]、强度评价法[18, 19]、硬度评价法[20, 21]、应力-应变曲线法[22, 23]等。具体评价方法可阅读相关文献[24-26]。

## 2.1.2 目前可压性评价方法局限性

### 2.1.2.1 目前广泛使用的可压性评价方法

尽管目前脆性及可压性评价方法众多，但应用最广泛的为 Jarvie 等[14]提出的矿物组成表示脆性的方法以及 Rickman 等[15]提出的基于岩石力学表示脆性的方法。

Jarvie 评价方法：

$$BI = \frac{W_{qtz}}{W_{qtz} + W_{carb} + W_{clay}} \tag{2-1}$$

式中，BI 为脆性指数，%；$W_{qtz}$、$W_{carb}$、$W_{clay}$ 分别为石英含量、碳酸盐矿物含量、黏土含量，%。

Jarvie 评价方法以石英作为脆性矿物，以石英含量作为脆性指数评价标准，石英含量越高，脆性越强，但未系统论证脆性矿物的选取依据。

Rickman 评价方法：

$$BI = \frac{1}{2}\frac{E - E_{min}}{E_{max} - E_{min}} + \frac{1}{2}\frac{v_{max} - v}{v_{max} - v_{min}} \tag{2-2}$$

式中，$E$、$E_{max}$、$E_{min}$ 分别为杨氏模量、区块最大杨氏模量和最小杨氏模量参考值，MPa，北美地区经验值 $E_{max}$ 取 80GPa，$E_{min}$ 取 10GPa；$v$、$v_{max}$、$v_{min}$ 分别为泊松比、区块最大泊松比和最小泊松比参考值，无因次，北美地区经验值 $v_{max}$ 取 0.4，$v_{min}$ 取 0.1。

Rickman 评价方法以杨氏模量和泊松比作为评价参数，该模型认为杨氏模量越高、泊松比越低，脆性越强。该方法来源于北美地区沃斯堡（Fort Worth）盆地巴尼特（Barnett）页岩脆性指数与杨氏模量和泊松比的统计关系（图 2-1）。

Jarvie 评价方法和 Rickman 评价方法本质上都属于经验方法，来源于北美页岩矿场实验统计，在该地区有较好的适应性，同时评价参数获取简便、可获得连续剖面，促进了该两种方法的广泛应用。

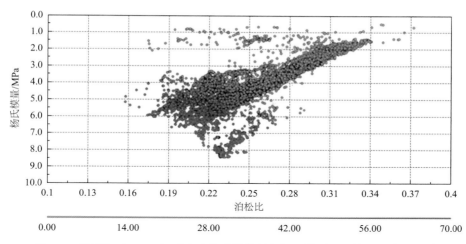

图 2-1　巴尼特（Barnett）页岩矿物脆性指数与杨氏模量和泊松比的统计关系

## 2.1.2.2　Jarvie 评价方法和 Rickman 评价方法的局限

### 1. Jarvie 评价方法的局限

从国内外页岩的矿物组分来看，各个地区页岩矿物组分差异较大，Jarvie 评价方法以石英作为脆性评价标准，对于不同地区评价结果差异十分明显（图 2-2）。

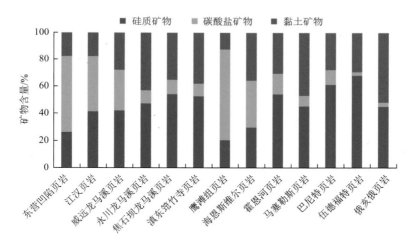

图 2-2　国内外各区块页岩矿物组分对比

对于碳酸盐矿物含量较低的地区，如伍德福特（Woodford）页岩、俄亥俄（Ohio）页岩、巴尼特（Barnett）页岩、焦石坝地区龙马溪页岩等，考虑碳酸盐矿物作为脆性矿物对结果影响较小，Jarvie 评价方法适应性较好。对于碳酸盐矿物含量较高、硅质矿物含量较低的，如鹰滩组页岩（Eagle Ford）、海恩斯维尔页岩（Haynesville）、东营凹陷、江汉等页岩，则 Jarvie 脆性指数值均较低，考虑碳酸盐矿物作为脆性矿物对结果影响十分显著。因此，Jarvie 脆性评价方法仅考虑石英作为脆性矿物并不准确，需要论证其他矿物组分的影响。

**2. Rickman 评价方法的局限**

采用超声波实验获取了不同围压下的两块页岩试样的纵波、横波数据，并根据式（2-3）和式（2-4）计算动态岩石力学参数。

$$v_{\rm d} = \frac{\Delta t_{\rm s}^2 - 2\Delta t_{\rm p}^2}{2(\Delta t_{\rm s}^2 - \Delta t_{\rm p}^2)} \tag{2-3}$$

$$E_{\rm d} = \frac{\rho}{\Delta t_{\rm s}^2} \frac{3\Delta t_{\rm s}^2 - 4\Delta t_{\rm p}^2}{\Delta t_{\rm s}^2 - \Delta t_{\rm p}^2} \times 9.290304 \times 10^7 \tag{2-4}$$

式中，$v_{\rm d}$ 为动态泊松比，无因次；$E_{\rm d}$ 为动态杨氏模量，MPa；$\Delta t_{\rm s}$、$\Delta t_{\rm p}$ 分别为地层横波时差、地层纵波时差，μs/ft；$\rho$ 为密度测井值，g/cm³。

根据计算的动态杨氏模量和动态泊松比，采用式（2-2）计算不同围压下的 Rickman 脆性指数。图 2-3 为不同围压下的岩石力学参数变化曲线，其中蓝色区域为 Rickman 脆性指数随围压变化的剖面。可以看出随围压的增加，动态杨氏模量增加，动态泊松比降低，Rickman 脆性指数增加，这与围压增加岩石脆性降低的实验认识相矛盾。

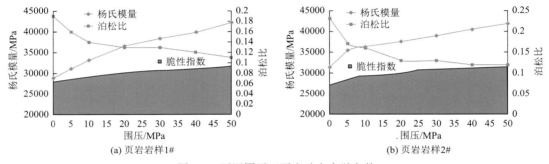

图 2-3　不同围压下页岩动态力学参数

国内外页岩储层在评价岩石脆性时多采用 Rickman 脆性指数，该指数用于井深相当、围压差异较小时的相对对比分析具有一定准确性。当 Rickman 指数用于不同地区、不同围压条件下的脆性指数对比分析时，则可能造成对页岩脆性评价的错误认识。

综上，由于 Jarvie 脆性评价方法和 Rickman 脆性评价方法均是经验模型，其中 Jarvie 方法仅考虑石英作为脆性矿物，Rickman 仅考虑了杨氏模量、泊松比对脆性的影响，均没有深入考虑影响页岩脆性破裂的其他因素，因此不分情况地笼统使用这两个方法评价脆性是欠妥的。

## 2.2　基于矿物组分页岩脆性评价

综合四川、胜利、大港地区的页岩岩样，分别测试其全岩矿物组分和三轴力学特性，对比矿物组分对岩样宏观、细观、微观破坏形态的影响，从而分析各个矿物组分对页岩脆性的影响。

### 2.2.1　页岩三轴力学破坏实验

利用 RTR-1000 静（动）态三轴岩石力学伺服测试系统测试岩石的抗压强度、杨氏模量、泊松比及应力应变曲线特征（表 2-1）。

### 表 2-1　三轴力学实验测试结果

| 编号 | 泊松比 | 杨氏模量/MPa | 抗压强度/MPa | 编号 | 泊松比 | 杨氏模量/MPa | 抗压强度/MPa |
| --- | --- | --- | --- | --- | --- | --- | --- |
| 1 | 0.218 | 8969.4 | 129.6 | 16 | 0.258 | 19060.8 | 117.6 |
| 2 | 0.342 | 33725.5 | 352.7 | 17 | 0.267 | 25902.6 | 145.2 |
| 3 | 0.294 | 17257.2 | 141.2 | 18 | 0.299 | 22989.0 | 108.6 |
| 4 | 0.411 | 23535.8 | 280.9 | 19 | 0.268 | 10211.3 | 141.1 |
| 5 | 0.318 | 7367.4 | 156.8 | 20 | 0.281 | 13607.7 | 225.0 |
| 6 | 0.390 | 12982.5 | 210.8 | 21 | 0.302 | 17478.7 | 224.0 |
| 7 | 0.365 | 19010.6 | 268.0 | 22 | 0.355 | 24329.3 | 233.0 |
| 8 | 0.323 | 14381.2 | 226.8 | 23 | 0.327 | 28742.7 | 163.8 |
| 9 | 0.283 | 16331.6 | 195.6 | 24 | 0.365 | 25392.4 | 176.1 |
| 10 | 0.252 | 15014.1 | 224.4 | 25 | 0.340 | 28969.5 | 216.5 |
| 11 | 0.300 | 23992.2 | 196.5 | 26 | 0.207 | 35760.0 | 296.7 |
| 12 | 0.374 | 18234.6 | 211.0 | 27 | 0.272 | 55990.0 | 330.2 |
| 13 | 0.359 | 18603.0 | 208.4 | 28 | 0.196 | 20250.0 | 230.8 |
| 14 | 0.335 | 10856.4 | 166.5 | 29 | 0.241 | 35160.0 | 333.5 |
| 15 | 0.278 | 14549.8 | 204.9 | 30 | 0.371 | 18397.7 | 236.3 |

利用 X'Pert PRO 粉末 X 射线衍射仪测定目标页岩的全岩矿物组分（表 2-2）。

### 表 2-2　全岩矿物分析结果

| 编号 | 矿物含量/% | | | | | | | | | |
| --- | --- | --- | --- | --- | --- | --- | --- | --- | --- | --- |
| | 黏土矿物 | 石英 | 方解石 | 长石 | 白云石 | 铁白云石 | 刚玉 | 重晶石 | 黄铁矿 | 方沸石 |
| 1 | 12.1 | 29.6 | 30.5 | 10.6 | 17.2 | — | — | — | — | — |
| 2 | 11.9 | 52.8 | 14.7 | 18.6 | 2.0 | — | — | — | — | — |
| 3 | 28.0 | 25.9 | 17.7 | 15.2 | 7.8 | — | — | — | — | 5.40 |
| 4 | 16.2 | 43.8 | 11.5 | 24.1 | 1.7 | — | — | — | — | 2.70 |
| 5 | 20.7 | 24.5 | 5.9 | 13.6 | 0.5 | — | — | — | — | 34.80 |
| 6 | 29.5 | 13.6 | 11.2 | 10.3 | 3.4 | — | — | — | — | 31.90 |
| 7 | 16.5 | 14.5 | 7.4 | 28.3 | 30.5 | — | — | — | — | 2.80 |
| 8 | 27.4 | 52.3 | 6.4 | 13.3 | 0.4 | — | — | — | — | 0.30 |
| 9 | 16.9 | 29.2 | 4.1 | 19.5 | 0.4 | — | — | — | — | 29.90 |
| 10 | 15.2 | 22.8 | 11.1 | 15.5 | 2.3 | — | — | — | — | 33.30 |
| 11 | 13.3 | 14.3 | 17.5 | 8.9 | 35.3 | — | — | — | — | 10.70 |
| 12 | 22.9 | 9.7 | 0.7 | 4.2 | 51.3 | — | — | — | — | 11.20 |
| 13 | 26.1 | 40.0 | 2.1 | 24.2 | 3.4 | — | — | — | — | 4.20 |
| 14 | 24.6 | 18.6 | 4.1 | 14.7 | 1.9 | — | — | — | — | 36.10 |
| 15 | 30.3 | 15.7 | 11.3 | 9.1 | 2.0 | — | — | — | — | 31.70 |
| 16 | 5.17 | 15.43 | 69.64 | — | 6.48 | — | 2.03 | — | 1.25 | — |
| 17 | 14.78 | 20.55 | 53.43 | — | — | 6.26 | 1.95 | — | 3.03 | — |
| 18 | 22.73 | 25.28 | 42.66 | — | — | 4.77 | 1.23 | 1.61 | 2.72 | — |
| 19 | 12.02 | 20.85 | 57.62 | — | — | 5.07 | 1.15 | 1.02 | 2.25 | — |
| 20 | 12.96 | 18.32 | 56.48 | — | — | 7.56 | 0.60 | 1.15 | 2.92 | — |

| 编号 | 矿物含量/% | | | | | | | | | |
|---|---|---|---|---|---|---|---|---|---|---|
| | 黏土矿物 | 石英 | 方解石 | 长石 | 白云石 | 铁白云石 | 刚玉 | 重晶石 | 黄铁矿 | 方沸石 |
| 21 | 13.90 | 17.06 | 59.03 | — | — | 5.74 | 0.75 | 1.16 | 2.35 | — |
| 22 | 11.04 | 18.53 | 61.70 | — | — | 4.87 | 1.27 | 0.80 | 1.80 | — |
| 23 | 11.09 | 21.76 | 55.39 | — | — | 5.98 | 2.10 | 1.18 | 2.40 | — |
| 24 | 18.63 | 26.40 | 35.30 | 1.75 | — | 9.13 | 2.84 | 1.59 | 4.36 | — |
| 25 | 11.68 | 18.14 | 58.71 | — | — | 7.31 | 0.62 | 1.17 | 2.36 | — |
| 26 | 7.90 | 40.90 | 21.10 | — | 1.90 | 14.80 | — | 13.20 | — | — |
| 27 | 3.25 | 5.40 | 48.20 | 3.10 | 10.80 | — | 17.10 | 11.30 | — | — |
| 28 | 31.10 | 47.10 | 12.40 | 6.30 | 3.10 | — | — | — | — | — |
| 29 | 18.00 | 62.40 | 9.80 | — | 7.90 | — | — | — | 1.40 | — |
| 30 | 16.60 | 11.30 | 2.10 | 6.30 | 44.90 | — | — | — | — | 18.80 |

## 2.2.2　矿物组分对破裂形态影响

### 2.2.2.1　页岩的宏观破坏特征分析

#### 1. 宏观破坏模式

三轴力学实验结果表明，岩样的宏观破坏形态主要有以下三类。

（1）纵向劈裂破坏：形成多条与岩样端部垂直的裂缝［图 2-4（a）］。

（2）共轭剪切破坏：形成多条相交裂缝的剪切破坏［图 2-4（b）］。

（3）单缝剪切破坏：形成一条主裂缝的剪切破坏［图 2-4（c）］。

(a) 纵向劈裂破坏　　　　　　　　　　　　　　(b) 共轭剪切破坏

(c) 单缝剪切破坏

图 2-4　页岩岩样三轴力学破坏形态

裂缝数量方面：纵向劈裂破坏产生的裂缝最多，破碎程度最高；单缝剪切破坏裂缝数量最少，破碎程度最低；共轭剪切破坏产生的裂缝数量居中。

体积应变方面：纵向劈裂破坏体积扩容最为明显，单缝剪切破坏体积扩容最低，共轭剪切破坏体积扩容居中。

应力-应变曲线方面：纵向劈裂破坏在较小的应变（一般小于 1%）条件下即发生破坏，共轭剪切破坏应变次之，单缝剪切破坏试样应变最大。

峰值强度方面：纵向劈裂破坏时的抗压强度最低，剪切破坏时抗压强度最高。

综合各方面的破坏效果来看，脆性强弱表现为：纵向劈裂破坏＞共轭剪切破坏＞单缝剪切破坏。

**2. 宏观破坏模式与矿物组分的关系**

利用几套页岩层系所有岩心的矿物组分数据以及相应的破坏模式，统计了岩石矿物组成与破裂模式之间的关系，如图 2-5 所示，可以看出石英和方解石总含量越高的岩样越易发生形成多缝的纵向劈裂及共轭剪切破坏。即宏观上说明石英和方解石含量越高，岩石脆性越强。

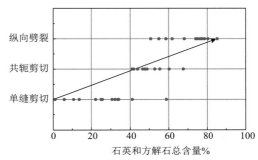

图 2-5　岩样破坏模式与石英和方解石总含量的关系

## 2.2.2.2　单矿物含量影响分析

### 1. 石英含量

1）宏观分析

随着石英含量的增加（图 2-6），应力-应变曲线越靠近纵坐标轴，杨氏模量明显增加，应力跌落现象也越为明显。同时抗压强度也呈明显增加趋势，这是由于石英矿物摩尔硬度为 7，是一种硬脆性岩石，其含量的增加使抗压强度增加。从体积应变来看，石英含量较高的岩样，体积应变更低，也说明石英表现出硬脆性特征，石英含量增加，岩样整体脆性增强。

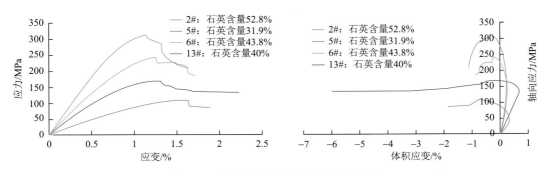

图 2-6　不同石英含量下应力-应变曲线图

2）微观分析

2#岩样石英含量为 52.8%，6#岩样石英含量为 43.8%。从图 2-7 中可以明显看到 2#岩样矿物表面具有鱼骨状花样及台阶状花样，6#岩样矿物表面仅观察到平行滑移线花样。鱼

| (a) 2#岩样 | (b) 6#岩样 |

图 2-7　微观破坏形态对比分析

骨状花样及台阶状花样是解理断裂的明显特征，平行滑移线花样是剪切断裂的明显特征。可看出在石英含量较高的情况下微观存在明显解理断裂，这说明该岩样的脆性程度很高，而在石英较低的情况下仅存在剪切断裂。从2#岩样可看出在石英含量较高的情况下微观存在明显解理断裂，这就说明石英含量越高，脆性程度也越高。

**2. 方解石含量**

1）宏观分析

图 2-8 分别是 3#岩样、17#岩样、16#岩样的三轴实验后的破裂图。其脆性矿物总含量分别为58.8%、74.0%、85.1%，其中方解石含量分别为 17.7%、53.4%、69.6%，石英及长石含量都呈下降趋势。在方解石含量较低时形成的劈裂缝未完全贯穿岩样，随着方解石含量增加，裂缝的密集程度不断增加，岩样纵向劈裂破坏更为彻底，破坏形式也由存在局部剪切带向完全劈裂破坏过渡。

| (a) 3#岩样 | (b) 17#岩样 | (c) 16#岩样 |

图 2-8　宏观破坏形态对比

2）细观分析

图 2-9 是岩样破裂面高度等值线图，表 2-3 是 5 块岩样总脆性矿物含量与方解石矿物的含量。方解石是解理矿物，方解石含量越高，破裂面等高线分布越规律，但分布密度更高，破坏面更陡，更接近劈裂破坏，表明脆性更强。

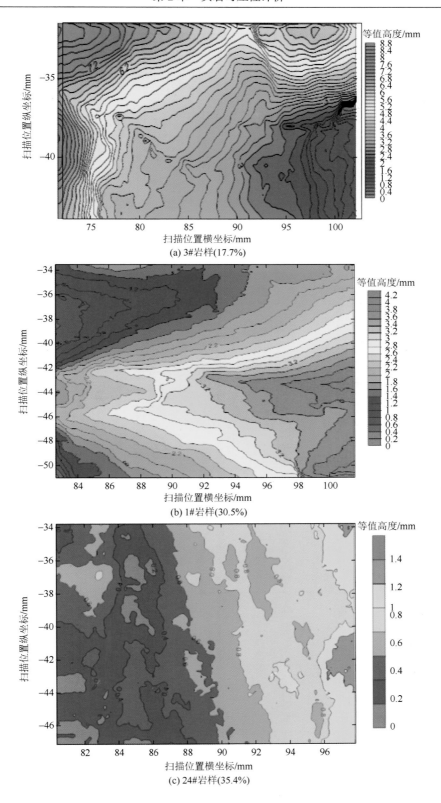

(a) 3#岩样(17.7%)

(b) 1#岩样(30.5%)

(c) 24#岩样(35.4%)

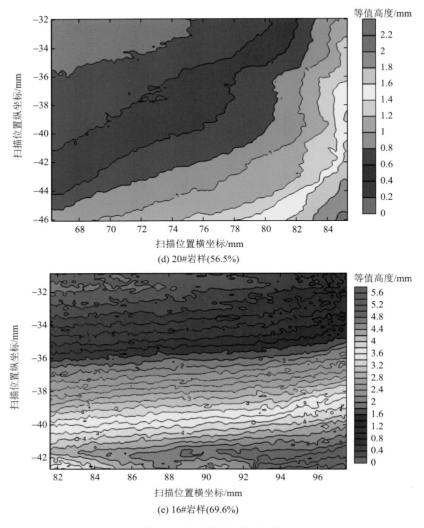

(d) 20#岩样(56.5%)

(e) 16#岩样(69.6%)

图 2-9　细观形态对比分析

**表 2-3　测试岩样矿物成分**

| 岩样编号 | 3# | 1# | 24# | 20# | 16# |
|---|---|---|---|---|---|
| 脆性矿物总含量/% | 62.8 | 70.7 | 61.7 | 74.8 | 85.1 |
| 方解石矿物含量/% | 17.7 | 30.5 | 35.4 | 56.5 | 69.6 |

3）微观分析

3#岩样的方解石含量为 17.7%，25#岩样的方解石含量为 58.7%。从电镜扫描可看出3#岩样具有台阶状花样及平行滑移线花样（图 2-10），说明 3#岩样微观存在解理断裂和剪切断裂，而在 25#岩样中仅观察到台阶状花样，说明在方解石含量更多的 25#岩样中在微观仅存在解理形式断裂，这与宏观劈裂破坏相对应。

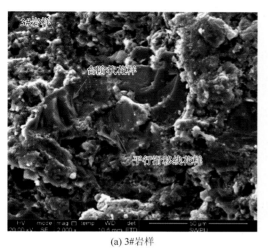

(a) 3#岩样　　　　　　　　　　　　　(b) 25#岩样

图 2-10　微观形态对比分析

### 3. 黏土矿物含量

Hucka 等[18]曾用内摩擦角来表征脆性，通过 $\sin\varphi$ 或 $45° + \varphi/2$ 来表征脆性的高低，即内摩擦角越大，剪切破坏角越高，脆性越强。从岩样的三种破坏模式也可以看出，脆性最强的纵向破裂破坏，剪切角接近 90°，而脆性较低的单缝剪切破坏的剪切破坏角也较低。

从剪切破坏角的统计结果来看，剪切破坏角与黏土矿物呈负相关，而剪切破坏角与脆性矿物（石英、长石、方解石）含量呈正相关。

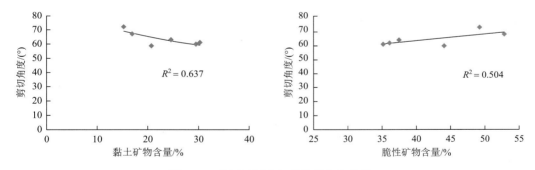

图 2-11　剪切破坏角与矿物组分的关系

## 2.2.3　矿物组分对脆性影响程度排序

### 2.2.3.1　方法介绍

### 1. 方法原理

主成分分析也称主分量分析，由霍特林于 1933 年首先提出。主成分分析法是一种降维的统计方法，它借助于一个正交变换，将其分量相关的原随机向量转化成其分量不相关的新随机向量[27]。通常把转化后的综合指标称为主成分，其中每个主成分都是原始变量的线性组合，且各个主成分之间互不相关。

**2. 数学模型**

设 $X = (X_1, \cdots, X_p)'$ 为一个 $p$ 维随机向量，并假定存在二阶矩，其均值向量与协差阵分别记为 $\mu = E(X)$，$\Sigma = D(X)$。

考虑如下的线性变换：

$$\begin{cases} F_1 = t_{11}Z_{X_1} + t_{12}Z_{X_2} + \cdots + t_{1p}Z_{X_p} = T_1'Z_X \\ F_2 = t_{21}Z_{X_1} + t_{22}Z_{X_2} + \cdots + t_{2p}Z_{X_p} = T_2'Z_X \\ \qquad\qquad\qquad \vdots \\ F_p = t_{p1}Z_{X_1} + t_{p2}Z_{X_2} + \cdots + t_{pp}Z_{X_p} = T_p'Z_X \end{cases} \tag{2-5}$$

式中，$t_{1i}, t_{2i}, \cdots, t_{pi} (i = 1, \cdots, m)$ 为 $X$ 的协方差 $\Sigma$ 的特征值对应的特征向量，$Z_{X_1}, Z_{X_2}, \cdots,$ $Z_{X_p}$ 是原始变量经过标准化处理的值。

用矩阵表示为

$$\boldsymbol{F} = \boldsymbol{T}'\boldsymbol{X} \tag{2-6}$$

其中，$\boldsymbol{F} = (F_1, F_2, \cdots, F_p)'$；$\boldsymbol{T} = (T_1, T_2, \cdots, T_p)$。

寻找一组新的变量 $F_1, \cdots, F_m (m \leqslant p)$，这组新的变量要求充分地反映原变量 $X_1, \cdots, X_p$ 的信息，而且相互独立。

**3. 计算步骤**

（1）原始指标的标准化变换。设标准化矩阵 $\boldsymbol{Y} = (y_{ij})_{m \times n}$，标准化变换公式为

$$y_{ij} = (X_{ij} - \bar{X}_j) / S_j, \quad i = 1, 2, \cdots, m; j = 1, 2, \cdots, n \tag{2-7}$$

式中，$\bar{X}_j$ 为第 $j$ 个指标的平均数：

$$\bar{X}_j = \frac{1}{m} \sum_{i=1}^{m} X_{ij} \tag{2-8}$$

$S_j$ 为第 $j$ 个指标的标准差：

$$S_j = \sqrt{\frac{1}{m-1} \sum_{i=1}^{m} (X_{ij} - \bar{X}_j)^2} \tag{2-9}$$

（2）求标准化数据矩阵的相关系数矩阵 $\boldsymbol{R} = (r_{ij})_{n \times n}$。

$$r_{ij} = \frac{1}{m-1} \sum_{i=1}^{m} y_{ij} y_{ik} = \frac{1}{m-1} \sum_{i=1}^{m} \frac{(X_{ij} - \bar{X}_j)}{S_j} \cdot \frac{(X_{ik} - \bar{X}_k)}{S_k} \tag{2-10}$$

式中，$r_{ij}$ 为指标 $i$ 与指标 $j$ 的相关系数。

（3）计算相关系数矩阵的特征值和特征向量，令

$$|\lambda I - R| = 0 \tag{2-11}$$

式中，$I$ 表示 $I$ 个主成分。可求出 $R$ 的全部特征值：$\lambda_1, \lambda_2, \cdots, \lambda_n$（其中 $\lambda_1 \geqslant \lambda_2 \geqslant \cdots \geqslant \lambda_n$），以及各特征值对应的单位正交特征向量 $\boldsymbol{a}_j = (a_{1j}, a_{2j}, \cdots, a_{nj})^{\mathrm{T}}$。

（4）计算各主成分的贡献率，并按累积贡献准则提取主成分，一般以累积贡献率达到 85%为准则，提取 $m$ 个主成分。

由于相关系数矩阵 $\boldsymbol{R}$ 的特征值 $\lambda_1, \lambda_2, \cdots, \lambda_n$ 正是对应主成分 $F_1, F_2, \cdots, F_n$ 的方差，而方

差越大，包含的信息就越多，对综合评价的贡献就越大，因此定义主成分 $F_j$ 的贡献率 $b_j$ 为

$$b_j = \lambda_i \bigg/ \sum_{i=1}^{n} \lambda_i \tag{2-12}$$

而前 $m$ 个主成分的累积贡献率 $B_k$ 为

$$B_k = \sum_{i=1}^{m} \lambda_i \bigg/ \sum_{i=1}^{n} \lambda_i \tag{2-13}$$

以累积贡献率 $B_k$ 达到 85%为准则，提取前 $m$ 个主成分。

（5）计算前 $m$ 个主成分的表达式。主成分 $F_j$ 的权重系数向量 $\boldsymbol{a}_j = (a_{1j}, a_{2j}, \cdots, a_{nj})^{\mathrm{T}}$，是相关系数矩阵的特征向量，故可求得 $F_j$ 的表达式：

$$F_j = a_{1j}Y_1 + a_{2j}Y_2 + \cdots + a_{nj}Y_n, j = 1, 2, 3, \cdots, m \tag{2-14}$$

（6）计算被评价对象的综合评价表达式。

$$F = \sum_{j=1}^{m} b_j F_j \tag{2-15}$$

### 2.2.3.2　分析结果

为了研究结果更具普适性，本节中考虑方解石、白云石、铁白云石、石英、正长石、斜长石、黏土矿物这七种矿物对脆性指数的影响（表 2-4）。将前期全岩矿物分析所得的矿物成分作为自变量，脆性指数作为因变量，通过主成分分析方法确定矿物对脆性指数的影响程度。由于本节重点研究矿物成分的影响，实验围压相同，因此可用 Rickman 力学脆性指数作为因变量进行分析。

表 2-4　计算数据

| 编号 | 矿物含量/% | | | | | | | 脆性指数/% |
| --- | --- | --- | --- | --- | --- | --- | --- | --- |
| | 黏土矿物 | 石英 | 方解石 | 斜长石 | 正长石 | 白云石 | 铁白云石 | |
| 1 | 5.17 | 15.43 | 69.64 | 0 | 0 | 6.48 | 0 | 35 |
| 2 | 14.78 | 20.55 | 53.43 | 0 | 0 | 0 | 6.26 | 30 |
| 3 | 22.73 | 25.28 | 42.66 | 0 | 0 | 0 | 4.77 | 31 |
| 4 | 12.02 | 20.85 | 57.62 | 0 | 0 | 0 | 5.07 | 28 |
| 5 | 12.96 | 18.32 | 56.48 | 0 | 0 | 0 | 7.56 | 25 |
| 6 | 13.90 | 17.06 | 59.03 | 0 | 0 | 0 | 5.74 | 25 |
| 7 | 11.04 | 18.53 | 61.70 | 0 | 0 | 0 | 4.87 | 20 |
| 8 | 11.09 | 21.76 | 55.39 | 0 | 0 | 0 | 5.98 | 29 |
| 9 | 18.63 | 26.40 | 35.30 | 1.75 | 0 | 0 | 9.13 | 18 |
| 10 | 11.68 | 18.14 | 58.71 | 0 | 0 | 0 | 7.31 | 25 |
| 11 | 7.90 | 40.90 | 21.10 | 0 | 0 | 1.9 | 14.80 | 57 |
| 12 | 3.25 | 5.40 | 48.20 | 3.10 | 0 | 10.8 | 0 | 27 |
| 13 | 31.10 | 47.10 | 12.40 | 6.30 | 0 | 3.1 | 0 | 47 |
| 14 | 18.00 | 62.40 | 9.80 | 0 | 0 | 7.9 | 0 | 49 |

| 编号 | 矿物含量/% | | | | | | | 脆性指数/% |
|---|---|---|---|---|---|---|---|---|
| | 黏土矿物 | 石英 | 方解石 | 斜长石 | 正长石 | 白云石 | 铁白云石 | |
| 15 | 16.60 | 11.30 | 2.10 | 2.00 | 4.30 | 44.90 | 0 | 12 |
| 16 | 12.10 | 29.60 | 30.50 | 5.90 | 4.70 | 17.20 | 0 | 35 |
| 17 | 11.90 | 52.80 | 14.70 | 13.20 | 5.40 | 2.00 | 0 | 28 |
| 18 | 28.00 | 25.90 | 17.70 | 7.80 | 7.40 | 7.80 | 0 | 26 |
| 19 | 16.20 | 43.80 | 11.50 | 18.00 | 6.10 | 1.70 | 0 | 7 |
| 20 | 20.70 | 24.50 | 5.90 | 8.90 | 4.70 | 0.50 | 0 | 14 |
| 21 | 29.50 | 13.60 | 11.20 | 3.90 | 6.40 | 3.40 | 0 | 4 |
| 22 | 16.50 | 14.50 | 7.40 | 23.60 | 4.70 | 30.50 | 0 | 13 |
| 23 | 27.40 | 52.30 | 6.40 | 13.30 | 0 | 0.40 | 0 | 19 |
| 24 | 16.90 | 29.20 | 4.10 | 14.10 | 5.40 | 0.40 | 0 | 28 |
| 25 | 15.20 | 22.80 | 11.10 | 8.40 | 7.10 | 2.30 | 0 | 33 |
| 26 | 13.30 | 14.30 | 17.50 | 3.50 | 5.40 | 35.30 | 0 | 30 |
| 27 | 22.90 | 9.70 | 0.70 | 1.90 | 2.30 | 51.30 | 0 | 11 |
| 28 | 26.10 | 40.00 | 2.10 | 18.10 | 6.10 | 3.40 | 0 | 14 |
| 29 | 24.60 | 18.60 | 4.10 | 8.60 | 6.10 | 1.90 | 0 | 14 |
| 30 | 30.30 | 15.70 | 11.30 | 4.20 | 4.90 | 2.00 | 0 | 28 |

在数据量完整的基础上，将黏土矿物、石英、方解石、斜长石、正长石、白云石、铁白云石分别以 $X_1$、$X_2$、$X_3$、$X_4$、$X_5$、$X_6$、$X_7$ 表示。将标准化处理后的数据作为新变量进行主成分分析，可得到相关系数矩阵，也称为载荷矩阵，如表 2-5 所示。表 2-5 中的数据显示这些参数之间的相关性，相关系数是 $-1\sim1$ 的数，其绝对值越接近 1，表示相关性越强。由这些参数之间的相关系数可以看出它们之间存在信息的重叠，这进一步说明了进行主成分分析是可行的。

**表 2-5　相关系数矩阵**

| 参数 | $Z_{X_1}$ | $Z_{X_2}$ | $Z_{X_3}$ | $Z_{X_4}$ | $Z_{X_5}$ | $Z_{X_6}$ | $Z_{X_7}$ |
|---|---|---|---|---|---|---|---|
| $Z_{X_1}$ | 1.000 | 0.212 | −0.613 | 0.302 | 0.374 | −0.014 | −0.379 |
| $Z_{X_2}$ | 0.212 | 1.000 | −0.336 | 0.317 | −0.035 | −0.352 | −0.038 |
| $Z_{X_3}$ | −0.613 | −0.336 | 1.000 | −0.625 | −0.680 | −0.362 | 0.546 |
| $Z_{X_4}$ | 0.302 | 0.317 | −0.625 | 1.000 | 0.628 | 0.050 | −0.522 |
| $Z_{X_5}$ | 0.374 | −0.035 | −0.680 | 0.628 | 1.000 | 0.219 | −0.605 |
| $Z_{X_6}$ | −0.014 | −0.352 | −0.362 | 0.050 | 0.219 | 1.000 | −0.346 |
| $Z_{X_7}$ | −0.379 | −0.038 | 0.546 | −0.522 | −0.605 | −0.346 | 1.000 |

主成分的提取原则为主成分的累积贡献率大于 85% 的前 $m$ 个主成分，由总方差解释表（表 2-6）可知，第一部分（初始特征值）描述了初始因子解的情况，第二部分（提取数据的平方载荷）描述了提取后的因子对总方差的解释情况。从表 2-6 中可以看出，黏土矿物、石

英及斜长石的累计贡献率为 88.418%，说明这三个主成分基本保持了原数据的方差信息。

表 2-6　总方差解释表

| 成分 | 初始特征值 | | | 提取数据的平方载荷（旋转后） | | |
|---|---|---|---|---|---|---|
| | 特征值 | 方差贡献率/% | 累计贡献率/% | 特征值 | 方差贡献率/% | 累计贡献率/% |
| 1 | 3.273 | 46.759 | 46.759 | 3.273 | 46.759 | 46.759 |
| 2 | 1.493 | 21.329 | 68.089 | 1.493 | 21.329 | 68.089 |
| 3 | 0.755 | 10.792 | 78.881 | 0.755 | 10.792 | 78.881 |
| 4 | 0.668 | 9.537 | 88.418 | 0.668 | 9.537 | 88.418 |
| 5 | 0.447 | 6.388 | 94.806 | | | |
| 6 | 0.277 | 3.955 | 98.761 | | | |
| 7 | 0.087 | 1.239 | 100.000 | | | |

根据因子载荷系数 $a_{ij}$（表 2-7）与主成分系数 $u_{ji}$（表 2-8）之间的关系 $a_{ij} = u_{ji}\sqrt{\lambda_j}$，可推出从相关系数矩阵得到的主成分系数表达式。

表 2-7　因子载荷矩阵

| 参数 | 组分 1 | 组分 2 | 组分 3 | 组分 4 |
|---|---|---|---|---|
| $Z_{X_1}$ | 0.634 | 0.253 | 0.672 | −0.236 |
| $Z_{X_2}$ | 0.253 | 0.828 | −0.059 | 0.454 |
| $Z_{X_3}$ | −0.906 | −0.053 | −0.167 | −0.225 |
| $Z_{X_4}$ | 0.781 | 0.201 | −0.450 | −0.026 |
| $Z_{X_5}$ | 0.824 | −0.176 | −0.211 | −0.313 |
| $Z_{X_6}$ | 0.315 | −0.784 | 0.127 | 0.502 |
| $Z_{X_7}$ | −0.774 | 0.236 | 0.099 | 0.063 |

表 2-8　主成分系数矩阵

| 参数 | 组分 1 | 组分 2 | 组分 3 | 组分 4 |
|---|---|---|---|---|
| $Z_{X_1}$ | 0.185337 | 0.049913 | 0.094313 | −0.031210 |
| $Z_{X_2}$ | 0.074049 | 0.163435 | −0.008320 | 0.059980 |
| $Z_{X_3}$ | −0.264780 | −0.010420 | −0.023420 | −0.029770 |
| $Z_{X_4}$ | 0.228270 | 0.039642 | −0.063200 | −0.003480 |
| $Z_{X_5}$ | 0.240743 | −0.034790 | −0.029640 | −0.041340 |
| $Z_{X_6}$ | 0.092078 | −0.154690 | 0.017874 | 0.066233 |
| $Z_{X_7}$ | −0.226260 | 0.046594 | 0.013909 | 0.008366 |

综合主成分为

$$F = \frac{\lambda_1}{\sum\limits_{i=1}^{4}\lambda_i} F_1 + \frac{\lambda_2}{\sum\limits_{i=1}^{4}\lambda_i} F_2 + \frac{\lambda_3}{\sum\limits_{i=1}^{4}\lambda_i} F_3 + \frac{\lambda_4}{\sum\limits_{i=1}^{4}\lambda_i} F_4 \tag{2-16}$$

则通过式（2-16）可以得到综合主成分模型[28]：

$$F = 0.298357Z_{X_1} + 0.289141Z_{X_2} - 0.32838Z_{X_3} + 0.201229Z_{X_4}$$
$$+ 0.134979Z_{X_5} - 0.021497Z_{X_6} - 0.15739Z_{X_7}$$

（2-17）

对综合主成分模型中的各系数取绝对值后进行归一化处理，即可算出每种矿物所占的权重。按照上述方法可得到黏土矿物、石英、方解石、斜长石、正长石、白云石、铁白云石的权重分别为 0.208499，0.202058，0.229482，0.140623，0.094326，0.015023，0.109989。按照对脆性的影响程度大小排序为：方解石＞黏土＞石英＞斜长石＞铁白云石＞正长石＞白云石。

## 2.3　基于力学破坏机制页岩脆性评价

### 2.3.1　页岩脆性断裂特征与机制

#### 2.3.1.1　页岩脆性断裂破坏特征

进行页岩三轴力学实验后存在 4 种破坏模式（图 2-12）：平行层理破坏、单缝剪切破坏、共轭剪切破坏、纵向劈裂破坏。利用 XSM-LC 桌面型多功能 3D 激光扫描仪对不同破坏模式的试样破裂面进行扫描，从结果来看，破裂表面复杂程度：纵向劈裂破坏＞共轭剪切破坏＞单缝剪切破坏＞平行层理破坏。平行层理面层内等高线变化不大，即层内无明显破坏；单缝剪切破坏破裂面等高线平整过渡、破裂面较为平整，此类裂缝面闭合后缝间裂隙较小，不利于油气的流动；共轭剪切破坏破裂面只有部分呈阶梯状，而纵向劈裂破坏破裂面呈现出杂乱无序状特征，此类裂缝面闭合后形成桥墩式支撑，缝间空隙较大，有利于油气的渗流。

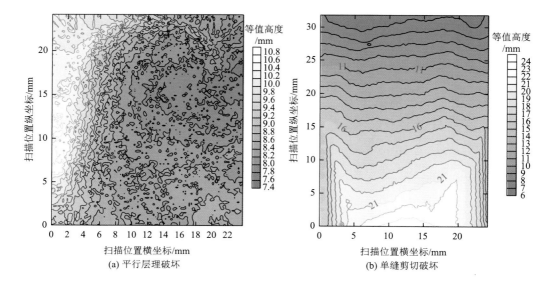

(a) 平行层理破坏　　　　　　　　　　　　(b) 单缝剪切破坏

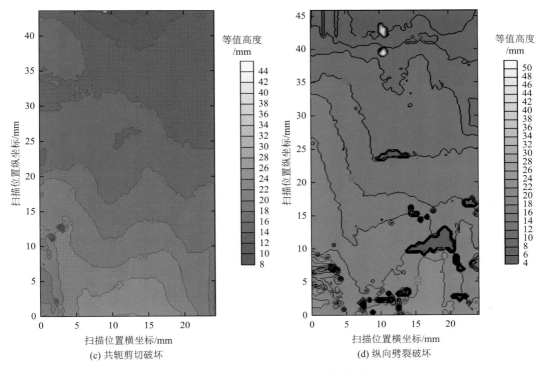

(c) 共轭剪切破坏　　　　　　　　　　　(d) 纵向劈裂破坏

图 2-12　4 种破坏方式细观断裂面对比

如图 2-13 所示，当破裂面垂直于层理面时，岩石断口属于解理断裂的穿晶断裂或沿晶断裂的脆性拉断；当破裂面与层理面呈 45°夹角时，岩石断口属于脆性拉断和脆性剪断的综合作用结果；当破裂面与层理面平行时，主要为层间拉断，未观察到层内滑移及拉断现象。

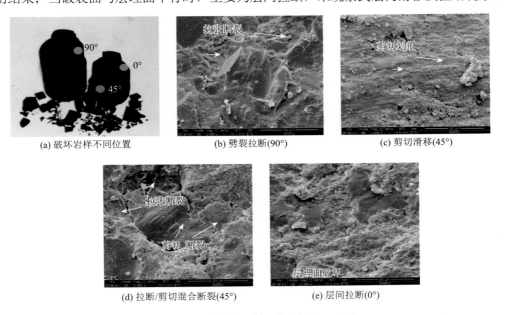

(a) 破坏岩样不同位置　　　　(b) 劈裂拉断(90°)　　　　(c) 剪切滑移(45°)

(d) 拉断/剪切混合断裂(45°)　　　　(e) 层间拉断(0°)

图 2-13　岩样微观破坏形态与破坏机制

围压下岩样发生多缝破坏是张性控制机制占主导作用的破坏,同时在局部具有剪切作用。复杂破裂模式是张性裂纹控制机制和剪性裂纹控制机制相互竞争、共同作用的结果。页岩受压破裂后在试样壁面上形成多条多角度的弯曲裂纹,在试样内部的表现为形成多重破裂面,其脆性越强,页岩内部破裂表现为更碎,也更完全。

### 2.3.1.2 层理页岩应力分布模型

Amann 等[29]认为页岩可看作由多个具备不同岩石力学性质的层段组成,当其受压时在高杨氏模量层段处形成拉力,在低杨氏模量层段处形成剪应力,从而造成在页岩不同位置形成不同的破裂模式(图 2-14)。

采用模型分析,将页岩假设为多个具备不同岩石力学性质的层段,各层间接触面胶结良好,受压过程中无相对滑移,受压变形过程中单层均具有相同的变形量。本书建立了其在三向应力条件下的力学模型(图 2-15),对页岩储层发生脆性破裂形成多角度、多方位的复杂破坏模式原因进行了探索。

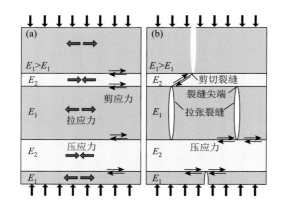

图 2-14　页岩受压后应力状态及裂缝分布

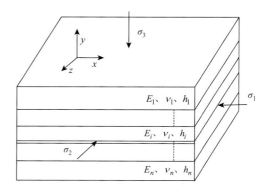

图 2-15　层理页岩三向受力模型图

根据广义胡克定律,系统内单层的变形量可用下式表示:

$$\Delta\varepsilon_{11} = \frac{1}{E_i}[\Delta\sigma_{11.i} - \nu_i(\Delta\sigma_{22.i} + \Delta\sigma_{33.i})]$$

$$\Delta\varepsilon_{22} = \frac{1}{E_i}[\Delta\sigma_{22.i} - \nu_i(\Delta\sigma_{33.i} + \Delta\sigma_{11.i})] \qquad (2\text{-}18)$$

$$\Delta\varepsilon_{x12} = \frac{1}{2G_i}\Delta\sigma_{12.i}$$

式中,$\Delta\sigma_{11.i}$ 为第 $i$ 层 $x$ 方向的应力增量,MPa;$\Delta\sigma_{33.i}$ 为第 $i$ 层 $y$ 方向的应力增量,MPa;$\Delta\sigma_{22.i}$ 为第 $i$ 层 $z$ 方向的应力增量,MPa;$E_i$ 为第 $i$ 层岩石的杨氏模量,MPa;$\nu_i$ 为第 $i$ 层岩石的泊松比,无因次;$G_i$ 为第 $i$ 层岩石的剪切模量,MPa,其计算表达式为 $G_i = E_i/(2 + 2\nu_i)$。

假设页岩各层为胶结良好的岩石系统,岩石受压过程中由于界面作用致使岩石系统在水平各方向上各小层具有相同的应变，由式（2-18）可得到：

$$\Delta\sigma_{11.i} = E_i\Delta\varepsilon_{11} + \nu_i\Delta\sigma_{33.i} + E_i\nu_i\Delta\varepsilon_{22} + \nu_i^2(\Delta\sigma_{33.i} + \Delta\sigma_{11.i})$$
$$\Delta\sigma_{22.i} = E_i\Delta\varepsilon_{22} + \nu_i\Delta\sigma_{33.i} + E_i\nu_i\Delta\varepsilon_{11} + \nu_i^2(\Delta\sigma_{33.i} + \Delta\sigma_{22.i}) \qquad （2\text{-}19）$$
$$\Delta\sigma_{12.i} = 2G_i\Delta\varepsilon_{12}$$

对式（2-19）进行求解可得到：

$$\Delta\sigma_{11.i} = \frac{E_i}{1-\nu_i^2}\Delta\varepsilon_{11} + \frac{\nu_i+\nu_i^2}{1-\nu_i^2}\Delta\sigma_{33.i} + \frac{E_i\nu_i}{1-\nu_i^2}\Delta\varepsilon_{22}$$
$$\Delta\sigma_{22.i} = \frac{E_i}{1-\nu_i^2}\Delta\varepsilon_{22} + \frac{\nu_i+\nu_i^2}{1-\nu_i^2}\Delta\sigma_{33.i} + \frac{E_i\nu_i}{1-\nu_i^2}\Delta\varepsilon_{22} \qquad （2\text{-}20）$$
$$\Delta\sigma_{12.i} = 2G\Delta\varepsilon_{12}$$

多层理岩石在力学环境下存在以下平衡关系：

$$\sigma_{11}\sum_{i}^{n}h_i = \sum_{i=1}^{n}(\sigma_{11.b} + \Delta\sigma_{11.i})h_i$$
$$\sigma_{22}\sum_{i}^{n}h_i = \sum_{i=1}^{n}(\sigma_{22.b} + \Delta\sigma_{22.i})h_i \qquad （2\text{-}21）$$
$$\sigma_{12}\sum_{i}^{n}h_i = \sum_{i=1}^{n}(\sigma_{12.b} + \Delta\sigma_{12.i})h_i$$

式中，$\sigma_{11}$、$\sigma_{22}$、$\sigma_{33}$ 分别为 $x$、$z$、$y$ 方向的远场应力，MPa；$\sigma_{11.b}$、$\sigma_{22.b}$ 分别为 $x$、$z$ 方向的初始应力，$\sigma_{12.b}$ 为 $z$ 方向的剪切应力，MPa；$h_i$ 为第 $i$ 层的厚度，m。

结合式（2-18）、式（2-21），可得到：

$$\sigma_{11} = \left\{\sum_{i=1}^{n}[\sigma_{11.b} + \nu_i(\Delta\sigma_{33.i} + \Delta\sigma_{22.i})]h_i\right\}\bigg/\sum_{i}^{n}h_i$$
$$\sigma_{22} = \left\{\sum_{i=1}^{n}[\sigma_{22.b} + \nu_i(\Delta\sigma_{33.i} + \Delta\sigma_{11.i})]h_i\right\}\bigg/\sum_{i}^{n}h_i \qquad （2\text{-}22）$$
$$\sigma_{12} = \left[\sum_{i=1}^{n}(\sigma_{12.b} + 2G\Delta\varepsilon_{12})h_i\right]\bigg/\sum_{i}^{n}h_i$$

将式（2-20）代入式（2-22）并消去应力增量，可得到远场应力的表达式为

$$\sigma_{11} = \left[\sum_{i=1}^{n}\left(\sigma_{11.b} + \frac{E_i}{1-\nu_i^2}\Delta\varepsilon_{11} + \frac{E_i\nu_i}{1-\nu_i^2}\Delta\varepsilon_{22} + \frac{\nu_i}{1-\nu_i^2}\Delta\sigma_{33.i}\right)h_i\right]\bigg/\sum_{i}^{n}t_i$$
$$\sigma_{22} = \left[\sum_{i=1}^{n}\left(\sigma_{22.b} + \frac{E_i}{1-\nu_i^2}\Delta\varepsilon_{22} + \frac{E_i\nu_i}{1-\nu_i^2}\Delta\varepsilon_{11} + \frac{\nu_i}{1-\nu_i^2}\Delta\sigma_{33.i}\right)h_i\right]\bigg/\sum_{i}^{n}h_i \qquad （2\text{-}23）$$
$$\sigma_{12} = \sigma_{12.b} + 2G_i\Delta\varepsilon_{12}$$

令：

$$m_{1i} = E_i / (1 - \nu_i^2)$$
$$m_{2i} = E_i \nu_i / (1 - \nu_i^2)$$
$$m_{3i} = 2G_i$$ （2-24）
$$m_{4i} = \nu_i / (1 - \nu_i)$$
$$m_1 = \overline{m}_{1i} \qquad m_2 = \overline{m}_{2i}$$
$$m_3 = \overline{m}_{3i} \qquad m_4 = \overline{m}_{4i}$$

式中，$m_1$、$m_2$、$m_3$、$m_4$ 分别为 $m_{1i}$、$m_{2i}$、$m_{3i}$、$m_{4i}$ 的厚度加权平均。

由此可得到简化的远场应力表达式：

$$\sigma_{11} = \sigma_{11.b} + m_1 \Delta \varepsilon_{11} + m_2 \Delta \varepsilon_{22} + m_4 \Delta \varepsilon_{33}$$
$$\sigma_{22} = \sigma_{22.b} + m_1 \Delta \varepsilon_{22} + m_2 \Delta \varepsilon_{11} + m_4 \Delta \varepsilon_{33}$$ （2-25）
$$\sigma_{12} = \sigma_{12.b} + m_3 \Delta \varepsilon_{12}$$

采用上述同样的思路，结合式（2-18）、式（2-25）消去应变增量，并令：

$$M_1 = \frac{m_1 m_{1i} - m_2 m_{2i}}{m_1^2 - m_2^2}$$

$$M_2 = \frac{m_1 m_{2i} - m_2 m_{1i}}{m_1^2 - m_2^2}$$ （2-26）

$$M_3 = \frac{m_{3i}}{m_3}$$

$$M_4 = m_4 \frac{m_{1i} + m_{2i}}{m_1 + m_2} - m_{4i}$$

化简式（2-25）即可得到层理岩石受压变形过程中单层内的应力表达式：

$$\sigma_{11.i} = \sigma_{11.b} + M_1 \Delta \sigma_{11} + M_2 \Delta \sigma_{22} - M_4 \Delta \sigma_{33}$$
$$\sigma_{22.i} = \sigma_{22.b} + M_1 \Delta \sigma_{22} + M_2 \Delta \sigma_{11} - M_4 \Delta \sigma_{33}$$ （2-27）
$$\sigma_{12.i} = \sigma_{22.b} + M_3 \Delta \sigma_{12}$$

### 2.3.1.3　破裂机理分析

#### 1. 杨氏模量、泊松比的影响

计算基础参数及计算结果如表 2-9 所示，可以看出在杨氏模量较高、泊松比较低的 2#、4#小层获得了张应力。其中 4#小层获得了 16.16MPa 的张应力，易于发生张性破坏，而在杨氏模量较低、泊松比较高的 1#、3#、5#小层获得了压应力，5#小层压应力达到 39.43MPa，该层易于发生剪切破坏。

表 2-9　各层岩石力学参数及计算结果

| 编号 | 杨氏模量 $E$/MPa | 泊松比 $\nu$ | $M_1$ | $M_2$ | $M_3$ | $M_4$ | 应力 $\sigma_{xx}$/MPa |
|---|---|---|---|---|---|---|---|
| 1# | 20000 | 0.28 | 0.78 | 0.04 | 0.73 | −0.08 | −14.57 |
| 2# | 40000 | 0.22 | 1.52 | −0.02 | 1.54 | 0.29 | 7.97 |

续表

| 编号 | 杨氏模量 $E$/MPa | 泊松比 $\nu$ | $M_1$ | $M_2$ | $M_3$ | $M_4$ | 应力 $\sigma_{xx}$/MPa |
|------|------|------|------|------|------|------|------|
| 3# | 20000 | 0.32 | 0.79 | 0.08 | 0.71 | −0.14 | −20.13 |
| 4# | 40000 | 0.12 | 1.51 | −0.17 | 1.68 | 0.37 | 16.16 |
| 5# | 10000 | 0.38 | 0.41 | 0.07 | 0.34 | −0.43 | −39.43 |

　　进一步进行单因素分析，其他参数不变的情况下，随 2#小层杨氏模量的增加，其应力由受压向拉张快速转变，当杨氏模量超过 28000MPa 时岩石由受压转为受拉，1#、3#、4#、5#小层所受应力向受压趋势转变 [图 2-16（a）]。当 2#小层的泊松比增加时，其所受张应力快速降低，在泊松比超过 0.33 时其所受张应力转变为压应力，而 1#小层张应力有所增加，3#、4#、5#小层压应力有所降低 [图 2-16（b）]。由此可以看出，单层杨氏模量

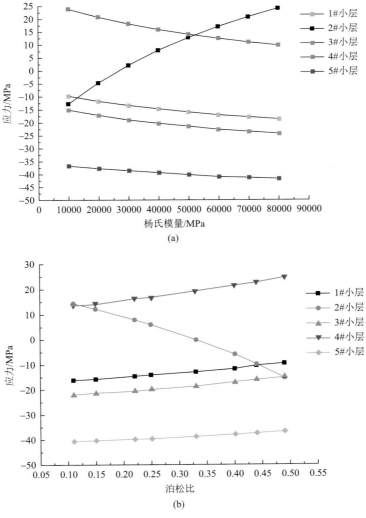

图 2-16　不同力学参数下各层地应力分布

越大、泊松比越小，在整个系统内其受到的张应力越大，越容易发生拉张破坏。由此说明了 Rickman 模型中脆性指数与杨氏模量正相关、与泊松比负相关，在理论上具有一定正确性。

**2. 围压的影响**

计算参数：杨氏模量为 30000～40000MPa，泊松比为 0.2～0.3，轴向应力为 120MPa，围压为 10～40MPa。从计算结果看，围压越大，单层所受的压应力越大，岩石越难发生张性破裂（图 2-17）。这说明地层外部条件也是影响脆性的重要因素，尤其对于深层页岩围压效应突出。影响页岩形成复杂破坏模式的主要因素为杨氏模量、泊松比以及地层围压。

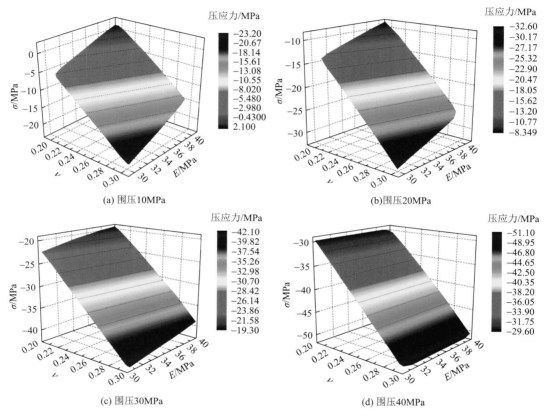

图 2-17 不同围压下单层应力变化

页岩形成复杂模式的成因主要在于其自身层间力学差异性，在外界应力以及自身力学差异性的共同作用下导致在不同部位形成了非均匀作用应力，从而导致其在不同部位形成不同的破坏模式。拉张破坏反映出更高的破碎程度，有利于打碎页岩，在可压性评价中应充分利用其拉张破坏机制。

### 2.3.2 基于拉张破坏脆性评价

#### 2.3.2.1 脆性指数评价

定义与杨氏模量、泊松比有关的无因次指数 $B$ 表征单层力学参数在整个岩石系统所

处的无因次位置，从而可通过无因次指数 $B$ 的大小来表征该层段发生张性破坏的可能性，$B$ 的表达式为

$$B = \alpha \frac{E - E_{min}}{E_{max} - E_{min}} + \beta \frac{v_{max} - v}{v_{max} - v_{min}} \qquad （2\text{-}28）$$

式中，$B$ 为无因次指数，无因次；$E$ 为小层杨氏模量，MPa；$E_{max}$、$E_{min}$ 分别为最大杨氏模量、最小杨氏模量参考值（根据区块力学参数分布进行取值），MPa；$v$ 为泊松比，无因次；$v_{max}$、$v_{min}$ 分别为最大、最小泊松比参考值（根据区块力学参数分布进行取值），无因次；$\alpha$、$\beta$ 为权重修正系数，均为 0.5 时 $B$ 即为 Rickman 脆性指数。

即使具有相同矿物组成及力学性质的岩石，在不同的力学环境下其脆性表现差异极大，原因在于不同环境下其具有不同的抵抗变形破坏的能力。因此，对于页岩的脆性评价，既要有在力学环境下能够获得张应力的能力，也要考虑外在力学环境中自身抵抗变形破坏的能力。岩石发生多缝破坏是张性裂纹控制机制所控制的破坏，因此使用 I 型断裂韧性表征页岩自身抵抗形成多缝的能力。定义新的脆性指数（BI）计算公式为[25]

$$B_a = \frac{B}{K_{IC}} \qquad （2\text{-}29）$$

$$BI = \frac{B_a - B_{a\,min}}{B_{a\,max} - B_{a\,min}} \qquad （2\text{-}30）$$

式中，BI 为脆性指数，无因次；$B_a$ 为转化值；$K_{IC}$ 为 I 型断裂韧性，MPa·m$^{0.5}$；$B_{a\,max}$、$B_{a\,min}$ 分别为区块最大、最小转化值。

### 2.3.2.2　脆性指数计算对比

利用不同围压下岩心的动态岩石力学参数（表 2-10），计算了不同围压下的脆性指数（图 2-18）。从图 2-18 中可以看出在低围压阶段，脆性指数（BI）变化不大。超过 10MPa 后，脆性指数（BI）随围压增加而降低。这是因为随着围压增加，杨氏模量增加、泊松比降低、断裂韧性增加，页岩的脆性降低。

**表 2-10　岩心声波测试结果**

| 围压/MPa | 纵波波速/(m/s) | 横波波速/(m/s) | 杨氏模量/MPa | 泊松比 | 脆性指数/% | Rickman 脆性指数/% |
|---|---|---|---|---|---|---|
| 0 | 3537.78 | 2179.18 | 28938.68 | 0.19 | 26.46 | 55.53 |
| 5 | 3614.16 | 2293.64 | 31213.74 | 0.16 | 26.69 | 63.15 |
| 10 | 3693.91 | 2391.96 | 33250.19 | 0.14 | 26.21 | 68.61 |
| 20 | 3864.46 | 2524.21 | 36670.14 | 0.13 | 23.72 | 73.05 |
| 30 | 3955.78 | 2589.28 | 38491.59 | 0.13 | 20.86 | 74.35 |
| 40 | 4019.10 | 2643.81 | 39894.85 | 0.12 | 18.86 | 77.35 |
| 50 | 4134.92 | 2730.04 | 42349.53 | 0.11 | 17.52 | 81.11 |

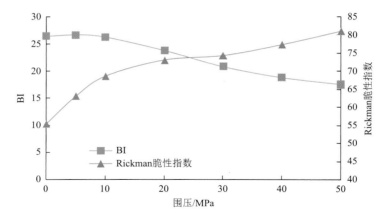

图 2-18 脆性指数（BI）与 Rickman 脆性指数对比

### 2.3.2.3 基于测井参数的脆性评价

采用常规实验方法获取岩石杨氏模量、泊松比、断裂韧性存在岩样尺度小、费用高、取心不完整且不连续等问题，不利于获得整口井的脆性剖面。可通过静态实验与测井数据相结合，保证数据准确性的同时，可获得完整的力学参数剖面和脆性指数剖面，便于页岩水平井长井段的脆性评价。

利用纵波、横波时差等测井资料可计算岩石的动态杨氏模量及泊松比：

$$\begin{cases} E_{\rm d} = \dfrac{\rho V_{\rm s}^2 (3V_{\rm p}^2 - 4V_{\rm s}^2)}{V_{\rm p}^2 - 2V_{\rm s}^2} \\ v_{\rm d} = \dfrac{V_{\rm p}^2 - 2V_{\rm s}^2}{2(V_{\rm p}^2 - V_{\rm s}^2)} \end{cases} \qquad (2\text{-}31)$$

式中，$V_{\rm s}$、$V_{\rm p}$ 分别为横波、纵波波速，m/s；$\rho$ 为测井密度值，g/cm$^3$。

通过测井数据和实验数据对比可建立动静态参数转换关系式（图 2-19）：

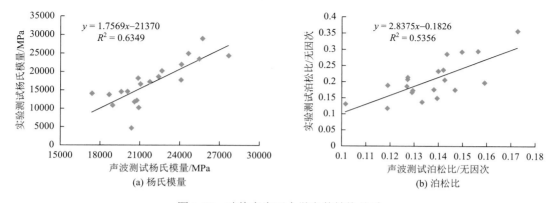

(a) 杨氏模量　　　　　　　　　　　　(b) 泊松比

图 2-19 动静态岩石力学参数转换关系

$$\begin{cases} E_s = aE_d - b \\ v_s = cv_d - d \end{cases} \tag{2-32}$$

式中，$E_s$、$E_d$ 分别为静态、动态杨氏模量，MPa；$v_s$、$v_d$ 分别为静态、动态泊松比，无因次；$a$、$b$、$c$、$d$ 均为拟合经验参数。

页岩的断裂韧性也可通过岩石力学参数及动态参数拟合获取[30]：

$$\begin{cases} K_{IC} = 0.217\sigma_3 + K_{IC}^0 \\ K_{IC} = 0.271 + 0.107\sigma_t, R^2 = 0.62 \\ K_{IC} = 0.313 + 0.027E, R^2 = 0.9 \\ K_{IC} = -1.68 + 0.65V_p, R^2 = 0.72 \\ K_{IC} = 0.708 + 0.006\sigma_c, R^2 = 0.86 \end{cases} \tag{2-33}$$

式中，$\sigma_t$ 为岩石抗张强度，MPa。

#### 2.3.2.4　矿场应用分析

以 XC32 井为例，利用本书建立的脆性指数计算方法分析该井的脆性剖面，测井参数、岩石力学参数及脆性指数剖面如图 2-20 所示。

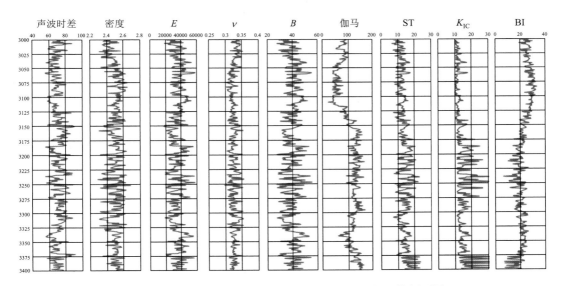

图 2-20　XC32 井测井参数、岩石力学参数及脆性指数剖面图

根据脆性剖面选取了脆性指数较高的两段进行射孔压裂，如图 2-21 所示。其中上段产层（3045~3115m）平均脆性指数为 30.5%，下段产层（3310~3360m）平均脆性指数为 22.4%。该井在压裂过程中对上、下段分别进行了裂缝监测，监测结果如图 2-22 所示。

裂缝监测结果表明：在脆性程度较高的上段改造体积为 $85\times10^6\text{m}^3$，改造面积为

$35.7 \times 10^4 \mathrm{m}^2$，而在下段改造体积仅为 $7.7 \times 10^6 \mathrm{m}^3$，改造面积为 $5.8 \times 10^4 \mathrm{m}^2$。从上段压裂裂缝监测频率图上看（图 2-23），裂缝延伸走向主要在高脆性段内延伸（3039～3190m），该段平均脆性指数为 25%。

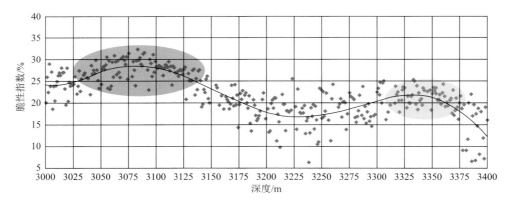

图 2-21　XC32 井脆性剖面及射孔位置图

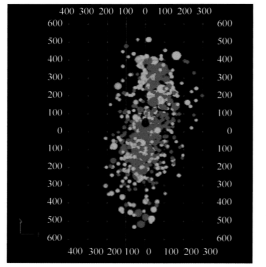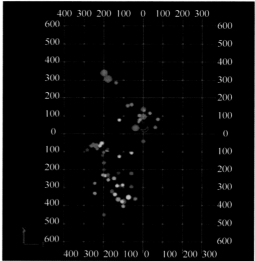

图 2-22　XC32 井上、下段裂缝监测结果

### 2.3.3　全应力应变破坏过程脆性评价

前文所述应力分布模型为线弹性模型，分析参数仅反映岩样线弹性阶段的力学性质。岩石的变形破坏过程可以细分为：压密闭合阶段、弹性变形阶段、裂纹萌生稳定扩展阶段、裂缝开裂非稳定扩展阶段、强度丧失破坏阶段。对致密岩石，压密闭合阶段并不明显，将弹性阶段和非弹性阶段也可以整体划分为弹性变形阶段和扩容破坏阶段（图 2-24）。脆性评价应从全应力应变破坏过程的控制机制出发，考虑因素更为全面。

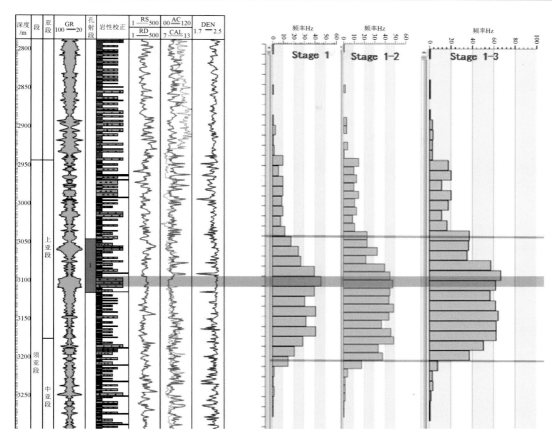

图 2-23　XC32 井上段压裂裂缝监测频率图

注：RS.浅测向电阻率；RD.深测向电阻率；AC.声波时差；CAL.井径测井；DEN.补偿密度

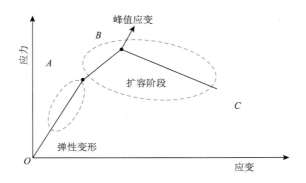

图 2-24　岩样全应力应变破坏过程

### 2.3.3.1　岩石破裂形态的分形几何表征

研究表明，岩石的破裂过程本身具有自相似性[31]。裂缝的破裂模式具有明显的分形特征。描述分形的维数的量称为分形维数，目前有很多方法可确定分形维数，如分布函数计算方法、盒子法等。其中盒子法利用图形计算分形维数，操作简单有效，可以应用到一维、二维和三维的统计分析。

根据分形维数的定义，裂缝数量的分布规律可以由下式表示：

$$N(R) = \frac{C}{R^D} \qquad (2\text{-}34)$$

式中，$N(R)$ 为裂缝的条数；$R$ 为边长；$D$ 为分形维数；$C$ 为比例常数。

确定岩石破裂形态分形维数的操作方法：把岩石破裂端面放在一定长度的正方形面积内（图 2-25），把该正方形划分为边长为 $R$ 的盒子，通过改变 $R$ 的值，得到不同情况下包含裂缝的盒子数 $N(R)$。

对于二维的分形维数，$1 < D < 2$，对式（2-34）取对数可得：

$$\ln N(R) = \ln C - D \ln R \qquad (2\text{-}35)$$

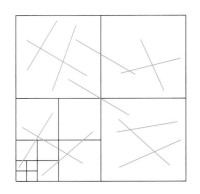

图 2-25 盒子法计算分形维数

改变 $R$ 的大小可以获得不同的裂缝条数值，如式（2-35），通过绘制裂缝条数 $N(R)$ 与 $R$ 的对数曲线关系，可以得到该曲线的斜率，即为分形维数 $D$。

如图 2-26 所示，可以通过描述岩石端面的破裂形态计算分形维数。但仅仅通过对岩石端面的描述来表征岩石破裂的复杂程度是具有一定的局限性的，因为其没有考虑岩石破裂面的方向特征，如图 2-27 所示。相同破裂端面的情况下，岩石可以呈现出不同的破裂特征，破裂角可以反映这种破裂的变化情况。以岩样中轴线为基准线，主破裂面与中轴线

图 2-26 三轴实验岩石破裂端面

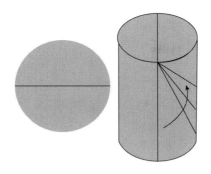

图 2-27　不同破裂角的岩石破裂形态

的夹角即为岩石的破裂角。当夹角为 0° 时,可以描述岩石的张性破裂特征,当夹角大于 0°,且逐渐增加时,可以描述岩石在不同情况下的剪切破裂特征。

破裂角越大,岩石的破裂越偏向于剪切破裂,破裂形态越简单。因此,通过下式定义描述岩石破裂复杂程度的系数:

$$F_C = D \cdot \left(1 - \frac{\alpha}{90}\right) \tag{2-36}$$

式中,$F_C$ 为描述岩石破裂复杂程度的系数,无因次;$\alpha$ 为岩石的破裂角,(°)。

式(2-36)采用分形维数与破裂角的大小相结合的方法,相当于一种"底×高"的模式,可以反映岩石的整体破裂特征。通过分形几何方法对三轴抗压实验中的 42 块样品进行裂缝分形维数的计算(以岩样最复杂的端面为参考面),同时计算各岩样的破裂角,得到岩石破裂复杂程度系数,可以进一步分析不同因素对裂缝复杂程度的影响。

### 2.3.3.2　岩石破裂形态影响因素分析

**1. 弹性参数**

国内外许多研究都把杨氏模量和泊松比作为岩石脆性的评价指标,认为杨氏模量越大,泊松比越小,岩石的脆性指数越大,岩石破裂形态越复杂。前文的应力分析从理论上也证实了该结论,这里的实验分析结果与之前的认识一致,也进一步证实了杨氏模量、泊松比作为脆性评价参数的正确性(图 2-28)。

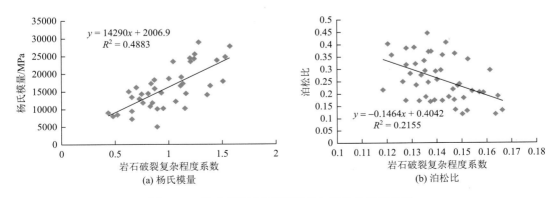

图 2-28　岩石破裂复杂程度系数与弹性参数的关系

**2. 应力应变参数**

根据实验统计结果分析表明,岩石破裂复杂程度系数与峰值应力和残余应力没有明显的相关性,但与峰值应变和残余应变具有良好的负相关性（图2-29）,即岩石的脆性与应力参数没有明显相关性,而与应变参数相关性明显。峰值应变和残余应变总体呈现正相关关系,因此选取更易准确获取的峰值应变作为评价参数。

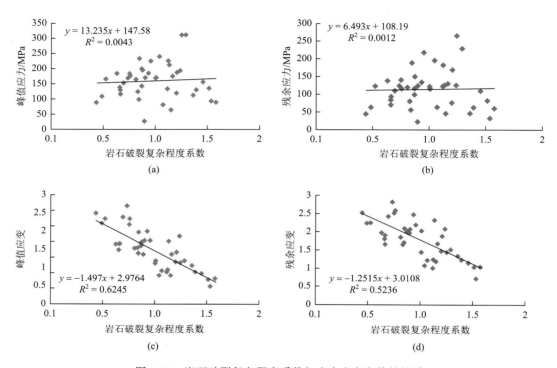

图 2-29　岩石破裂复杂程度系数与应力应变参数的关系

**3. 岩石扩容性**

扩容现象是伴随着岩样整个变形破坏阶段的,扩容性质是影响岩石力学性质的重要因素之一。通常用剪胀角来描述岩石的扩容性质,它描述了岩石变形破坏产生的体积增加或膨胀的速率。一般采用以下公式计算剪胀角[32]:

$$\psi = \arcsin \frac{\Delta \varepsilon_V^P}{\Delta \varepsilon_V^P - 2\Delta \varepsilon_1^P} \tag{2-37}$$

式中, $\Delta \varepsilon_1^P$ 为塑性轴向应变增量,%; $\Delta \varepsilon_V^P$ 为塑性体积应变增量,%。

在三轴抗压实验条件下, $\varepsilon_V^P = \varepsilon_1 + 2\varepsilon_3$ ,对以上公式进行变形可以得到:

$$\left| \frac{\Delta \varepsilon_3^P}{\Delta \varepsilon_1^P} \right| = \frac{1}{2} \frac{1 + \sin \psi}{1 - \sin \psi} \tag{2-38}$$

　　绘制岩石轴向塑性应变与横向塑性应变之间的关系曲线（图 2-30），根据其斜率即可计算岩石的剪胀角（图 2-31）。从图 2-31 可以看出，岩石破裂复杂程度系数与剪胀角呈现较好的正相关性，剪胀角越大，岩石破裂的复杂程度越大。

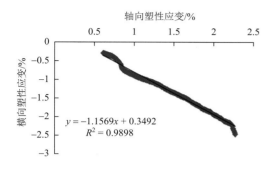

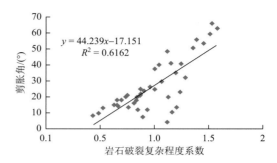

图 2-30　轴向塑性应变与横向塑性应变关系　　图 2-31　岩石破裂复杂程度系数与剪胀角的关系

　　从图 2-30 来看，岩石开始出现扩容的阶段为裂纹非稳定扩展阶段，该阶段裂纹开始起裂并扩展。当应力超过屈服应力后，岩石中裂缝快速发展、交叉并相互联合，产生较大的变形，体积应变呈快速增加的趋势。因此，表征岩石扩容性的剪胀角是反映岩石破裂时裂纹相互沟通、岩石表现出体积膨胀的参数，可以反映岩石破裂的复杂程度。

### 2.3.3.3　脆性评价方法建立

　　综上分析，杨氏模量、泊松比、峰值应变、剪胀角可以作为脆性评价的主要因素。杨氏模量、泊松比反映岩石的弹性阶段变形性质，峰值应变、剪胀角反映扩容阶段的变形性质，综合以上因素可以充分表征岩石整个变形破坏过程。

　　因此，建立考虑全应力应变破坏的脆性评价方法：

$$\mathrm{BI} = W_1 E_\mathrm{n} + W_2 \nu_\mathrm{n} + W_3 \varepsilon_\mathrm{pn} + \psi_\mathrm{n} \qquad (2\text{-}39)$$

式中，BI 为脆性指数，无因次；$E_\mathrm{n}$、$\nu_\mathrm{n}$、$\psi_\mathrm{n}$ 和 $\varepsilon_\mathrm{pn}$ 分别为归一化的杨氏模量、泊松比、剪胀角和峰值应变；$W_1$、$W_2$、$W_3$ 分别为各参数的权重系数，$W_1 + W_2 + W_3 = 1$。

　　$E_\mathrm{n}$、$\nu_\mathrm{n}$、$\psi_\mathrm{n}$ 和 $\varepsilon_\mathrm{pn}$ 的计算公式如下：

$$E_\mathrm{n} = \frac{E - E_\mathrm{min}}{E_\mathrm{max} - E_\mathrm{min}};\ \nu_\mathrm{n} = \frac{\nu - \nu_\mathrm{min}}{\nu_\mathrm{max} - \nu_\mathrm{min}};\ \varepsilon_\mathrm{pn} = \frac{\varepsilon_\mathrm{p} - \varepsilon_\mathrm{pmin}}{\varepsilon_\mathrm{p\,max} - \varepsilon_\mathrm{p\,min}};\ \psi_\mathrm{n} = \frac{\psi - \psi_\mathrm{min}}{\psi_\mathrm{max} - \psi_\mathrm{min}} \qquad (2\text{-}40)$$

对于各参数的权重系数，可以采用灰色关联理论进行计算。

　　通过实验结果计算，岩石破裂复杂程度系数与脆性指数具有良好的相关性。从破坏模式方面看，脆性指数越高，破坏模式依次由单缝剪切到复合多缝破裂，再到张性多缝劈裂（图 2-32），与前文的定性分析一致。

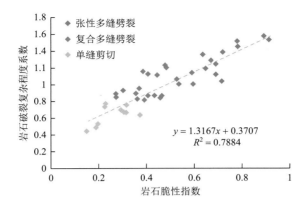

图 2-32　岩石破裂复杂程度系数与脆性指数的关系

可以看出，与 Rickman 脆性评价方法相比，岩石破裂复杂系数与本研究脆性指数相关性更高，而与 Rickman 脆性指数的统计关系具有较强的离散性（图 2-33）。因此，本研究提出的模型更能反映岩石的破裂特征，评价页岩脆性准确性更高。

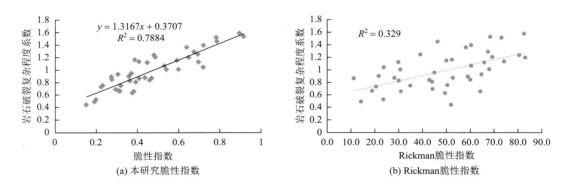

图 2-33　本研究脆性指数模型与 Rickman 脆性指数模型对比

## 2.4　页岩可压性综合评价

### 2.4.1　天然裂缝张开长度计算

除了页岩本身的脆性特征，地应力和天然裂缝也是影响页岩压后裂缝复杂程度的重要因素。存在天然裂缝的地层中，裂缝的交互会使天然裂缝发生膨胀、剪切滑移、张性破坏，甚至产生分支裂缝，改变水力裂缝延伸的方向，从而产生复杂的缝网。裂缝交互主要存在穿过天然裂缝、沿天然裂缝转向、天然裂缝剪切滑移等几种情况（图 2-34）。

水力裂缝与天然裂缝的交互在创造复杂裂缝网络方面扮演了关键的角色。在压裂过程中，产生的裂缝面积越大，储层与裂缝的接触面积就越大，越有利于流体的流动。沟通天然裂缝应以最大化天然裂缝面积为目标，在裂缝高度固定的情况下，则应使天然裂缝被激活的长度越大。因此，天然裂缝张开长度越大，产生的裂缝网络越大。

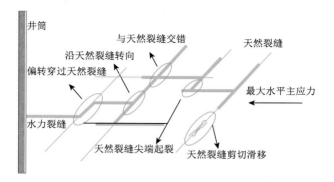

图 2-34　裂缝交互的不同模式

### 2.4.1.1　水力裂缝与天然裂缝交互扩展模型

**1. 水力裂缝扩展模型**

水力裂缝扩展物理模型如图 2-35 所示。

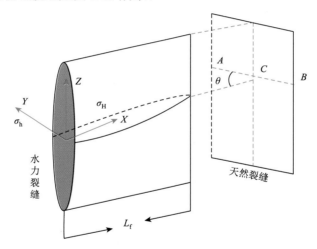

图 2-35　水力裂缝扩展物理模型

1）物质平衡方程

在水力裂缝中，流体流动满足以下物质平衡方程：

$$\frac{\partial q(x,t)}{\partial x} + q_{L}(x,t) + \frac{\partial A(x,t)}{\partial t} = 0 \tag{2-41}$$

式中，$q(x,t)$ 为裂缝内流速，$m^3/min$；$q_{L}(x,t)$ 为单位缝长上的滤失速度，$m^3/(min·m)$；$A(x,t)$ 为裂缝面积，$m^2$。

总的体积平衡方程满足：

$$V_{fp} + V_{LP} = Q_{t} \tag{2-42}$$

式中，$Q_{t}$ 为 $t$ 时刻总注入体积，$m^3$；$V_{fp}$ 为裂缝体积，$m^3$；$V_{LP}$ 为注入时刻 $t$ 的总滤失量，$m^3$。

2）流体流动方程

$$q(x,t) = -\frac{\pi W_{\text{fmax}}^3(x,t)H_f}{64\mu}\frac{\mathrm{d}(p(x,t)-\sigma_n)}{\mathrm{d}x} \tag{2-43}$$

式中，$W_{\text{fmax}}(x,t)$ 为裂缝面的最大缝宽，m；$H_f$ 为缝高，m；

3）缝宽方程

假设裂缝面变形为线弹性变形，根据 England 等[33]的裂缝扩展模型，在注入期间，裂缝面的最大缝宽为

$$W_{\text{fmax}}(x,t) = \frac{2(1-v^2)}{E}H_f[p_f(x,t)-\sigma_h] \tag{2-44}$$

式中，$\sigma_h$ 为最小主应力，MPa；$p_f(x,t)$ 为 $t$ 时刻 $x$ 处裂缝内压力，MPa。

4）滤失控制方程

液体滤失速度由 Carter 滤失模型得到：

$$q_L(x,t) = \frac{2CH_p}{\sqrt{t-\tau(x)}} \tag{2-45}$$

式中，$C$ 为压裂液滤失系数，m/min$^{0.5}$；$H_p$ 为裂缝高度，m；$\tau(x)$ 为暴露于压裂液的时间，min。

裂缝的面积为缝宽与缝高的乘积，由椭圆面积公式计算得到：

$$A(x,t) = \frac{\pi}{4}W_{\text{fmax}}(x,t)H_f \tag{2-46}$$

将上式代入物质平衡方程可以得到：

$$\frac{2CH_p}{\sqrt{t-\tau(x)}} + \frac{\pi}{4}\frac{\partial}{\partial t}[W_{\text{fmax}}(x,t)H_f] - \frac{\pi}{64\mu}\frac{\partial}{\partial x}\left[W_{\text{fmax}}^3(x,t)H_f\frac{\mathrm{d}p_{\text{net}}(x,t)}{\mathrm{d}x}\right] = 0 \tag{2-47}$$

式中，$p_{\text{net}}$ 为裂缝内净压力，MPa；$\mu$ 为黏度 mPa·S。该方程是非线性的部分差分方程，很难得到解析解，需要采用有限差分方法进行求解，得到水力裂缝的动态尺寸和流体压力。

5）裂缝扩展产生的诱导应力计算

裂缝在扩展过程中会受到临近裂缝的力学干扰，一条裂缝的应力场受到附近裂缝的张开和剪切位移的影响，即应力阴影效应。Crouch 等[34]描述了在二维平面应变中，所有裂缝张开和剪切的位移不连续作用在一个裂缝单元上的正应力和剪应力。可以用位移不连续方法计算裂缝单元产生的诱导应力，位移不连续方法计算诱导应力的公式如下：

$$\begin{cases} \sigma_{xx}^i = \sum_{j=1}^N A_{xx}^{ij}D_x^j + \sum_{j=1}^N A_{xy}^{ij}D_y^j \\[2mm] \sigma_{yy}^i = \sum_{j=1}^N A_{yx}^{ij}D_x^j + \sum_{j=1}^N A_{yy}^{ij}D_y^j \\[2mm] \sigma_{xy}^i = \sum_{j=1}^N A_{sx}^{ij}D_x^j + \sum_{j=1}^N A_{sy}^{ij}D_y^j \end{cases} \tag{2-48}$$

式中，$A^{ij}$ 为不同应力方向的应力影响系数，MPa/m；$D_y^j$ 为法向的位移不连续量，m；$D_x^j$ 为切向的位移不连续量，m。

在裂缝扩展的过程中，用裂缝的宽度代替裂缝面法向的位移不连续量，同时剪应力为 0，可以计算每个裂缝单元产生的剪切位移不连续量和正应力，进而得到水力裂缝作用在天然裂缝面上的诱导应力。

$$D_y^j = w_j, \sigma_{xy}^i = 0 \tag{2-49}$$

### 2. 水力裂缝扩展准则

裂纹扩展准则是断裂力学研究的核心问题。可以解答两个方面的问题，即裂纹在什么条件下起裂和裂纹沿着什么方向扩展。这里采用最大周向应力理论作为水力裂缝的扩展准则。

根据断裂力学理论，Ⅰ-Ⅱ复合型裂缝尖端的应力场为

$$\begin{cases} \sigma_{rr} = \dfrac{1}{2\sqrt{2\pi r}}\left[K_{\mathrm{I}}(3-\cos\theta)\cos\dfrac{\theta}{2} + K_{\mathrm{II}}(3\cos\theta-1)\sin\dfrac{\theta}{2}\right] \\[2mm] \sigma_{\theta\theta} = \dfrac{1}{2\sqrt{2\pi r}}\cos\dfrac{\theta}{2}[K_{\mathrm{I}}(1+\cos\theta) - 3K_{\mathrm{II}}\sin\theta] \\[2mm] \tau_{r\theta} = \dfrac{1}{2\sqrt{2\pi r}}\cos\dfrac{\theta}{2}[K_{\mathrm{I}}\sin\theta + K_{\mathrm{II}}(3\cos\theta-1)] \end{cases} \tag{2-50}$$

式中，$K_{\mathrm{I}}$、$K_{\mathrm{II}}$ 分别为Ⅰ型、Ⅱ型裂纹尖端的应力强度因子。

裂纹沿垂直于最大周向应力方向扩展，满足以下条件：

$$\frac{\partial \sigma_\theta}{\partial \theta} = 0, \frac{\partial^2 \sigma_\theta}{\partial^2 \theta} < 0 \tag{2-51}$$

将式（2-50）中的第二式进行微分以后，得到：

$$\begin{cases} \dfrac{\partial \sigma_\theta}{\partial \theta} = -\dfrac{3}{2\sqrt{2\pi r}}\cos\dfrac{\theta}{2}[K_{\mathrm{I}}\sin\theta + K_{\mathrm{II}}(3\cos\theta-1)] \\[2mm] \dfrac{\partial^2 \sigma_\theta}{\partial \theta^2} = \dfrac{3}{4\sqrt{2\pi r}}\cos\dfrac{\theta}{2}\left\{\dfrac{1}{2}\sin\theta[K_{\mathrm{I}}\sin\theta + K_{\mathrm{II}}(3\cos\theta-1)] - \cos\dfrac{\theta}{2}(K_{\mathrm{I}}\cos\theta - 3K_{\mathrm{II}}\sin\theta)\right\} \end{cases} \tag{2-52}$$

令 $\dfrac{\partial \sigma_\theta}{\partial \theta} = 0$，可以得到两个解，但同时需要满足 $\dfrac{\partial^2 \sigma_\theta}{\partial^2 \theta} < 0$，由此可以求出断裂角 $\theta_0$ 的表达式：

$$\theta_0 = \begin{cases} 0, & (K_{\mathrm{II}} = 0) \\[2mm] 2\arctan\left\{\dfrac{1}{4}\left[\dfrac{K_{\mathrm{I}}}{K_{\mathrm{II}}} - \mathrm{sgn}(K_{\mathrm{II}})\sqrt{\left(\dfrac{K_{\mathrm{I}}}{K_{\mathrm{II}}}\right)^2 + 8}\right]\right\}, & (K_{\mathrm{II}} \neq 0) \end{cases} \tag{2-53}$$

对于Ⅰ型和Ⅱ型裂纹尖端的应力强度因子可以根据 Griffith 理论：

$$w_{\mathrm{w}} = \frac{K_{\mathrm{IC}}}{\sqrt{\pi a}}\frac{4(1-v^2)a}{E} \tag{2-54}$$

式中，$w_{\mathrm{w}}$ 为裂缝宽度，m；$a$ 为裂缝半长，m。用法向和切向的位移不连续量表示：

$$K_{\mathrm{I}} = \frac{GD_y^{\mathrm{tip}}}{2(1-v)\sqrt{\pi a}} \tag{2-55}$$

$$K_{\mathrm{II}} = \frac{GD_x^{\mathrm{tip}}}{2(1-v)\sqrt{\pi a}}$$

式中，$G$ 为剪切模量，MPa。

当裂纹尖端等效应力强度因子大于断裂韧性时，裂纹从尖端扩展。复合裂纹应力强度因子（$K_e$）可以根据下式转化成一个等效的纯Ⅰ型裂纹：

$$\sigma_{\theta\theta} = \frac{1}{2\sqrt{2\pi r}}\cos\frac{\theta_0}{2}[K_I(1+\cos\theta_0)-3K_{II}\sin\theta_0] = \frac{1}{\sqrt{2\pi r}}K_e \tag{2-56}$$

得到：

$$K_e = \frac{1}{2}\cos\frac{\theta_0}{2}[K_I(1+\cos\theta_0)-3K_{II}\sin\theta_0] \tag{2-57}$$

式中，$\theta_0$ 为天然裂缝破裂角，(°)。

**3. 裂缝交互扩展判别准则**

裂缝交互时，不同压力情况下，天然裂缝发生的破坏模式不同（图 2-36）。

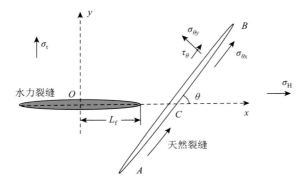

图 2-36　裂缝交互示意图

当流体压力不足以将天然裂缝张开时，天然裂缝可能会发生剪切破坏，也可能发生水力裂缝直接穿过天然裂缝；当流体压力将天然裂缝张开时，不会发生剪切破坏，水力裂缝可能会沿天然裂缝扩展，此时仍有可能发生穿过破坏。

1）天然裂缝闭合时

剪切破坏：当天然裂缝面本身的力学强度不能阻止裂缝面相互滑动时，便会发生剪切滑动，若天然裂缝发生剪切破坏，剪应力和正应力需要满足以下条件：

$$|\tau_{nf}| = \tau_0 + K_f(\sigma_{\theta y} - P_c) \tag{2-58}$$

式中，$P_c$ 为裂缝内的孔隙压力，MPa；$\tau_{nf}$ 为裂缝壁面的剪应力，MPa；$\sigma_{\theta y}$ 为裂缝壁面的法向正应力，MPa；$\tau_0$ 为裂缝面的抗剪强度，MPa；$K_f$ 为摩擦系数。

穿过天然裂缝：若不满足剪切破坏的条件，此时当液体压力大于裂缝面的切向正应力和岩石抗张强度时，会穿过天然裂缝。

$$P_C(T) > \sigma_{\theta x} + \sigma_t \tag{2-59}$$

式中，$P_C(T)$ 为 $C$ 点的流体压力，MPa；$\sigma_{\theta x}$ 为裂缝面的切向正应力，MPa；$\sigma_t$ 为岩石的抗张强度，MPa。

2）天然裂缝张开时

穿过天然裂缝：在扩展的过程中，由于交互点的液体压力最大，当交互点液体压力大于天然裂缝面的切向正应力和岩石抗张强度时，仍然会从交互点穿过天然裂缝。该交互情况下水力裂缝会在天然裂缝内扩展一定的长度。

$$P_C(T) > \sigma_{\theta x} + \sigma_t \qquad (2\text{-}60)$$

天然裂缝端部起裂：若交互点的流体压力不满足穿过的条件，则水力裂缝将沿着天然裂缝发生转向，并在天然裂缝的尖端起裂，此时流体压力应该满足端部压力大于裂缝面的法向正应力和岩石的抗张强度之和：

$$P_C(T) < \sigma_{\theta x} + \sigma_t \text{ 且 } P_A(T) \geqslant \sigma_{\theta y} + \sigma_t \qquad (2\text{-}61)$$

**4. 模型求解**

模型求解步骤（图 2-37）：

（1）通过输入的初始参数使裂缝扩展，计算扩展过程中的应力强度因子，判断裂缝是否扩展。

（2）利用水力裂缝扩展的宽度计算其产生的诱导应力，与远场地应力叠加后得到天然裂缝壁面的应力分布情况。

（3）判断裂缝交互情况，若裂缝穿出，则计算结束，若张开则转入天然裂缝内扩展，计算天然裂缝的扩展参数。

（4）更新交互点的压力大小，继续判断交互准则，若天然裂缝内扩展停止或者穿出天然裂缝，得到天然裂缝内扩展的最终参数。

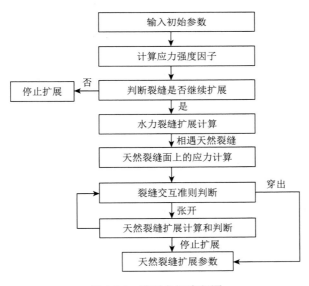

图 2-37　模型求解流程图

## 2.4.1.2　天然裂缝张开长度影响规律分析

天然裂缝张开长度计算基础参数如表 2-11 所示。

**表 2-11　模型计算参数**

| 参数 | 数值 | 参数 | 数值 |
|---|---|---|---|
| 逼近角/(°) | 30 | 天然裂缝距水力裂缝的距离/m | 50 |
| 最大水平主应力/MPa | 75 | 最小水平主应力/MPa | 70 |
| 天然裂缝抗张强度/MPa | 2 | 岩石抗张强度/MPa | 6 |

**1. 天然裂缝张开和穿过判断分析**

如图 2-38 所示，分析逼近角对天然裂缝张开和穿过的影响。当逼近角小于 45°时，天然裂缝张开，水力裂缝会沿天然裂缝扩展，当逼近角大于 45°时，水力裂缝会直接穿过天然裂缝。

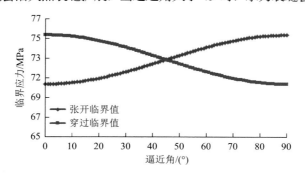

图 2-38　天然裂缝张开和穿过判断

图 2-39 和图 2-40 是应力差异系数对张开和穿过的影响。从两图中可以看出，应力差异系数越小，裂缝张开和穿过的临界值均越小。低逼近角时，应力差异系数对张开破坏影响不大，随逼近角增加，应力比越大，张开临界值越大；低逼近角时，应力差异系数对穿过影响很大，应力比越大，穿过临界值越大；高逼近角时应力差异系数对穿过的影响不大。

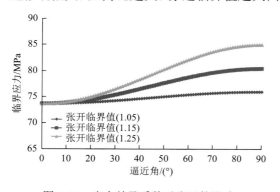

图 2-39　应力差异系数对张开的影响

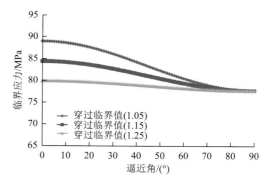

图 2-40　应力差异系数对穿过的影响

**2. 逼近角和地应力差异对天然裂缝张开长度的影响**

根据 Griffith 最大能量释放率准则，裂纹会沿着最大能量释放率的方向扩展，相关研究表明，裂缝张开后水力裂缝会沿一端继续扩展，并不会出现同时向两端扩展的情况。当交互点的压力超过裂缝面上的切向正应力和岩石的抗张强度之和时［式（2-62）］，水力裂缝便会穿过天然裂缝。在天然裂缝内扩展的这段长度就是天然裂缝张性打开的程度，若该距离越长，即产生裂缝网络越大。该长度受到逼近角和原地应力等因素的影响。

$$P_C(T) > \sigma_{\theta x} + T_0 \tag{2-62}$$

式中，$T_0$ 为抗张强度，MPa。

图 2-41 是天然裂缝抗张强度为 2MPa、岩石抗张强度为 6MPa 时，逼近角对天然裂缝扩展长度的影响。从图中可以看出，随着逼近角的增加，扩展的长度逐渐减小，当逼近角超过 50° 时，已经不满足天然裂缝张开条件，水力裂缝会直接穿过天然裂缝。

图 2-42 是天然裂缝抗张强度为 2MPa、岩石抗张强度为 6MPa 时，地应力差异系数对天然裂缝扩展长度的影响。从图中可以看出，随着应力差异系数的增加，扩展的长度逐渐减小。

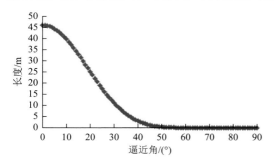

图 2-41　逼近角对天然裂缝扩展长度的影响　　图 2-42　应力差异系数对天然裂缝扩展长度的影响

由以上分析可以看出，逼近角和应力差异系数对于天然裂缝张性打开的程度影响较大，裂缝面的抗张强度虽然会影响张开的角度区间，但并不影响张开的程度。因此，逼近角和应力差异系数是影响天然裂缝张开程度的关键因素。

## 2.4.2　可压性综合评价

### 2.4.2.1　考虑天然裂缝张开的可压性指标确定

根据前面的研究结论可知，天然裂缝内的扩展长度受到逼近角、地应力差异系数和天然裂缝面抗张强度的影响。其中抗张强度的大小决定着天然裂缝发生张性打开的角度区间。天然裂缝面的抗张强度越大，发生张性打开的角度区间越小。不同的天然裂缝抗张强度下张开的角度区间不同（岩石抗张强度不变，为 6MPa），如表 2-12 所示。

表 2-12　不同天然裂缝抗张强度下张开的角度区间

| 天然裂缝抗张强度/MPa | 0 | 1 | 2 | 3 |
| --- | --- | --- | --- | --- |
| 张开的角度区间/(°) | 0～71 | 0～63 | 0～56 | 0～50 |

当天然裂缝满足张开的条件时，逼近角越小，应力差异系数越小，越有利于天然裂缝的张性打开，且天然裂缝张性打开的程度越大。设 $\theta_{max}$ 为张开的角度区间的最大值，$\theta$ 为该区间内的逼近角，即 $\theta \leqslant \theta_{max}$，天然裂缝可以打开；若 $\theta > \theta_{max}$，天然裂缝无法打开。定义天然裂缝张开大小的可压性指标为

$$F_{nf} = \begin{cases} W_5\left(1 - \dfrac{\theta}{\theta_{max}}\right) + W_6(1 - S_h), & \theta \leq \theta_{max} \\ \qquad\qquad 0, & \theta > \theta_{max} \end{cases} \tag{2-63}$$

式中，$F_{nf}$ 为天然裂缝影响因子，表征天然裂缝张开大小的可压性指标，无因次；$S_h$ 为应力差异系数，一般为 0～0.5；$W_5$、$W_6$ 分别为逼近角和应力差异系数的权重系数，无因次。

应力差异系数 $S_h$ 的表达式：

$$S_h = \frac{\sigma_H - \sigma_h}{\sigma_h} \tag{2-64}$$

式中，$\sigma_H$、$\sigma_h$ 为区块最大、最小水平主应力，MPa。

### 2.4.2.2　综合可压性评价方法建立

综合前面的研究，可压性不仅仅是岩石本身脆性破裂的性质，更包含了地层中天然裂缝的发育情况和地应力差的大小，单独使用任何一种参数都不足以在地层中形成复杂网络裂缝，因此考虑岩石脆性、地应力差和地层中天然裂缝的发育情况，定义综合可压性指数为

$$F_I = BI \cdot F_{nf} \tag{2-65}$$

式中，$F_I$ 为可压性指数，无因次；BI 为考虑全应力应变过程的脆性指数，无因次。

### 2.4.2.3　灰色关联法确定权重系数

灰色系统理论提出了对各子系统进行灰色关联度分析的概念，意图通过一定的方法，去寻求系统中各子系统之间的数值关系[35]。对于两个系统之间的因素，关联度定义为随时间或不同对象而变化的关联性大小的量度。若两个因素变化的趋势具有一致性，即可谓二者关联度较高；反之，则较低。关联度分析主要包括以下步骤：

**1. 确定子数列和参考数列**

将影响脆性的各个因素作为子数列，其表达式为

$$r_i = (r_{i1}, r_{i2}, \cdots, r_{im}) \tag{2-66}$$

将岩石破坏的断裂能作为参考数列，其表达式为

$$r_0 = (r_1, r_2, \cdots, r_m) \tag{2-67}$$

**2. 计算效用函数**

为消除物理量单位的干扰，采用归一化的方法对数据进行处理。根据前期分析结果，与断裂能相关的 4 个参数分别是杨氏模量、泊松比、剪胀角和峰值应变。根据前期统计结果的不同，分别按照下面两种方法进行处理：

（1）越大越优型指标，其效用函数的计算为

$$b_{ij} = \frac{r_{ij} - (r_{ij})_{min}}{(r_{ij})_{max} - (r_{ij})_{min}} \tag{2-68}$$

（2）越小越优型指标，其效用函数的计算为

$$b_{ij} = 1 - \frac{r_{ij} - (r_{ij})_{min}}{(r_{ij})_{max} - (r_{ij})_{min}} \tag{2-69}$$

其中，$(r_{ij})_{\min}$ 和 $(r_{ij})_{\max}$ 分别为样本的最小值和最大值。

由此可得函数矩阵：

$$\boldsymbol{R} = [b_{ij}]_{m \times n} \tag{2-70}$$

（3）求关联系数

$$\xi_i(j) = \frac{\Delta_{\min} + \rho \Delta_{\max}}{\Delta_i + \rho \Delta_{\max}} \tag{2-71}$$

其中，

$$\Delta_i = |x_0(j) - x_i(j)| \tag{2-72}$$

$\rho$ 为分辨系数，$\rho$ 越小，分辨力越大，$\rho$ 的取值区间为[0, 1]。

（4）求解关联度。子序列的关联系数和关联度均大于 0，且子序列的关联度应是各个关联系数的平均值，因此可以得到：

$$\gamma_j = \frac{1}{M} \sum_{j=1}^{M} \xi_i(j) \tag{2-73}$$

（5）求解权重系数。所有参数均对脆性有着不同的影响程度，为比较各个参数的影响大小，利用各因素关联度占总关联度的比重计算其权重系数：

$$W_i = \frac{\gamma_i}{\sum_{i=1}^{n} \gamma_i} \tag{2-74}$$

对于考虑天然裂缝的可压性指标权重的计算，以天然裂缝张性打开的长度为目标函数，逼近角和应力差异系数为子函数，得到 $W_5$ 和 $W_6$ 分别为 0.52 和 0.48。可以看出逼近角和应力差异系数对于天然裂缝的张性打开都是非常关键的参数，一般情况下，权重可各取 0.5。

## 2.4.3　可压性评价应用

### 2.4.3.1　真三轴压裂模拟实验验证分析

首先获取岩样的岩石力学参数、全岩矿物组分、天然裂缝发育情况，开展真三轴水力压裂模拟实验。压裂实验后岩样的水力裂缝形态主要分为三类（图 2-43）：水力单缝、沿天然裂缝开启、复杂裂缝。

(a) 水力单缝(30#)　　　　　(b) 沿天然裂缝开启(34#)　　　　　(c) 复杂裂缝(33-1#)

图 2-43　真三轴压裂实验破裂形态

同时分别计算 Rickman 脆性指数、Jarvie 脆性指数和综合可压性指数，通过与裂缝形态对比分析，研究提出的综合可压性指数具有较好的相关性（表 2-13、图 2-44）。

表 2-13　几种脆性指数与真三轴实验破裂形态统计表

| 岩样编号 | Rickman 脆性指数/% | Jarvie 矿物脆性指数/% | 综合可压性指数/% | 裂缝形态 |
|---|---|---|---|---|
| 30# | 0.56 | 0.30 | 0.16 | 水力单缝 |
| 26# | 0.66 | 0.31 | 0.21 | |
| 28# | 0.80 | 0.28 | 0.26 | |
| 25-1# | 0.60 | 0.34 | 0.31 | 沿天然裂缝开启 |
| 34# | 0.69 | 0.24 | 0.39 | |
| 32# | 0.56 | 0.22 | 0.30 | |
| 25-2# | 0.60 | 0.34 | 0.43 | 复杂裂缝 |
| 31# | 0.76 | 0.25 | 0.45 | |
| 33-1# | 0.61 | 0.18 | 0.45 | |
| 33-2# | 0.61 | 0.18 | 0.48 | |

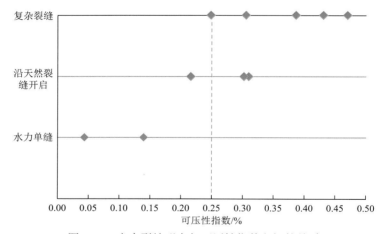

图 2-44　水力裂缝形态与可压性指数之间的关系

利用室内水力压裂实验岩样的数据进行分析，水力裂缝形态与可压性指数有较好的一致性，根据计算的可压性指数，按以下标准进行判断：

（1）$F_I \leqslant 0.3$：不能形成复杂裂缝。

（2）$0.3 < F_I \leqslant 0.4$：裂缝复杂程度一般。

（3）$F_I > 0.4$：裂缝复杂程度较高。

## 2.4.3.2　现场应用分析

在储层改造中，储层质量评价包括两个方面：一是含油气性好，储层具有被改造的前提条件；二是可压性好，压后能够形成裂缝网络沟通储层。因此，压裂选层需要同时考虑储层含油气丰度及可压性，在最优质储层内选择最容易改造的井段实施压裂。

K2 段储层为一页岩油储层，各井的施工参数基本相同，排量整体为 5～7m³/min，支撑剂用量大部分为 40～50m³，砂比为 15%～20%，液体规模差异较小。根据岩石力学测试、测井参数、岩心观察，可以获得岩石力学参数、地应力参数、天然裂缝参数，进而计算综合可压性指数。

通过与现场压后产量对比分析，压后产量与综合可压性指数具有较好的相关性，说明了该可压性指数的准确性。同时可以看出，综合可压性指数大于 0.25 具有较好的效果，可用于现场选层评价（表 2-14、图 2-45）。

表 2-14　综合可压性指数计算结果

| 井号 | 地应力差异系数 $S_h$ | 天然裂缝影响因子 $F_{nf}$ | 脆性指数 BI | 可压性指数 $F_I$ | 压后产量/(m³/d) |
|---|---|---|---|---|---|
| GD108 井（第一层） | 0.26 | 0.6189 | 0.42 | 0.2599 | 7.22 |
| GD108 井（第二层） | 0.28 | 0.5141 | 0.43 | 0.2226 | 5.72 |
| GD108 井（第三层） | 0.25 | 0.6310 | 0.43 | 0.2713 | 9.42 |
| GD6×1 | 0.22 | 0.7699 | 0.58 | 0.4465 | 32.60 |
| GX1×1（第二层） | 0.25 | 0.7904 | 0.59 | 0.4673 | 33.80 |
| KN26×1（第二层） | 0.18 | 0.6987 | 0.51 | 0.3726 | 23.60 |
| GD10×1（第一层） | 0.24 | 0.5552 | 0.41 | 0.2276 | 2.92 |
| GD10×1（第二层） | 0.23 | 0.6666 | 0.48 | 0.3180 | 5.32 |
| GX3 井（第一层） | 0.26 | 0.7141 | 0.58 | 0.4142 | 27.00 |
| GD9 井（第一层） | 0.22 | 0.6893 | 0.49 | 0.3378 | 7.30 |
| GD9 井（第二层） | 0.24 | 0.4600 | 0.45 | 0.2070 | 1.01 |
| GD13 井 | 0.26 | 0.6189 | 0.48 | 0.2971 | 5.10 |
| GD2 井（第三层） | 0.24 | 0.6065 | 0.46 | 0.2790 | 5.40 |
| GD15 井（第一层） | 0.23 | 0.6919 | 0.52 | 0.3597 | 10.90 |
| GD15 井（第二层） | 0.24 | 0.7017 | 0.54 | 0.3789 | 10.20 |
| G1608 井（第二层） | 0.22 | 0.7259 | 0.59 | 0.4283 | 52.13 |

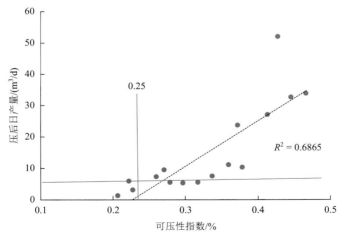

图 2-45　可压性指数与平均日产量的关系

# 2.5　页岩压裂后裂缝评价

可压性评价为压裂前对压裂裂缝的特征进行预测评价，而压裂施工后则可通过压后裂缝平阿基技术进行评估。压后裂缝评价技术包括：远离裂缝直接成像技术、直接近井眼裂缝诊断技术、间接压裂缝诊断技术。

## 2.5.1　远离裂缝直接成像技术

### 2.5.1.1　微地震裂缝监测技术

**1. 地面微地震监测技术**

监测原理：水力压裂时，在射孔位置，当迅速升高的井筒压力超过岩石抗压强度时，岩石遭到破坏，形成裂缝。裂缝扩展时，必将产生一系列向四周传播的微地震波。微地震波被布置在井周围的监测分站（微震仪）接收到，根据各分站微地震波的达到时差，会形成一系列的方程组。求解这一系列的方程组，就可确定微地震震源位置[36]，进而计算出裂缝分布的方位、长度、高度及地应力方向等地层参数（图 2-46）。

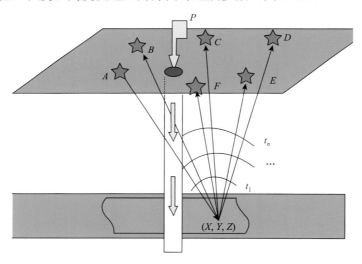

图 2-46　地面微地震裂缝监测原理图

技术特点：由于地层吸收、传播路径复杂化等原因，与井下监测相比，地面监测所得到的资料存在微震事件少、信噪比低、反演可靠性差等缺点，但是地面监测具有施工方法简单，监测工作便于实施的优点。

**2. 井下微地震监测技术**

监测原理：压裂过程中，裂缝波及的地层应力增长明显，孔隙压力改变也大，这两个变化都影响水力裂缝附近的弱应力平面的稳定性，并且使它们发生剪切滑动，这种剪切滑动就像地震沿着断层滑动，称为微地震。水力压裂产生的微地震释放弹性波，频率大概在声音频率范围内。采用合适的接收仪器，这些声音信号就能被监测到，通过分析处理就能够判断其具体位置[37]，如图 2-47 和图 2-48 所示。

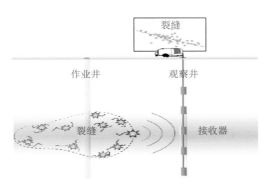

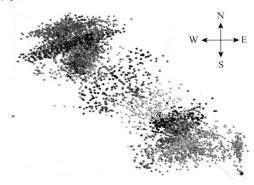

图 2-47　井下微地震裂缝监测示意图　　　　图 2-48　井下微地震裂缝监测结果图

技术特点：由于是直接在井下对地震波进行测量，检波器与监测目标地层更接近，这样既可以接收到更多微弱的地震信号，也可以避免地面各种振动的干扰，因而测量准确度高。但它要求观测井与作业井之间最长的距离在 600m 之内，并且观测井必须无噪声，不能有流体流动，若井为生产井，则必须要求将生产段进行封堵，因此使用条件很苛刻，同时使用程序复杂，设备及相应的配套设备昂贵。

### 2.5.1.2　测斜仪裂缝监测技术

**1. 地面测斜仪裂缝监测技术**

监测原理：地面测斜仪测试方法是通过在地面压力井周围布置一组测斜仪来测量由于压裂引起岩石变形而导致的地层倾斜，经过地球物理反演确定造成大地变形场压裂参数的一种裂缝监测方法[38]。

压裂裂缝引起的岩石变形场向各个方向辐射，引起地面及井下地层变形。裂缝引起的地面变形几乎是不可测量的，但是测量变形场的变形梯度即倾斜场是相对容易的，裂缝引起的地层变形场在地面是裂缝方位、裂缝中心深度和裂缝体积的函数。压裂造缝过程中，用放置在压裂井附近的测斜仪可测量地层倾角的微小变化。利用这些数据可以绘制出地面变形图，由此估算出压裂裂缝的方位、倾角、深度、缝宽、缝高等参数。

首先将 12～30 个测斜仪放置在要进行压裂的井的周围，按照这些井压裂层深度的 15%～75%的径向距离进行排布（如图 2-49 所示），这是裂缝在地面造成最大倾斜的区域。测斜仪在地面精确的排布不是最重要的，压裂测量的结果主要取决于测斜仪应用的数量和仪器的信噪比。

技术特点：测斜仪能获得裂缝的方位、倾角、裂缝复杂性（水平缝和垂直缝的组成、X 缝是否存在），因此地面测斜仪裂缝监测在重复压裂作业中判断裂缝的转向非

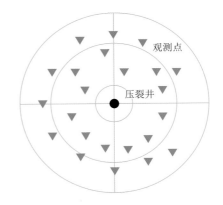

图 2-49　地面测斜仪裂缝监测示意图

常有优势。局限：环境条件要求高；施工准备周期为 2～3 周；随埋深的增加所测方位误差增大。在裂缝中部深度为 1500m 以上时裂缝方位的监测精度在 5° 以上，3000m 时为 10° 左右。目前所进行的地面倾斜裂缝测绘深度浅至 6m，深达 3600m 以上。

**2. 井下测斜仪裂缝监测技术**

技术原理：原理与地面测斜仪类似，只是测斜仪位于井下（图 2-50），利用钢丝电缆将线性排列的井下测斜仪（通常 5～8 只测斜仪）放置在一口或多口邻井中，接近压裂层深度。由于测斜仪分布于压裂处理层段深度，与地面测斜仪相比通常更加靠近裂缝（30～900m），所以能够比较准确地测绘裂缝尺寸，并且实时测定随时间变化的裂缝高度、长度和宽度。

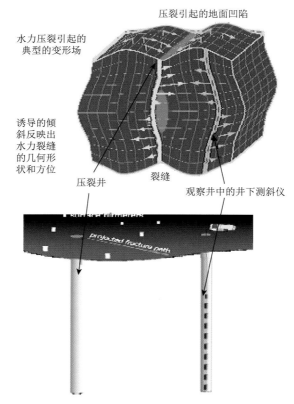

图 2-50　井下测斜仪原理示意图

可获取参数：可以确定裂缝的几何尺寸（裂缝长度、高度）；在井距和裂缝长度相适应的情况下可以有效监测裂缝（取决于储层特性、井间距、施工规模）。

技术要求：需要独立的裂缝方位判断，即需要与地面测斜仪裂缝监测技术配合使用；在监测和起下设备时监测井必须保证把井压稳，需要起出生产管柱，并要下桥塞封堵产层；额定温度为 260℉（126.7℃）；监测井井斜不能超过 8°。井距要求：监测井到压裂井的距离不应大于裂缝长度的三倍，若按压裂支撑裂缝长 200m 计，监测距离不应大于 400m。

### 2.5.1.3　电位法裂缝监测技术

技术原理：压裂施工中，由于注入的工作液电阻率与地层介质的电阻率差异很大，这势必造成地面电流密度的改变，相应的地面电位也会发生变化。由此，以压裂井套管为电极 A，以无穷远为另一电极 B，通过压裂井刚套管往地下进行大功率充电时，在井的周围必然形成一个很强大的人工直流电场。以压裂井井口为中心在其周围布置几个环形测网，充分利用压裂液与地层之间的电性差异所产生的电位差，采集高精度电场数据，经精细处理和对比压裂前后的电位变化，解释压裂裂缝的方向和长度（图 2-51、图 2-52）。

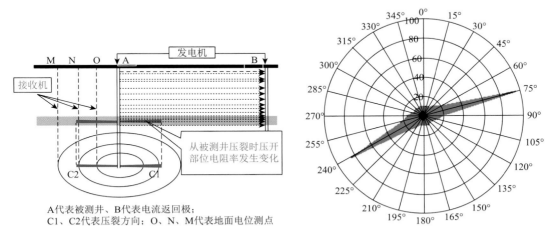

A 代表被测井、B 代表电流返回极；
C1、C2 代表压裂方向；O、N、M 代表地面电位测点

图 2-51　电位法裂缝测试原理图　　　　　图 2-52　电位法裂缝监测成果图

技术特点：电位法裂缝监测在判断裂缝走向和长度时起到重要作用，但技术本身具有一定局限性，需要压裂液和地层水矿化度差别大，对液体要求高[39]。

## 2.5.2　直接近井眼裂缝诊断技术

### 2.5.2.1　示踪剂裂缝监测技术

技术原理：压裂过程中在不同阶段将具有不同半衰期的示踪剂随压裂液加入。施工后利用测试仪器进行测试、解释，可评价裂缝的长、宽、高及支撑剂的铺置情况、压裂液的滤失等[40]。其测试过程如图 2-53 所示，主要包括两个步骤：示踪剂的加入和示踪扫描测试。

图 2-53　示踪剂压裂测试过程示意图

示踪剂的加入：示踪剂在泵注过程中加入，一次水力压裂监测施工通常加入三种示踪剂，前置液中加入一种，携砂阶段早期加入一种，后期加入一种。每种示踪剂中包含不同

　　的放射性同位素，这样可以把整个加砂压裂过程阶段化，方便示踪扫描测试。

　　示踪扫描测试：一般在压裂液返排之后向井底下入示踪扫描成像仪器，通过探测放射性示踪剂的分布浓度来确定水力裂缝的形态及储层的改造状况（图 2-54）。由于示踪剂所包含的放射性同位素的半衰期为 60 天，因此在压裂施工后 30 天内进行示踪扫描测试都可以。

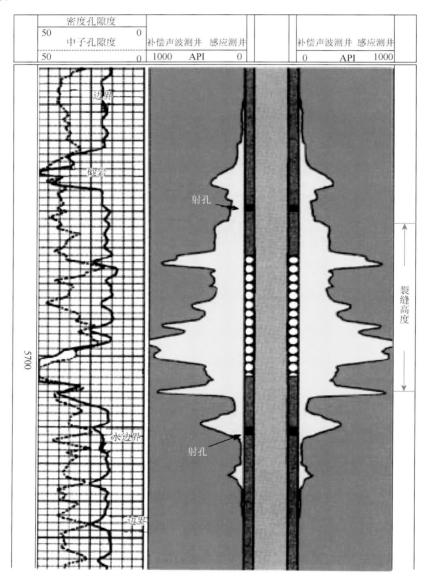

图 2-54　墨西哥湾某气井测试压裂的示踪成像测井结果

　　示踪剂：美国岩心研究有限公司子公司 ProTechnics 开发的放射性零污染示踪剂，在保证放射性示踪测试的定量、准确的前提下，消除了普通放射性示踪剂因放射性吸附和残留污染所带来的严重束缚其应用的一系列问题。

目前示踪剂有压裂液示踪剂和支撑剂示踪剂两类（表 2-15）。

**表 2-15　主要的放射性零污染示踪剂种类及属性（ProTechnics 专利技术）**

| ZERO WASH®（PTI-ZW） | ZERO WASH LD®（PTI-ZWLD） | LIQUID ZERO WASH®（PTI-LZW） |
|---|---|---|
| 内部嵌入 Sc-46（相对密度 2.65）、Sb-124（相对密度 2.60）或 Ir-192（相对密度 2.64）的中、高强度陶粒，设计用于支撑剂示踪测试 | 内部嵌入 Sc-46（相对密度 1.29）、Sb-124（相对密度 1.48）或 Ir-192（相对密度 1.34）的低密度瓷珠，设计用于酸化示踪测试 | 内部嵌入 Sc-46（相对密度 2.29）或 Sb-124（相对密度 3.17）的树脂微球体，设计用于液体示踪测试 |
| 颜色：深浅不同的灰色<br>目径：40/70<br>抗压强度：55.2MPa | 颜色：黛绿到褐色<br>目径：40/70<br>抗压强度：10.3～13.8MPa | 颜色：从浅棕色到白色<br>目径：8～200μm，平均 75μm |

可获取的参数：裂缝高度；井筒附近的支撑剂浓度分布；识别裂缝是否发生弯曲、扭曲；显示设计压裂但没有压裂开的产层部分；显示设计压裂但欠压裂的产层部分；提供压裂液随时间变化的铺置输送情况；识别存在支撑剂回流的产层段；识别倾斜裂缝。

不能获取的参数：不能直接获取裂缝半长，可通过物质平衡关系计算裂缝长度及导流能力；不能获得裂缝方位。

### 2.5.2.2　井温测井裂缝诊断技术

技术原理：井温测井是利用压裂所注入的液体或压后人为注入的液体所造成的低温异常确定压裂裂缝高度。注入液体前，井内液体与地层有着充分的热交换，因此注入液体前所测得的井温曲线一般与当地的地温梯度和地层的岩石热性质有关。而注入液体后，由于注入的液体温度往往低于地层温度，因此注入后的井温曲线在吸液层段将出现低温异常，这一异常反映了压裂缝的存在和分布高度。根据上述诊断压裂缝的原理，可以在压裂前进行井温测井，测得一条井温基线，然后进行射孔、压裂，在条件许可的情况下进行压后井温测井。

若关井恢复时间太短，则吸液量大和吸液量小的层段井温异常差异不明显；但若恢复时间过长，吸液量小的层井温异常会降低或消失。只有恢复时间合适，所测的井温曲线才能较好地反映真实的吸液情况。因此，井温测井要根据注入量大小和注水时间以及层间吸液差异等情况，确定最适宜的恢复时间，以便测得最理想的井温恢复曲线。

图 2-55 为压裂后不同时间测得的井温恢复曲线，其中第 1 条曲线恢复时间最短，与井温基线相差最大；第 3 条曲线恢复时间最长，与井温基线最接近。但三条井温恢复曲线均表明在作业井段有低温异常出现，表明储层已被压开。

技术特点：井眼附近裂缝诊断技术主要

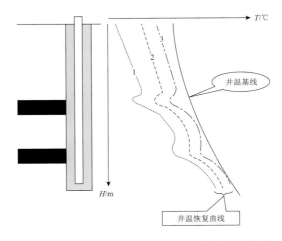

图 2-55　井温测井诊断压裂裂缝高度原理示意图

用于识别多层段作业时流体或支撑剂的进入量或每层的产量。缺点：仅能识别井眼中是否进行过压裂，不能提供距井眼约 1m 以外的裂缝信息。如果裂缝和井眼不成线性，这些测量仅能提供裂缝的上下边界。

### 2.5.2.3　偶极横波各向异性裂缝诊断技术

技术原理：各向异性是指地层物理性质在不同的方位上存在差异。这种差异在正交偶极声波测量时就会导致快、慢横波的产生（图 2-56）。横波各向异性主要有两方面的原因：井周地应力不均衡产生的各向异性、裂缝产生的各向异性。

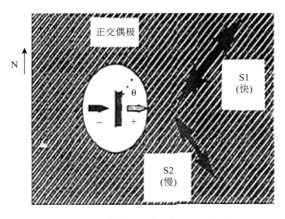

图 2-56　横波分裂现象物理模型

地层各向异性：由于裂缝的存在而产生的横波各向异性，其各向异性方位代表裂缝的走向。因为诱导缝、重泥浆诱导缝的走向都是最大主应力方向，而天然裂缝大部分为构造裂缝，其走向也以最大主应力方向为主，故裂缝引起的横波各向异性的方位一般代表最大主应力方向。

井眼各向异性：由于井周地应力不均衡会导致井眼崩落现象的产生，这时的横波各向异性，其各向异性方位代表井眼崩落方向，即现今最小主应力方向。一般碎屑岩地层由于地应力原因均存在井眼崩落，故大部分碎屑岩地层中横波各向异性方向代表的是最小主应力方向。

技术特点：与示踪剂裂缝诊断技术和井温裂缝诊断技术类似，主要用于识别多层段作业时流体或支撑剂的进入量或每层的产量，即主要诊断裂缝高度。如果裂缝和井眼不成线性，这些测量仅能提供裂缝的上下边界，不能确定裂缝宽度和长度。

## 2.5.3　间接压裂缝诊断技术

### 2.5.3.1　净压力拟合分析

技术原理：地面进行梯度压力升降测试，压裂后测压力降，结合井下压力变化进行净压力拟合。净压力是指水力裂缝内流体流动压力与地层岩石闭合压力的差值。净压力拟合是指将水力压裂施工时监测到的井底缝口净压力与三维压裂软件模拟计算的缝口净压力进行拟合。通过拟合这两个压力，反演所得裂缝几何参数与设计裂缝几何参数对比，判断裂缝形态是否正常扩展，评价压裂施工效果[41]，如图 2-57 和图 2-58 所示。注入压降测试和阶梯降排量测试是帮助进行净压力拟合非常有效的技术。

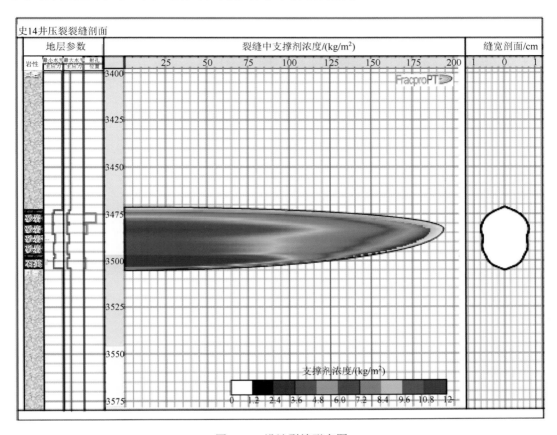

图 2-57　设计裂缝形态图

净压力有两种求取方法：一是通过施工压力计算；二是通过裂缝扩展模型来计算，即净压力是施工排量、支撑剂浓度、应力、岩性以及地层渗透率的函数。在整个压裂过程进行了长时间、连续的、稳定的井下数据录取，得到的闭合压力、滤失系数、油藏压力等参数精度较高，能够较真实地反映裂缝的起裂、延伸、闭合的情况。

技术特点：能够监测整个施工过程，记录数据连续，反演所得参数丰富。局限性：现有压裂软件均是以均质模型为基础，没有考虑地层非均质性的影响，计算结果与真实数据有一定差距。

### 2.5.3.2　压后不稳定试井分析

技术原理：压后具有有限导流能力垂直裂缝井的不稳定试井方法，将流动类型分为四个阶段将即裂缝线性流、双线性流、地层线性流、拟径向流。不同的流动特征，其压力时间双对数曲线或压力倒数与时间双对数曲线特征不同，根据曲线不同特征可以诊断出支撑裂缝长度、导流能力等（图 2-59）。

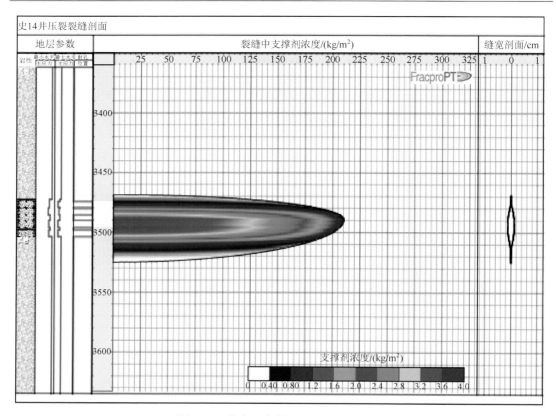

图 2-58　井底压力数据反演裂缝形态图

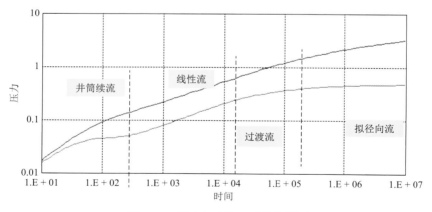

图 2-59　压力与时间双对数曲线图

技术优点：模型规范，应用简单；节省时间；满足多数井和油气藏的要求。

缺点：模型数有限；满足不了复杂井、地层的要求，如多层段射孔、水平井、斜井；不能充分利用长时间的产量、压力数据；准确程度受地层渗透率和地层压力准确程度限制。

目前常用的国外试井软件有美国的 Interpret 和 Welltest 200，加拿大的 Fast，法国的 Saphir，英国的 PanSystem。

### 2.5.3.3    压裂井产量历史拟合分析

技术原理：影响压裂井产量因素很多，利用压裂井产量动态模拟软件，以压裂井生产过程中实测的产量为拟合目标，通过调整裂缝和地层参数，使得拟合误差最小，进而确定出支撑裂缝参数[42]（图 2-60）。

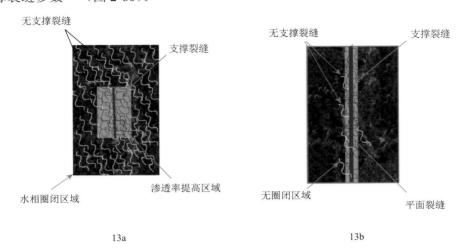

13a                                    13b

图 2-60    海恩斯维尔（Haynesville）某页岩气井拟合裂缝特征及水相分布[43]

技术特点：能计算相关参数随时间的变化规律，参数操作可重复，经济；拟合过程依赖人为经验，解析模型复杂，准确性依赖地层压力和渗透率的获取。

常用拟合软件：Eclipse、FracproPT、CMG、3DSL。

### 2.5.3.4    间接诊断技术特点对比

间接压裂缝诊断技术性能特点对比如表 2-16 所示。

表 2-16    间接裂缝诊断技术的性能特点对比表

| 对比 | 净压力裂缝分析 | 试井分析 | 数值模拟（产量历史拟合） |
|---|---|---|---|
| 优点 | （1）经济实用，可以在不损失产量的情况下进行，现场容易实施；<br>（2）能解释较多的压后裂缝参数及相关参数；<br>（3）不管施工后有无产量都能进行 | （1）理论比较完善、原理简单而又易于使用；<br>（2）通过无因次压力和时间的拟合，可对油藏参数进行定量分析；<br>（3）利用对数曲线能识别不同油藏类型 | （1）能计算相关参数随时间的变化和空间的分布；<br>（2）可重复模拟不同的开发过程 |
| 缺点 | （1）结果取决于模型假设和油藏描述；<br>（2）要求用"直接的观察结果"进行刻度 | （1）以分析中、晚期资料为主，要求关井测压时间较长；<br>（2）半对数坐标图上直线段的起始点很难准确确定，严重影响分析结果；<br>（3）存在停产、损失产量；<br>（4）不能模拟施工后没有产量的低渗透油藏 | （1）结果取决于模型假设；要求准确的渗透率、油藏压力估算和"刻度"；<br>（2）不能模拟施工后没有产量的低渗透油藏；<br>（3）方程复杂，求解较难 |
| 能解释的参数 | 裂缝几何尺寸、液体效率、闭合压力、闭合时间、滤失系数等 | 裂缝几何尺寸等 | 裂缝几何尺寸、油层压力、含水率、气油比（水油比）等 |

### 2.5.4 压裂缝评价技术对比

#### 2.5.4.1 各类裂缝评价技术获取参数对比

各种压裂缝监测技术获取参数不同，远离裂缝直接成像技术获得的裂缝形态参数较为全面，直接近井眼裂缝诊断技术主要获取裂缝高度，间接压裂缝监测技术获取参数较多，还包括一些非裂缝形态参数，具体对比如表 2-17 所示。

表 2-17　各类裂缝诊断技术可获得的参数对比表

| 诊断方法 | 能获得的参数 | | | | | | | | | | |
|---|---|---|---|---|---|---|---|---|---|---|---|
| | 滤失系数 | 闭合压力 | 闭合时间 | 延伸时间 | 长度 | 宽度 | 高度 | 方位 | 倾角 | 压裂液效率 | 导流能力 |
| 地面测斜仪裂缝成像 | × | × | × | × | √ | × | √ | √ | √ | × | × |
| 井下测斜仪裂缝成像 | × | × | × | × | √ | √ | √ | √ | √ | × | × |
| 微地震监测 | × | × | × | × | √ | × | √ | √ | √ | × | × |
| 电位法裂缝监测 | × | × | × | × | √ | × | √ | √ | × | × | × |
| 放射性示踪剂 | × | × | × | × | √ | × | √ | √ | × | √ | × |
| 井温测井 | × | × | × | × | √ | × | √ | × | × | × | × |
| 生产测井 | × | × | × | × | √ | × | √ | × | × | × | × |
| 净压力裂缝分析 | √ | √ | √ | √ | √ | √ | √ | × | × | √ | √ |
| 试井 | × | × | × | × | √ | × | √ | × | × | × | √ |
| 产量历史拟合 | × | × | × | × | √ | × | √ | × | × | × | √ |

注："√"表示能获得的参数，"×"表示不能获得的参数。

#### 2.5.4.2 各类压裂缝监测技术局限性对比

压裂缝监测技术种类繁多，具体现场条件也千差万别，有必要研究各种压裂缝监测技术应用的局限性，以供应用选择，各方法局限性如表 2-18 所示。

表 2-18　各类裂缝诊断技术的主要局限性

| 诊断方法 | | 主要局限性 |
|---|---|---|
| 远离裂缝的直接成像技术 | 地面倾角裂缝成像 | ①不能确定单个裂缝的几何尺寸<br>②分辨率随距离的增加而减小 |
| | 井眼倾角裂缝成像 | ①裂缝长度和高度的分辨率随补偿井距离的增加而降低<br>②没有支撑剂和有效裂缝几何参数信息 |
| | 微地震裂缝成像 | ①不能分辨单个裂缝<br>②补偿井距压裂井的距离限制在 500m 内<br>③在有些地层中可能不产生微地震<br>④没有支撑剂和有效裂缝几何参数信息 |
| 直接近井眼裂缝诊断技术 | 放射性示踪 | ①探测深度距压裂井径向距离在 1m 内<br>②如果裂缝和井眼不成线性，仅能提供裂缝高度的底边界 |
| | 温度测井 | ①不同地层的热传导性不同<br>②测井要求作业后在 24h 内进行多次测量<br>③没有支撑剂和有效裂缝几何参数信息 |

续表

| 诊断方法 | | 主要局限性 |
|---|---|---|
| 直接近井眼裂缝诊断技术 | 生产测井 | 仅能提供对产能有贡献的层位 |
| | 井眼成像测井 | ①仅在开井中进行<br>②仅提供井眼周围的裂缝方位 |
| | 井下电视 | 仅能提供对产能有贡献的层位 |
| | 井径测井 | 仅在开井中进行 |
| 间接压裂诊断技术 | 净压力裂缝分析 | ①结果取决于模型假设和油藏描述<br>②要求用"直接的观察结果"进行刻度 |
| | 试井 | ①结果取决于模型假设<br>②要求准确的渗透率、油藏压力估算和"刻度" |
| | 产量历史拟合 | ①结果取决于模型假设<br>②要求准确的渗透率、油藏压力估算和"刻度" |

# 参 考 文 献

[1] Chong K K，Grieser W V，Jaripatke O A，et al. A completions roadmap to shale-play development：a review of successful approaches toward shale·play stimulation in the last two decades[C]. Canadian Unconventional Resources and International Petroleum Conference，Calgary，Alberta，Canada. SPE 133874，2010.

[2] 唐颖，邢云，李乐忠，等. 页岩储层可压裂性影响因素及评价方法[J]. 地学前缘，2012（5）：356-363.

[3] 赵金洲，许文俊，李勇明，等. 页岩气储层可压性评价新方法[J]. 天然气地球科学，2015，26（6）：1165-1172.

[4] Heard H C. Chapter 7：transition from brittle fracture to ductile flow in solenhofen limestone as a function of temperature，confining pressure，and interstitial fluid pressure[J]. Geological Society of America Memoirs，1960，79：193-226.

[5] Duba A G，Durham W B，Handin J W，et al. The brittle-ductile transition in rocks：recent experimental and theoretical progress[C]. The Brittle-Ductile Transition in Rocks. American Geophysical Union，2013：1-20.

[6] Goktan R M，Yilmaz N G. A new methodology for the analysis of the relationship between rock brittleness index and drag pick cutting efficiency[J]. Journal-South African Institute of Mining and Metallurgy，2005，105（10）：727-732.

[7] Morley A. Strength of Materials[M]. London：Longman Green，1944：71-72.

[8] Hetenyi M. Handbook of Experimental Stress Analysis[M]. New York：John Wiley，1966：23-25.

[9] Ramsay J G. Folding and Fracturing of Rocks[M]. London：McGraw-Hill，1967：44-47.

[10] Obert L，Duvall W I. Rock Mechanics and The Design of Structures in Rock[M]. New York：John Wiley，1967：78-82.

[11] 李庆辉，陈勉，金衍，等. 页岩气储层岩石力学特性及脆性评价[J]. 石油钻探技术，2012，40（4）：17-22.

[12] Tarasov B，Potvin Y. Universal criteria for rock brittleness estimation under triaxial compression[J]. International Journal of Rock Mechanics & Mining Sciences，2013，59（5）：57-69.

[13] 吴涛. 页岩气层岩石脆性影响因素及评价方法研究[D]. 成都：西南石油大学，2015.

[14] Jarvie D，Hill R，Ruble T，et al. Unconventional shale-gas systems：the Mississippian Barnett Shale of north-central Texas as one model for thermogenic shale-gas assessment[J]. AAPG Bull，2007（91）：475-499.

[15] Rickman R，Mullen M J，Petre J E，et al. A practical use of shale petrophysics for stimulation design optimization：all shale plays are not clones of the Barnett Shale[C]. SPE Annual Technical Conference and Exhibition，Denver，Colorado，USA SPE 115258，2008.

[16] Yagiz S. An investigation on the relationship between rock strength and brittleness[C]. Geological Congress of Turkey，2006.

[17] 严安，吴科如，张东，等. 高强混凝土的脆性与断裂面特征的关系[J]. 同济大学学报（自然科学版），2002，30（1）：66-71.

[18] Hucka V，Das B. Brittleness determination of rocks by different methods[J]. International Journal of Rock Mechanics &

Mining Sciences & Geomechanics Abstracts，1974，11（10）：389-392.

[19]　Altindag R. Correlation of specific energy with rock brittleness concepts on rock cutting[J]. Journal-South African Institute of Mining and Metallurgy，2003，103（3）：163-171.

[20]　Lawn B R，Marshall D B. Hardness，toughness，and brittleness：an indentation analysis[J]. Journal of the American Ceramic Society，1979，62（7-8）：347-350.

[21]　Quinn J B，Quinn G D. Indentation brittleness of ceramics：a fresh approach[J]. Journal of Materials Science，1997，32（16）：4331-4346.

[22]　Bishop A W. Progressive failure with special reference to the mechanism causing it[C]. Oslo：Proceedings of the Geotechnical Conference，1967：142-150.

[23]　Hajiabdolmajid V，Kaiser P. Brittleness of rock and stability assessment in hard rock tunneling[J]. Tunnelling & Underground Space Technology Incorporating Trenchless Technology Research，2003，18（1）：35-48.

[24]　梁豪. 页岩储层岩石脆性破裂机理及评价方法[D]. 成都：西南石油大学，2014.

[25]　Guo J C，Zhao Z H，He S G，et al. A new method for shale brittleness evaluation[J]. Environmental Earth Sciences，2015，73（10）：5855-5865.

[26]　何涛. 大港油田孔二段致密砂岩储层可压性评价研究[D]. 成都：西南石油大学，2016.

[27]　李小胜，陈珍珍. 如何正确应用 SPSS 软件做主成分分析[J]. 统计研究，2010，27（8）：105-108.

[28]　王星皓. 泥页岩储层可压性研究[D]. 成都：西南石油大学，2012.

[29]　Amann F，Thoeny R，Button E A，et al. Insight into the brittle failure behavior of clay shales in unconfined and confined compression[J]. Journal of Polymer Science Part A Polymer Chemistry，2011，37（13）：1979-1986.

[30]　Jin X，Shah S N，Roegiers J C，et al. Fracability evaluation in shale reservoirs-an integrated petrophysics and geomechanics approach[J]. Spe Journal，2014，20（3）：518-526.

[31]　高峰，谢和平，巫静波. 岩石损伤和破碎相关性的分形分析[J]. 岩石力学与工程学报，1999，18（5）：503-506.

[32]　李林峰. 岩石峰后扩容特性的加卸载实验研究[D]. 昆明：昆明理工大学，2008.

[33]　England A H，Green A E.Some two-dimensional punch and crack problems in classical elasticity[J].Mathematical Proceedings of the Cambridge Philosophical Society，1963，59（2）：489-500.

[34]　Crouch S L，Starfield A M，Rizzo F J.Boundary element methods in solid mechanics[J]. Journal of Applied Mechanics，1983，50：704.

[35]　邓聚龙. 灰理论基础[ M ]. 武汉：华中科技大学出版社，2002：122-209.

[36]　赵小充，雷月莲，李佳. 水力压裂裂缝监测仪器概述[J].石油仪器，2010，24（6）：57-59.

[37]　Cipolla C，Weng X，Mack M，et al. Integrating microseismic mapping and complex fracture modeling to characterize hydraulic fracture complexity[C]. SPE Hydraulic Fracturing Technology Conference，The Woodlands，Texas，USA，2011. SPE 140185.

[38]　Minner W A，Du J，Ganong B L，et al. Rose field：surface tilt mapping shows complex fracture growth in 2500' laterals completed with uncemented liners[C]. SPE Western Regional/AAPG Pacific Section Joint Meeting，California，2003. 19-24 May.

[39]　邝聃，郭建春，李勇明，等. 电位法裂缝测试技术研究与应用[J].石油地质与工程，2009，23（3）：127-129.

[40]　Scott M P，Johnson R L，Datey A，et al. Evaluating hydraulic fracture geometry from sonic anisotropy and radioactive tracer logs[C]. SPE Asia Pacific Oil and Gas Conference and Exhibition，Brisbane，Queensland，Australia，2010. SPE 133059.

[41]　张平，何志勇，赵金洲. 水力压裂净压力拟合分析解释技术研究与应用[J]. 油气井测试，2005，14（3）：8-10.

[42]　Samandarli O，Ahmadi H A A，Wattenbarger R A. A semi-analytic method for history matching fractured shale gas reservoirs[C]. SPE Western North American Region Meeting，Anchorage，Alaska，USA. SPE 144583，2011.

[43]　Fan L，Thompson J W，Robinson J R. Understanding gas production mechanism and effectiveness of well stimulation in the Haynesville Shale through reservoir simulation[C]. Canadian Unconventional Resources and International Petroleum Conference，Calgary，Alberta，Canada SPE 136696，2010.

# 第3章　页岩压裂导流能力评价与预测

## 3.1　页岩压裂裂缝支撑模式

### 3.1.1　页岩力学破坏机理

页岩在水力压裂过程中，岩石的破坏存在三种基本类型（图 3-1）：Ⅰ型为张开型，裂缝面上点的位移与裂缝面垂直，由于法向位移造成裂缝上下表面张开；Ⅱ型为滑开型，质点位移平行于裂缝面，但与裂缝前缘垂直，由于切向位移引起上下表面滑开；Ⅲ型为撕开型，质点位移平行于裂缝面，同时也与裂缝前缘相平行。Ⅱ型和Ⅲ型裂缝也被称为剪切型裂缝。

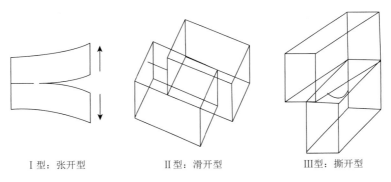

Ⅰ型：张开型　　　　　Ⅱ型：滑开型　　　　　Ⅲ型：撕开型

图 3-1　三种基本的裂缝类型

对于常规储层而言，张性破坏是水力压裂过程中裂缝形成的主要方式。而页岩地层中含有大量微裂缝、节理、断层等结构上的缺陷，在压裂过程中，延伸的水力裂缝会与大量天然裂缝或节理相交，裂缝面可能发生法向张开或剪切滑移，其具体的行为受力学条件所控制[1, 2]。

根据摩尔-库仑的线性剪切破坏理论，当剪切应力超过岩石的剪切强度时，会发生剪切破坏。相应准则可以用下列公式表示：

$$\tau \geqslant \tau_{\mathrm{p}} \tag{3-1}$$

式中，$\tau$ 为岩石受到的剪应力，MPa；$\tau_{\mathrm{p}}$ 为岩石的抗剪强度，MPa。

假设水平最大主应力和最小主应力分别为 $\sigma_{\mathrm{H}}$ 和 $\sigma_{\mathrm{h}}$，天然裂缝或节理与水平最大主应力夹角为 $\theta\left(0 < \theta < \dfrac{\pi}{2}\right)$，水力裂缝尖端与天然裂缝相交，如图 3-2 所示。由二维线弹性理论可得作用于天然裂缝面的剪应力和正应力（$\sigma_{\mathrm{n}}$）为

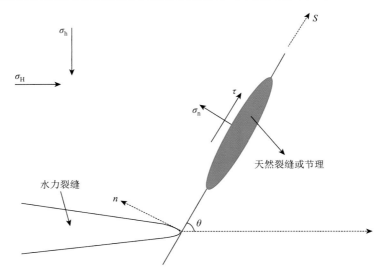

图 3-2　天然裂缝受力示意图

$$\tau = \frac{\sigma_H - \sigma_h}{2} \cdot \sin 2\theta \tag{3-2}$$

$$\sigma_n = \frac{\sigma_H + \sigma_h}{2} - \frac{\sigma_H - \sigma_h}{2} \cos 2\theta \tag{3-3}$$

当天然裂缝面或节理的剪切应力增大至剪切强度时，裂缝发生剪切滑移，其临界条件为

$$\tau = \tau_0 + K_f(\sigma_n - p) \tag{3-4}$$

式中，$\tau_0$ 为裂缝面黏聚力，MPa；$K_f$ 为摩擦系数，无因次；$p$ 为孔隙压力，MPa。

由于假设水力裂缝尖端与天然裂缝相交，可认为压裂液已进入天然裂缝，则孔隙压力 $p$ 可进一步表示为

$$p = \sigma_h + p_{net} \tag{3-5}$$

式中，$p_{net}$ 为水力裂缝内的净压力，MPa。

将式（3-2）、式（3-3）和式（3-5）代入式（3-4）整理可得天然裂缝发生剪切破坏所需的裂缝内净压力为

$$p_{net} > \frac{\tau_0}{K_f} + \frac{\sigma_H - \sigma_h}{2}(1 - \frac{\sin 2\theta}{K_f} - \cos 2\theta) \tag{3-6}$$

根据 Warpinski 等[3]的张性破坏准则，可得天然裂缝发生张性破坏所需的裂缝内净压力为

$$p_{net} > \frac{\sigma_H - \sigma_h}{2}(1 - \cos 2\theta) \tag{3-7}$$

由式（3-6）可知，当水力裂缝与天然裂缝干扰相交后，决定天然裂缝是否发生剪切滑移的影响因素包括夹角、水平主应力差、天然裂缝面的摩擦因数。在低应力差、低逼近角或者是摩擦因数较小的条件下，天然裂缝易发生剪切破坏。

### 3.1.2　页岩压裂缝支撑模式

#### 3.1.2.1　实验分析

地质作用使岩石存在原始损伤，在拉应力和剪应力作用下，损伤区以变形或裂缝扩展形式不断向外传递弹性波，这种现象被称为声发射（acoustic emission，AE）。

不同类型裂缝扩展传播产生的波形特性不同，原始缺陷在拉力作用下裂缝尖端出现远离，导致采集到的声发射波形有较短的上升时间和较高的频率。剪切裂缝与拉伸裂缝相反，它出现较长的能量波，导致信号持续较长的上升时间和较低的频率，据此可得到如图 3-3 所示的规律。通过波形 RA 值（上升时间与幅度的比值，单位为 ms/V）和频率之间的关系判断信号属于拉伸裂缝还是剪切裂缝[4]。

根据岩石的声发射现象可判断裂缝产生的位置、时间以及裂缝类型，Chitrala 等[5]利用圆柱形岩样模拟了带围压条件下水力压裂裂缝的扩展过程，如图 3-4 所示，在岩样的中间注入高压流体，并监测岩石内部的声发射信号。实验结果表明，在水力压裂过程中，存在三种形式的裂缝，即拉张型裂缝、剪切型裂缝以及复合型裂缝，并且剪切型裂缝比拉张型裂缝更常见。

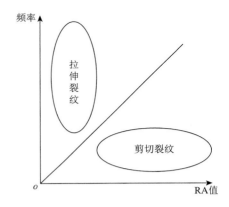

图 3-3　裂缝类型与 RA 值和频率的关系

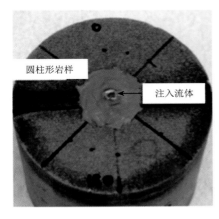
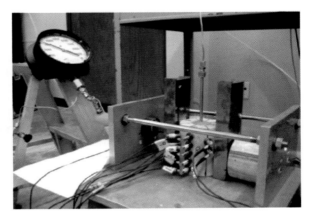

图 3-4　岩样与实验装置

#### 3.1.2.2　现场监测

微地震监测技术是页岩压裂中最精确、最及时、信息最丰富的监测手段，其通过监测岩石破裂后产生的弹性波，追踪压裂范围、裂缝发育方向和大小。岩石破裂后产生的弹性波包括横波（S 波）和纵波（P 波），根据 S 波和 P 波能量的相对大小即可判断岩石的破裂机制。研究表明，S 波能量 $E_s$ 与 P 波能量 $E_p$ 的比值为 20～30 时为纯剪切微震，比值近似为 1 时为纯拉张微震。

　　美国 Cotton Valley 气田的压裂微震纵横波能量计算结果指出，$E_s$ 与 $E_p$ 之比在略小于 2 到稍高于 30 之间变化，其中微震的 $E_s/E_p$ 值小于 10 的占到 2/3 的比例[6]。这说明水力压裂引起的岩石破裂一部分是纯剪切破裂，大部分是以剪切为主、附加拉张的混合破裂。在空间分布上，拉张型裂缝更多地分布在水力压裂井附近，随着与压裂井距离的增加，$E_s/E_p$ 值有增大的趋势，说明离压裂井远的地方，岩石破裂形式主要是纯剪切裂缝。

### 3.1.2.3　页岩压裂裂缝的支撑模式

　　页岩储层脆性大，天然裂缝和水平层理发育，压裂过程中容易发生剪切和张性破坏，压裂裂缝不再是单一对称的两翼缝，可能形成复杂的网状裂缝。微地震监测数据（图 3-5）表明[7]，页岩储层的水力裂缝不像均质砂岩地层呈 180° 对称双翼方向延伸的单一平面缝，而是形成不规则的，由不同长、宽、高裂缝组合而成的复杂裂缝。在压裂井附近，形成一条或多条与井筒直接相连且裂缝宽度较大的优势主裂缝，以及在主裂缝的侧向强制形成分支裂缝，并在分支裂缝上继续分叉形成二级次生裂缝，以此类推[8]。在该裂缝网络中，主裂缝提供近井带渗流通道，而分支裂缝、次生裂缝网络则沟通更远处的储层。在裂缝网络延伸过程中，支撑剂随压裂液进入储层，在主裂缝内大量运移并沉降形成多层支撑剂铺置形式，而在主裂缝附近缝宽较小的分支裂缝内倾向于形成单层铺置形式。压裂施工结束后，储层中页岩气先后经过未被支撑的次生裂缝（常称为自支撑裂缝）、单层支撑剂支撑的分支裂缝，进入多层支撑剂支撑的主裂缝，再由主裂缝进入井筒被开采出来。因此，自支撑裂缝就类似于"乡村公路"，主裂缝就好比"高速公路"，分支裂缝就是连接"乡村公路"和"高速公路"的路口（图 3-6）。

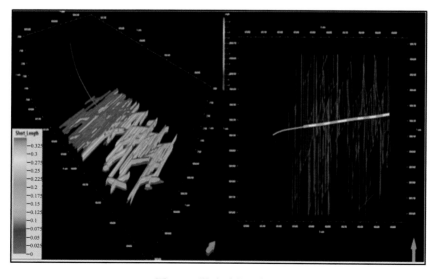

图 3-5　微地震监测数据

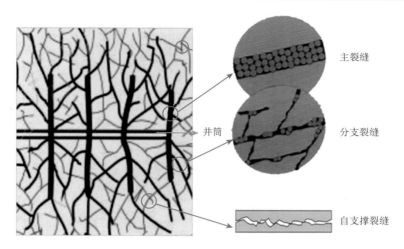

主裂缝

井筒

分支裂缝

自支撑裂缝

图 3-6 页岩多种支撑模式示意图

## 3.2 页岩支撑剂裂缝导流能力评价

### 3.2.1 支撑剂导流能力测试装置

支撑剂导流能力测试是将支撑剂均匀铺置在导流室的钢板之间，由小到大逐级对支撑剂试样加压，且在每一压力级别测试支撑剂充填层的导流能力，其主要目的是认识和评价支撑剂本身在没有破胶液伤害的条件下并且不考虑支撑剂嵌入时的导流能力[9]。

#### 3.2.1.1 实验方法及原理

目前普遍采用的测试方法为美国石油学会（American Petroleum Institute，API）（API RP-61）推荐方法。它是用不同的线性流和径向流测试单元来测定支撑剂的导流性能。让 2%的 KCl 水溶液单相液体从支撑剂充填层单元（图 3-7）中以 1～10mL/min 的流速流过，压降通过连接在支撑剂充填层前后的端口测量，在给定的压力条件下，利用测出的压降值，可以根据达西定律计算渗透率。

API RP-61 对它涉及的支撑剂导流能力测试做出了规定。一般测试步骤是：在测试单元中加上一定浓度的支撑剂，然后逐次加压，每次增加 6.9MPa，并在每一个压力水平上保持 15min，同时让流体分别以 2.5mL/min、5mL/min、10mL/min 的流速从充填层流过。

根据达西定律计算支撑剂渗透率的公式为

$$K = \frac{5.555\mu Q}{\Delta p W_{\mathrm{f}}} \tag{3-8}$$

导流能力可以进一步表达为

$$KW_{\mathrm{f}} = \frac{5.555\mu Q}{\Delta p} \tag{3-9}$$

式中，$K$ 为支撑裂缝的渗透率，$\mu m^2$；$\mu$ 为黏度，$mPa \cdot s$；$Q$ 为流量，$cm^3/min$；$\Delta p$ 为导流室压差，$MPa$；$W_f$ 为支撑剂铺砂厚度，$cm$。

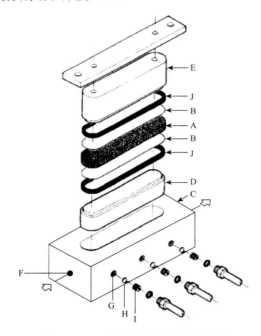

图 3-7　API 裂缝导流能力测试单元

A. 支撑剂填充层（$17.78 \times 3.81 \times W_f$），cm；B. 金属板；C. 导流室主体；D. 下活塞；E. 上活塞；F. 测试液体进/出口；G. 压差输出口；H. 金属滤网；I. 调节螺丝；J. 方型密封圈

### 3.2.1.2　支撑剂导流能力的影响因素

**1. 支撑剂粒径对导流能力的影响**

图 3-8 为不同粒径支撑剂（Carbo 陶粒）的导流能力测试结果。支撑剂粒径对导流能力影响显著，随着支撑剂粒径的增加，导流能力逐渐增大，这是由于大颗粒支撑剂能够提供的孔隙空间更大，而小粒径的支撑剂使得支撑剂充填层更加致密，油气在其中的流动能力也随之降低。

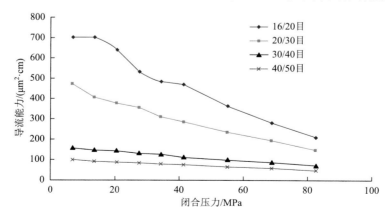

图 3-8　不同粒径支撑剂的导流能力

**2. 不同粒径组合对导流能力的影响**

图 3-9 为 16/30 目和 20/40 目 Carbo 陶粒按不同比例组合后的导流能力测试结果，测试时按照大粒径在缝口、小粒径在缝端的铺砂方式。从图中可以看出，大粒径支撑剂所占的比例越多，导流能力越高，16/30 目（80%）+ 20/40 目（20%）的支撑剂组合导流能力最好，因此在条件允许的情况下，增加大粒径支撑剂的比例可以有效地提高支撑剂裂缝的导流能力。

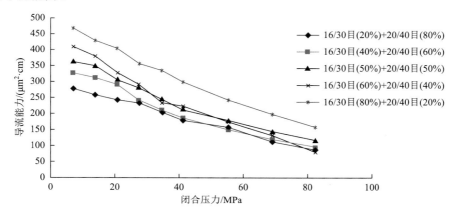

图 3-9　不同粒径组合的支撑剂导流能力

**3. 支撑剂密度对导流能力的影响**

图 3-10 为低、中、高密度支撑剂分别按照体积比 1∶1∶1、1∶2∶1、1∶3∶1 组合时的导流能力。在相同铺砂浓度下，当闭合应力小于 30MPa 时，低密度支撑剂的裂缝导流能力大于不同密度支撑剂组合时的导流能力；随着闭合应力的增加，当闭合应力大于 30MPa 时，低密度支撑剂的导流能力小于不同密度支撑剂组合时的导流能力。这是由于高密度支撑剂的抗破碎能力强，在较高的闭合应力下，破碎率较低；而随着闭合应力的增加，低密度支撑剂被压碎，严重制约了充填层的导流能力，所以导流能力下降很快，且低于不同密度组合的导流能力。

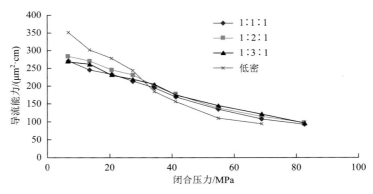

图 3-10　不同密度支撑剂导流能力对比

图 3-11 中白色颗粒为低密度支撑剂，黄色颗粒为中密度支撑剂，黑色颗粒为高密度

支撑剂。可以看出在实验结束后，支撑剂充填层中不同密度支撑剂的铺砂层次没有太大的改变，低密度支撑剂的破碎率明显大于中密度和高密度支撑剂的破碎率。

图 3-11　实验结束后的支撑剂充填层

### 3.2.2　支撑剂嵌入测试

支撑剂导流能力测试仅考虑了闭合应力作用下支撑剂充填层压实和支撑剂压碎对导流能力的影响，但在实际地层中，由于支撑剂与裂缝面岩石的相互作用，特别是当支撑剂的抗压强度大于岩石的抗压强度时，会发生支撑剂嵌入地层的现象[10]。支撑剂嵌入后将导致支撑裂缝宽度减小，进而降低裂缝导流能力，因此研究页岩地层支撑剂的嵌入，对优化支撑剂的粒径和铺砂浓度具有重要意义[11]。

#### 3.2.2.1　实验测试装置

实验所采用的是在 API 标准导流室基础上研制的一个长 10.0cm，宽 4.0cm，即腔室截面积为 40.0cm$^2$，深度满足岩心厚度 1.0～4.0cm 可调的测试仪器。图 3-12～图 3-14 是支撑剂嵌入实验装置示意图和实物照片，加压装置用于测量载荷，位移传感器用来测量嵌入和缝宽变化，并采用计算机自动控制系统来进行实验，在其下方有一个滤失孔。在该实验的每一部分，数据由每一分钟的施工载荷、实验装置活塞的移动和实验装置中的压力测量而得到[12]。

#### 3.2.2.2　实验测试流程

（1）实验材料准备。实验前对岩心进行岩石力学实验，然后将岩心制成 98mm×39mm×19mm 的尺寸，即与嵌入装置大小相适应的岩板。

（2）实验仪器准备。将加工好的岩板放入嵌入室中，按照设计的铺砂浓度铺设支撑剂；通过工具将支撑剂表面推平整，然后测量支撑剂砂堆的高度；再放入上岩板，最后将嵌入室安装好放到实验台上。

（3）实验测试。测试闭合压力为 0～69MPa，以 3.45MPa/min 的速度加载；记录每个压力点下位移计的数值。

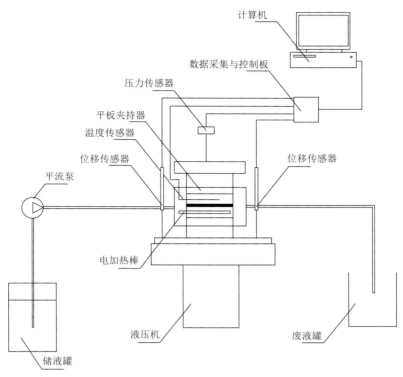

图 3-12　支撑剂嵌入测试仪示意图

图 3-13　实验用加压装置

图 3-14　安装好的嵌入室

（4）支撑剂嵌入测试。取出测试后的岩板，利用超长焦距连续变焦视频显微镜对嵌入完成后的岩石表面进行观察和分析，验证通过嵌入测试仪器得到的嵌入深度数据。

（5）计算支撑剂的嵌入深度。尽管在岩石受力过程中存在各个不同的阶段，但在进行支撑剂对岩石的作用受力分析时，可将其考虑为弹塑性变形。假设支撑剂颗粒作为一个整体质点在一定的压力下对岩石面嵌入，因此也可以看作岩石样品上的某些质点发生了位移。支撑剂嵌入量的计算公式：

$$h = W_{\text{fo}} - W_{\text{fl}} \qquad\qquad （3\text{-}10）$$

此时，嵌入程度 $E$ 为

$$E = (h / D) \times 100\% \qquad\qquad （3\text{-}11）$$

式中，$h$ 为上下岩板的平均嵌入深度之和，mm；$E$ 为支撑剂对岩板的嵌入程度，无因次；$W_{\text{fo}}$ 为钢板作为承压面的裂缝宽度，mm；$W_{\text{fl}}$ 为岩板作为承压面的裂缝宽度，mm；$D$ 为支撑剂粒径，mm。

根据上述步骤，用 20/40 目 Carbo 中密度高强陶粒在铺砂浓度为 5.0kg/m$^2$、闭合压力为 28MPa 的条件下对页岩岩心进行支撑剂嵌入测试，如图 3-15 所示。用超长焦距连续变焦视频显微镜对测试后的岩心进行近距离观测，可发现支撑剂在岩心中发生了较大程度的嵌入，通过支撑剂嵌入测试仪测得支撑剂平均嵌入深度为 0.415mm。

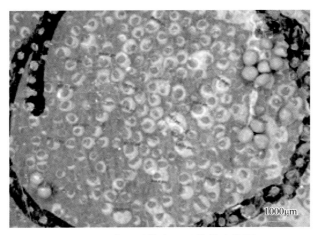

图 3-15　嵌入后的岩心显微镜成像图

### 3.2.2.3　影响支撑剂嵌入深度的因素分析

#### 1. 支撑剂粒径

实验结果发现：支撑剂粒径是影响支撑剂嵌入的主要因素。如图 3-16 所示，在相同情况下，支撑剂粒径越大，嵌入深度越大，大粒径支撑剂的嵌入深度大于小粒径支撑剂，这是因为小粒径支撑剂与岩板接触点多，单个支撑剂受力较小，所以嵌入相对较低。

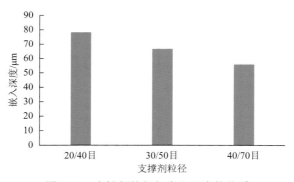

图 3-16　支撑剂粒径与嵌入深度的关系

## 2. 铺砂浓度

支撑剂嵌入深度随铺砂浓度的增加而减少,如图 3-17 所示。在压裂施工时,适当提高铺砂浓度可以减少支撑剂嵌入对缝宽的影响,提高裂缝的导流能力。

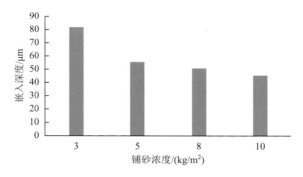

图 3-17　铺砂浓度与嵌入深度的关系

## 3. 不同处理液性质

如图 3-18 所示,浸泡后的岩心比没浸泡的岩心嵌入深度更大。清水浸泡后的嵌入深度最大,2%KCl 溶液浸泡后的岩板平均嵌入深度较小,破胶液浸泡的岩心嵌入程度最小。

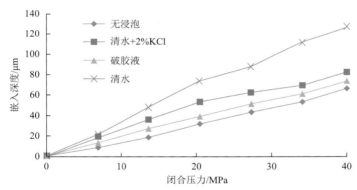

图 3-18　不同液体处理的岩心嵌入深度与闭合应力的关系

图 3-19～图 3-21 是不同性质液体浸泡后支撑剂的嵌入对比结果,可以看出:破胶液具有

图 3-19　清水浸泡后的嵌入岩板

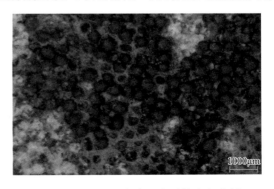

图 3-20　2%KCl 溶液浸泡后的嵌入岩板

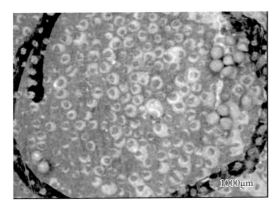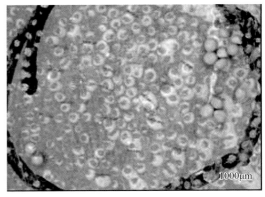

图 3-21　破胶液浸泡后的嵌入岩板

更好的防膨作用，可以降低支撑剂嵌入深度。因此，在压裂过程中增强压裂液的防膨能力，有利于降低支撑剂在泥页岩中的嵌入程度。

**4. 岩石矿物成分**

由图 3-22、图 3-23 可知，当黏土含量增加时，支撑剂嵌入深度呈上升趋势，而当脆性矿物含量增加时，支撑剂嵌入程度则逐渐减低。因此，从嵌入程度角度考虑，压裂时选择脆性较强的井段可以有效降低支撑剂的嵌入程度。

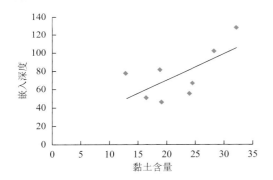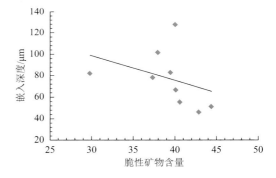

图 3-22　嵌入深度与黏土含量的关系　　　　　图 3-23　嵌入深度与脆性矿物含量的关系

### 3.2.3　支撑裂缝导流能力测试

支撑裂缝导流能力测试用井下岩心、现场使用的支撑剂和压裂液，模拟真实地层条件下支撑裂缝的导流能力，进一步评价压裂液伤害和支撑剂嵌入对支撑裂缝导流能力的影响[13]。

#### 3.2.3.1　实验测试方法

（1）将指定规格的岩板合拢（图 3-24），使用背胶进行密封，并在岩板之间预置一定间距。

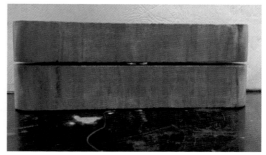

图 3-24　实验时采用的页岩岩板

（2）将模具板端面清理干净，随后组装好模具，同样采用背胶进行密封，上端面开启。密封过程中为避免壁面与胶面脱离，使用胶布加固，保证背胶将模具包裹完好，随后在模具内壁面涂抹凡士林，方便封胶后岩板的取出。

（3）配置灌封胶。将灌封胶中的 A 胶与 B 胶各取 30g（1∶1），用玻璃棒充分搅拌 3～5min，保证混合均匀后倒入模具。

（4）将岩板置于模具中，按压置底面，使得胶液从两侧漫至岩板顶面。岩板应尽量推至底面，并保证岩板居中，不偏移，不倾斜。完成后，静置 5h 以上，直到胶液凝结（图 3-25）。

图 3-25　封装后的岩板

（5）将导流室清洗干净后，充分擦干；组装好两端的注液接头底座以及压差测试端的各类接头；装上干净的筛网；将封好的岩板重新分开（图 3-26），取一块岩板作为底板抹上凡士林后推入导流室中筛网孔 1/3 处；将导流室下底板装好，并用螺丝固定（图 3-27）；按实验参数，称量足量支撑剂，将壁面擦拭干净后，均匀平整地铺置在岩板上（图 3-28）；将上岩板和导流室上底板分别推入导流室中（图 3-29），组装完成（图 3-30）。

图 3-26　分割封胶岩板　　　　　　　　　图 3-27　组装底部岩板

图 3-28　铺置支撑剂

图 3-29　组装上部岩板

图 3-30　安装完成的导流室

（6）将导流室放置于导流能力测试系统，加载 0.5MPa 闭合压力，用 2mL/min 流量将破胶液清液和残渣通过中间容器打入导流室，持续伤害 2h。

（7）泵入测试流体，记录导流室进口端和出口端的压力，计算支撑裂缝的导流能力。

（8）关闭实验装置并取出岩板（图 3-31）。

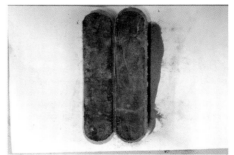

图 3-31　实验后的岩板

## 3.2.3.2　支撑裂缝导流能力影响因素

图 3-32 和图 3-33 分别为 30/50 目支撑剂和 40/70 目支撑剂在不同铺砂浓度下的裂缝导流能力测试结果，测量导流能力之前采用了不同的液体体系对岩板进行伤害，以模拟实际的压裂过程。从测试结果可以看出，在低闭合应力下，液体体系对支撑裂缝的导流能力

影响很大；但在高闭合应力下，导流能力则主要受铺砂浓度的影响，对于 30/50 目支撑剂而言，铺砂浓度为 5kg/m² 时，支撑裂缝的导流能力明显大于铺砂浓度为 3kg/m² 时的导流能力。

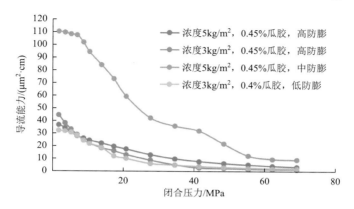

图 3-32　30/50 目导流能力测试结果

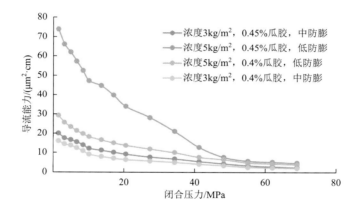

图 3-33　40/70 目导流能力测试结果

## 3.3　页岩自支撑裂缝导流能力评价

泥页岩自支撑裂缝导流能力测试是在室内条件下，模拟现场清水压裂后地下岩体自支撑裂缝的渗流形态，其实验结果可用于评价局部自支撑裂缝导流能力。在室内实验时，将岩心加工成规定尺寸，使用巴西劈裂法产生粗糙断裂表面，将劈裂的岩心错位并相对滑开一定位移后再封装组合，测试不同闭合应力条件下裂缝的导流能力，所得的实验结果可近似用于说明泥页岩储层清水压裂中裂缝发生滑移后的导流情况[14]。

### 3.3.1　自支撑裂缝导流能力实验评价

自支撑裂缝导流能力测试装置（图 3-34）主要用于测试分析在室内模拟的泥页岩自支撑裂缝的各项性能参数（表 3-1），为自支撑裂缝导流能力、裂缝宽度等数据的计算提供依据。

表 3-1　自支撑裂缝导流能力测试装置主要性能参数

| 参数指标 | 范围 | 精度 |
| --- | --- | --- |
| 闭合压力 | 0～120MPa | 0.1MPa |
| 温度 | 0～180℃ | 1℃ |
| 压力监测 | 0～10MPa | 0.025%FS |
| 压差监测 | 0～62kPa | 0.025%FS |
| 位移监测 | 0～12mm | 1μm |
| 回压 | 0～10MPa | 0.01MPa |

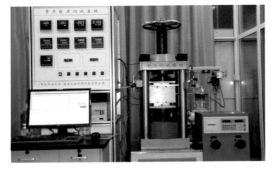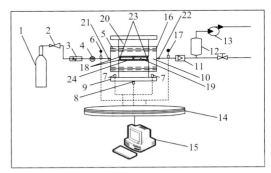

图 3-34　自支撑裂缝导流能力测试装置

测试装置（图 3-34）主要由氮气罐（1）、减压阀（2）、流量调节阀（3）、气体流量计（4）、管线加热孔（5）、进口温度传感器（6）、位移传感器（7）、闭合压力传感器（8）、油压机（9）、导流室（10）、回压控制器（11）、真空缓冲容器（12）、真空泵（13）、数据采集控制板（14）、计算机（15）组成。导流室（10）内侧有管线加热孔用于插入电加热棒（16），导流室（10）出口端有出口温度传感器（17）；导流室内腔装有岩板组合体（18），在岩板组合体（18）之间为自支撑裂缝缝内流体流动区（19）；导流室的上下部均有活塞（20）与油压机（9）相连，活塞利用密封圈密封，两端分别有进气孔（21）和出气孔（22），导流室一侧还装有压差传感器（23）和压力传感器（24）。进气孔（21）依次连接到气体流量计（4）、流量调节阀（3）、减压阀（2）、氮气罐（1）；出气孔（22）顺序连接到回压控制器（11）、真空缓冲容器（12）、真空泵（13）。气体流量计（4）、进出口温度传感器（6）和（17）、位移传感器（7）、闭合压力传感器（8）、油压机（9）均与数据采集控制板（14）相连，数据采集控制板连接到计算机（15）。

### 3.3.1.1　裂缝滑移量的确定

利用岩石断裂力学理论可以对实际压裂时影响天然裂缝面滑移的因素进行定量的分析。闭合的天然裂缝（或弱面）受远场水平最大主应力 $\sigma_3$ 和水平最小主应力 $\sigma_1$ 作用，与水平最大主应力的夹角为 $\theta$（$0 < \theta < \dfrac{\pi}{2}$），如图 3-35 所示[15]。

在水力裂缝与天然裂缝相交前，作用于裂缝面上的法向应力为压应力，裂缝处于闭合状态。当水力裂缝与天然裂缝相交后，随着压裂液的进入，裂缝面上法向压力减小，同时

较大的剪切应力促使缝面发生剪切滑移。缝面
有效剪切应力为

$$\tau_e = |\tau| - \tau_0 - K_f(\sigma - p) \qquad (3\text{-}12)$$

式中，$\tau_e$ 为裂缝面有效剪切应力，MPa。

裂缝面在剪切应力作用下发生滑移，根据
断裂力学中的 Westergaard 函数[16]，无限大介质
中 II 型裂缝面（单面）剪切位移表达式为

$$u_s = \left(\frac{k+1}{4G}\right)\tau_e l\sqrt{1-(x/l)^2} \qquad (3\text{-}13)$$

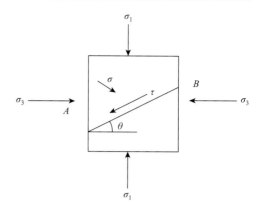

图 3-35　天然裂缝受力示意图

式中，$u_s$ 为裂缝面滑移量，m；$l$ 为裂缝半长，
m；$x$ 为沿缝长方向任意点坐标，m；$k$ 为 Kolosov
常数，$k = 3 - 4\nu$，无因次；$G$ 为剪切模量，MPa；$\nu$ 为泊松比，无因次。

由式（3-13）可知在裂缝中心处（$x=0$）有最大滑移量。

$$u_{max} = \frac{4(1-\nu^2)}{E}l\tau_e \qquad (3\text{-}14)$$

将式（3-12）、式（3-2）代入式（3-14）并假设裂缝面完全张开，不考虑缝面的摩擦
阻力和裂缝面的黏聚力，则压剪切情况下裂缝中心最大可能错位程度可由下式进行估算：

$$u_{max} = \frac{2(1-\nu^2)}{E}l\Delta\sigma\sin 2\theta \qquad (3\text{-}15)$$

式中，$u_{max}$ 为裂缝面最大可能滑移量，m；$\Delta\sigma$ 为水平主应力差，MPa；$\theta$ 为裂缝与最大
水平主应力的夹角，（°）。

2001 年，Fredd 等[17]在使用东得克萨斯州 Cotton Valley 的砂岩岩样进行导流能力测试
时，将裂缝面错位量确定为 2.54mm；2010 年，李士斌等[18]在《清水压裂自支撑裂缝面闭
合残留宽度数值模拟》一文中指出实际清水自支撑压裂过程中裂缝面相对位移为 2～
8mm，一般为 3mm；2010 年，大庆石油学院陈波涛[19]在其硕士论文《清水压裂适用地
层评价方法研究》中，利用 ANSYS 软件分析了不同情况下的裂缝错位位移，并指出错
位量为 1～8mm，主要集中在 2mm 或 3mm；2014 年，Zhang 等[20]对巴尼特（Barnett）
页岩进行导流能力测试时，也将裂缝面错位量确定为 2.54mm。由此，最终确定实验中
上下两对岩板滑移量为 2.6mm。

### 3.3.1.2　测试压力点下承压时间的确定

为保证测试数据的准确性，实验时在每个压力点下，自支撑裂缝承压后必须达到半稳
态方可进行导流能力测试[21]。分别在闭合应力为 6.9MPa、20.7MPa 下进行承压测试，研
究岩样在不同闭合应力条件下到达半稳态所需时间。如图 3-36 所示，在承压时间超过 100min
之后，位移计读数趋于平稳，表明自支撑裂缝已达到半稳态。由此确定，在每个闭合压力
点，必须稳压达到 120min 以上才能进行导流能力测试。

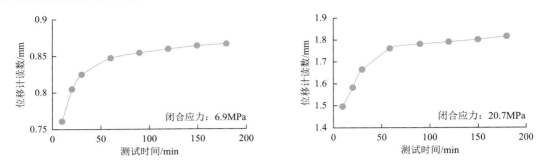

图 3-36　不同闭合应力下位移计读数随时间变化规律

自支撑裂缝导流能力测试流程如图 3-37 所示。

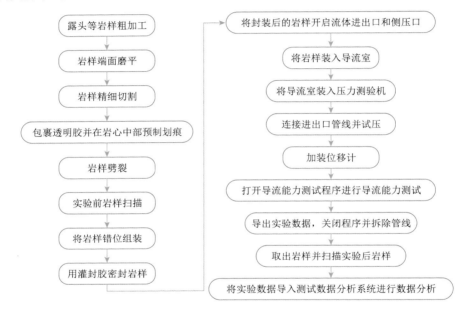

图 3-37　实验流程图

## 3.3.2　自支撑裂缝导流能力影响因素

### 3.3.2.1　闭合应力对自支撑裂缝导流能力的影响

图 3-38、图 3-39 为 1 条无滑移裂缝和 7 条错位裂缝的导流能力及水力等效缝宽随闭合应力变化的规律综合图。裂缝在无滑移条件下，初始导流能力（闭合应力为 1.725MPa）为 2.3μm²·cm，而当应力超过 10MPa 后，导流能力微乎其微，可见裂缝在无滑移条件下并不能提供足够的导流能力。当裂缝发生剪切滑移后导流能力有明显提高，与无滑移裂缝相比导流能力高出两个数量级以上。随着闭合应力的增大，自支撑裂缝导流能力逐渐减小，但当闭合应力增加到一定程度后（17.25MPa 以上），应力对裂缝导流能力的影响会逐渐减小，导流能力的下降趋势变缓，闭合应力与导流能力呈指数关系。这是由于在初始闭合压

力下，裂缝面之间呈点状支撑，裂缝的渗流通道连通性好，裂隙较宽，初始导流能力较大。但裂缝面之间接触面积较小，分布于每个微凸点上的局部应力较大，随着闭合应力的增加，微凸点很快会发生形变破碎，导致缝宽快速减小，以至于导流能力呈现出较强的应力敏感性。而在高闭合应力条件下（20.7MPa 以后），裂缝面被严重压实，裂缝面之间的接触由最初的点状支撑转变为面支撑，裂缝面间接触面积增大，分布在每个微凸点上的局部应力相对较小，缝宽随闭合应力的增加下降率减小，应力对导流能力的影响程度降低。另外，由于岩性的不同，在相同闭合应力条件下导流能力的差距可达到两个数量级以上。由此可见，清水压裂自支撑裂缝需要通过剪切错位来形成残余缝宽，从而提供导流能力，但由于岩性的不同其导流能力受闭合应力的影响有所不同。

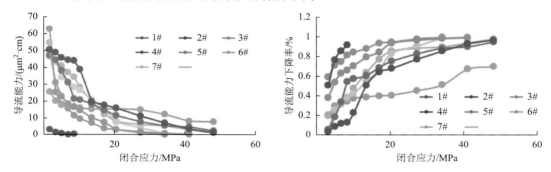

图 3-38　导流能力随闭合应力变化的规律

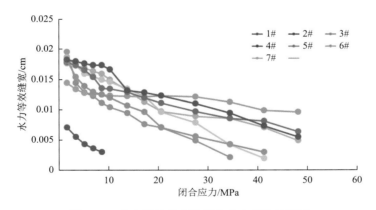

图 3-39　水力等效缝宽随闭合应力变化的规律

### 3.3.2.2　岩石表面粗糙程度对自支撑裂缝导流能力的影响

**1. 裂缝表面粗糙度的计算**

在自支撑裂缝渗流的研究中，裂缝表面的粗糙度是决定裂缝面啮合程度及裂缝面残留缝隙大小的重要因素[22]。因此，要研究不同粗糙裂缝表面的导流能力，必须对裂缝面的粗糙程度进行准确的描述。裂缝表面轮廓符合统计自仿射分形特征，其粗糙程度可用分形维数来进行衡量[23]。裂缝表面凸起点之间的增量函数为

$$V(r) = \frac{1}{2N/J} \sum_{i=1}^{N/J} [Z(y_i + r) - Z(y_i)]^2 \tag{3-16}$$

式中，$V(r)$ 为增变量，m；$r$ 为步长，m；$J$ 为步长 $r$ 中的样本点数，即长度为 $r$ 的一段"均分线"上测量点的数量，个；$N$ 为该"均分线"上总的样本点数，即该"均分线"上总的测量点数，个；$y_i$ 为岩板上 $y$ 方向任意一点的坐标，m；$Z(y_i)$ 为在 $y_i$ 点处断面粗糙点的高度，m。

在 $\lg[V(r_i)]$ 和 $\lg(r_i)$ 的关系图中，存在一定的线性关系，可用公式 $\lg[V(r_i)] = \delta \lg(r_i) + A$ 表达，其中，$\delta$ 为方程的斜率，$A$ 为方程的截距。则有

$$\delta = \lg[V(r_i)] / \lg(r_i) \tag{3-17}$$

分形维数（$D$）与斜率（$\delta$）存在如下关系：

$$D = 2 - \frac{\delta}{2} \tag{3-18}$$

粗糙度（JRC）和分形维数之间的关系为[23]

$$JRC = 85.2671(D-1)^{0.5679} \tag{3-19}$$

由此，可利用激光扫描仪对裂缝表面上的凸起进行统计，然后利用式（3-16）、式（3-17）及式（3-18）计算裂缝面的分形维数，再利用式（3-19）就可以得到表征页岩裂缝表面凹凸不平程度的粗糙度系数。

**2. 岩石表面粗糙程度对自支撑裂缝导流能力的影响分析**

自支撑裂缝粗糙程度与其初始导流能力有一定的相关性（图 3-40）。粗糙程度高的裂缝更易形成较高的初始导流能力（闭合应力为 1.7MPa 时）。随着闭合压力的上升，导流能力也并不完全随裂缝表面粗糙度增加而增加。这是由于随着闭合应力的增加，裂缝面微凸点发生破碎，两个裂缝面的接触面积与啮合程度不断增加，不同粗糙程度的裂缝面接触面积不断接近，缝宽受粗糙程度的影响明显减弱。因此，裂缝面粗糙程度对导流能力的影响仅在低闭合压力下较明显。

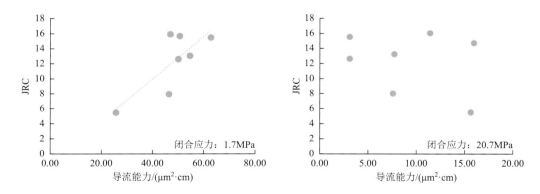

图 3-40　不同闭合应力下导流能力与 JRC 值的关系

### 3.3.2.3　岩石力学参数对自支撑裂缝导流能力的影响

随着闭合应力的增加，杨氏模量较低的岩样导流能力下降较快，出现较强的应力敏感性。如图 3-41 所示，在较高闭合应力（20.7MPa 以上）条件下，导流能力与杨氏模量有较好的相关性，杨氏模量较高的岩样易获得更高的导流能力，与低杨氏模量的岩样相比其导流能力相差可达两个数量级以上。不同杨氏模量的岩石其屈服强度不同，一般屈服强度随杨氏模量增加而增加，相同闭合应力条件下屈服强度越高，裂缝面微凸点形变越小，破碎率越低，缝宽减少越小。在低闭合应力条件下自支撑裂缝双壁面呈点状支撑，导流能力受粗糙度影响较大。随着闭合应力的增加，裂缝壁面的微凸点开始破碎，新的接触点在不断产生，接触面积不断增大，高杨氏模量的岩样裂缝面微凸点的形变低于杨氏模量较低的岩样，则高杨氏模量岩样更易保持较高的裂缝宽度，从而维持较高的导流能力。

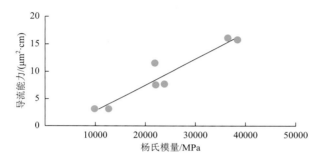

图 3-41　闭合应力在 20.7MPa 时不同杨氏模量岩样的导流能力

### 3.3.2.4　时间对自支撑裂缝导流能力的影响

长期导流能力测试的目的主要在于研究岩石蠕变对导流能力的影响规律。实验开始后闭合应力设置在 20.7MPa，稳压 2h 后测试其导流能力，然后分别在 2h、12h、15h、20h、25h、43h、60h 后测试其导流能力，测试结果如图 3-42 所示。岩样在前 25h 之内，导流能力随承压时间变化较快，导流能力下降率达到 11%；而 25h 后，导流能力下降变得缓慢，在 60h 后导流能力下降率为 12.3%，说明 25h 的承压时间足够让自支撑裂缝受力形变达到相对稳定状态。

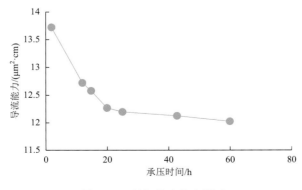

图 3-42　长期导流能力测试

# 3.4　页岩自支撑裂缝导流能力预测

导流能力是影响页岩气井产能的关键因素[24]。区别于常规储层，页岩压裂缝主要为支撑剂无法进入的自支撑裂缝[25]。目前自支撑裂缝导流能力研究以实验为主，但实验研究存在难以分解多因素的影响、测试条件有限、制样难度高、费时昂贵等不足[26-28]。因此，本节围绕页岩自支撑裂缝导流能力数值模型，系统开展对页岩粗糙错位裂缝模型、应力作用下粗糙错位裂缝变形模型和粗糙裂缝形态内流体流动模型的研究。

## 3.4.1　粗糙错位裂缝形态物理模型

### 3.4.1.1　粗糙表面数据采集

应用扫描技术测量工件的尺寸及形状，主要应用于逆向工程，针对现有三维实物（样品或模型）在没有技术文档的情况下，可快速测得物体的轮廓集合数据，并加以建构、编辑、修改生成通用输出格式的曲面数字化模型。使用三维激光扫描能完整采集页岩粗糙裂缝表面的形貌信息（图 3-43）。

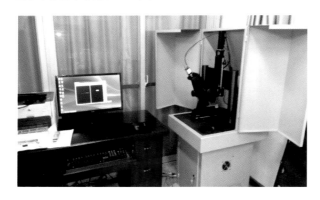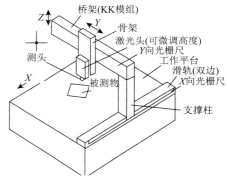

图 3-43　岩石表面形貌测量仪（三维激光扫描）

### 3.4.1.2　粗糙裂缝表面重构

获得页岩粗糙裂缝表面，并使用激光扫描仪进行数据采集。采集后的数据使用 Geomagic studio 12 软件去除无效噪点数据并整理数据。

通过激光扫描仪获取的页岩粗糙裂缝表面形貌（图 3-44），在实际扫描过程中会产生部分噪点。进行粗糙面分析时，进行一次降噪处理（图 3-45），会造成小部分网格数据失真或缺失。小部分数据缺失对于粗糙面数据分析计算影响不大，但双粗糙面组合需要进行数据矩阵运算，对数据完整性要求较高。

**1. 数据整理**

激光扫描仪在 $XY$ 平面的扫描精度由激光传感器探头和运动部件定位精度共同决定。$X$ 轴精度由激光传感器探头（CMOS 感光元件）分辨率大小确定，$Y$ 轴精度为运动部件定位

图 3-44　8 对页岩粗糙面表面形貌扫描

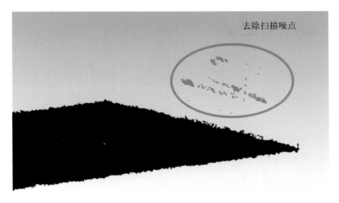

图 3-45　对扫描云点数据进行去噪点及数据处理

精度。设备条件决定扫描获得的粗糙面不是正方形网格数据（图 3-46）。在后续网格数据计算中多使用矩阵运算,为尽可能提高运算效率,将非正方形网格规整为规则正方形网格。

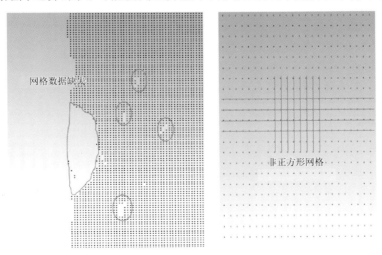

图 3-46　原始扫描数据部分数据缺失及非正方形网格结构

目前常用的网格数据补全及规整使用差值计算方法，典型方法包括反距离加权插值法、最小曲率法、克里金插值法、自然邻点插值法、多元回归法等。

1）反距离加权插值法

反距离加权插值法由气象学家和地质工作者首先提出，它的基本原理是假设平面上分布一系列离散点，已知其位置坐标和属性值为任一格网点，根据周围离散点的属性值，通过距离加权插值求未知点属性值。

插值优点：反距离加权插值法综合了泰森多边形的邻近点法和多元回归法的渐变方法的长处，可以进行确切或者圆滑方式插值。适用于无凸起菱角，外观圆滑物体的插值。

2）最小曲率法

最小曲率法在地球科学中得到广泛应用。用最小曲率法生成的插值面类似于一个保留所有原始数据值形成的具有最小弯曲量的长条形弹性片。最小曲率法试图在尽可能严格地遵守原始数据的同时，生成尽可能圆滑的曲面。

插值优点：尽可能保留原始数据。但最小曲率法在插值过程中获得的数据需要进行最小弯曲量运算，该方法适用于起伏较弱的表面的插值。

3）克里金插值法

克里金插值法是目前使用较多的插值方法之一，又称空间自协方差最佳插值法，它是以南非矿业工程师 D.G. Krige 的名字命名的一种最优内插法。克里金插值法在地下水模拟、土壤制图等领域获得了广泛应用。

该方法重点考虑空间属性在空间位置上的变异分布，并以此确定对待插值点有影响的距离范围，然后用此范围内的采样点来估计待插值点的属性值。在数学上该方法可对研究对象提供最佳线性无偏估计（某点处的确定值）。

插值优点：考虑信息采样对象的形状、大小与待插值点的空间位置等几何特征以及空间结构。它是一种光滑的内插方法，在数据点多时其内插的结果可信度较高，计算效率较高。适用于表面特征明显的样品表面插值。

4）自然邻点插值法

自然邻点插值法基本原理是对于一组泰森（Thiessen）多边形，当在数据集中加入一个新的数据点（目标）时，就会修改这些泰森多边形，使用相邻点权重平均值确定待插值点的权重，待插值点的权重和目标泰森多边形成比例。

插值优点：在采样数据紧密完整，仅有少数点缺失时，可用自然邻点插值法来填充无值的数据点。

5）多元回归法

多元回归用来确定信息采样对象的大规模趋势和空间形状。多元回归不是真正意义上的插值器，因为它并不预测未知值，它只是根据空间的采样数据，拟合一个数学曲面，并用该数学曲面反映采样对象的空间分布变化情况。趋势面分析是对地质特征的空间分布进行研究和分析的一种手段和方法。

插值优点：使用曲面来逼近该地质特征的空间分布，能较完整地反映信息采样对象的表面结构特征。适用于对表面结构简单的对象插值。

根据各类插值方法的特点，结合页岩粗糙裂缝表面结构随机、采样数据量大、数据还原要求高的客观事实，优选克里金插值法对页岩粗糙裂缝表面进行数据规整。使用克里金插值方法对原始粗糙岩板数据进行规整，规整数据网格设置为 0.1mm×0.1mm。

通过克里金插值法，将原始数据进行补全及规整（图 3-47～图 3-49）。规整后数据完整保留了原始采样数据的特征，满足后续分析要求。

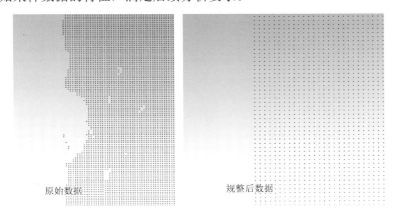

图 3-47　使用克里金插值法规整后网格局部数据

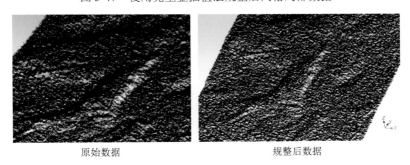

图 3-48　网格规整前后数据局部形貌对比

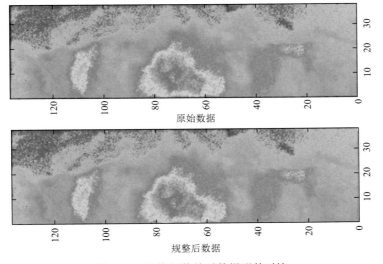

图 3-49　网格规整前后数据形貌对比

激光扫描获得上下岩板粗糙面云点数据，在数据规整后获得原始上下粗糙面高度矩阵，定义为 $A_0$ 和 $A_1$。

$$\begin{cases} A_0 = (a_{0ij}), (i=1,2,3,\cdots,m;\ j=1,2,3,\cdots,n) \\ A_1 = (a_{1ij}), (i=1,2,3,\cdots,m;\ j=1,2,3,\cdots,n) \end{cases} \tag{3-20}$$

### 2. 数据处理

页岩双粗糙面错位量的存在是自支撑裂缝形成导流能力的关键因素之一，使用数值计算方法组合两粗糙面并进行错位处理主要包括去除基底、对称放置、错位移动、双壁面单点碰撞等数据处理步骤。通过上述步骤可获得两粗糙面在错位接触后的裂缝形态及缝宽分布数据。

1）去除基底

为统一测量方法，首选对需组合的两粗糙面进行去基底操作，基底选择为粗糙面最低点。去除基底方法为粗糙面中所有网格数据减去最低点高度差（图 3-50）。

$$\begin{cases} A_0' = (a_{0ij}') = [a_{0ij} - \min(a_{0ij})], (i=1,2,3,\cdots,m;\ j=1,2,3,\ldots,n) \\ A_1' = (a_{1ij}') = [a_{1ij} - \min(a_{1ij})], (i=1,2,3,\cdots,m;\ j=1,2,3,\ldots,n) \end{cases} \tag{3-21}$$

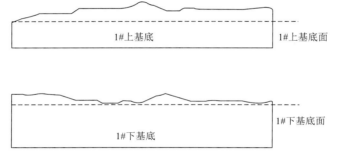

图 3-50　粗糙面去基底

2）对称放置

在将双粗糙面组合前，因激光扫描采样时上粗糙面呈反向状态，需首先对其进行垂直反向处理（图 3-51），获得上粗糙面垂直反向高度矩阵 $A_{0R}'$。

$$A_{0R}' = (a_{0Rij}') = [a_{0ij}' - \max(a_{0ij}')]\ (i=1,2,3,\cdots,m;\ j=1,2,3,\cdots,n) \tag{3-22}$$

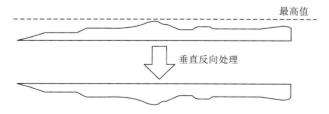

图 3-51　1#上粗糙面垂直反向处理

上粗糙面反向处理后，上粗糙面高度矩阵加下粗糙面最高值即可获得上粗糙面对称放置矩阵 $A_{0S}$，下粗糙面不变，由此可获得双壁面对称放置图（图 3-52）。

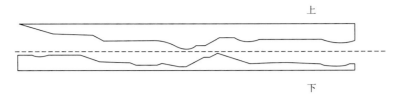

图 3-52　双壁面对称放置图

$$\begin{cases} \boldsymbol{A}_{0S} = (a_{0Sij}) = [a'_{0Rij} + \max(a'_{1ij})], (i = 1, 2, 3, \cdots, m; \ j = 1, 2, 3, \cdots, n) \\ \boldsymbol{A}_{1S} = \boldsymbol{A}'_1 \end{cases} \tag{3-23}$$

3）错位移动

错位移动采取下粗糙面固定、上粗糙面移动的方式进行计算。因此在粗糙板空间移动上将错位移动分为正向移动、横向移动和斜向移动三种模式（图 3-53）。

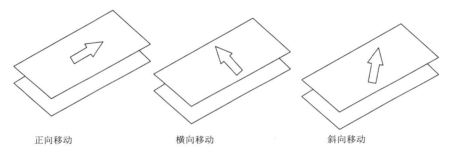

正向移动　　　　　　　横向移动　　　　　　　斜向移动

图 3-53　错位移动三种形式

在自支撑裂缝导流能力实验中，考虑实际裂缝拉张破裂方向及地应力方向，常使用正向移动模式，计算步骤为：

（1）设置错位量 $\delta$。

（2）上壁面矩阵纵坐标加错位量 $\delta$，横坐标值不变。

（3）横坐标不变，将图 3-54（c）中 $A$ 点定义为纵坐标 0 点，$B$ 点为纵坐标最大值。整理网格坐标，完成错位移动（图 3-54）。

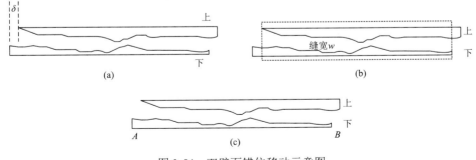

（a）　　　　　　　　　　　　　　　　　（b）

（c）

图 3-54　双壁面错位移动示意图

上下粗糙面错位后高度矩阵为 $\boldsymbol{A}_{0SDIS}$、$\boldsymbol{A}_{1SDIS}$，其中元素 $a_{0SDISij}$、$a_{1SDISij}$ 为上粗糙面在横坐标为 $m$、纵坐标为 $n$ 时的高度值。

$$\begin{cases} \boldsymbol{A}_{0\text{SDIS}} = (a_{0\text{SDIS}i(j-\delta)}) = (a_{0\text{S}ij}), (i=1,2,3,\cdots,m;\ j=\delta,\delta+1,\delta+2,\cdots,n) \\ \boldsymbol{A}_{1\text{SDIS}} = (a_{1\text{SDIS}ij}) = (a_{1\text{S}i(j+\delta)}), (i=1,2,3,\cdots,m;\ j=1,2,3,\cdots,n-\delta) \end{cases} \tag{3-24}$$

4）双壁面单点碰撞（图 3-55）

取双壁面错位后缝宽 $w$ 的最小值 $w_{\min}$，上壁面所有网格数据减去 $w_{\min}$，由此完成双壁面单点接触碰撞。碰撞后的上下粗糙面高度矩阵为 $\boldsymbol{Z}_\text{u}$、$\boldsymbol{Z}_\text{d}$。

$$\begin{cases} \boldsymbol{Z}_\text{u} = (z_{\text{u}ij}) = [a_{0\text{SDIS}ij} - \min(a_{0\text{SDIS}ij} - a_{1\text{SDIS}ij})], (i=1,2,3,\cdots,m;\ j=1,2,3,\cdots,n-\delta) \\ \boldsymbol{Z}_\text{d} = \boldsymbol{A}_{1\text{SDIS}} \end{cases}$$

$$\tag{3-25}$$

● 碰撞点

图 3-55　双壁面单点碰撞示意图

以 1#页岩上下粗糙面为例，正向错位 2.5mm 后双壁面结构示意图如图 3-56 所示。

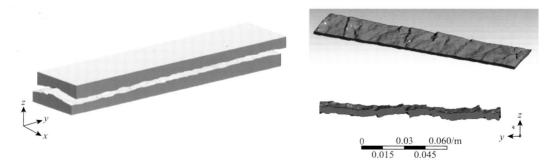

图 3-56　双粗糙面错位形成粗糙裂缝形态示意图

由此完成由原始裂缝面 $\boldsymbol{A}_0$ 和 $\boldsymbol{A}_1$ 经过式（3-20）～式（3-25）计算，向双裂缝粗糙面错位耦合形成 $\boldsymbol{Z}_\text{u}$、$\boldsymbol{Z}_\text{d}$ 的全过程。

上粗糙面转换模型为

$$\begin{cases} \boldsymbol{A}_0 = (a_{0ij}), (i=1,2,3,\cdots,m;\ j=1,2,3,\cdots,n) \\ \boldsymbol{A}_0' = (a_{0ij}') = [a_{0ij} - \min(a_{0ij})], (i=1,2,3,\cdots,m;\ j=1,2,3,\cdots,n) \\ \boldsymbol{A}_{0\text{R}}' = (a_{0\text{R}ij}') = [a_{0ij}' - \max(a_{0ij}')], (i=1,2,3,\cdots,m;\ j=1,2,3,\cdots,n) \\ \boldsymbol{A}_{0\text{S}} = (a_{0\text{S}ij}) = [a_{0\text{R}ij}' + \max(a_{1ij}')], (i=1,2,3,\cdots,m;\ j=1,2,3,\cdots,n) \\ \boldsymbol{A}_{0\text{SDIS}} = (a_{0\text{SDIS}i(j-\delta)}) = (a_{0\text{S}ij}), (i=1,2,3,\cdots,m;\ j=\delta,\delta+1,\delta+2,\cdots,n) \\ \boldsymbol{Z}_\text{u} = (z_{\text{u}ij}) = [a_{0\text{SDIS}ij} - \min(a_{0\text{SDIS}ij} - a_{1\text{SDIS}ij})], (i=1,2,3,\cdots,m;\ j=1,2,3,\cdots,n-\delta) \end{cases} \tag{3-26}$$

下粗糙面转换模型为

$$\begin{cases} A_1 = (a_{1ij}), (i = 1, 2, 3, \cdots, m; \ j = 1, 2, 3, \cdots, n) \\ A'_1 = (a'_{1ij}) = [a_{1ij} - \min(a_{1ij})], (i = 1, 2, 3, \cdots, m; \ j = 1, 2, 3, \cdots, n) \\ A_{1S} = A'_1 \\ A_{1SDIS} = (a_{1SDISij}) = (a_{1Si(j+\delta)}), (i = 1, 2, 3, \cdots, m; \ j = 1, 2, 3, \cdots, n - \delta) \\ Z_d = A_{1SDIS} \end{cases} \quad (3\text{-}27)$$

## 3.4.2　粗糙错位裂缝变形数值模型

页岩岩体在达到抗压强度后，岩体结构受到破坏，且破坏形态复杂。目前鲜有理论模型能完整描述页岩在达到抗压强度点后的应力、应变表现，常用的材料模型有弹性-理想塑性模型、弹性-应变软化模型和弹-脆-塑性模型[29, 30]（图 3-57）。

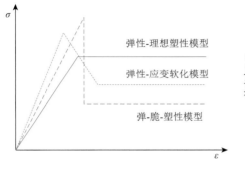

图 3-57　常用材料力学模型　　　　　图 3-58　页岩应力应变曲线三段式特征

通常认为页岩达到抗压强度后会产生脆性破坏变形[31]，且从页岩应力-应变曲线（图 3-58）分析，弹-脆-塑性模型更符合页岩力学特征（图 3-59）。

图 3-59　页岩岩体达到抗压强度后破裂状态

本书使用弹-脆-塑性应力-应变模型[32]对页岩力学特征进行简化，并定义应力突变系数 $M_c$（图 3-60），该系数定义为：页岩岩体受力超过岩体抗压强度 $\sigma_c$ 后，岩体发生瞬间破裂失效，并保持某一残余应力值 $\sigma_r$，失效后的残余应力值与抗压强度的比值为应力突变系数 $M_c$。

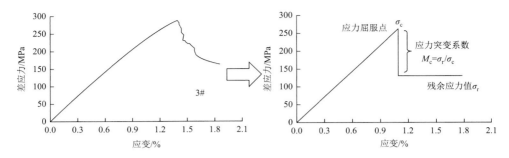

图 3-60 页岩应力-应变模型及应力突变系数 $M_c$

### 3.4.2.1 物理模型

模型假设为：所有的粗糙顶尖有相同的曲率半径，且顶峰的高度在平均值附近随机分布，顶峰之间的变形忽略不计。

经典 GW 模型（图 3-61）为二维模型，模型核心为 Hertz 模型，该模型以线弹性理论为基础，探讨圆形接触体与刚性平板之间的接触问题。本书建立的页岩自支撑裂缝形态为三维结构，且页岩粗糙面起伏程度较大，连续性较差，将页岩粗糙面假定为球体计算难度较大。借鉴 GW 模型思路，结合激光扫描构建的页岩粗糙错位裂缝模型特征，将球体假设模型变换为立方体假设模型，这将增加模型建立及求解的可行性。

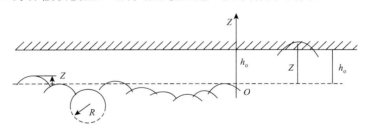

图 3-61 GW 模型粗糙表面

将页岩双粗糙面组合后形成的裂缝形态进行立方单元体离散（图 3-62），可用规则网格数据对每个离散点进行变形及受力情况计算，累计求和可获得总受力情况与变形量关系。

为保证每次计算的一致性，将上粗糙面的最高点和下粗糙面的最低点作为离散单位计算边界（图 3-63）。边界以内的离散单元体发生应力形变，边界以外为刚性平板，不发生应变。

在实际页岩岩体达到抗压强度之前，表现为纯弹性变形。本书主要探讨垂直法向应力与法向位移的关系，因此忽略粗糙面上剪切应力及单元体的横向变形。

综上因素，对立方单元体离散情况进行如下假设：

（1）将粗糙裂缝形态进行立方体单元离散，离散单元体不发生相互干扰。

（2）以上粗糙面最高点、下粗糙面最低点作为计算边界，边界以外假设为刚体。

（3）在施加闭合应力的条件下，粗糙裂缝接触部分在达到抗压强度之前，仅发生线弹性形变，忽略岩体破碎。

（4）到达抗压强度后，岩体瞬间破坏，以应力突变系数 $M_c$ 计算破坏后的立方单元体的受力。

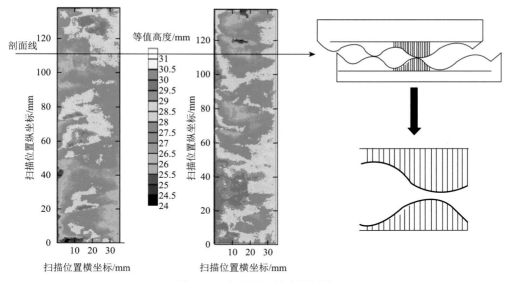

图 3-62 立方单元体离散假设

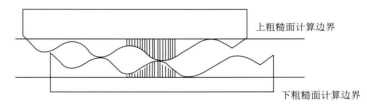

图 3-63 上下粗糙面应力-应变计算边界

### 3.4.2.2 力学模型

本书采用逆向计算思路对粗糙裂缝的受力变形进行建模，即给定位移量 $Z$，求取总应力。通过离散微元接触压缩量计算、离散微元受力变形计算、应力损伤判定等三组计算模型构成应力作用下的粗糙错位裂缝变形模型。

**1. 裂缝形态接触压缩量计算**

获得粗糙错位裂缝形态，在向该裂缝形态施加指定位移量 $Z$ 后，裂缝形态开始发生闭合。在闭合过程中，仅发生接触的离散微元（图 3-64）具有受力特征，但裂缝结构粗糙不平的特征导致离散的裂缝结构微元接触压缩量并不一致。因此在计算总应力前需对每个离散微元的接触压缩量进行计算。

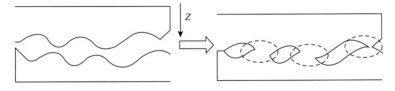

图 3-64 裂缝形态闭合过程中发生接触的离散微元示意图

获得粗糙错位裂缝形态表述为：上裂缝面矩阵 $Z_u$、下裂缝面矩阵 $Z_d$。

上粗糙面微元高度矩阵为 $Z_1$，下粗糙面微元高度矩阵为 $Z_2$。

$$\begin{cases} Z_1 = [\max(z_{uij}) - z_{uij}], (i=1,2,3,\cdots m; \ j=1,2,3,\cdots,n-\delta) \\ Z_2 = Z_d \end{cases} \quad (3\text{-}28)$$

下裂缝面不变，上裂缝面施加向下位移 $Z$，得变形后上裂缝面缝高矩阵 $Z'_u$。

$$Z'_u = (z'_{uij}) = (z_{uij} - Z), (i=1,2,3,\cdots,m; \ j=1,2,3,\cdots,n-\delta) \quad (3\text{-}29)$$

计算获得裂缝形态变形矩阵 $Z_c$：

$$Z_c = Z_d - Z'_u \quad (3\text{-}30)$$

在裂缝形态变形矩阵 $Z_c$ 中，当矩阵中的元素 $z_{cij}$ 大于零时，表示该微元单元在位移量为 $Z$ 时没有发生接触；当 $z_{cij}$ 小于零时，表示该微元单元在位移量为 $Z$ 时发生了接触变形，压缩量为 $|z_{cij}|$。

定义离散微元接触压缩量矩阵为 $\Delta Z$，矩阵中的元素为 $\Delta z_{ij}$：

$$\Delta Z = (\Delta z_{ij}) = \begin{cases} 0, z_{cij} \geqslant 0 \\ |z_{cij}|, z_{cij} \leqslant 0 \end{cases} (i=1,2,3,\cdots,m; \ j=1,2,3,\cdots,n-\delta) \quad (3\text{-}31)$$

由此获得离散微元接触压缩量矩阵 $\Delta Z$。

**2. 离散微元线弹性受力变形计算模型**

由于计算假设为纯弹性应变，因此计算公式选择经典胡克定律公式。

在单轴拉伸实验中，一根初始长度为 $l_0$、横截面积为 $A$ 的细长杆被拉长 $\Delta l$，拉伸力 $F$ 和横截面积的比值即为拉伸应力：

$$\sigma = \frac{F}{A} \quad (3\text{-}32)$$

伸长量和初始长度的比值即为拉伸应变或形变：

$$\varepsilon = \frac{\Delta l}{l_0} \quad (3\text{-}33)$$

当应力、应变在弹性区间时，应力和应变成正比关系：

$$\sigma = E\varepsilon \quad (3\text{-}34)$$

比例系数即为材料的杨氏模量。材料的伸长与横截面的缩小有关，可用泊松比（或横向变形系数）$\nu$ 来描述。

三向应力状态下的广义胡克定律（图 3-65）表述为

$$\begin{cases} \varepsilon_x = \dfrac{1}{E}[\sigma_x - \nu(\sigma_y + \sigma_z)] \\[2mm] \varepsilon_y = \dfrac{1}{E}[\sigma_y - \nu(\sigma_x + \sigma_z)] \\[2mm] \varepsilon_z = \dfrac{1}{E}[\sigma_z - \nu(\sigma_x + \sigma_y)] \\[2mm] \gamma_{xy} = \dfrac{\tau_{xy}}{G}, \gamma_{yz} = \dfrac{\tau_{yz}}{G}, \gamma_{zx} = \dfrac{\tau_{zx}}{G} \end{cases} \quad (3\text{-}35)$$

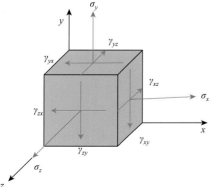

图 3-65 三向应力状态的广义胡克定律

本书中不考虑剪切应力，因此剪切应变为 0。

$$\gamma_{xy} = \gamma_{yz} = \gamma_{zx} = 0 \tag{3-36}$$

对页岩裂缝粗糙形态进行立方单元离散，取其中一个接触离散单元进行分析（图 3-66）。

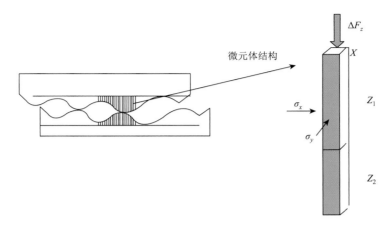

图 3-66　离散微元体结构示意图

已知条件：

①上粗糙面微元高度 $Z_1$，下粗糙面微元高度 $Z_2$；

②微元横截面为正方形，边长为 $X$；

③$Z_1$、$Z_2$ 总接触位移量 $\Delta Z$；

④岩体力学参数，杨氏模量 $E$，泊松比 $\nu$，抗压强度 $\sigma_\mathrm{m}$；

⑤$\sigma_x = 0$，$\sigma_y = 0$。

（1）上粗糙面微元受力变形计算公式。假设上粗糙面微元压缩量为 $\Delta Z_1$，其应变 $\varepsilon_{z1}$ 为

$$\varepsilon_{z1} = \frac{\Delta Z_1}{Z_1} \tag{3-37}$$

代入广义胡克定律 $\varepsilon_{z1} = \dfrac{1}{E}[\sigma_z - \nu(\sigma_x + \sigma_y)]$：

$$\frac{\Delta Z_1}{Z_1} = \frac{1}{E}[\sigma_z - \nu(\sigma_x + \sigma_y)] \tag{3-38}$$

其中，$\sigma_x = 0$，$\sigma_y = 0$。因此，

$$\frac{\Delta Z_1}{Z_1} = \frac{1}{E}\sigma_z \tag{3-39}$$

式中，$\sigma_z$ 为上粗糙面微元在 $z$ 方向的应力。假设上粗糙面微元的横向变形为 $\Delta X_1$，受力为 $\Delta F_z$，则

$$\sigma_z = \frac{\Delta F_z}{\Delta A} = \frac{\Delta F_z}{(X + \Delta X_1)^2} \tag{3-40}$$

将式（3-40）代入式（3-39）中，得到上微元的受力变形方程：

$$\frac{\Delta Z_1}{Z_1} = \frac{1}{E}\frac{\Delta F_z}{(X + \Delta X_1)^2} \tag{3-41}$$

（2）下粗糙面微元受力变形计算公式。假设下粗糙面微元压缩量为 $\Delta Z_2$，横向变形为 $\Delta X_2$。由牛顿第三定律，上下粗糙面微元受力相同，均为 $\Delta F_z$。与上粗糙面微元受力变形计算公式推导过程相同，可获得下粗糙面微元受力变形计算公式：

$$\frac{\Delta Z_2}{Z_2} = \frac{1}{E} \frac{\Delta F_z}{(X + \Delta X_2)^2} \tag{3-42}$$

（3）由泊松比定义

$$\nu = \frac{\varepsilon_x}{\varepsilon_z} \tag{3-43}$$

上下粗糙面为同一性质材料，因此

$$\nu = \frac{\Delta X_1 / X}{\Delta Z_1 / Z_1} = \frac{\Delta X_2 / X}{\Delta Z_2 / Z_2} \tag{3-44}$$

（4）上下粗糙面微元压缩量之和为总接触位移量 $\Delta Z$：

$$\Delta Z_1 + \Delta Z_2 = \Delta Z \tag{3-45}$$

由式（3-41）、式（3-42）、式（3-44）、式（3-45）可建立如下计算方程组：

$$\begin{cases} \dfrac{\Delta Z_1}{Z_1} = \dfrac{1}{E} \dfrac{\Delta F_z}{(X + \Delta X_1)^2} \\[3mm] \dfrac{\Delta Z_2}{Z_2} = \dfrac{1}{E} \dfrac{\Delta F_z}{(X + \Delta X_2)^2} \\[3mm] \nu = \dfrac{\Delta X_1 / X}{\Delta Z_1 / Z_1} = \dfrac{\Delta X_2 / X}{\Delta Z_2 / Z_2} \\[3mm] \Delta Z_1 + \Delta Z_2 = \Delta Z \end{cases} \tag{3-46}$$

上述方程组含五个方程，可求解得到五个未知数：$\Delta Z_1$、$\Delta Z_2$、$\Delta X_1$、$\Delta X_2$、$\Delta F_z$。

由式（3-44）可得到 $\Delta X_1$ 与 $\Delta Z_1$ 的关系以及 $\Delta X_2$ 与 $\Delta Z_2$ 的关系

$$\Delta X_1 = \frac{\nu X \Delta Z_1}{Z_1} \tag{3-47}$$

$$\Delta X_2 = \frac{\nu X \Delta Z_2}{Z_2} \tag{3-48}$$

将式（3-47）代入式（3-41）中，可得到：

$$\frac{\Delta Z_1}{Z_1} = \frac{1}{E} \frac{\Delta F_z}{\left( X + \dfrac{\nu X \Delta Z_1}{Z_1} \right)^2} \tag{3-49}$$

上式可整理为

$$\Delta F_z = \frac{\Delta Z_1 E \left( X + \dfrac{\nu X \Delta Z_1}{Z_1} \right)^2}{Z_1} \tag{3-50}$$

同理，将式（3-48）代入式（3-42）中，整理得

$$\Delta F_z = \frac{\Delta Z_2 E \left( X + \dfrac{\nu X \Delta Z_2}{Z_2} \right)^2}{Z_2} \qquad (3\text{-}51)$$

由式（3-50）、式（3-51）可知，求解出 $\Delta Z_1$ 或 $\Delta Z_2$ 即可计算获得微元受力的 $\Delta F_z$ 值。因此，联立式（3-50）、式（3-51）、式（3-45）可得 $\Delta Z_1$ 的计算表达式：

$$\frac{\Delta Z_1 E \left( X + \dfrac{\nu X \Delta Z_1}{Z_1} \right)^2}{Z_1} = \frac{(\Delta Z - \Delta Z_1) E \left[ X + \dfrac{\nu X (\Delta Z - \Delta Z_1)}{Z_2} \right]^2}{Z_2} \qquad (3\text{-}52)$$

上式可整理为

$$\Delta Z_1^3 \left( \frac{\nu^2}{Z_1^3} + \frac{\nu^2}{Z_2^3} \right) + \Delta Z_1^2 \left( \frac{2 Z_1 \nu}{Z_1^3} + \frac{3 \Delta Z \nu^2 + 2 Z_2 \nu}{Z_2^3} \right) + \Delta Z_1 \left( \frac{1}{Z_1} + \frac{Z_2^2 + 4 \nu \Delta Z Z_2 + 3 \Delta Z^2 \nu^2}{Z_2^3} \right)$$
$$- \frac{Z_2^2 \Delta Z + 2 Z_2 \nu \Delta Z^2 + \nu \Delta Z^3}{Z_2^3} = 0$$

$$(3\text{-}53)$$

式（3-53）即 $\Delta Z_1$ 的计算公式，可使用牛顿迭代法进行数值求解。迭代过程中由物理对象客观条件（即计算值为正且变形量不超过计算边界）设定迭代起始值及迭代精度。本书中设置迭代起始值为 1，迭代精度为 $10^{-8}$。

由式（3-50）、式（3-53）即可获得微元受力变形模型：

$$\begin{cases} \Delta F_z = \dfrac{\Delta Z_1 E \left( X + \dfrac{\nu X \Delta Z_1}{Z_1} \right)^2}{Z_1} \\[4mm] \Delta Z_1^3 \left( \dfrac{\nu^2}{Z_1^3} + \dfrac{\nu^2}{Z_2^3} \right) + \Delta Z_1^2 \left( \dfrac{2 Z_1 \nu}{Z_1^3} + \dfrac{3 \Delta Z \nu^2 + 2 Z_2 \nu}{Z_2^3} \right) + \Delta Z_1 \left( \dfrac{1}{Z_1} + \dfrac{Z_2^2 + 4 \nu \Delta Z Z_2 + 3 \Delta Z^2 \nu^2}{Z_2^3} \right) \\[4mm] - \dfrac{Z_2^2 \Delta Z + 2 Z_2 \nu \Delta Z^2 + \nu \Delta Z^3}{Z_2^3} = 0 \end{cases} \quad (3\text{-}54)$$

### 3. 考虑损伤的应力计算

通过式（3-54）、式（3-47）可计算获得 $\Delta F_z$、$\Delta X_1$，进行应力损伤判定。仅考虑页岩线弹性变形时应力为 $\sigma_0$。

$$\sigma_0 = \frac{\Delta F_z}{(X + \Delta X_1)^2} \qquad (3\text{-}55)$$

将式（3-47）代入式（3-55）中，可得

$$\sigma_0 = \frac{\Delta F_z Z_1^2}{X^2 (Z_1 + \nu \Delta Z_1)^2} \qquad (3\text{-}56)$$

页岩抗压强度为 $\sigma_m$，根据建立的弹-脆-塑性力学模型，当 $\sigma_0 < \sigma_m$ 时，页岩发生线弹

性变形，应力值为 $\dfrac{\Delta F_z}{(X+\Delta X_1)^2}$；当 $\sigma_0 \geqslant \sigma_{\mathrm{m}}$ 时，页岩发生应力损伤破坏，应力值为 $\sigma_{\mathrm{m}} M_{\mathrm{c}}$。

因此页岩裂缝形态在接触受力变形中的受力 $\sigma$ 为

$$\sigma = \begin{cases} \sigma_0, \sigma_0 < \sigma_{\mathrm{m}} \\ \sigma_{\mathrm{m}} M_{\mathrm{c}}, \sigma_0 \geqslant \sigma_{\mathrm{m}} \end{cases} \tag{3-57}$$

由此完成页岩受力由线弹性向脆塑性转变的应力损伤过程。

**4. 模型建立**

由已知错位裂缝上下粗糙面的矩阵 $\boldsymbol{Z}_{\mathrm{u}}$ 和 $\boldsymbol{Z}_{\mathrm{d}}$，建立考虑应力损伤粗糙裂缝形态受力变形后应力 $\sigma$ 与位移量 $\boldsymbol{Z}$ 的计算模型 $\sigma = f(\boldsymbol{Z})$：

$$\begin{cases} \boldsymbol{Z}_1 = [\max(z_{\mathrm{u}ij}) - z_{\mathrm{u}ij}], (i=1,2,3,\cdots,m;\ j=1,2,3,\cdots,n-\delta) \\ \boldsymbol{Z}_2 = \boldsymbol{Z}_{\mathrm{d}} \\ \boldsymbol{Z}_{\mathrm{u}}' = (z_{\mathrm{u}ij}') = (z_{\mathrm{u}ij} - Z), (i=1,2,3,\cdots,m;\ j=1,2,3,\cdots,n-\delta) \\ \boldsymbol{Z}_{\mathrm{c}} = \boldsymbol{Z}_{\mathrm{d}} - \boldsymbol{Z}_{\mathrm{u}}' \end{cases} \tag{3-58}$$

$$\Delta \boldsymbol{Z} = (\Delta z_{ij}) = \begin{cases} 0, z_{ij} > 0 \\ |z_{ij}|, z_{ij} \leqslant 0 \end{cases} \tag{3-59}$$

$$\sigma = \sum_{i=1}^{m} \sum_{j=1}^{n-\delta} \begin{cases} \Delta z_{1ij}^3 \left( \dfrac{\nu^2}{z_{1ij}^3} + \dfrac{\nu^2}{z_{2ij}^3} \right) + \Delta z_{1ij}^2 \left( \dfrac{2z_{1ij}\nu}{z_{1ij}^3} + \dfrac{3\Delta z_{ij}\nu^2 + 2z_{2ij}\nu}{z_{2ij}^3} \right) \\ + \Delta z_{1ij} \left( \dfrac{1}{z_{1ij}} + \dfrac{z_{2ij}^2 + 4\nu\Delta z_{ij}z_{2ij} + 3\Delta z_{ij}^2\nu^2}{z_{2ij}^3} \right) - \dfrac{z_{2ij}^2\Delta z_{ij} + 2z_{2ij}\nu\Delta z_{ij}^2 + \nu\Delta z_{ij}^3}{z_{2ij}^3} = 0 \\ \Delta f_{zij} = \dfrac{\Delta z_{1ij} E \left( X + \dfrac{\nu X \Delta z_{1ij}}{z_{1ij}} \right)^2}{z_{1ij}} \\ \sigma_{0ij} = \dfrac{\Delta F_{zij} z_{1ij}^2}{X^2 (z_{1ij} + \nu\Delta z_{1ij})^2} \\ \sigma_{ij} = \begin{cases} \sigma_{0ij}, \sigma_0 < \sigma_{\mathrm{m}} \\ \sigma_{\mathrm{m}} M_{\mathrm{c}}, \sigma_0 \geqslant \sigma_{\mathrm{m}} \end{cases} \end{cases} \tag{3-60}$$

获得计算模型 $\sigma = f(\boldsymbol{Z})$ 后，得到受力 $\sigma$ 时页岩自支撑裂缝受力变形后的裂缝形态，并使用下粗糙面高度矩阵 $\boldsymbol{Z}_{\mathrm{d}}$ 以及对应的缝宽分布矩阵 $\boldsymbol{W}_{\mathrm{f}}$ 进行表征（图 3-67）。

$$\boldsymbol{W}_{\mathrm{f}} = (w_{\mathrm{f}ij}) = \begin{cases} z_{\mathrm{c}ij}, \Delta z_{ij} > 0 \\ 0, \Delta z_{ij} \leqslant 0 \end{cases} \tag{3-61}$$

## 3.4.3　粗糙错位裂缝中流体 LBM 流动模拟

LBM 方法（格子玻尔兹曼方法，Lattice Boltzmann Method）是计算复杂腔体内流体流动

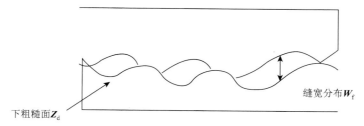

图 3-67　使用下粗糙面高度矩阵 $\boldsymbol{Z}_d$ 以及对应的缝宽分布矩阵 $\boldsymbol{W}_f$ 表征受力后的裂缝形态

的常用方法[33-40]，通过获得应力作用下的粗糙错位裂缝形态，在该形态上以短边作为流体进出口，其他腔体边界为固液边界（图 3-68）。以氮气作为流动介质，在压差（$\Delta p = p_1 - p_2$）作用下，流体在粗糙裂缝内流动。

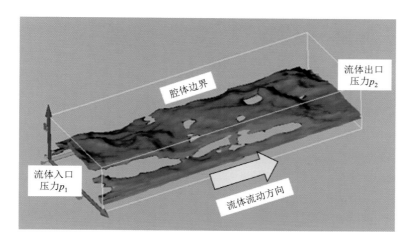

图 3-68　粗糙裂缝物理模型

### 3.4.3.1　粗糙裂缝边界处理

获取裂缝形态体在空间结构中的分布后，需对其进行边界处理，包括两个步骤：固液边界处理及流体边界处理。

**1. 固液边界处理**

裂缝形态体为空间三维分布，在空间结构中如何判断计算点粒子是处于边界或处于流动腔体内是解决问题的关键。在此，使用"01 标志位"对裂缝空间结构进行边界处理。"01 标志位"即为每个空间粒子赋予边界属性值，固体为 1，腔体为 0（图 3-69、图 3-70）。

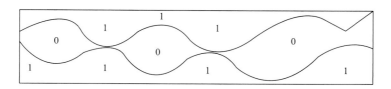

图 3-69　"01 标志位"法描述裂缝形态内粒子所处固液状态示意图

### 2. 流体边界处理

这里采用重力驱动下流体周期性流动边界，其核心思想为：在迭代计算过程中，流体出口边界粒子本次迭代计算获得的流体状态，将作为对应入口边界粒子下一步迭代的初始值。因此要求流体出入口必须严格具有完全一致的固液边界。

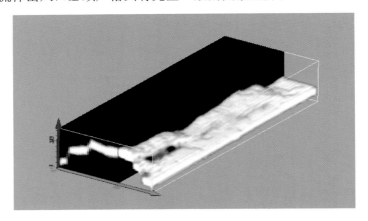

图 3-70　粗糙裂缝形态内粒子固液属性标志位

注：白色表示结构内流体流动通道，标志位 0；黑色表示为固体，标志位 1。

针对本书研究的问题，将在粗糙裂缝形态前后构建流体缓冲腔，增加出入口边界，使其流体出入口固液边界完全对应（图 3-71、图 3-72）。

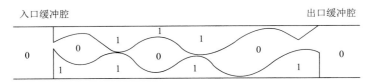

图 3-71　针对流体边界加入出入口流体缓冲腔

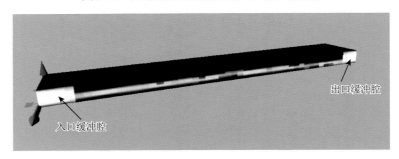

图 3-72　粗糙裂缝形态内粒子固液属性标志位

注：白色表示结构内流体流动通道，标志位 0；黑色表示固体，标志位 1。

### 3.4.3.2　求解方法

LBM 方法计算步骤如图 3-73 所示。

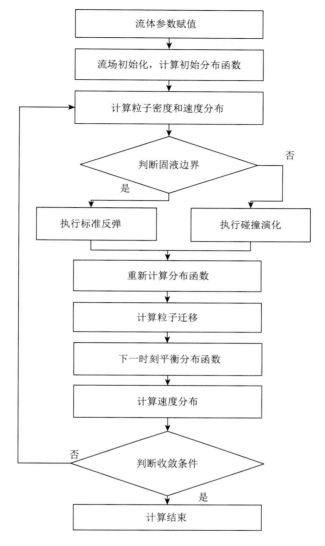

图 3-73　LBM 方法计算流程

## 3.4.4　自支撑裂缝导流能力预测

以川南龙马溪组页岩为例,对页岩自支撑裂缝导流能力影响因素进行模拟计算分析。页岩自支撑裂缝导流能力影响因素较多,为完整考虑各因素间的影响,模拟方案使用正交分析法设计,并对各影响因素进行结果分析,最终获得各影响因素对页岩自支撑裂缝导流能力的影响排序。

对 25 组设计模拟计算方案进行导流能力模拟计算。计算收敛性较好,说明 LBM 方法对粗糙裂缝形态计算具有较强适应性。导流能力模拟计算结果如表 3-2 所示。

表 3-2 页岩自支撑裂缝导流能力影响因素正交模拟计算结果

| 序号 | 裂缝面分形维数 | 错位量/mm | 闭合应力/MPa | 杨氏模量/GPa | 泊松比 | 抗压强度/MPa | 导流能力/(μm²·cm) |
|---|---|---|---|---|---|---|---|
| 1 | 2.467（1#） | 3 | 2 | 35 | 0.23 | 300 | 236.82 |
| 2 | 2.879（3#） | 3 | 30 | 20 | 0.29 | 400 | 68.34 |
| 3 | 2.467（1#） | 1 | 1 | 20 | 0.20 | 200 | 138.46 |
| 4 | 2.639（4#） | 5 | 30 | 40 | 0.20 | 300 | 73.39 |
| 5 | 2.467（1#） | 4 | 30 | 30 | 0.32 | 350 | 23.81 |
| 6 | 2.861（6#） | 3 | 3 | 30 | 0.20 | 250 | 547.09 |
| 7 | 2.879（3#） | 4 | 3 | 40 | 0.23 | 200 | 651.74 |
| 8 | 2.861（6#） | 1 | 2 | 40 | 0.32 | 400 | 397.11 |
| 9 | 2.639（4#） | 3 | 4 | 25 | 0.32 | 200 | 272.13 |
| 10 | 2.726（2#） | 5 | 2 | 30 | 0.29 | 200 | 579.82 |
| 11 | 2.726（2#） | 3 | 1 | 40 | 0.26 | 350 | 1387.16 |
| 12 | 2.467（1#） | 5 | 3 | 25 | 0.26 | 400 | 246.37 |
| 13 | 2.861（6#） | 5 | 4 | 20 | 0.23 | 350 | 741.96 |
| 14 | 2.879（3#） | 5 | 1 | 35 | 0.32 | 250 | 1096.46 |
| 15 | 2.879（3#） | 2 | 2 | 25 | 0.20 | 350 | 623.10 |
| 16 | 2.861（6#） | 2 | 30 | 35 | 0.26 | 200 | 41.34 |
| 17 | 2.639（4#） | 2 | 1 | 30 | 0.23 | 400 | 594.38 |
| 18 | 2.879（3#） | 1 | 4 | 30 | 0.26 | 300 | 325.43 |
| 19 | 2.726（2#） | 4 | 4 | 35 | 0.20 | 400 | 429.92 |
| 20 | 2.467（1#） | 2 | 4 | 40 | 0.29 | 250 | 219.89 |
| 21 | 2.861（6#） | 4 | 1 | 25 | 0.29 | 300 | 1128.62 |
| 22 | 2.726（2#） | 2 | 3 | 20 | 0.32 | 300 | 473.29 |
| 23 | 2.726（2#） | 1 | 30 | 25 | 0.23 | 250 | 30.52 |
| 24 | 2.639（4#） | 1 | 3 | 35 | 0.29 | 350 | 76.92 |
| 25 | 2.639（4#） | 4 | 2 | 20 | 0.26 | 250 | 583.10 |

### 3.4.4.1 单因素趋势

对各因素进行位级求和计算，确定其在单影响因素取值范围内对结果的影响趋势。考察位级趋势是通过分析位级与结果的内在联系，探寻在实验中并没有选取而可能最好的位级。

**1. 粗糙裂缝面粗糙度**

从位级求和计算中可知（表 3-3、图 3-74），粗糙裂缝面粗糙度对导流能力影响呈先上升再下降的趋势，在取值范围内（粗糙分形维数为 2.467～2.879）出现最优值，该值大致分布在分形维数为 2.7～2.8 时，说明在粗糙裂缝面粗糙分形维数为 2.7～2.8 时，对提高导流能力最有利。

表 3-3　粗糙裂缝面粗糙度位级求和表

|  | 位级 1 | 位级 2 | 位级 3 | 位级 4 | 位级 5 |
|---|---|---|---|---|---|
| 粗糙裂缝面粗糙度 | 2.467（1#） | 2.639（4#） | 2.726（2#） | 2.861（6#） | 2.879（3#） |
| 位级和 | 865.34 | 1599.92 | 2900.71 | 2856.12 | 2765.08 |

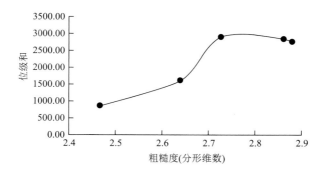

图 3-74　粗糙裂缝面粗糙度位级求和图

## 2. 错位量

在本次模拟计算中，在错位量取值范围内（1～5mm），错位量位级求和曲线呈单调上升趋势，说明随错位量的上升，页岩自支撑裂缝导流能力随之升高。但当错位量大于 4mm 后，导流能力上升趋势明显变缓（表 3-4、图 3-75）。

表 3-4　错位量位级求和表

|  | 位级 1 | 位级 2 | 位级 3 | 位级 4 | 位级 5 |
|---|---|---|---|---|---|
| 错位量 | 1mm | 2mm | 3mm | 4mm | 5mm |
| 位级和 | 968.44 | 1952.00 | 2511.54 | 2817.20 | 2738.00 |

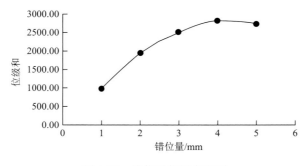

图 3-75　错位量位级求和图

## 3. 闭合应力

选用 API 标准岩板扫描数据建模并进行导流能力模拟计算，为保障计算精度，本节使用的闭合应力为 1～30MPa，闭合应力位级求和曲线呈单调下降趋势，说明随闭合应力上升，导流能力模拟数值随之降低，闭合应力与导流能力呈反比（表 3-5、图 3-76）。

**表 3-5　闭合应力位级求和表**

|  | 位级 1 | 位级 2 | 位级 3 | 位级 4 | 位级 5 |
|---|---|---|---|---|---|
| 闭合应力 | 1MPa | 2MPa | 3MPa | 4MPa | 30MPa |
| 位级和 | 4345.08 | 2419.95 | 1995.41 | 1989.33 | 237.40 |

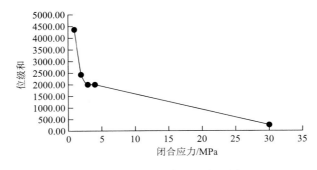

图 3-76　闭合应力位级求和图

### 4. 杨氏模量

在本书正交实验设计取值范围（闭合应力取 1～30MPa）内，杨氏模量取值范围（20～40GPa）对导流能力影响无明显规律，并未出现明显单调上升或下降趋势（表 3-6、图 3-77）。

**表 3-6　杨氏模量位级求和表**

|  | 位级 1 | 位级 2 | 位级 3 | 位级 4 | 位级 5 |
|---|---|---|---|---|---|
| 杨氏模量 | 20GPa | 25GPa | 30GPa | 35GPa | 40GPa |
| 位级和 | 2005.16 | 2300.74 | 2070.53 | 1881.45 | 2729.29 |

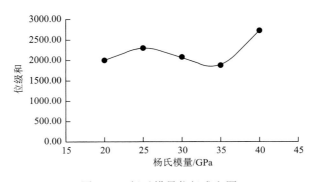

图 3-77　杨氏模量位级求和图

### 5. 泊松比

在本书正交实验设计取值范围（闭合应力取 1～30MPa）内，页岩自支撑裂缝导流能力对泊松比不敏感，泊松比位级求和图并未出现明显单调上升或下降趋势（表 3-7、图 3-78）。

表 3-7　泊松比位级求和表

|  | 位级 1 | 位级 2 | 位级 3 | 位级 4 | 位级 5 |
|---|---|---|---|---|---|
| 泊松比 | 0.20 | 0.23 | 0.26 | 0.29 | 0.32 |
| 位级和 | 1811.97 | 2255.43 | 2583.40 | 2073.59 | 2262.79 |

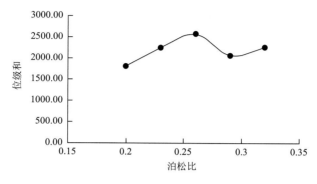

图 3-78　泊松比位级求和图

### 6. 抗压强度

抗压强度与杨氏模量、泊松比类似，在本书正交实验设计取值范围（闭合应力取 1～30MPa）内，在抗压强度位级求和图中，页岩自支撑裂缝导流能力对抗压强度无明显单调变化趋势，在抗压强度小于 350MPa 时位级求和图有上升趋势，超过 350MPa 后随之下降，说明抗压强度对导流能力无明显影响趋势（表 3-8、图 3-79）。

表 3-8　抗压强度位级求和表

|  | 位级 1 | 位级 2 | 位级 3 | 位级 4 | 位级 5 |
|---|---|---|---|---|---|
| 抗压强度 | 200MPa | 250MPa | 300MPa | 350MPa | 400MPa |
| 位级和 | 1683.48 | 2477.06 | 2237.56 | 2852.95 | 1736.12 |

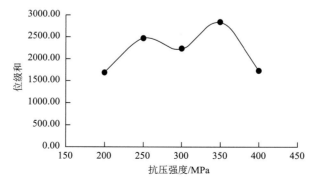

图 3-79　抗压强度位级求和图

### 3.4.4.2　影响因素主次分析

正交实验设计通过对实验结果的分析可以确定关键影响因素、重要因素、一般因素和次要因素，确定各因素的可能最优位级，可以探讨最优实验条件。

对使用正交实验设计的页岩自支撑裂缝导流能力模拟数据进行因素分析，使用因素位级求和的极差分析法，可对各因素间的影响程度进行排序，找出影响页岩自支撑裂缝导流能力的关键因素（表 3-9，图 3-80）。

**表 3-9　页岩自支撑裂缝导流能力影响因素极差表**

| 因素 | | 粗糙裂缝面粗糙度 | 错位量 | 闭合应力 | 杨氏模量 | 泊松比 | 抗压强度 |
|---|---|---|---|---|---|---|---|
| 位级求和 | 最大值 | 2900.71 | 2817.20 | 4345.08 | 2729.29 | 2583.40 | 2852.95 |
| | 最小值 | 865.34 | 968.44 | 237.40 | 1881.45 | 1811.97 | 1683.48 |
| 极差 | | 2035.37 | 1848.76 | 4107.68 | 847.84 | 771.43 | 1169.47 |

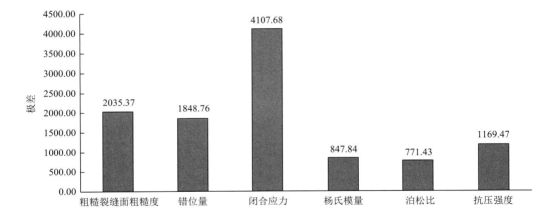

图 3-80　页岩自支撑裂缝导流能力影响因素极差图

根据各因素极差计算，获取在正交实验设计取值范围内，页岩自支撑裂缝导流能力影响排位：闭合应力＞粗糙裂缝面粗糙度＞错位量＞抗压强度＞杨氏模量＞泊松比。

在加载闭合应力情况下，闭合应力对导流能力的影响最大，其次为粗糙裂缝面粗糙度，错位量的影响程度明显高于岩石的力学性质（抗压强度、杨氏模量、泊松比）。

此模拟计算结果说明，在页岩压裂设计中，应重点考虑闭合应力对自支撑裂缝导流能力的影响，粗糙裂缝面粗糙度和错位量的配合是优化导流能力的关键，可降低岩石力学性质对导流能力的影响。

### 参 考 文 献

[1]　李庆辉，陈勉，金衍，等. 含气页岩破坏模式及力学特性的试验研究[J]. 岩石力学与工程学报，2012，31（s2）：3763-3771.

[2]　贾长贵，陈军海，郭印同，等. 层状页岩力学特性及其破坏模式研究[J]. 岩土力学，2013（s2）：57-61.

[3]　Warpinski N R，Teufel L W. Influence of geological discontinuities on hydraulic fracture propagation[J]. J. Pet. Technol.，

1984，39（2）：209-220.

[4] Lockner D. The role of acoustic emission in the study of rock fracture[J]. International Journal of Rock Mechanics & Mining Science & Geomechanics Abstracts，1993，30（7）：883-899.

[5] Chitrala Y，Moreno C，Sondergeld C，et al. An experimental investigation into hydraulic fracture propagation under different applied stresses in tight sands using acoustic emissions[J]. Journal of Petroleum Science & Engineering，2013，108（3）：151-161.

[6] Rutledge J T，Phillips W S，House L S，et al. Microseismic mapping of a Cotton Valley hydraulic fracture using decimated downhole arrays[J]. SEG Technical Program Expanded Abstracts，1998（1）：2092.

[7] Maxwell S. Microseismic hydraulic fracture imaging：the path toward optimizing shale gas production[J]. Leading Edge，2011，30（3）：340-346.

[8] Bazan L W，Larkin S D，Lattibeaudiere M G，et al. Improving production in the eagle ford shale with fracture modeling，increased fracture conductivity，and optimized stage and cluster spacing along the horizontal wellbore[C]//Society of Petroleum Engineers，SPE 138425，2010.

[9] Cooke C E. Conductivity of fracture proppants in multiple layers[J]. Journal of Petroleum Technology，1973，25（9）：1101-1107.

[10] 郭建春，卢聪，赵金洲，等. 支撑剂嵌入程度的实验研究[J]. 煤炭学报，2008，33（6）：661-664.

[11] Penny G S. An evaluation of the effects of environmental conditions and fracturing fluids upon the long-term conductivity of proppants[C]. SPE Technical Conference and Exhibition. SPE 16900，1987.

[12] 郭建春，赵金洲，卢聪，等. 支撑剂嵌入深度的测量装置及测量方法：200910058786.1[P]. 2009.09.02.

[13] 陈迟. 页岩气藏清水压裂自支撑裂缝导流能力研究[D]. 成都：西南石油大学，2014.

[14] 郭建春，苟兴豪，卢聪，等. 用于油气田开发的自支撑裂缝测试分析装置及方法：201210239135.4[P].2015.05.06.

[15] 魏瑞. 页岩地层水力裂缝剪切滑移机理研究[D]. 成都：西南石油大学，2015.

[16] 胡卫华，吕运冰，詹成胜. Ⅰ-Ⅱ复合型裂纹问题的 Westergaard 应力函数[J]. 武汉理工大学学报（交通科学与工程版），2003，27（3）：391-394.

[17] Fredd C N，Mcconnell S B，Boney C L，et al. Experimental study of fracture conductivity for water-fracturing and conventional fracturing applications[J]. SPE Journal，2001，6（3）：288-298.

[18] 李士斌，陈波涛，张海军，等. 清水压裂自支撑裂缝面闭合残留宽度数值模拟[J]. 石油学报，2010，31（4）：680-683.

[19] 陈波涛. 清水压裂适用地层评价方法研究[D]. 大庆：大庆石油学院，2010.

[20] Zhang J，Kamenov A，Zhu D，et al. Laboratory measurement of hydraulic fracture conductivities in the barnett shale[J]. SPE Production & Operations，2014，29（3）：1-12.

[21] Penny G S. An evaluation of the effects of environmental conditions and fracturing fluids upon the long-term conductivity of proppants[C]. SPE Technical Conference and Exhibition. SPE16900，1987.

[22] Barton N，Bandis S，Bakhtar K. Strength，deformation and conductivity coupling of rock joints[J]. International Journal of Rock Mechanics & Mining Sciences & Geomechanics Abstracts，1985，22（3）：121-140.

[23] Mandelbrot B B. The Fractal Geometry of Nature[M]. New Yorlc Birkhauser Verlag A G，1983.

[24] Bowker K A. Barnett Shale gas production，Fort Worth Basin：issues and discussion[J]. Aapg Bulletin，2007，91（4）：523-533.

[25] Wen Q，Zhai H，Luo M. Study on proppant settlement and transport rule in shale gas fracturing[J]. Petroleum Geology & Recovery Efficiency，2012，19（6）：104-107.

[26] Cipolla C L，Lolon E，Mayerhofer M J，et al. The effect of proppant distribution and un-propped fracture conductivity on well performance in unconventional gas reservoirs[C]. SPE Hydraulic Fracturing Technology Conference，SPE 119368，2009.

[27] Zhang J，Ouyang L，Zhu D，et al. Experimental and numerical studies of reduced fracture conductivity due to proppant embedment in the shale reservoir[J]. Journal of Petroleum Science & Engineering，2015，130：37-45.

[28] Fredd C N，Mcconnell S B，Boney C L，et al. Experimental study of hydraulic fracture conductivity demonstrates the benefits

of using proppants[C]. SPE Rocky Mountain Regional/low-permeability Reservoirs Symposium & Exhibition，SPE 60326，2000.

[29] 沈新普，岑章志，徐秉业. 弹脆塑性软化本构理论的特点及其数值计算[J]. 清华大学学报（自然科学版），1995（2）：22-27.

[30] 江权. 高地应力下硬岩弹脆塑性劣化本构模型与大型地下洞室群围岩稳定性分析[D]. 武汉：中国科学院武汉岩土力学研究所，2007.

[31] 梁豪. 页岩储层岩石脆性破裂机理及评价方法[D]. 成都：西南石油大学，2014.

[32] 周辉，冯夏庭，谭云亮，等. 物理细胞自动机与岩石弹-脆-塑性性质的细观机制研究[J]. 岩土力学，2002，23（6）：678-682.

[33] 张钦刚. 煤岩粗糙裂缝结构渗流性质的实验与 LBM 模拟研究[D]. 北京：中国矿业大学（北京），2016.

[34] 杨佳庆，卢德唐，李道伦. LBM 的一种新的边界处理方法[J]. 水动力学研究与进展，2009，24（3）：279-285.

[35] Petkov K，Qiu F，Fan Z，et al. Efficient LBM visual simulation on face-centered cubic lattices. [J]. IEEE Transactions on Visualization & Computer Graphics，2009，15（5）：802-814.

[36] Chen L，Kang Q，Zhang L，et al. Lattice Boltzmann prediction of transport properties in reconstructed nanostructures of organic matters in shales[J]. International Journal of Heat & Mass Transfer，2014，73（6）：250-264.

[37] 樊火，郑宏. 基于 MRT-LBM 的分形裂隙网络渗流数值模拟[J]. 中国科学：技术科学，2013，43（12）：1338-1345.

[38] 周平，郭东明，康仁科，等. 多级粗糙间隙内的两相微流动数值模拟[J]. 机械工程学报，2011，47（15）：83-88.

[39] Yoon H，Dewers T A. Characteristics of pore structures in Selma Chalk using dual FIB-SEM 3D imaging and Lattice Boltzmann Modeling[C]. AGU Fall Meeting. AGU Fall Meeting Abstracts，2012.

[40] 许友生，李华兵，方海平，等. 用格子玻尔兹曼方法研究流动-反应耦合的非线性渗流问题[J]. 物理学报，2004，53（3）：773-777.

# 第4章　页岩水平井压裂裂缝参数优化

与常规天然气相比，页岩气在多尺度页岩储层中具有多种赋存方式、多重运移方式的特点，其流动不再满足常规天然气的达西线性流动。页岩储层具有以下特征：①赋存方式多样。页岩气藏具有自生自储的特点，其中含有大量的烃源岩，因此除了赋存于孔隙和裂缝中的游离气，纳微米孔隙壁上赋存有大量吸附气，还有部分气体溶解于干酪根和水体中。②运移机理复杂。由于页岩气天然储渗空间（包括有机质纳米孔隙、微孔隙、地层天然微裂缝）和压裂后形成的复杂裂缝网络具有多尺度性，导致气体在流动过程中存在多重运移机理（包括气体吸附-解吸、扩散、渗流和滑脱效应等），这使得页岩气的运移机理描述更加困难。由于页岩气的这些特点，所以亟须对页岩气藏压后储层的渗流规律展开进一步研究。

## 4.1　页岩储层气体赋存及运移机理

### 4.1.1　页岩储层气体赋存特征

页岩气以游离态、吸附态、溶解态三种方式赋存，游离态页岩气存在于裂缝及孔隙中，吸附态页岩气吸附于孔隙壁面和页岩固体颗粒表面（包括有机质颗粒、黏土矿物颗粒及干酪根等），而溶解态页岩气则赋存于干酪根中，储层的压力条件会控制三种状态气体的数量和转化，如图 4-1 所示。

图 4-1　页岩气赋存方式转化示意图

#### 4.1.1.1　游离态页岩气

游离态页岩气是指以游离状态存在于基质孔隙以及微裂缝和水力裂缝中的气体。游离气在页岩气中的含量主要受构造条件、孔隙大小及其密度影响，游离气在纳米级孔隙气体中的状态方程可表达为

$$pV = ZnRT \qquad (4\text{-}1)$$

式（4-1）也可以写为气体密度的表达形式：

$$\rho = \frac{pM}{ZRT} \tag{4-2}$$

式中，$p$ 为气体压力，Pa；$V$ 为气体体积，$m^3$；$T$ 为气体绝对温度，K；$Z$ 为气体偏差系数，无因次；$R$ 为气体常数，8.314J/(mol·K)；$n$ 为气体物质的量，mol。

### 4.1.1.2　吸附态页岩气

　　吸附态页岩气是指以吸附态形式赋存于孔隙壁面和页岩固体颗粒表面的气体。由于页岩发育有大量的纳米级孔隙，巨大的比表面积为吸附态页岩气提供了良好的赋存条件。研究表明，吸附态页岩气占总储量的 20%~80%，吸附气含量还与 TOC 含量呈正相关关系，即吸附气含量随着 TOC 含量增加而增加，这是因为 TOC 含量越高，页岩发育的纳米级孔喉数量越多，从而提供的比表面积越大（图 4-2）。

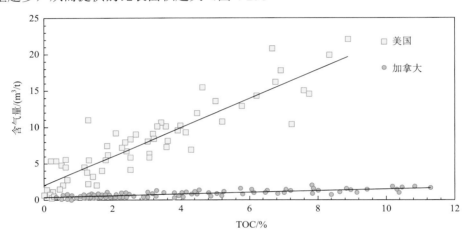

图 4-2　美国和加拿大页岩气藏吸附气含量与 TOC 含量的关系

　　吸附态页岩气的吸附性主要由以下三个因素确定：①页岩储层性质，具体包括页岩组成、结构等；②吸附气体性质，即页岩气的组成、物性等；③环境条件，具体包括储层的温度、压力等。在储层条件一定时，页岩气的吸附和脱附是一个动态平衡的过程，当储层温压条件发生变化时，这种平衡状态被打破。具体来讲，吸附气量呈现出随着储层温度的下降而增加，随着储层压力的下降而减少的变化趋势。页岩气的开发过程中温度场的变化范围很小，因此页岩气在储层中的吸附-解吸附过程可以视为等温过程。

　　研究表明，页岩气的吸附-解吸过程可以采用 Langmuir 型等温吸附曲线，其数学模型可表示为

$$G = G_L \frac{p}{p_L + p} \tag{4-3}$$

式中，$G_L$ 为 Langmuir 吸附体积，$sm^3/m^3$；$p_L$ 为 Langmuir 压力，Pa。

### 4.1.1.3　溶解态页岩气

　　溶解态页岩气是指以溶解状态赋存于页岩孔隙水体及干酪根中的气体，其溶解度一般

较低，研究表明溶解态页岩气可以用物理化学中平衡溶解条件下的 Henry 定律表示：

$$p_b = K_c C_b \qquad (4\text{-}4)$$

式中，$p_b$ 为气体平衡蒸汽分压，Pa；$C_b$ 为气体溶解度，mol/m$^3$；$K_c$ 为亨利常数，Pa·m$^3$/mol。

大部分学者在研究页岩气赋存机理时都只考虑了孔隙中的吸附气和裂缝中的游离气，且研究表明溶解气的含量很少，因此在考虑页岩气运移机理时可忽略溶解气的作用。

## 4.1.2　页岩气多尺度运移机理

页岩气在储层中的流动是一个从纳微米孔隙到天然裂缝，再到人工裂缝，最后流向水平井井筒的多尺度流动过程。随着渗流尺度增加，页岩气在不同孔隙类型中的流动规律不同。因此，只有全面了解气体在纳米级孔隙、微米级孔隙和微裂缝中的微观流动机理，才能从宏观上为深入研究页岩气藏中气体的流动规律及建立相应的产能预测模型提供坚实的理论基础。

### 4.1.2.1　多尺度运移流态划分

在本书中，在页岩气产出过程中主要考虑游离气和吸附气的运移，共计两类、五种运移机制，具体包括：

（1）游离气运移：①黏性流动；②滑脱流动；③Knudsen 扩散。

（2）吸附气运移：①吸附气解吸；②吸附气表面扩散。

对于页岩气，上述运移机制同时存在，是一个相互影响、相互制约的整体过程。同时，孔径、压力、温度也会对运移机制产生显著的影响，影响程度可以采用无因次量——Knudsen 数表征。Knudsen 数 $Kn$ 被定义为气体平均自由程 $\lambda$ 和孔喉直径 $d$ 的比值，是一个被广泛用来判断流体是否适合连续假设的无因次量[1]。Knudsen 数定义表达式为

$$Kn = \frac{\lambda}{d} \qquad (4\text{-}5)$$

其中，气体平均分子自由程的表达式为

$$\lambda(p,T) = \frac{k_B T}{\sqrt{2}\pi\delta^2 p} \qquad (4\text{-}6)$$

式中，$\lambda$ 为平均分子自由程，nm；$d$ 为孔喉直径，nm；$k_B$ 为玻尔兹曼常数，$1.3805 \times 10^{-23}$ J/K；$T$ 为温度，K；$\delta$ 为气体分子碰撞直径，m。

根据式（4-6）计算不同温度条件下甲烷气体平均分子自由程与压力的关系曲线，计算结果如图 4-3 所示，可以看出甲烷气体的平均分子自由程随着温度和压力的变化而发生改变。在温度为 300K、350K、400K 时，随着温度的升高，甲烷分子运动更加剧烈，从而甲烷的平均分子自由程变大，但在不同温度条件下差异较小。页岩气藏开发过程中地层温度变化较小，因此在研究页岩气体运移时可以忽略温度变化。相比之下，平均分子自由程对压力的变化较为敏感，随着压力的减小，平均分子自由程迅速增大，这种变化趋势在低压条件时尤为明显，因此在研究页岩气运移时不可忽略气藏压力变化的影响。

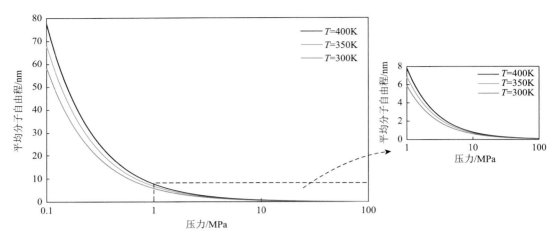

图 4-3　甲烷气体平均分子自由程关系曲线（$d = 50\text{nm}$）

将式（4-6）代入式（4-5），可以得到更加详细的气体 $Kn$ 数的表达式：

$$Kn(p,T) = \frac{k_\text{B} T}{\sqrt{2}\delta^2 p} \cdot \frac{1}{d} \tag{4-7}$$

根据 Knudsen 数的数值可以把气体流动形态分为四类（表 4-1）：①连续流；②滑脱流；③过渡流；④自由分子流。

表 4-1　气体流动形态划分表

| Knudsen 数 | $Kn \leqslant 0.001$ | $0.001 < Kn \leqslant 0.1$ | $0.1 < Kn \leqslant 10$ | $Kn > 10$ |
|---|---|---|---|---|
| 流态 | 连续流 | 滑脱流 | 过渡流 | 自由分子流 |

根据式（4-7）计算了微米级孔隙在不同压力条件下对应的 Knudsen 数及相应流态，计算结果如图 4-4 所示。当储层压力在 5～30MPa 范围内变化时，微米级孔隙在孔喉半径

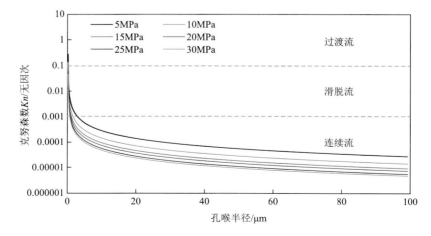

图 4-4　微米级孔隙对应的 Knudsen 数及流态

为几微米时出现滑脱流，其主要对应的流态为连续流，这表明在微米级孔隙（或者更大孔隙）中气体渗流流态为连续流。

根据式（4-7）计算了纳米级孔隙在不同压力条件下对应的 Knudsen 数及相应流态，计算结果如图 4-5 所示。选取储层压力变化范围为 5～30MPa，纳米孔隙对应流态为滑脱流和过渡流。当孔隙尺度较小时，纳米孔隙流态为过渡流，随着压力和孔喉半径的增大，气体流态逐渐由过渡流向滑脱流转变，这表明在纳米孔隙中气体流态主要为过渡流和滑脱流。

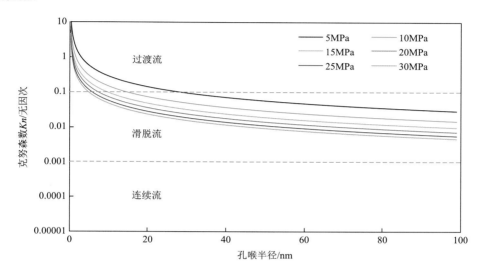

图 4-5　纳米级孔隙对应的 Knudsen 数及流态

图 4-6 给出了不同尺寸的孔隙在不同压力条件下所对应的 Knudsen 数及流态，根据该图可以对不同储层中的流态进行划分：

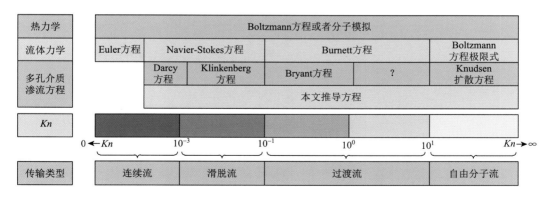

图 4-6　Knudsen 数划分流态以及各个流动阶段的控制方程[2]

（1）对于页岩储层微米级孔隙（或者更大尺度孔隙），页岩气体渗流大多处于连续流状态，此时可以采用连续介质渗流理论进行描述。当孔隙尺度只有几个微米时，随着孔隙尺度和压力的降低，会出现滑脱流现象，此时需要采用气体滑脱渗流方程进行描述。

（2）对于页岩储层纳米级孔隙，此时气体流态为过渡流和滑脱流。随着孔隙尺度的增大和压力的降低，在纳米孔隙中存在由过渡流向滑脱流逐渐转变的过程，此时连续介质渗流理论不再适用。在对页岩纳米孔气体运移机理进行描述时，必须考虑气体的过渡流和滑脱流状态。

根据页岩气在不同 Knudsen 数下的渗流形态，绘制相应的流态划分图版。由图 4-6 可以看出，当 $Kn<10^{-3}$ 时，气体渗流满足无滑脱效应的连续流，分子与孔喉壁面的作用可以忽略，可将气体考虑为连续流体，采用达西方程进行描述。当 $10^{-3}<Kn<10^{-1}$ 时，气体渗流为具有滑脱效应的连续流状态，此时气体与孔喉壁面之间的作用不可忽略，可采用 Klinkenberg 方程对滑脱边界进行修正；当 $10^{-1}<Kn<10$ 时，气体平均分子自由程和孔喉直径属于同一数量级，此时气体与孔喉壁面之间的碰撞作用非常重要，连续流假设不再适用，气体分子在这个区域内的运动更接近于 Knudsen 扩散和滑脱流的组合；当 $Kn>10$ 时，气体分子相互之间的碰撞对于分子运移不再重要，此时气体分子与孔喉壁面的碰撞是影响气体分子运动的主要因素，气体分子属于自由分子流状态，满足 Knudsen 扩散方程。

如果对不同流态的页岩气渗流过程分别采用图 4-6 中对应的描述方程，则建立的渗流模型非常复杂，还必须考虑到不同流态之间的耦合，渗流模型求解难度大，因此有学者提出了采用统一方程描述不同流态的方法。Adzumi 等[3-5]基于实验研究，引入了一个贡献系数 $\varepsilon$，将总流量表达为黏性流加上自由分子流修正的形式，其表达式为

$$N_{\text{tol}} = N_{\text{viscous}} + \varepsilon N_{\text{free}} \tag{4-8}$$

Shahri 等[6]在 Adzumi 等[3-5]的研究基础上，将总的质量流量表达为黏性流和自由分子流的叠加形式，其表达式为

$$N_{\text{tol}} = (1-\varepsilon)N_{\text{viscous}} + \varepsilon N_{\text{free}} \tag{4-9}$$

$$\varepsilon = C_{\text{A}}\left[1 - \exp\left(\frac{-Kn}{Kn_{\text{viscous}}}\right)\right]^{S} \tag{4-10}$$

式中，$N_{\text{tol}}$ 为总的质量通量，$kg/(s \cdot m^2)$；$N_{\text{viscouse}}$ 为连续流质量通量，$kg/(s \cdot m^2)$；$N_{\text{free}}$ 为自由分子流质量通量，$kg/(s \cdot m^2)$；$\varepsilon$ 为贡献系数，无因次，取值范围为 0.7～1；$C_{\text{A}}$ 为常数，无因次，一般取值为 1；$Kn_{\text{viscous}}$ 为从连续流到拟扩散流开始过渡的 Knudsen 数，一般取值为 0.3；$S$ 为常数，一般取值为 1。

页岩气主要由游离态和吸附态方式赋存于页岩储层中，本书考虑游离态页岩气发生黏性流、滑脱效应和 Knudsen 扩散，吸附态页岩气发生表面扩散和解吸作用，分别建立相应的质量传输方程。通过引入贡献系数 $\varepsilon$ 的方法，将不同传输机理叠加起来，从而得到能够统一描述多流态质量传输过程的页岩气表观渗透率模型。

### 4.1.2.2 游离气运移机理

游离气赋存于基质孔隙以及裂缝中，主要发生黏性流、滑脱及 Knudsen 扩散作用。

**1. 黏性流**

当页岩气体平均运动自由程 $\lambda$ 远远小于孔隙直径 $d$ 时，即 Knudsen 数远小于 1 时，气体分子的运动主要受分子间碰撞支配，此时分子与壁面的碰撞较少，气体分子间的相互作

用要比气体分子与孔隙表面（孔隙壁）的碰撞频繁得多，气体以连续流动为主，可采用黏性流质量运移方程描述。

页岩发育有大量的纳米级孔隙，可将纳米孔视为毛管模型，页岩则可视为由毛管和基质组成。当不考虑吸附气存在对毛管半径的影响时，对于喉道半径为 $r$ 的单根毛管，其固有渗透率可表示为[7]

$$k_{\mathrm{D}} = \frac{r^2}{8} \qquad (4\text{-}11)$$

在单组分气体之间存在压力梯度所引起的黏性流动，可以用达西定律来描述黏性流的质量运移方程：

$$J_{\mathrm{viscous}} = -\rho \cdot \frac{k_{\mathrm{D}}}{\mu} = -\rho \cdot \frac{r^2}{8\mu} \cdot \nabla p \qquad (4\text{-}12)$$

式中，$J_{\mathrm{viscous}}$ 为黏性流质量流量，$\mathrm{kg/(m^2 \cdot s)}$；$\rho$ 为气体密度，$\mathrm{kg/m^3}$；$r$ 为孔隙喉道半径，m；$\mu$ 为气体黏度，$\mathrm{Pa \cdot s}$；$p$ 为孔隙压力，Pa；$\nabla$ 为压力梯度算子符号；$k_{\mathrm{D}}$ 为固有渗透率，$\mathrm{m^2}$。

对于页岩气在纳米管中的运移，当考虑吸附气存在对纳米孔半径的影响时，纳米孔喉有效半径减小（如图 4-7 所示），因此考虑吸附气影响时纳米孔喉的有效半径可表达为[8]

$$r_{\mathrm{e}} = r - d_{\mathrm{m}} \cdot \frac{p}{p + p_{\mathrm{L}}} \qquad (4\text{-}13)$$

式中，$r_{\mathrm{e}}$ 为纳米孔喉有效半径，m；$d_{\mathrm{m}}$ 为气体分子直径，m。

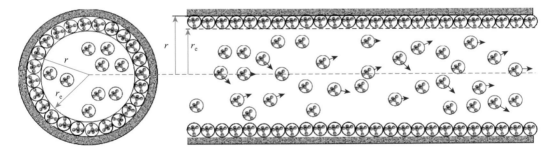

图 4-7　黏性流示意图（蓝色箭头表示进行黏性流传输的气体分子）

将式（4-13）代入式（4-12），可以得到：

$$
\begin{aligned}
J_{\mathrm{viscous}} &= -\rho \cdot \frac{1}{8\mu} \left( r - d_{\mathrm{m}} \cdot \frac{p}{p + p_{\mathrm{L}}} \right)^2 \cdot \nabla p \\
&= -\rho \cdot \frac{k_{\mathrm{D}}}{8\mu} \left( 1 - \frac{d_{\mathrm{m}}}{r} \cdot \frac{p}{p + p_{\mathrm{L}}} \right)^2 \cdot \nabla p
\end{aligned}
\qquad (4\text{-}14)
$$

页岩中存在一定数量的微米级孔隙和大量的微裂缝，以及完井工程实现的大尺度人工裂缝和次生裂缝网络，而此类孔隙的尺度往往相对较大。根据前文的流态划分结果，气体在微米级孔隙及裂缝中的流动都处于连续流阶段，都可以采用式（4-14）描述该过程。对于式（4-14）中的页岩固有渗透率 $k_{\mathrm{D}}$，一般采用实验室测定的方法得到。

### 2. 滑脱效应

当页岩孔隙尺度减小，或者气体压力降低时，气体分子自由程增加，气体分子自由程与孔隙直径的尺度具有可比性，气体分子与孔隙壁面的碰撞不可忽略。当 $10^{-3}<Kn<10^{-1}$ 时，由于壁面页岩气分子速度不再为零，此时存在滑脱现象，如图 4-8 所示。

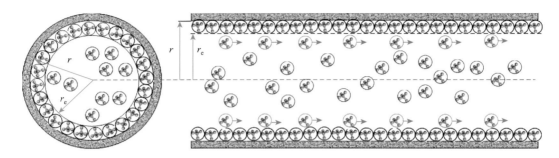

图 4-8　滑脱效应示意图（绿色箭头表示进行滑脱效应传输的气体分子）

Klinkenberg[9]最早发现油气渗流的滑脱效应现象，他在研究中发现低压状态气体的流动速度比达西公式计算的流动速度要大，他把这种现象归结为壁面处气体滑脱效应所致，并提出了其计算公式：

$$k_{\text{slip}} = k_{\text{D}} \cdot \left( 1 + \frac{b_{\text{k}}}{p_{\text{aver}}} \right) \tag{4-15}$$

式中，$k_{\text{slip}}$ 为考虑滑脱效应渗透率，$m^2$；$b_{\text{k}}$ 为滑脱因子（滑脱系数），与气体性质、孔隙结构相关，Pa；$p_{\text{aver}}$ 为岩心进出口平均压力，Pa；

为了能将滑脱效应在渗流方程中使用，国内外学者通过实验或者理论的方式得到了滑脱系数的不同表达式，如表 4-2 所示。

表 4-2　不同学者研究的滑脱系数表达式

| 编号 | 滑脱系数表达式 | 作者 |
|:---:|:---:|:---:|
| 1 | $b_{\text{k}} = 4c\lambda p_{\text{aver}}/r$ | Klinkenberg[9] |
| 2 | $b_{\text{k}} = (8\pi RT/M_{\text{g}})^{0.5}(\mu/r)(2/\alpha-1)$ | Javadpour 等[10] |
| 3 | $b_{\text{k}} = \mu[\pi RT\varphi/(\tau M_{\text{g}}k_{\text{d}})]^{0.5}$ | Civan 等[11-13] |
| 4 | $b_{\text{k}} = 3\pi D_{\text{k}}T\mu(2r^2-1)$，$D_{\text{k}} = (2/3)r[8RT/(\pi M_{\text{g}})]^{0.5}$ | 王才[14] |
| 5 | $b_{\text{k}} = \alpha Kn + 4Kn/(1-bKn) + 4\alpha Kn^2/(1-bKn)$ | Deng 等[15] |

在这里使用学者使用较多的第 2 种滑脱系数表达式，通过引入无量纲滑脱系数 $F$ 来修正纳米孔隙滑脱效应，代入式（4-15），得到考虑滑脱效应的渗透率修正形式为

$$k_{\text{slip}} = k_D \cdot (1 + F) = k_D \cdot \left[ 1 + \left( \frac{8\pi RT}{M} \right)^{0.5} \cdot \frac{\mu}{p_{\text{avgr}}} \cdot \left( \frac{2}{\alpha} - 1 \right) \right] \tag{4-16}$$

式中，$F$ 为滑脱速度修正因子，无因次；$M$ 为摩尔质量，kg/mol；$p_{\text{avg}}$ 为平均压力，在圆

形单管中为进出口平均压力，Pa；$\alpha$ 为切向动量调节系数，无因次，取值为 0～1。

### 3. Knudsen 扩散

当孔道直径减少或者分子平均自由程增加（在低压下），且 $Kn>10$ 时，气体分子更容易与孔隙壁面发生碰撞而不是与其他气体分子发生碰撞，这意味着气体分子成了几乎能独立于彼此的点，称为 Knudsen 扩散（图 4-9）。

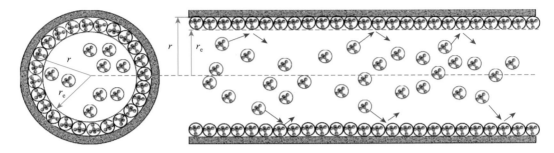

图 4-9　Knudsen 扩散示意图（紫色箭头表示 Knudsen 扩散的分子）

对于圆形单根毛管，当毛管一端气体分子密度为 $\rho$，另一端为真空时，气体由于 Knudsen 扩散产生的自由分子流流量为[16]

$$J_{\text{Knudsen}} = \alpha_D v \rho \tag{4-17}$$

式中，$\alpha_D$ 为无因次概率系数，无因次；$v$ 为平均分子速度，m/s；$\rho$ 为气体分子密度，$kg/m^3$。

当圆管两端都有气体时，圆管传输的净流量与圆管两端的气体密度成正比，式（4-17）可写为

$$J_{\text{Knudsen}} = \alpha_D v (\rho_{\text{in}} - \rho_{\text{out}}) \tag{4-18}$$

式中，$\rho_{\text{in}}$ 为圆管进口处气体密度，$kg/m^3$；$\rho_{\text{out}}$ 为圆管出口处气体密度，$kg/m^3$。

根据气体动力学理论，气体的平均分子运动速度为

$$v = \sqrt{\frac{8RT}{\pi M}} \tag{4-19}$$

对于直径为 $d$，长度为 $L$ 的圆形长直管（$L \gg d$），$\alpha_D$ 为 $\frac{d}{3L}$，将式（4-19）代入到式（4-18）中，可以得到：

$$J_{\text{Knudsen}} = \frac{d}{3L}\sqrt{\frac{8RT}{\pi M}}(\rho_{\text{in}} - \rho_{\text{out}}) \tag{4-20}$$

将式（4-20）写为偏微分形式，可写为

$$J_{\text{Knudsen}} = \frac{d}{3}\sqrt{\frac{8RT}{\pi M}}\frac{d\rho}{dL} \tag{4-21}$$

Javadpour 等[10]定义了纳米孔隙中的 Knudsen 扩散系数 $D_K$，表达式为

$$D_K = \frac{2r}{3} \cdot \left(\frac{8RT}{\pi M}\right)^{0.5} \tag{4-22}$$

因此，Knudsen 扩散质量运移方程可写为

$$J_{Knudsen} = -\rho \cdot \frac{D_K}{p} \cdot \nabla p \qquad (4-23)$$

式中，$J_{Knudsen}$ 为 Knudsen 扩散质量流量，kg/(m²·s)；$D_K$ 为 Knudsen 扩散系数，m²/s。

### 4.1.2.3　吸附气运移机理

吸附气以吸附态形式赋存于孔隙壁面和页岩固体颗粒表面，会在压力梯度或浓度梯度作用下发生解吸附作用、表面扩散作用。

**1. 页岩气解吸附**

由于 Langmuir 等温吸附模型形式简单、应用方便，在页岩气吸附-解吸模型中被广泛采用（图 4-10）。Langmuir 等温吸附模型假设在一定温度和压力条件下，壁面吸附气和自由气处于瞬间动态平衡，其表达式为

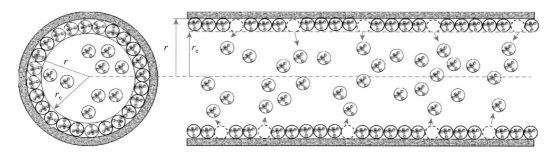

图 4-10　页岩气解吸附示意图（红色箭头表示解吸的气体分子）

$$G = G_L \frac{p}{p_L + p} \qquad (4-24)$$

式（4-24）可表示为吸附质量的表达形式：

$$q_{ads} = \frac{\rho M}{V_{std}} \cdot \frac{V_L p}{p + p_L} \qquad (4-25)$$

在开发过程中，地层压力逐渐下降，若 $t_1$ 时刻地层压力为 $p_1$，$t_2$ 时刻地层压力为 $p_2$，则可计算出地层压力由 $p_1$ 下降为 $p_2$ 时吸附态页岩气的解吸量：

$$\Delta q_{ads} = \frac{\rho M V_L}{V_{std}} \cdot \left( \frac{p_1}{p_1 + p_L} - \frac{p_2}{p_2 + p_L} \right) \qquad (4-26)$$

式中，$q_{ads}$ 为页岩单位体积的吸附量，kg/m³；$V_{std}$ 为页岩标况下的摩尔体积，m³/mol；$p_L$ 为 Langmuir 压力，Pa；$V_L$ 为 Langmuir 体积，m³/kg。

**2. 表面扩散作用**

页岩气在微纳米孔隙表面不仅存在解吸附效应，还存在沿吸附壁面的运移，即表面扩散作用（如图 4-11 所示）。不同于压力梯度或浓度梯度作用的其他运移方式，页岩气表面扩散在吸附势场的作用下发生运移。影响页岩气表面扩散的因素很多，包括压力、温度、纳米孔壁面属性、页岩气体分子属性、页岩气体分子与纳米孔壁面相互作用等。

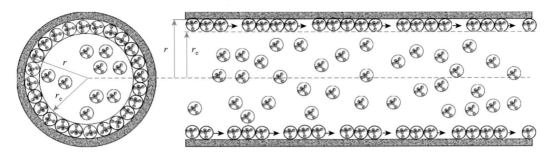

图 4-11　表面扩散作用示意图（黑色箭头表示进行表面扩散的分子）

根据 Maxwell-Stefan 的方法，表面扩散气体运移的驱动力是化学势能梯度，其表达式[17]：

$$J_{surface} = -L_m \frac{C_s}{M} \frac{\partial \psi}{\partial l} \tag{4-27}$$

式中，$J_{surface}$ 为表面扩散质量流量，kg/(m²·s)；$L_m$ 为迁移率，mol·s/kg；$C_s$ 为吸附气浓度，mol/m³；$\psi$ 为化学势，J/mol；$l$ 为纳米孔长度，m。

当气体为理想气体时，化学势 $\psi$ 可表示为压力 $p$ 的形式：

$$\psi = \psi_0 + RT \ln p \tag{4-28}$$

式中，$\psi_0$ 为参考状态的化学势，J/mol。

当表面扩散气体运移方程表达为浓度梯度的形式时，等于表面扩散系数与浓度梯度的乘积形式，式（4-28）可写为[8]

$$J_{surface} = MD_s \frac{dC_s}{dl} \tag{4-29}$$

式中，$D_s$ 为表面扩散系数，m²/s。

吸附气体覆盖率定义为孔隙壁面吸附气浓度与孔隙壁面最大吸附浓度（孔隙压力无限大时吸附态页岩气的浓度）的比值，根据 Langmuir 等温吸附模型，吸附气体覆盖率 $\theta$ 可表示为

$$\theta = \frac{C_s}{C_{smax}} = \frac{V}{V_L} = \frac{p}{p + p_L} \tag{4-30}$$

式中，$\theta$ 为吸附气体覆盖率，小数；$C_{smax}$ 为吸附气最大吸附浓度，mol/m³；$V$ 为单位质量页岩实际吸附气体积，m³/kg。

式（4-30）可写为

$$C_s = C_{smax} \frac{p}{p + p_L} \tag{4-31}$$

将式（4-31）代入式（4-29），可得到满足 Langmuir 等温吸附方程的页岩气表面扩散质量运移方程：

$$J_{surface} = -MD_s \frac{C_{smax} p_L}{(p + p_L)^2} \nabla p \tag{4-32}$$

### 4.1.2.4　模型对比与分析

结合前文研究结果可知，页岩气在微纳米尺度的流态为连续流、滑脱流和过渡流，为了

描述不同尺度条件下多种流态的质量运移方程，可以借鉴 Adzumi 等[3-5]和 Mohammad 等[6]的处理方法，通过引入贡献系数的形式，建立一个可以描述全尺度多流态的质量运移方程。

考虑游离态页岩气黏性流、滑脱流、Knudsen 扩散和吸附气解吸、表面扩散作用，其总的传输质量为这几种运移模式引起的传输质量的叠加之和。考虑多尺度条件下页岩气多重运移机制，将式（4-14）、式（4-16）、式（4-23）和式（4-32）代入式（4-8），总的质量传输方程可写为

$$J_{tol} = (J_{viscous} + J_{slip})(1 - \varepsilon) + J_{Knudsen} \cdot \varepsilon + J_{surface}$$

$$= -\frac{\rho}{\mu}\left[ k_D \cdot \left(1 - \frac{d_m}{r} \cdot \frac{p}{p + p_L}\right)^2 \cdot F \cdot (1 - \varepsilon) + D_K \cdot \frac{\mu}{p} \cdot \varepsilon + M \cdot D_s \cdot \frac{\mu}{p} \cdot \frac{C_{smax}}{(p + p_L)^2}\right]\nabla p$$

（4-33）

为了便于使用，页岩气多尺度运移模型可以转化为视渗透率模型的形式，因此式（4-33）可表达为表观渗透率 $k_{app}$ 与固有渗透率 $k_D$ 的关系式：

$$k_{app} = k_D \cdot \left[ \left(1 - \frac{d_m}{r} \cdot \frac{p}{p + p_L}\right)^2 + \left(\frac{8\pi RT}{M}\right)^{0.5} \cdot \frac{\mu}{P_{avg} r} \cdot \left(\frac{2}{\alpha} - 1\right)\right] \cdot (1 - \varepsilon) + \frac{2r}{3} \cdot \left(\frac{8RT}{\pi M}\right)^{0.5} \cdot \frac{\mu}{\rho} \cdot \varepsilon$$

$$+ M \cdot D_s \cdot \frac{\mu}{\rho} \cdot \frac{C_{smax} p_L}{(p + p_L)^2}$$

$$= k_D \cdot \left[ \left(1 - \frac{d_m}{r} \cdot \frac{p}{p + p_L}\right)^2 + F\right] \cdot (1 - \varepsilon) + D_K \cdot \frac{\mu}{\rho} \cdot \varepsilon + M \cdot D_s \cdot \frac{\mu}{\rho} \cdot \frac{C_{smax} p_L}{(p + p_L)^2}$$

（4-34）

从式（4-34）可以看出，页岩表观渗透率并不是一个恒定值，而是随孔隙直径、压力等发生变化的，即页岩表观渗透率在实际生产过程中是变化的。但目前在研究产能时大多假设渗透率为恒定值，这是不合适的。

为了便于式（4-34）的实际使用，可以采用实验室测定的页岩固有渗透率 $k_D$，然后代入式（4-34）中的其他参数进行校正，从而得到不同孔隙尺度和压力条件下的页岩表观渗透率。需要说明的是，在对渗透率进行校正时，式（4-34）中的 $p_{avg}$ 和 $p$ 都取为校正条件下的压力值。

相比 Javadpour[18]建立的表观渗透率模型，本书模型引入了 Xiong[8]的模型中表面扩散项对质量运移的影响，然后借鉴前人对贡献系数的处理方式，考虑游离态页岩气黏性流、滑脱流、Knudsen 扩散和吸附气解吸、表面扩散作用，建立了统一流态的多尺度质量传输方程。

### 4.1.2.5　模型验证

Roy 等[19]通过实验的方式研究了气体在纳米管中的质量运移规律，Javadpour 等则推导了页岩气在微纳米孔隙尺度的表观渗透率经典理论模型，因此利用 Roy 等[19]的实验数据和 Javadpour[18]经典理论模型对本书模型进行了验证。

**1. 实验数据验证**

Roy 等[19]通过实验研究了惰性气体 Ar 在圆形纳米多孔介质中的流动（管径 200nm，

管壁厚度 60μm），通过恒定纳米管出口压力，改变纳米管进口压力，实现测量不同压差条件下的纳米管质量运移流量。采用本书模型计算模拟结果并与 Roy 等[19]的实验数据对比，计算模拟基础参数如表 4-3 所示。

表 4-3　模拟基础参数

| 参数名 | 符号 | 单位 | 数值 |
| --- | --- | --- | --- |
| 气体类型 | Ar | — | — |
| 孔隙直径 | $D$ | nm | 200 |
| 气体常数 | $R$ | Pa·m³/(mol·K) | 8.314 |
| 分子直径 | $d_{gas}$ | m | $3.4 \times 10^{-10}$ |
| 气体黏度 | $\mu$ | Pa·s | $2.22 \times 10^{-5}$ |
| 气体摩尔质量 | $M$ | g/mol | 39.948 |
| 临界温度 | $T_c$ | K | 150.86 |
| 孔隙内温度 | $T$ | K | 300 |
| 临界压力 | $p_c$ | Pa | $4.834 \times 10^6$ |
| 切向动量调节系数 | $\alpha$ | — | 0.9 |
| 出口压力 | $p_{out}$ | kPa | 4.8 |
| 进出口压差 | $\Delta p$ | torr | 80，200，300，400，500，600，700，800，920 |
| Langmuir 压力 | $p_L$ | Pa | $2.5 \times 10^6$ |
| 吸附气最大吸附浓度 | $C_{max}$ | mol/m³ | 25000 |
| 表面扩散系数 | $D_s$ | m²/s | $2.89 \times 10^{-10}$ |

注：torr 为 Roy 等[19]实验中采用的压力单位，1torr = 133.322Pa。

图 4-12 为理论模型计算结果与实验数据对比情况，横坐标表示纳米管进出口压差，

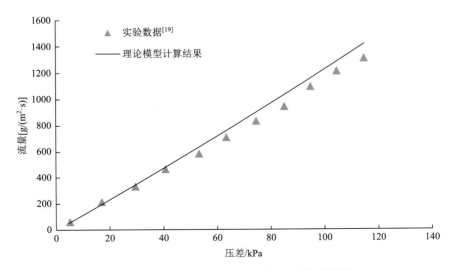

图 4-12　理论模型计算结果与实验数据对比图

纵坐标表示通过纳米管的运移质量流量。可以看出理论模型的计算结果与 Roy 等[19]的实验结果吻合性较好，证明了本书建立的综合表观渗透率模型的正确性和有效性。

**2. 理论模型验证**

传统达西渗流理论认为储层渗透率仅仅是岩石性质的表观反映，Javadpour[18]认为在泥页岩纳米孔隙中，储层渗透率是储层岩石性质、气体类型和温度压力条件等因素的综合体现。Javadpour 考虑泥页岩纳米孔隙中气体的滑脱流、Knudsen 扩散和黏性流，推导了经典的页岩质量运移计算方程。为了便于理解和油气藏模拟使用方便，Javadpour 通过定义表观渗透率模型的形式提出了表征页岩气体复杂运移机理的理论模型，该理论模型表达形式为

$$
\begin{aligned}
k_{\mathrm{app}} &= k_{\mathrm{D}} \cdot \left[ 1 + \left( \frac{8\pi RT}{M} \right)^{0.5} \frac{\mu}{P_{\mathrm{avg}} r} \cdot \left( \frac{2}{\alpha} - 1 \right) \right] + \frac{2r}{3} \left( \frac{8RT}{\pi M} \right)^{0.5} \frac{\mu}{\rho} \\
&= k_{\mathrm{D}}(1 + F) + D_{\mathrm{K}} \frac{\mu}{\rho}
\end{aligned}
\tag{4-35}
$$

为便于描述与分析，可定义渗透率修正系数，其物理意义为考虑页岩多重微观运移机理的表观渗透率与页岩固有渗透率的比值，其表达式为 $k_{\mathrm{app}}/k_{\mathrm{D}}$。

对比式（4-34）与式（4-35）可以看出，相比 Javadpour 的理论模型，本书模型考虑了页岩储层中表面扩散对页岩表观渗透率的影响，且以贡献系数的形式叠加不同机理传输质量。采用表 4-4 中的基础参数，对比了两种模型的计算结果。

**表 4-4　模拟基础数据表**

| 参数名 | 符号 | 单位 | 数值 |
| --- | --- | --- | --- |
| 气体类型 | $CH_4$ | — | — |
| 气体常数 | $R$ | J/(mol·K) | 8.314 |
| 温度 | $T$ | K | 423 |
| 气体摩尔质量 | $M_{\mathrm{gas}}$ | kg/mol | $1.6 \times 10^{-2}$ |
| 气体黏度 | $\mu$ | Pa·s | $1.84 \times 10^{-5}$ |
| 纳米孔隙直径 | $d$ | nm | 1/2/5/10/25/50/100/500 |
| 切向动量调节系数 | $\alpha$ | 无量纲 | 0.8 |
| 气体分子密度 | $\rho$ | kg/m³ | 0.655 |
| 平均压力 | $p_{\mathrm{avg}}$ | MPa | 1～50 |
| 表面最大浓度* | $C_{\mathrm{smax}}$ | mol/m³ | 25040 |
| Langmuir 压力* | $p_{\mathrm{L}}$ | MPa | 2.46 |
| 表面扩散系数* | $D_{\mathrm{s}}$ | m²/s | $2.89 \times 10^{-10}$ |

注：带*数据为本书模型计算表面扩散项所需数据，计算贡献系数 $\varepsilon$ 时取 $C_{\mathrm{A}} = 0$，$Kn_{\mathrm{viscous}} = 0.3$，$S = 1$。

图 4-13 为渗透率修正系数 $k_{\mathrm{app}}/k_{\mathrm{D}}$ 随孔隙喉道直径变化的关系曲线。在孔隙尺度较小时，本书模型较 Javadpour 的模型来说，修正系数更大，这是因为 Javadpour 模型忽略了

页岩气体表面扩散作用，在孔隙尺度较大时，表面扩散作用变弱，二者趋于吻合。可以看出，随着孔隙尺寸增大，渗透率修正系数变小。因此与常规储层相比，页岩气藏这样的致密孔隙介质通常需要更大的修正系数来校正其渗透率。

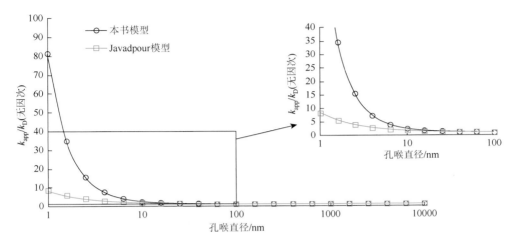

图 4-13　渗透率修正系数随孔喉直径变化关系（$p = 30$MPa）

图 4-14 为本书多尺度流动表观渗透率模型和 Javadpour 模型渗透率修正系数随 Knudsen 数的变化曲线。Javadpour 模型渗透率考虑页岩气的黏性流、滑脱流以及 Knudsen 扩散作用，而本书模型则在 Javadpour 模型基础上考虑了页岩气表面扩散的作用。因此与 Javadpour 表观渗透率模型相比，当气体流动处于连续流及自由分子流时，由于表面作用较弱，本书模型与 Javadpour 模型吻合性很好。而在滑脱流和过渡流阶段，由于表面扩散作用较强，而 Javadpour 模型忽略了表面扩散作用影响，所以 Javadpour 模型渗透率修正系数更小，因此本书模型具有更好的适用性。

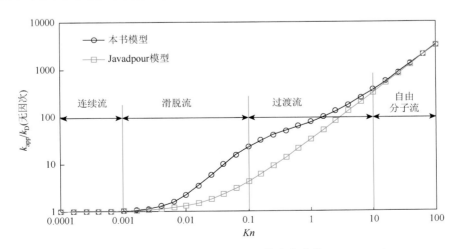

图 4-14　渗透率修正系数随 Knudsen 数变化曲线（$d = 50$nm）

#### 4.1.2.6　表观渗透率影响因素分析

图 4-15 为渗透率修正系数 $k_{app}/k_D$ 随温度和压力的变化曲线，可以看出温度对渗透率修正系数的影响很小，而压力对渗透率修正系数的影响较大，特别是在低压条件下这种影响尤为明显。这是由于随着压力变小，气体平均分子自由程增大，气体分子的渗流逐渐偏移达西线性渗流，这也解释了在页岩储层中需要对渗透率进行修正的原因。同时，也表明在校正渗透率时参数需要尽可能符合地层实际情况，以避免微小的压力变化产生的渗透率校正误差。

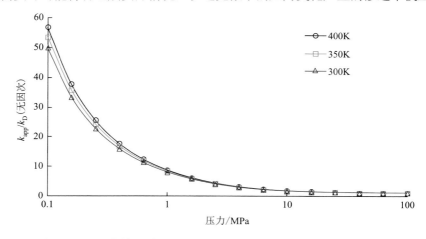

图 4-15　渗透率修正系数与温度和压力的关系变化曲线（$d = 50$nm）

图 4-16 为渗透率修正系数 $k_{app}/k_D$ 与相对分子质量的关系变化曲线。页岩气体相对分子质量与气体组分有关，一般在 $20\sim40$g/mol 范围内变化，可以看出气体相对分子质量对渗透率修正系数影响较小，在压力较高时对渗透率修正系数几乎没有影响。在低压条件下随着相对分子质量的增大渗透率修正系数略微增加，且渗透率修正系数随压力增大而减小。

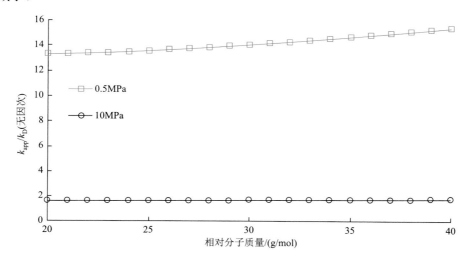

图 4-16　渗透率修正系数与相对分子质量的关系变化曲线（$d = 50$nm）

图 4-17 计算了在不同压力条件下，渗透率修正系数 $k_{app}/k_D$ 随孔隙直径变化的关系曲线。可以看出，随着孔隙直径增大，渗透率修正系数 $k_{app}/k_D$ 比值逐渐变小。当孔隙直径大于 1000nm 时，页岩的表观渗透率与固有渗透率的差异变得很小，渗透率修正系数 $k_{app}/k_D$ 趋近于 1。然而当孔隙直径位于泥页岩的平均孔隙分布范围内，即 1nm＜$d$＜1000nm 时，表观渗透率要比传统的固有渗透率大 1～2 个数量级，这也解释了为什么页岩储层采用固有渗透率模型预测的产量总是比实际产量低，说明本书模型适用性较好。

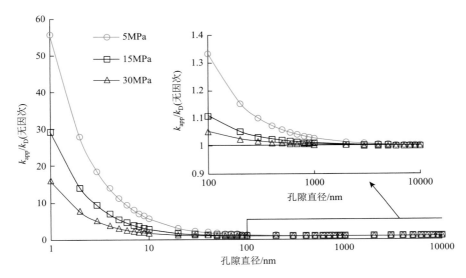

图 4-17　渗透率修正系数随孔隙直径变化曲线

图 4-18 计算了不同储层温度下，渗透率修正系数 $k_{app}/k_D$ 随孔隙压力变化的关系曲线。可以看出，渗透率修正系数 $k_{app}/k_D$ 在 300K、350K、400K 时相互之间差异较小，表明储

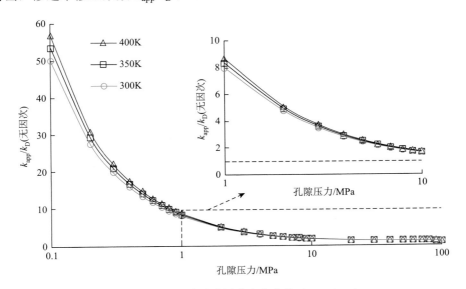

图 4-18　$k_{app}/k_D$ 随孔隙压力变化曲线（$d$ = 50nm）

层温度对 $k_{app}/k_D$ 的影响较小，而孔隙压力对 $k_{app}/k_D$ 的影响较大。当储层压力较低时，气体分子的平均自由程增大，因此气体流动逐渐偏离达西流动。同时，计算结果也揭示了在页岩气藏开采过程中，随着储层压力的逐渐下降，页岩气体非达西流动效应越来越强，因此需要校正页岩的固有渗透率。

　　根据式（4-33）分别计算了不同运移机理流量占总流量的百分比：黏性流量、滑脱流量、Knudsen 扩散流量和表面扩散流量［其中图 4-19（b）为局部放大图］。根据图 4-19 可以得到不同储层压力下，孔隙中的黏性流量、滑脱流量、Knudsen 扩散流量和表面扩散流量随着孔隙直径的变化曲线。可以看出，随着孔隙直径增加，黏性流量对气体流动的贡献逐渐增强，表面扩散流量对气体流动的贡献逐渐减弱，而 Knudsen 扩散、滑脱效应对微

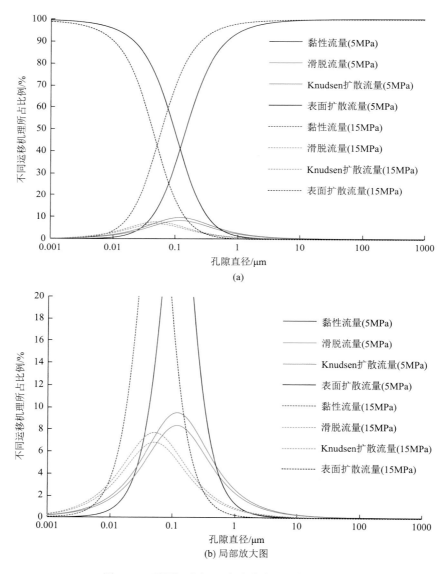

图 4-19　不同运移机理随孔隙直径的变化曲线

观气体在孔隙中的流动作用先增强后减弱。

为了进一步分析在不同尺度孔隙中各微观运移机理的流量传输比例随压力的变化情况，根据国际理论与应用化学联合会（International Union of Pure and Applied Chemistry，IUPAC）的划分，对纳米级孔隙中微孔（<2nm）、中孔（2～50nm）、大孔（>50nm）三种情况的微观运移机理进行了对比。

**1. 微孔**

图 4-20 分析了在微孔（1nm、2nm）条件下各传输比例随压力变化的情况，可以看出在微孔条件下，由于纳米孔隙尺度小时，比表面积大，此时页岩气吸附气含量较高，吸附气传输机理较强，而游离气由于孔喉尺度较小，因此其传输流量较小。对于不同微观运移机理，可以看出在微孔条件下表面扩散所占运移比例最大，其次为滑脱效应、Knudsen 扩散和黏性流。而且随着压力的增大，吸附气含量增加，表面扩散作用所占传输比例进一步增加，而气体分子之间的运动随压力增大而逐渐减弱，因此黏性流、滑脱流和 Knudsen 扩散所占运移比例逐渐减小。

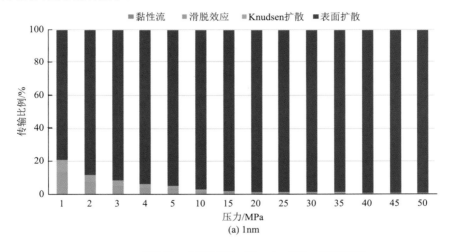

(a) 1nm

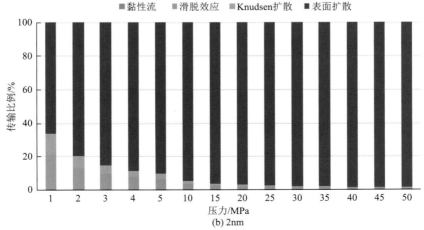

(b) 2nm

图 4-20　微孔条件下各运移机理流量比例随压力的变化关系

### 2. 中孔

图 4-21 分析了在中孔（5nm、10nm、25nm、50nm）条件下各运移机理流量随压力及孔隙尺度变化的情况。从图中可以看出，在中孔条件下，随着孔隙尺度的增加，比表面积减小，吸附态页岩气含量降低，因此表面扩散所占运移比例逐渐减小，而黏性流、滑脱

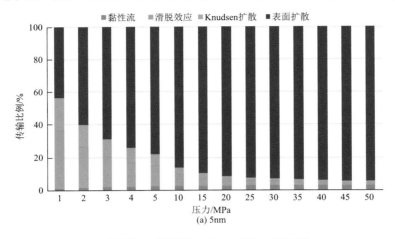

(a) 5nm

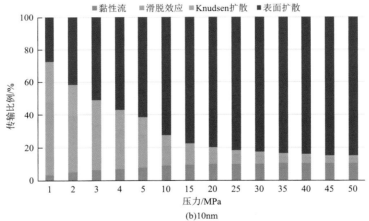

(b)10nm

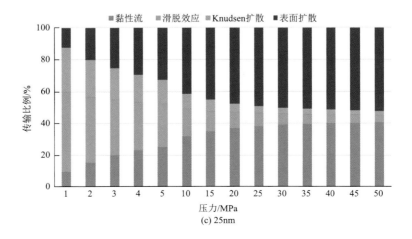

(c) 25nm

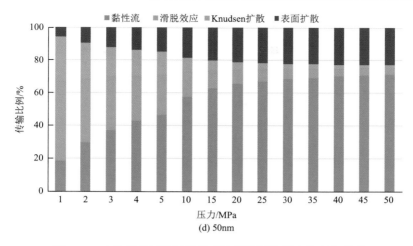

图 4-21 中孔条件下各运移机理流量比例随压力的变化关系

效应及 Knudsen 扩散作用所占运移比例逐渐增大。随着压力的增大，气体分子运动活性减低，表面扩散、黏性流所占运移比例增大，滑脱效应及 Knudsen 扩散作用所占运移比例减小。

**3. 大孔**

图 4-22 分析了在大孔条件下（100nm、500nm）各传输机理运移比例随压力及孔隙

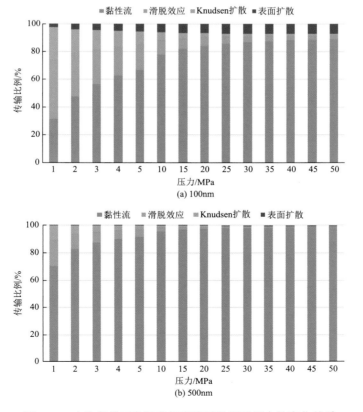

图 4-22 大孔条件下各运移机理流量比例随压力的变化关系

度变化的情况。可以看出，在孔隙尺度较大时，黏性流作用占据主导作用，运移比例最高，滑脱效应、Knudsen 扩散、表面扩散等非线性流动运移比例依次递减。

## 4.2　页岩气水平井压裂非线性渗流产能模型

目前，对页岩压裂改造提及最多的就是如何实现体积压裂，即在储层中形成渗透率较高的改造体积（stimulated reservoir volume，SRV）缝网区域，实现沟通基质与水平井筒的目的。前人在处理缝网系统渗流时，主要采用双重介质或者提高缝网区域渗流率两种方式，将缝网整体作为研究对象，通过线性流模型来模拟缝网系统的影响。页岩气在压后储层中首先由基质区域渗流到缝网区域，再由缝网区域渗流到水平井筒，是一个跨越多尺度孔隙介质的渗流过程。

在上一节建立的多尺度综合渗透率模型的基础上，采用点源函数思想，结合镜像反映原理、Poisson 求和及 Newman 积分原理等推导了封闭边界箱形气藏点源函数。考虑缝网离散段相互干扰、流量非均匀分布等特点，采用时间离散技术动态描述微纳米尺度表征参数（储层渗透率、气体物性参数等）变化，建立了储层-缝网耦合的多尺度压裂水平井非稳态产能模型。

### 4.2.1　页岩气储层渗流模型

基于表观渗透率模型，综合考虑页岩气多重运移机理，建立了封闭箱形气藏中由储层渗流到缝网系统离散单元的渗流模型。

#### 4.2.1.1　物理模型

基本假设条件如下：①储层为封闭箱形均质页岩气藏，一口压裂水平井被垂直裂缝分割成若干段（图 4-23）；②页岩气体微可压缩，在储层中流动为等温流动，忽略重力影响；

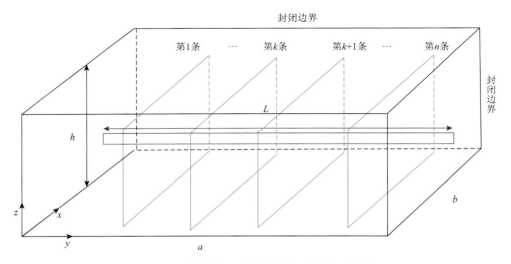

图 4-23　封闭箱形气藏压裂水平井物理模型

③忽略水平井筒压降，气体通过基质区域流入改造缝网区，再通过缝网区域最终流入水平井筒；④考虑页岩气多种运移方式，即黏性流、滑脱效应、Knudsen 扩散、表面扩散、吸附解吸效应。

　　在页岩基质渗流系统中，由于涉及不同微纳米尺度孔隙的运移机理，采用表观渗透率模型来描述在基质中的渗流过程。在页岩气渗流过程中，页岩气首先经过基质区流向缝网改造区，再由缝网改造区最终流向水平井筒。

### 4.2.1.2　数学模型

　　根据 Newman 乘积方法，可将一维情形的瞬时源函数通过求积方法得到三维瞬时源函数（图 4-24）形式，构成相应的 Green 函数表达式：

$$m(x,y,z,t) = m_i - \frac{1}{\phi C_t} \int_0^{t-t_0} q(x_0,y_0,z_0,t) \cdot S(x,\tau) \cdot S(y,\tau) \cdot S(z,\tau) \cdot S(z,\tau) \, d\tau \quad （4\text{-}36）$$

其中，

$$
\begin{aligned}
S(x,\tau) &= 1 + 2\sum_{n=1}^{\infty} \exp\left[-\frac{n^2\pi^2\chi(t-\tau)}{x_e^2}\right] \cdot \cos\frac{n\pi x}{x_e} \cdot \cos\frac{n\pi x_w}{x_e} \\
S(y,\tau) &= 1 + 2\sum_{n=1}^{\infty} \exp\left[-\frac{n^2\pi^2\chi(t-\tau)}{y_e^2}\right] \cdot \cos\frac{n\pi y}{y_e} \cdot \cos\frac{n\pi y_w}{y_e} \\
S(z,\tau) &= 1 + 2\sum_{n=1}^{\infty} \exp\left[-\frac{n^2\pi^2\chi(t-\tau)}{z_e^2}\right] \cdot \cos\frac{n\pi z}{z_e} \cdot \cos\frac{n\pi z_w}{z_e}
\end{aligned}
\quad （4\text{-}37）
$$

式中，$m_i$ 为原始地层拟压力，$\text{MPa}^2/(\text{Pa·s})$；$\phi$ 为孔隙度，无因次；$\tau$ 为连续生产的持续时间，ks；$\chi$ 为导压系数，$\chi = k/(\mu C_t \phi)$，$\mu$ 为气体黏度，mPa·s；$x_w$ 线汇在 $x$ 方向上的坐标，m；$x_e$ 表示封闭边界箱形气藏区域在 $x$ 方向上的两边界分别位于 $x=0$ 和 $x=x_e$，$y_e$、$z_e$ 类推。

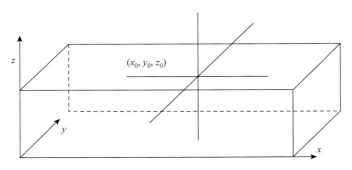

图 4-24　$x$、$y$、$z$ 三个方向直线源乘积为点源的示意图

　　根据真实气体状态方程，可以求出储层条件下的气体体积系数，从而计算出地面标况下的产量：

$$m_i - m = \frac{\rho_{sc}}{2p_{sc}} \frac{T_{sc}Z_{sc}}{TZ}(p_i^2 - p^2) \quad （4\text{-}38）$$

将式（4-38）代入式（4-36），可得到封闭边界箱形气藏的点源函数：

$$p_i^2 - p^2 = \frac{2qp_{sc}ZT}{\phi C_t Z_{sc} T_{sc}} \int_0^t [S(x,\tau) \cdot S(y,\tau) \cdot S(z,\tau)] d\tau \qquad (4-39)$$

式中，$p_{sc}$ 为标准状况下的压力，MPa；$T_{sc}$ 为标准温度，K；$T$ 为储层温度，K；$Z_{sc}$ 为标准状况下的天然气偏差系数，无量纲。

假设水平井筒位于封闭气藏的中心，裂缝完全穿透储层，因此整个系统的三维流动视为二维平面流动（忽略 $z$ 方向变化），如图 4-25 所示。在空间上采用离散裂缝方法，可将缝网区域离散为若干个点源，这样改造区的压力响应则可以通过每个点源生产时的压力响应叠加得到。这样，地层中位置为 $O(x_{fk+1,j}, y_{fk+1})$ 处由点源 $M(x_{fk,i}, y_{fk})$（产量为 $q_{fk,i}$）产生的压力响应可表达为

$$\Delta p_{fk+1,j}^2(t) = p_i^2 - p_{fk+1,j}^2 = \frac{2\mu p_{sc}ZT}{abhT_{sc}} \int_0^{t-t_0} q_{fk,i}(x_0, y_0, z_0, t) \cdot S(x,\tau) \cdot S(y,\tau) \cdot S(z,\tau) d\tau \qquad (4-40)$$

式中，$a$、$b$、$h$ 分别为封闭箱形气藏的长、宽、高，m。

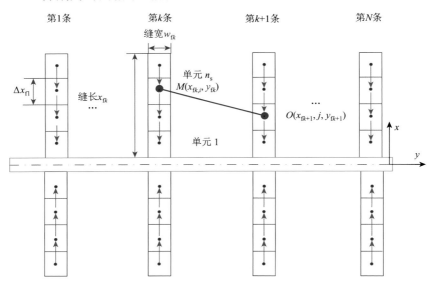

图 4-25　$xy$ 平面分段及离散缝网示意图

在多级压裂水平井中存在 $N$ 个缝网区条带时，每个缝网区离散为 $2n_s$ 个微元段，采用上述思想，则可得到共 $N \times 2n_s$ 个离散单元生产时在地层某点 $O$ 处产生的压力响应方程：

$$\Delta p_{fk+1,j}^2(t) = p_i^2 - p_{fk+1,j}^2 = \sum_{k=1}^{N} \sum_{i=1}^{2n_s} \frac{\mu p_{sc}ZT}{2\pi K_{app} h T_{sc}} \int_0^{t-t_0} q_{fk,i}(x_0, y_0, z_0, t) \cdot S(x,\tau) \cdot S(y,\tau) \cdot S(z,\tau) d\tau$$

$$= \sum_{k=1}^{N} \sum_{i=1}^{2n_s} q_{fk,i} \cdot F_{fk,i,fk+1,j}(t)$$

$$(4-41)$$

式中，$p_{fk+1,j}$ 为第 $k+1$ 条缝网区第 $j$ 微元段中心处的压力，MPa；$N$ 为缝网条带数；$n_s$ 为每个缝网区离散段数；$q_{fk,i}$ 为第 $k$ 条缝网区第 $i$ 离散单元的产量，m³/s；$(x_{fk,i}, y_{f,k})$ 为第 $k$ 条缝网区第 $i$ 离散单元坐标；$(x_{fk+1,j}, y_{f,k+1})$ 为第 $k+1$ 条缝网区第 $j$ 离散单元坐标；$K_{app}$ 为储层表观渗透率，$10^{-3}\mu m^2$；$k$ 为缝网编号；$i$、$j$ 为离散单元编号；$h$ 为储层厚度，m；$\eta$ 为地层导压系数，$\eta = K/(\mu C_t \phi)$；$C_t$ 为流体压缩系数，$MPa^{-1}$；

其中，$F_{fk,i,fk+1,j}^2(t) = \dfrac{\mu p_{sc} Z T}{2\pi h T_{sc}} \displaystyle\int_0^{t-t_0} S(x,\tau) \cdot S(y,\tau) \cdot S(z,\tau) \cdot S(z,\tau) d\tau$，表示 $(x_{fk,i}, y_{f,k})$ 位置处离散单元对 $(x_{fk+1,j}, y_{f,k+1})$ 位置处离散单元的影响。

### 4.2.2　页岩气压裂缝网渗流模型

　　页岩非常致密，渗透率很低，采用常规方式开采一般表现为低产或者无自然产能。往往需要采用水平井钻井技术与大规模水力压力技术结合进行经济开发，以形成具有较高渗透率的缝网改造区。通过微地震监测，可以获取改造区域的形状和大小。由于微地震解释的缝网形态大多为矩形分布，因此大部分学者在描述缝网形态时都采用矩形模型，因此本书也假设缝网形态为矩形模型进行研究。

#### 4.2.2.1　物理模型

　　对于页岩气在缝网内的渗流，先前许多学者都采用线性流模型来模拟，但先前的线性流模型存在未考虑缝网相互干扰、流量非均匀分布的缺陷，且所有的缝网参数必须一致，这样的假设条件比较苛刻，与实际情况差异较大。本书考虑缝网形态为矩形分布，考虑缝网离散段相互干扰、流量非均匀分布的特点，建立了缝网系统渗流模型（如图 4-26 所示）。

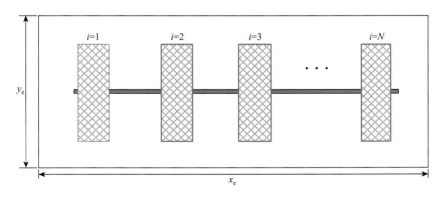

图 4-26　考虑矩形缝网形态的页岩气藏压裂水平井物理模型

　　由于在缝网区域孔隙尺度较大，渗透率相对较高，气体主要以游离态形式存在，故在缝网区域仅考虑页岩气体黏性流，缝网渗透率用 $k_f$ 表示，采用一维线形流动描述页岩气在缝网区中的流动。采用空间离散方法，将缝网离散为若干矩形微元段，如图 4-27 所示。

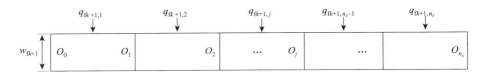

图 4-27　离散缝网内流动单元示意图

#### 4.2.2.2　数学模型

根据达西定律，可得到第 $k+1$ 条缝网区第 $j$ 离散单元从缝网区域渗流到水平井筒的过程：

$$
\begin{aligned}
\Delta p_{\mathrm{f}k+1,\,j-0}^2 &= p_{\mathrm{f}k+1,\,j}^2 - p_{\mathrm{f}k+1,0}^2 \\
&= \frac{2\mu p_{\mathrm{sc}}ZT}{k_{\mathrm{f}k+1}w_{\mathrm{f}k+1}hT_{\mathrm{sc}}}\Delta x_{\mathrm{f}k+1,1}q_{\mathrm{f}k+1,1} + \frac{2\mu p_{\mathrm{sc}}ZT}{k_{\mathrm{f}k+1}w_{\mathrm{f}k+1}hT_{\mathrm{sc}}}(\Delta x_{\mathrm{f}k+1,1}+\Delta x_{\mathrm{f}k+1,2})q_{\mathrm{f}k+1,2} + \cdots \\
&\quad + \frac{2\mu p_{\mathrm{sc}}ZT}{k_{\mathrm{f}k+1}w_{\mathrm{f}k-1}hT_{\mathrm{sc}}}(\Delta x_{\mathrm{f}k+1,1}+\Delta x_{\mathrm{f}k+1,2}+\cdots+\Delta x_{\mathrm{f}k+1,j})q_{\mathrm{f}k+1,j} \\
&\quad + \frac{2\mu p_{\mathrm{sc}}ZT}{k_{\mathrm{f}k+1}w_{\mathrm{f}k-1}hT_{\mathrm{sc}}}(\Delta x_{\mathrm{f}k+1,1}+\Delta x_{\mathrm{f}k+1,2}+\cdots+\Delta x_{\mathrm{f}k+1,j})q_{\mathrm{f}k+1,j+1} + \cdots \\
&\quad + \frac{2\mu p_{\mathrm{sc}}ZT}{k_{\mathrm{f}k+1}w_{\mathrm{f}k+1}hT_{\mathrm{sc}}}(\Delta x_{\mathrm{f}k+1,1}+\Delta x_{\mathrm{f}k+1,2}+\cdots+\Delta x_{\mathrm{f}k+1,j})q_{\mathrm{f}k+11,n_{\mathrm{s}}} \\
&= \frac{2\mu p_{\mathrm{sc}}ZT}{k_{\mathrm{f}k+1}w_{\mathrm{f}k+1}hT_{\mathrm{sc}}}\left\{\sum_{i=1}^{j}\left(q_{\mathrm{f}k+1,i}\sum_{j=1}^{i}\Delta x_{\mathrm{f}k+1,j}\right)+\sum_{n=j+1}^{n_{\mathrm{s}}}\left[q_{\mathrm{f}k+1,i}\left(\sum_{i=1}^{j}\Delta x_{\mathrm{f}k+1,i}\right)\right]\right\}
\end{aligned}
$$

$$(4\text{-}42)$$

式中，$k_{\mathrm{f}k+1}$ 为第 $k+1$ 条缝网区渗透率，$10^{-3}\mu\mathrm{m}^2$；$h$ 为储层厚度，m；$w_{\mathrm{f}k+1}$ 为第 $k+1$ 条缝网区缝网宽度，m。

### 4.2.3　页岩气压裂水平井非线性渗流模型

由于在上一节建立的源函数假设条件为定产量生产，而在压裂水平井产能研究中，更多情况是定井底流压生产，压裂水平井产量会随着储层压力降低而逐渐减小，实际生产过程为变产量生产过程。采用时间离散方法，将生产过程离散为一个个微小时间段，在每一个微小时间段内视为定产生产，从而实现非稳态产能模型求解，其示意图如图 4-28 所示。

#### 4.2.3.1　瞬态产能模型

气体从储层渗流到水平井筒的过程可以视为储层渗流和缝网内渗流两个过程，而气体在储层中渗流和气体在缝网中渗流时可以考虑在交界面处压力流量相等，将两个过程叠加起来，从而建立地层压力（$p_{\mathrm{i}}$）和井底流压（$p_{\mathrm{wf}}$）的关系表达式；由于假设水平井筒无压降，因此在缝网与水平井筒交界处的压力都相等，从而建立储层-缝网-水平井筒的渗流方程：

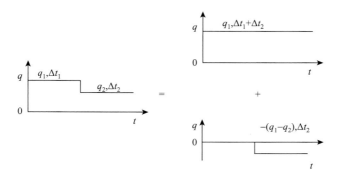

图 4-28 变产量生产与定产量生产转化示意图

$$p_i^2 - p_{wf}^2 = \frac{2\mu p_{sc}ZT}{k_f} \times q_n \frac{\Delta x_n}{w_n} + \frac{2\mu p_{sc}ZT}{k_f h T_{sc}} \times q_{n-1}\left(\frac{\Delta x_n}{w_n} + \frac{\Delta x_{n-1}}{w_{n-1}}\right) + \cdots$$

$$+ \frac{2\mu p_{sc}ZT}{k_f h T_{sc}} \times q_k\left(\frac{\Delta x_n}{w_n} + \frac{\Delta x_{n-1}}{w_{n-1}} + \cdots + \frac{\Delta x_k}{w_k}\right)$$

$$+ \frac{2\mu p_{sc}ZT}{k_f h T_{sc}} q_{k-1}\left(\frac{\Delta x_n}{w_n} + \frac{\Delta x_{n-1}}{w_{n-1}} + \cdots + \frac{\Delta x_k}{w_k}\right) + \cdots$$

$$+ \frac{2\mu p_{sc}ZT}{k_f h T_{sc}} \times q_1\left(\frac{\Delta x_n}{w_n} + \frac{\Delta x_{n-1}}{w_{n-1}} + \cdots + \frac{\Delta x_k}{w_k}\right)$$

$$+ \sum_{j=1}^{2n_s} \frac{2q_{(j,t)}p_{sc}ZT}{\phi C_t abh T_{sc}} \int_0^\tau \left\{\left[1 + \sum_{n=1}^\infty \exp\left(-\frac{n^2\pi^2\chi(t-\tau)}{x_e^2}\right) \cdot \cos\frac{n\pi x_w}{x_e}\right]\right.$$

$$\times \left[1 + 2\sum_{n=1}^\infty \exp\left(-\frac{n^2\pi^2\chi(t-\tau)}{y_e^2}\right) \cdot \cos\frac{n\pi y}{y_e} \cdot \cos\frac{n\pi y_w}{y_e}\right]$$

$$\times \left[1 + 2\sum_{n=1}^\infty \exp\left(-\frac{n^2\pi^2\chi(t-\tau)}{z_e^2}\right) \cdot \cos\frac{n\pi z}{z_e} \cdot \cos\frac{n\pi z_w}{z_e}\right]\right\} d\tau$$

$$= \sum_{m=k+1}^{n_s} \frac{2q_{m,JL}\mu x_f p_{sc}ZT}{k_f w_m n_s T_{sc}} + \frac{q_{k,JL}\mu x_f p_{sc}ZT}{k_f w_k n_s T_{sc}}$$

$$+ \sum_{j=1}^{2n_s} \frac{2q_{(j,t)}p_{sc}ZT}{\phi C_t abh T_{sc}} \int_0^{t-t_0} S(x,\tau) \cdot S(y,\tau) \cdot S(z,\tau) d\tau \tag{4-43}$$

式（4-43）可表达为

$$p_i^2 - p_{wf}^2 = qF(t) \tag{4-44}$$

### 4.2.3.2 非稳态产能模型

页岩气的开发过程是一个压力 $p$ 逐渐降低的过程，随着时间 $t$ 的增长，气体密度、偏差系数、体积系数等都会随压力 $p$ 而发生变化。采用时间离散技术，通过封闭箱形气藏物质平衡方程，即可求得每一个离散时间段（图 4-29）下的压力 $p$，从而实现对气体密度、偏差系数、体积系数等表征系数的动态考虑。

**1. 页岩气藏物质平衡方程[20]**

在地面标准状况下（压力 0.1MPa，温度 293.5K），页岩气藏基质中的游离气量可表示为

$$G_m = \frac{V_m}{B_{gi}} \tag{4-45}$$

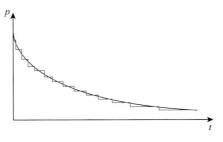

图 4-29　时间离散示意图

式中，$G_m$ 为地下储集页岩气体积折算到地面标准状况下的体积，$m^3$；$V_m$ 为页岩基质储集空间的体积，$m^3$；$B_{gi}$ 为页岩气在原始地层压力和温度下的体积系数，无量纲。

页岩气藏基质的体积可表示为

$$V_t = \frac{V_m}{\phi_m} \tag{4-46}$$

式中，$V_t$ 为页岩储层视体积，$m^3$。

根据 Langmuir 等温吸附理论，页岩气藏的吸附气体积（地面标准状况下）可表示为

$$G_a = V_t \rho_s \frac{V_L p}{p_L + p} \tag{4-47}$$

式中，$G_a$ 为页岩气基质中吸附气在地面标准状况下的体积，$m^3$；$\rho_s$ 为页岩基质的密度，$kg/m^3$。

联立式（4-45）~式（4-47），并考虑含水饱和度（$S_w$）的影响得到：

$$G_a = \frac{G_m B_{gi}}{\phi_m (1 - S_w)} \rho_s \frac{V_L p}{p_L + p} \tag{4-48}$$

随着页岩气不断被采出，地层压力下降，基质孔隙收缩，裂缝中气体膨胀（体积压裂区考虑为定容气藏），储层中剩余游离气量为

$$G'_m = G_m \frac{B_{gi}}{B_g} (1 - C_m \Delta p) \tag{4-49}$$

式中，$G'_m$ 为基质剩余游离气在地面标准状况下的体积，$m^3$；$C_m$ 为页岩基质的压缩系数，$MPa^{-1}$；$B_g$ 为当前压力下的页岩气体积系数，无量纲。

根据 Langmuir 等温吸附理论，可得到页岩气藏剩余的吸附气量：

$$G'_a = \frac{G_m B_{gi}}{\phi_m} \rho_s \frac{V_L p}{p_L + p} \tag{4-50}$$

根据物质平衡原理，在地面标准状况下，原始地层压力下基质中的游离气量、原始地层压力下的吸附气量之和等于采出气量、当前地层压力下基质中的游离气量、当前地层压力下的吸附气量之和，即

$$G_m + G_a = G_p + G'_m + G'_a \tag{4-51}$$

$$G_m + \frac{G_m B_{gi}}{\phi_m} \rho_s \frac{V_L p}{p_L + p} = G_p + G_m \frac{B_{gi}}{B_g} (1 - C_m \Delta p) + \frac{G_m B_{gi}}{\phi_m} \rho_s \frac{V_L p}{p_L + p} \tag{4-52}$$

式中，$G_P$ 为页岩气累计产出量，$m^3$。

令 $C_{cm} = \dfrac{C_m + C_w S_w}{1 - S_w}$，经整理得到页岩气藏的物质平衡方程：

$$\frac{p_i}{Z_i}\left[G_m - G_p + \frac{G_m B_{gi}\rho_s}{\phi_m}\left(\frac{V_L p_i}{p_L + p_i} - \frac{V_L p}{p_L + p}\right)\right] = \frac{p}{Z}[G_m(1 - C_{cm}\Delta p)] \tag{4-53}$$

采用离散方法，可以得到每一个时间步长下的地层压力，通过相邻两个时间步长之间的地层压力之差即可计算得到在每个步长之下的吸附气解吸气量，从而得到页岩气藏最终压裂水平井的产量。

**2. 气体物性参数动态变化**

考虑气体物性参数随开发过程的变化[21]，气体密度 $\rho$ 可表示为

$$\rho = \frac{pV}{nZRT} \tag{4-54}$$

气体偏差系数的变化式可以由拟对比压力和拟对比温度表示：

$$Z = 0.702 p_{pr}^2 e^{-2.5T_{pr}} - 5.524 p_{pr} e^{-2.5T_{pr}} + 0.044 T_{pr}^2 - 0.164 T_{pr} + 1.15 \tag{4-55}$$

式中，$p_{pr}$ 为拟对比压力，无因次；$T_{pr}$ 为拟对比温度，无因次。

$p_{pr}$ 和 $T_{pr}$ 表达式分别为

$$p_{pr} = \frac{p}{p_c} \tag{4-56}$$

$$T_{pr} = \frac{T}{T_c} \tag{4-57}$$

式中，$p_c$ 为气体临界压力，MPa；$T_c$ 为气体临界温度，K；

气体黏度的变化式可表示为

$$\mu = 10^{-7} \Lambda \exp[X(10^{-3}\rho)^Y] \tag{4-58}$$

其中，

$$\Lambda = \frac{(9.379 + 0.01607M)(1.8T)^{1.5}}{209.2 + 19.26M + 1.8T}$$

$$X = 3.448 + \frac{986.4}{1.8T} + 0.01009M$$

$$Y = 2.447 - 0.2224X$$

**3. 时间叠加方法**

若 $t = 2\Delta t$，根据时间叠加原理[22]，式（4-44）可以写成：

$$\begin{cases}
p_i^2 - p_1^2 = q_1 F_{1,1}(2\Delta t) + [q_1(\Delta t)]F_{1,1}(\Delta t) + q_2 F_{1,2}(2\Delta t) + [q_2(\Delta t)]F_{1,2}(\Delta t) + \cdots + q_n F_{1,n}(2\Delta t) \\
\qquad + [q_n(\Delta t)]F_{1,n}(\Delta t) \\
p_i^2 - p_2^2 = q_1 F_{2,1}(2\Delta t) + [q_1(\Delta t)]F_{2,1}(\Delta t) + q_2 F_{2,2}(2\Delta t) + [q_2(\Delta t)]F_{2,2}(\Delta t) + \cdots + q_n F_{2,n}(2\Delta t) \\
\qquad + [q_n(\Delta t)]F_{2,n}(\Delta t) \\
\qquad\qquad\qquad\qquad\qquad\qquad\qquad\qquad \vdots \\
p_i^2 - p_n^2 = q_1 F_{n,1}(2\Delta t) + [q_1(\Delta t)]F_{n,1}(\Delta t) + q_2 F_{n,2}(2\Delta t) + [q_2(\Delta t)]F_{n,2}(\Delta t) + \cdots + q_n F_{n,n}(2\Delta t) \\
\qquad + [q_n(\Delta t)]F_{n,n}(\Delta t)
\end{cases}$$

$$\tag{4-59}$$

同理，$t = 3\Delta t$ 时，式（4-44）可以写成：

$$
\begin{cases}
\begin{aligned}
p_i^2 - p_1^2 = {} & q_1 F_{1,1}(3\Delta t) + [q_1(2\Delta t) - q_1(\Delta t)]F_{1,1}(2\Delta t) + [q_1(3\Delta t) - q_1(2\Delta t)]q_1 F_{1,1}(\Delta t) \\
& + q_2 F_{1,2}(3\Delta t) + [q_2(\Delta t) - q_2(\Delta t)]F_{1,2}(2\Delta t) + [q_2(3\Delta t) - q_2(2\Delta t)]q_2 F_{1,2}(\Delta t) \\
& + \cdots + q_n F_{1,n}(3\Delta t) + [q_n(2\Delta t) - q_n(\Delta t)]F_{1,n}(2\Delta t) + [q_n(3\Delta t) - q_n(2\Delta t)]q_2 F_{1,n}(\Delta t) \\
p_i^2 - p_2^2 = {} & q_1 F_{2,1}(3\Delta t) + [q_1(2\Delta t) - q_1(\Delta t)]F_{2,1}(2\Delta t) + [q_1(3\Delta t) - q_1(2\Delta t)]q_2 F_{2,2}(\Delta t) \\
& + q_2 F_{2,2}(3\Delta t) + [q_2(\Delta t) - q_2(\Delta t)]F_{2,2}(2\Delta t) + [q_2(3\Delta t) - q_2(2\Delta t)]q_2 F_{2,2}(\Delta t) \\
& + \cdots + q_n F_{2,n}(3\Delta t) + [q_n(2\Delta t) - q_n(\Delta t)]F_{2,n}(2\Delta t) + [q_n(3\Delta t) - q_n(2\Delta t)]q_2 F_{2,n}(\Delta t) \\
& \qquad\qquad\qquad\qquad\qquad\qquad\vdots \\
p_i^2 - p_n^2 = {} & q_1 F_{n,1}(3\Delta t) + [q_1(2\Delta t) - q_1(\Delta t)]F_{n,1}(2\Delta t) + [q_1(3\Delta t) - q_1(2\Delta t)]q_1 F_{n,1}(\Delta t) \\
& + q_2 F_{n,2}(3\Delta t) + [q_2(\Delta t) - q_2(\Delta t)]F_{n,2}(2\Delta t) + [q_2(3\Delta t) - q_2(2\Delta t)]q_2 F_{n,2}(\Delta t) \\
& + \cdots + q_n F_{n,n}(3\Delta t) + [q_n(2\Delta t) - q_n(\Delta t)]F_{n,n}(2\Delta t) + [q_n(3\Delta t) - q_n(2\Delta t)]q_2 F_{n,n}(\Delta t)
\end{aligned}
\end{cases}
$$

（4-60）

以此类推，$t = n\Delta t$ 时可以写为

$$
p_i^2 - p_{wf}^2(n\Delta t) = \sum_{k=1}^{N} \sum_{i=1}^{2n_s} \left\{ q_j(\Delta t)F_{i,j}(n\Delta t) + \sum_{k=2}^{n} \{q_j(k\Delta t) - q_j[(k-1)\Delta t]\}F_{i,j}(n-k+1)\Delta t \right\}
$$

（4-61）

### 4.2.3.3　模型求解

**1. 模型可解性分析**

在每一个离散时间段内，即 $t = n\Delta t$ 时，整个渗流系统都有 $N \times 2n_s$ 个离散单元，对于每一个缝网离散单元，都可以写出其相应的储渗-缝网离散单元-水平井筒的渗流方程，将 $N \times 2n_s$ 个离散单元组合在一起，则构成对应的矩阵形式，可表达为

$$
\boldsymbol{A}\boldsymbol{q} = \boldsymbol{B} \tag{4-62}
$$

$$
\boldsymbol{A} = \begin{bmatrix}
\begin{array}{l}0.5\alpha_1 + \alpha_2 \\ +\cdots+\alpha_{n_s}\end{array} & \beta_{2,1} & \beta_{3,1} & \beta_{4,1} & \cdots & \beta_{2n_s,1} \\
\begin{array}{l}0.5\alpha_2 + \alpha_3 \\ +\cdots+\alpha_{n_s}+\beta_{1,2}\end{array} & \begin{array}{l}0.5\alpha_2 + \alpha_3 \\ +\cdots+\alpha_{n_s}\end{array} & \beta_{3,2} & \beta_{4,2} & \cdots & \beta_{2n_s,2} \\
\alpha_j & \cdots & & & & \\
0.5\alpha_{n_s}+\beta_{1,n_s} & 0.5\alpha_{n_s}+\beta_{2,n_s} & 0.5\alpha_{n_s}+\beta_{3,n_s} & 0.5\alpha_{n_s}+\beta_{4,n_s} & \cdots & \beta_{2n_s,n_s} \\
& \beta_{i,k} & & & & \\
\beta_{1,2n_s} & \cdots & \beta_{2n_s-3,2n_s} & \beta_{2n_s-2,2n_s} & \beta_{2n-1,2n} & \begin{array}{l}0.5\alpha_{2n_s}+\alpha_{2n_s-1} \\ +\cdots+\alpha_{n_s+1}\end{array}
\end{bmatrix}
$$

（4-63）

其中，

$$q = \begin{bmatrix} q_1 \\ q_2 \\ \cdots \\ q_{2n-1} \\ q_{2n_s} \end{bmatrix}, B = \begin{bmatrix} \Delta P \\ \Delta P \\ \cdots \\ \Delta P \\ \Delta P \end{bmatrix}$$

式（4-63）中，$\alpha_j = \dfrac{2\mu x_f p_{sc} ZT}{n_s k_f w_j h T_{sc}}$，表示第 $j$ 缝网区单位离散段内的压降系数，MPa/m$^3$；$\beta_{j,k} =$

$\dfrac{2q_{(j,t)} p_{sc} ZT}{\phi C_t abh T_{sc}} S(x,\tau) \cdot S(y,\tau) \cdot S(z,\tau)$，表示缝网中第 $j$ 离散单元对第 $k$ 离散单元的压降系数，

MPa/m$^3$。

对于式（4-62），一共由 $N \times 2n_s$ 个方程组成，其中每个离散段流量为未知数，即存在 $N \times 2n_s$ 个未知数，构成封闭线性方程组。由于方程个数与未知数是相等的，因此数学模型是可解的。可以求解得到某个时刻 $t$ 每个离散单元的流量，从而叠加得到压裂水平井产量：

$$Q = \sum_{k=1}^{N} \sum_{i=1}^{2n_s} q_{fk,i} \tag{4-64}$$

$q_{fk,i}$ 含义见式（4-41）。

## 4.3　页岩气压裂水平井产能影响因素

根据建立的多尺度页岩气藏压裂水平井产能模型，首先开展了与现场生产数据及其他理论模型计算结果的验证工作，然后对离散缝网的产量分布特征进行了分析，最后对影响压裂水平井产量的多尺度效应、储层参数、缝网参数等因素进行了敏感性分析。

### 4.3.1　模型验证与对比

为了验证建立的多尺度非线性渗流产能模型在模拟页岩气生产过程中的有效性，以巴尼特（Barnett）页岩一口压裂水平井的数据为例[23]，模拟了在页岩气开发过程中的产量变化情况。为便于本书推导的表观渗透率模型的实际使用，在巴尼特（Barnett）页岩固有渗透率基础上，利用本书表观渗透率模型修正不同孔隙尺度的页岩渗透率。本算例中缝网均匀分布，其余计算所需模拟基本参数见表 4-5。

**表 4-5　气藏基本参数表**

| 变量 | 单位 | 数值 | 变量 | 单位 | 数值 |
|---|---|---|---|---|---|
| 气藏长度 | m | 916 | Langmuir 体积 | sm$^3$/m$^3$ | 7.0 |
| 气藏宽度 | m | 290 | Langmuir 压力 | MPa | 4.5 |
| 气藏厚度 | m | 90 | 缝网数 | — | 9 |
| 初始压力 | MPa | 21 | 气体摩尔质量* | kg/mol | 1.6×10$^{-2}$ |
| 井底流压 | MPa | 3.5 | 饱和吸附压力 | MPa | 4.48 |

续表

| 变量 | 单位 | 数值 | 变量 | 单位 | 数值 |
|---|---|---|---|---|---|
| 储层温度 | K | 340 | 气体压缩系数* | MPa$^{-1}$ | 0.044 |
| 孔隙度 | — | 0.06 | 基质压缩系数 | MPa$^{-1}$ | 0.0001 |
| 固有渗透率 | $10^{-3}\mu m^2$ | 0.00014 | 气体黏度 | mPa·s | 0.02 |
| 缝网渗透率 | $10^{-3}\mu m^2$ | 15 | 动量调节系数* | — | 0.85 |
| 缝网宽度 | m | 20 | 纳米孔隙直径* | nm | 100 |
| 缝网长度 | m | 110 | 表面最大浓度* | mol/m$^3$ | 25040 |
| 缝网高度 | m | 90 | 表面扩散系数* | m$^2$/s | $2.89\times10^{-10}$ |
| 水平井长度 | m | 916 | 含气饱和度 | — | 0.7 |
| 岩石密度 | kg/m$^3$ | 2100 | 临界温度* | K | 190 |
| 气体常数* | J/(mol·K) | 8.314 | 临界压力* | MPa | 4.59 |

注：带*数据为本书模型渗透率修正系数计算所需数据。

　　图 4-30 为本书建立的页岩气藏产能模型计算结果与巴尼特（Barnett）页岩现场生产数据及 Wang 等[21]建立的理论模型计算结果的对比情况。可以看出，两种理论模型计算结果与巴尼特（Barnett）页岩现场生产数据变化趋势一致，且两者之间拟合程度较高。当生

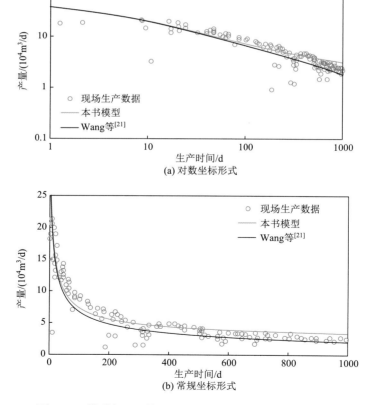

(a) 对数坐标形式

(b) 常规坐标形式

图 4-30　模型与巴尼特（Barnett）页岩现场生产数据对比

产时间采用对数坐标形式时［如图 4-30（a）所示］，产量呈直线下降趋势，而当生产时间采用常规坐标形式时［如图 4-30（b）所示］，产量呈"L"形下降，表现为生产初期下降较快，生产一段时间后逐渐达到稳产阶段，此后产量呈缓慢下降趋势。

在生产初期，本书模型与 Wang 等[21]的模型计算结果吻合度较高，而在生产后期本书模型计算的日产量高于 Wang 等[21]的模型计算结果。这是由于在生产初期阶段，储层压力较高，多尺度作用较弱，此时表观渗透率与固有渗透率非常接近，而生产后期随着地层压力下降，多尺度效应作用增强，表观渗透率大于固有渗透率，而 Wang 等[21]的模型没有考虑固有渗透率的修正，所以本书模型预测产量高于 Wang 等[21]的模型计算结果。通过与现场生产数据及其他理论模型的对比，验证了本书建立的页岩气产能模型的正确性和全面性。

XX 井是某页岩区块的一口压裂水平井，该页岩区块采用水平井井网的方式进行衰竭式开发，由于水平井网规则分布，井与井之间可视为不渗透边界，因此 XX 井的控制区域可视为矩形封闭边界。XX 井水平井段穿行层位如图 4-31 所示。

由图 4-31 可以看出，XX 井在水平井段共穿行①、②、③、④四个小层，通过加权平均方法，计算得到储层有效厚度为 42m。该区块压力系数为 1.4，气体取样分析测得气体相对密度为 0.56，室内实验测得到 TOC 含量为 3.8%，缝网渗透率通过试井解释结果得到，固有渗透率通过压力脉冲衰减法在实验室测得，测试仪器为 ELK-2 型超低渗透率测定仪（渗透率测试范围为 $10^{-7} \sim 0.1\text{mD}$，测试压力≤70MPa，精度≤0.1MPa），实验结果如表 4-6 所示。

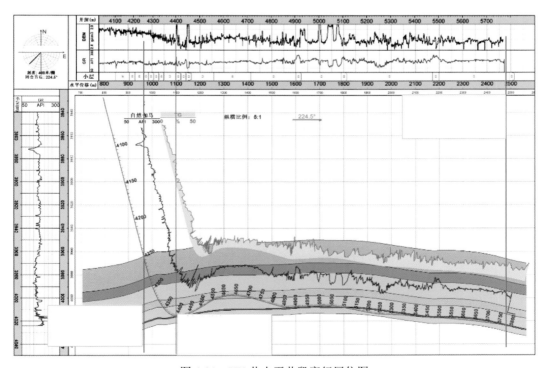

图 4-31　XX 井水平井段穿行层位图

表 4-6　页岩渗透率测试结果

| 样品编号 | 渗透率/(×10⁻³mD) | 样品编号 | 渗透率/(×10⁻³mD) |
|---|---|---|---|
| Y1-1（1） | 5.83 | Y1-2（9） | 16.87 |
| Y1-1（2） | 3.35 | Y1-3（1） | 11.93 |
| Y1-2（1） | 3.08 | Y1-3（2） | 3.17 |
| Y1-2（2） | 1.50 | Y1-4（1） | 0.19 |
| Y1-2（3） | 28.70 | Y1-4（2） | 2.06 |
| Y1-2（4） | 110.76 | Y1-5（1） | 0.07 |
| Y1-2（5） | 28.53 | Y1-5（2） | 2.64 |
| Y1-2（6） | 33.96 | Y1-5（3） | 19.75 |
| Y1-2（7） | 112.84 | Y1-5（4） | 8.44 |
| Y1-2（8） | 29.05 | Y1-5（5） | 22.59 |

表 4-6 为 20 块页岩岩样的测试结果，从测量结果可以看出，测试页岩的渗透率分布范围为 0.00007～0.11284mD，平均渗透率为 0.02200mD。该井的微地震监测结果如图 4-32 所示。

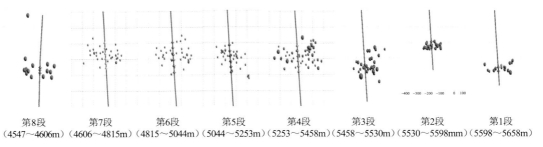

第8段　　　　　第7段　　　　　第6段　　　　　第5段　　　　　第4段　　　　　第3段　　　　　第2段　　　　　第1段
（4547～4606m）（4606～4815m）（4815～5044m）（5044～5253m）（5253～5458m）（5458～5530m）（5530～5598mm）（5598～5658m）

图 4-32　微地震监测图

微地震事件解释结果统计表如表 4-7 所示。

表 4-7　微地震事件统计表

| 井段 | 微地震事件个数 | 监测长度/m | 监测宽度/m | 监测厚度/m |
|---|---|---|---|---|
| 第 8 段 | 14 | 270 | 80 | 80 |
| 第 7 段 | 31 | 300 | 150 | 90 |
| 第 6 段 | 33 | 310 | 200 | 100 |
| 第 5 段 | 32 | 320 | 170 | 100 |
| 第 4 段 | 49 | 410 | 110 | 190 |
| 第 3 段 | 28 | 220 | 175 | 90 |
| 第 2 段 | 19 | 200 | 90 | 80 |
| 第 1 段 | 10 | 240 | 80 | 90 |

其余所需计算基础参数如表 4-8 所示。

表 4-8　H2 井基础参数表

| 变量 | 单位 | 数值 | 变量 | 单位 | 数值 |
|---|---|---|---|---|---|
| 气藏长度 | m | 1200 | Langmuir 体积 | $sm^3/m^3$ | 0.00124 |
| 气藏宽度 | m | 1000 | Langmuir 压力 | MPa | 5.14 |
| 储层厚度 | m | 42 | 甲烷分子直径 | m | $3.4\times10^{-10}$ |
| 初始压力 | MPa | 32.5 | 临界温度 | K | 189.85 |
| 井底流压 | MPa | 11 | 临界压力 | MPa | 4.57 |
| 储层温度 | K | 332 | 饱和吸附压力 | MPa | 4.5 |
| 孔隙度 | — | 0.06 | 岩石密度 | $kg/m^3$ | 2100 |
| 含气饱和度 | — | 0.8 | 基质压缩系数 | $MPa^{-1}$ | $1\times10^{-4}$ |
| 缝网渗透率 | $10^{-3}\mu m^2$ | 20 | 气体压缩系数 | $MPa^{-1}$ | $1.3\times10^{-2}$ |
| 缝网长度 | m | 120 | 气体黏度 | mPa·s | 0.027 |
| 缝网条数 | 条 | 8 | 动量调节系数 | — | 0.85 |
| 水平井长度 | m | 1045 | 纳米孔隙直径 | nm | 50 |
| 固有渗透率 | $10^{-3}\mu m^2$ | 0.000022 | 表面最大浓度 | $mol/m^3$ | 25040 |
| 气体常数 | J/(mol·K) | 8.314 | 表面扩散系数 | $m^2/s$ | $2.89\times10^{-10}$ |

**1. 缝网流量与位置和时间的关系**

为了研究缝网的产量分布特征，在本算例中设置缝网对称分布，分析了缝网流量分布与位置和时间的关系。

图 4-33 为缝网产量分布随时间变化的关系图。可以看出，在生产时间较小时（$t=$ 0.1d），各缝网的产量呈均匀分布，各缝网产量贡献相等。随着生产的进行，位于中间位置的缝网产量贡献逐渐变小，靠近边界处的流量贡献则相对较高，在空间上呈现出"两边高，中间低"的 U 形分布。当生产达到一定时间后，边界处缝网的贡献与中间位置

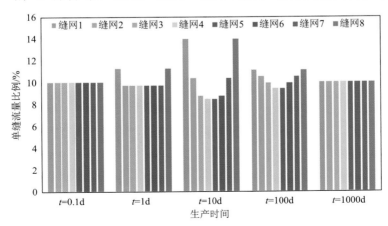

图 4-33　缝网产量分布与时间变化关系

的缝网贡献差距逐渐减小，最终各缝网的产量贡献相等。

图 4-34 和图 4-35 为不同位置的缝网日产气量与累产气量变化的关系曲线。由于缝网对称分布，所以选取了四条裂缝进行研究。可以看出，在开始生产阶段，不同位置处裂缝初期产量相同，此时各条裂缝产量贡献相同，这是由于生产初期各处地层压力基本相等，且裂缝之间相互干扰作用微弱。随着生产时间的增大，不同位置处裂缝日产气量逐渐变小，但靠近边界处裂缝产量递减速度相对较慢，而中间位置处裂缝递减速度较快，这是裂缝之间的相互干扰作用造成的。从靠近边界处到中间位置的裂缝，其产量递减速度变小，各条裂缝之间的产量差异也逐渐减缓。生产时间增加，各条裂缝日产量差异逐渐变小，在本算例中当生产时间达到 300d 时，裂缝产量分布接近一致，此时各条裂缝的产量贡献再次相等，这是由于生产后期储层压力下降，各条裂缝产量较小，从而裂缝之间的相互干扰作用也弱。

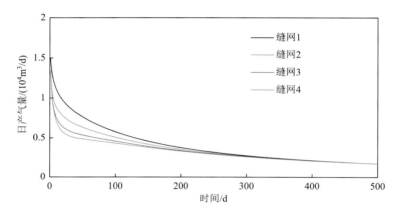

图 4-34　缝网日产气量与时间变化关系

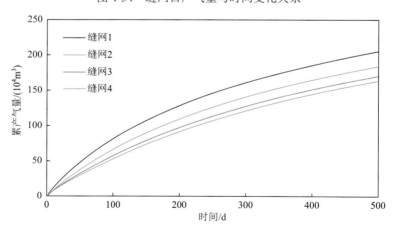

图 4-35　缝网累产气量与时间变化关系

**2. 离散段流量分布与时间关系**

图 4-36 为离散单元产量贡献随时间的变化曲线，可以看出在生产初始阶段，缝网区域流量分布呈现出靠近井筒处流量贡献比例较高，远离井筒处流量贡献先变小后增大的趋

势,总体上呈"W"形分布。随着生产时间的延长,靠近井筒处微元段的流量贡献比例逐渐变小,远离井筒处的流量逐渐增大,在生产时间达到 1000d 时,近井段流量逐渐相等,流量贡献比例总体上呈"U"形分布。

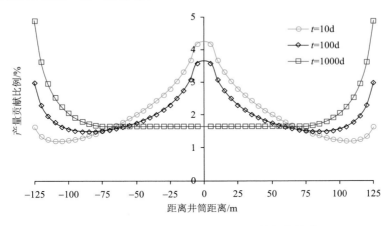

图 4-36　离散单元产量贡献随时间的变化关系

## 4.3.2　影响因素分析

针对影响压后产量的多尺度效应、渗透率变化、地层参数(孔隙尺度、气藏容积、吸附参数等)和缝网参数(缝网条数、宽度、长度、渗透率等)进行了分析。

### 4.3.2.1　多尺度效应

分别对考虑多尺度效应的多种微观渗流机理、不考虑多尺度效应(只考虑黏性流作用)两种情况进行了分析计算。

图 4-37 和图 4-38 分别为多尺度效应对页岩气藏多级压裂水平井日产气量和累产气量的影响。可以看出,随着页岩孔喉直径的增大,压裂水平井的日产气量和累产气量都逐渐

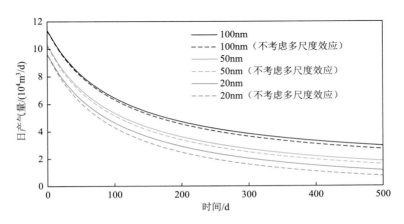

图 4-37　多尺度效应对日产气量的影响

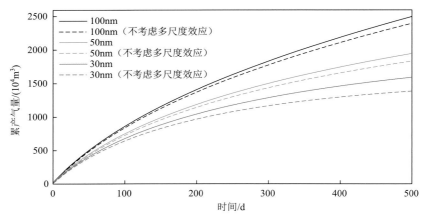

图 4-38　多尺度效应对累产气量的影响

增大。当忽略多尺度效应时（即只考虑黏性流，忽略解吸附作用、表面扩散、Knudsen
扩散、滑脱效应），在评价压后产能时会导致预测值偏小的情况。在生产初期，这种偏
差值较小，随着生产的进行，偏差值逐渐增大。而且随着页岩纳米孔喉直径的减小，这
种偏差的影响趋势逐渐增大。这是由于在生产初期，地层压力较高，多尺度效应作用比
较小，而后期地层压力下降，多尺度效应对产能的影响逐渐增大。在页岩孔隙尺寸减小
时，多尺度效应的影响逐渐增大，这正是微观渗流机理的影响程度随压力、孔隙尺度减
小而增强的宏观体现。

　　由前面的分析结果可知，页岩表观渗透率随着储层压力下降而逐渐上升，先前的产能
模型大多忽略了渗透率变化对产能的影响。采用本书模型，对考虑储层渗透率变化和不考
虑渗透率变化两种情况进行了分析计算。图 4-39 和图 4-40 是渗透率变化对多级压裂水平
井日产气量和累产气量的影响。可以看出，当忽略渗透率变化时，会造成预测值偏小的情
况，这也解释了采用传统达西线性渗流描述页岩产能预测值常常低于实际生产情况的原
因。随着页岩孔隙尺寸的增大，日产量和累产量逐渐增加，但渗透率变化引起的产量增长
幅度逐渐变小。随着生产时间增大，渗透率变化引起的产量增长幅度逐渐增大。这是由于
相比于高压力和大尺寸孔隙情况，渗透率变化在低压条件和小尺寸条件下表现更加强烈。

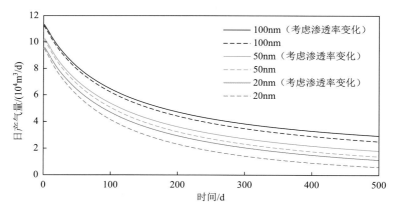

图 4-39　渗透率变化对日产气量的影响

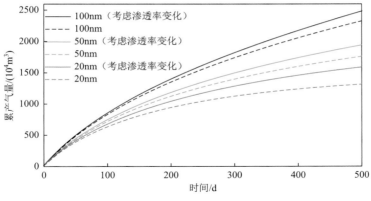

图 4-40　渗透率变化对累产气量的影响

### 4.3.2.2　地层参数

**1. 孔隙直径**

页岩孔隙尺寸分布范围为 2~1000nm，其中主要分布在 5~100nm 范围，取页岩孔隙尺寸为 10nm、20nm、50nm、80nm，对页岩孔隙尺寸的影响进行了分析，其结果如图 4-41 和图 4-42 所示。可以看出，压裂水平井日产气量和累产气量均随着页岩孔隙尺寸的增加

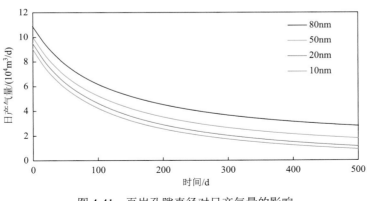

图 4-41　页岩孔隙直径对日产气量的影响

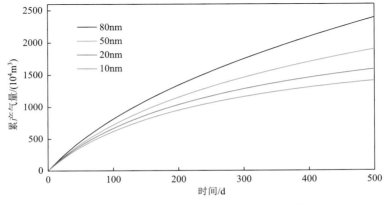

图 4-42　页岩孔隙直径对累产气量的影响

而逐渐增大，且增长速度也逐渐增快。不同孔隙尺寸之间的产量差值在生产初期较小，随着开发过程的进行，差值逐渐变大。

**2. 气藏容积**

封闭气藏的气藏容积对其产量具有直接的影响，气藏容积一方面决定了气藏的原始地质储量，另一方面也影响着压力波的传递。设置气藏容积为 1000m×1000m×20m，800m×800m×20m，600m×600m×20m 三种情况，分析了封闭气藏容积对日产气量和累产气量的影响，如图 4-43 和图 4-44 所示。可以看出，不同气藏容积下的压裂水平井初期日产气量相同，随着开发过程的进行，日产气量和累产气量逐渐呈现出差异，气藏容积对产气量的下降趋势和稳产时间都有影响。从总体上看，压裂水平井日产气量和累产气量与气藏容积呈正相关关系。在气藏容积较大时，日产气量稳产时间更长，日产气量更高。而气藏容积较小时，日产气量下降速度更快，日产气量更低。这是由于气藏体积的大小决定了储层压力下降的速度，气藏体积大的情况下储层压力下降速度更慢，从而使得日产气量和累产气量都更高。

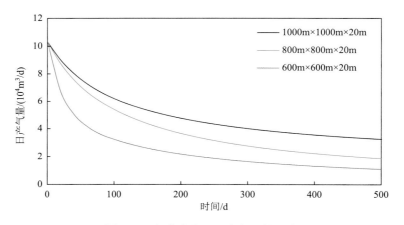

图 4-43　气藏容积对日产气量的影响

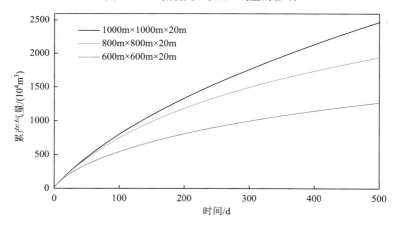

图 4-44　气藏容积对累产气量的影响

### 3. Langmuir 体积对产量的影响

图 4-45 和图 4-46 为不同 Langmuir 体积（$V_L$）对页岩气压裂水平井的日产气量和累产气量的影响关系曲线。可以看出，当忽略页岩气体解吸作用的时候，压裂水平井的日产气量递减较快，其日产气量和累产气量也相对较低。随着 Langmuir 体积（$V_L$）的增大，日产气量和累产气量也逐渐增加，但增长幅度逐渐减少。这是因为较大的 Langmuir 体积（$V_L$）表明储层具有更多的吸附气，因此在开发过程中压力降低时也有更多的吸附气发生解吸并伴随着游离气被采出。

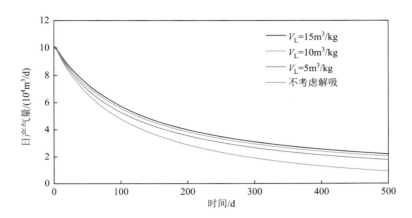

图 4-45　Langmuir 体积 $V_L$ 对压裂水平井日产气量的影响

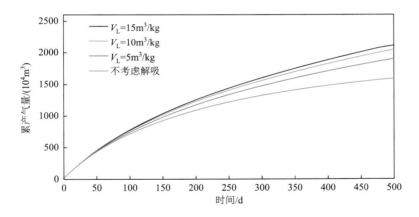

图 4-46　Langmuir 体积 $V_L$ 对压裂水平井累产气量的影响

### 4. Langmuir 压力对产量的影响

图 4-47 和图 4-48 为不同 Langmuir 压力（$P_L$）对页岩气压裂水平井的日产气量和累产气量的影响关系曲线。可以看出，与 Langmuir 体积（$V_L$）的影响类似，随着 Langmuir 压力（$P_L$）的增大，日产气量和累产气量也逐渐增加，但增长幅度逐渐减小。这是因为在储层的压力降相同时，Langmuir 压力（$P_L$）较高的储层能解吸出更多的吸附气体，从而使得日产气量和累产气量更高。

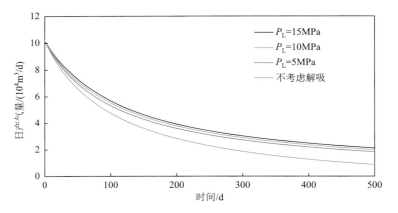

图 4-47　Langmuir 压力 $P_L$ 对压裂水平井日产气量的影响

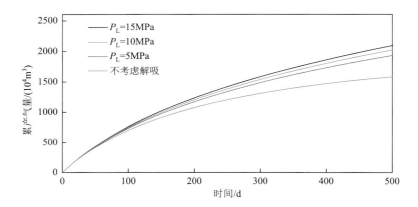

图 4-48　Langmuir 压力 $P_L$ 对压裂水平井累产气量的影响

### 4.3.2.3　缝网参数

在页岩气压裂后，缝网参数（段数、宽度、渗透率等）对压后产量都具有重要影响，下面将逐一讨论这些因素对压后日产气量和累产气量的影响。

**1. 缝网段数的影响**

图 4-49 和图 4-50 为缝网段数（$N$）对压裂水平井日产气量的影响关系曲线。可以看出，随着缝网段数的增加，压裂水平井的日产气量也逐渐增大，这种增长趋势在生产初期尤为明显。随着生产的进行，缝网段数对日产气量的影响趋势逐渐变小。这是由于压裂水平井生产初期主要是由线性流控制，因此增加缝网段数能够极大改善储层的渗流能力，所以缝网段数较多时初期产量较大。而在生产后期时，储层流体以拟径向流方式流动，此时缝网段数的影响很小。从图 4-50 可以看出，生产初期时，缝网段数较多情况下的累产气量增长速度较快。随着生产的进行，累产气量增长幅度逐渐变缓。

**2. 缝网系统渗透率的影响**

图 4-51 和图 4-52 为缝网系统渗透率（$K_f$）对压裂水平井日产气量和累产气量的影响关系曲线。可以看出，随着缝网系统渗透率的增加，压裂水平井的日产气量和累产气量也

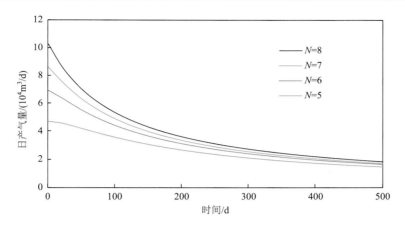

图 4-49　缝网段数对压裂水平井日产气量的影响

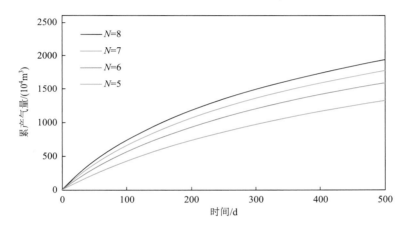

图 4-50　缝网段数对压裂水平井累产气量的影响

逐渐增加，当改造区的渗透率降低时，压裂水平井生产初期的日产量迅速降低。

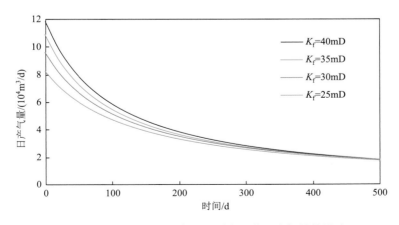

图 4-51　缝网系统渗透率对压裂水平井日产气量的影响

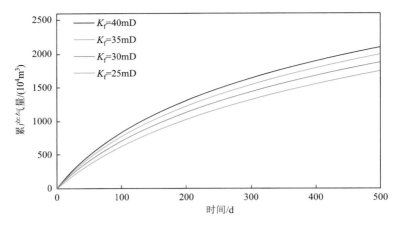

图 4-52　缝网系统渗透率对压裂水平井累产气量的影响

### 3. 缝网系统改造宽度的影响

图 4-53 和图 4-54 为缝网宽度对压裂水平井日产气量和累产气量的影响关系曲线。可

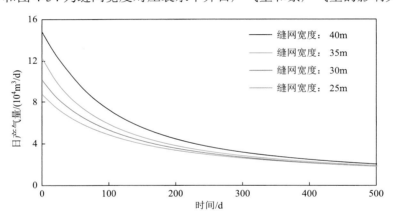

图 4-53　缝网宽度对压裂水平井日产气量的影响

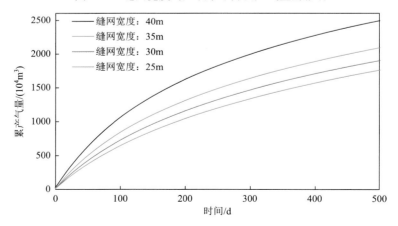

图 4-54　缝网宽度对压裂水平井累产气量的影响

以看出,压裂水平井的日产气量和累产气量随着缝网宽度的增加而增大。随着生产的进行,不同缝网宽度情况下的日产气量趋于相同。

**4. 缝网系统长度的影响**

图 4-55 和图 4-56 为缝网系统长度（$X_f$）对压裂水平井日产气量和累产气量的影响关系曲线（储层宽度不变）。可以看出,压裂水平井的日产气量和累产气量随着缝网系统长度的增加而增大。当缝网系统长度不同时,压裂水平井的初期日产气量不同,随着生产的进行,不同缝网宽度情况下的产气量趋于相同。

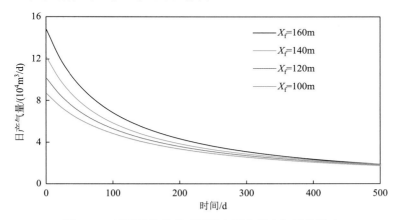

图 4-55　缝网系统长度对压裂水平井日产气量的影响

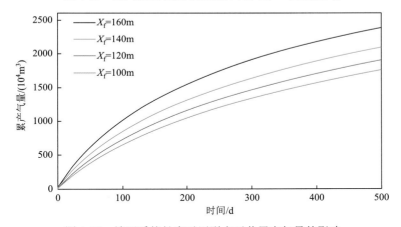

图 4-56　缝网系统长度对压裂水平井累产气量的影响

## 4.3.2.4　井底流压

页岩气藏开发过程中地层压力逐渐降低,其井底流压（$p_{wf}$）也随生成过程而逐渐变小,取井底流压分别为 8MPa、11MPa、14MPa 时,分析了不同井底流压对生产过程的影响。图 4-57 和图 4-58 为不同井底流压对压裂水平井日产气量和累产气量的影响关系曲线。在较低的井底流压情况下,由于气体渗流的驱动力更大,所以日产气量和累产气量都逐渐增加,且增加速度变大,这是由于在井底流压较低时,地层压力可以下降到更低的程度,从而使得页岩气体的微观渗流机理增强,即多尺度效应在低压条件下更加强烈。

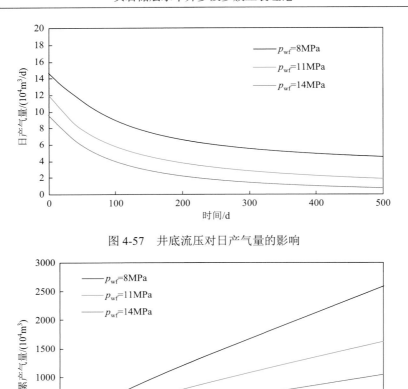

图 4-57　井底流压对日产气量的影响

图 4-58　井底流压对累产气量的影响

# 4.4　页岩水平井压裂裂缝参数优化

采用前面建立的页岩气多尺度产能预测模型，可以进行裂缝参数优化工作，这里将改造区域视为高渗透带（基质与支撑裂缝组成），本节介绍基质、支撑裂缝、高渗透带之间的表征方法转化关系[24]。

## 4.4.1　页岩压裂复杂压裂缝表征方法

对于压后的复杂缝网渗流系统，可将其等效为高渗透带。高渗透带系统的渗流能力远远大于储层基质的渗流能力，忽略储层基质向井筒中的渗流，取一高渗透带单元做如下假设（图 4-59、图 4-60）：①缝网空间完全由支撑剂充填；②高渗透带向井筒中的渗流等效为高渗透带的基质渗流和裂缝渗流；③高渗透带的渗流符合达西定律，近似为线性渗流。

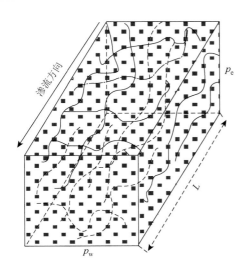
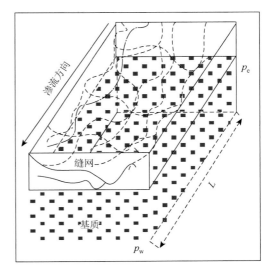

图 4-59　高渗透带单元示意图　　　　　图 4-60　高渗透带单元等效渗流模型示意图

高渗透带基质流向井筒中的流量，由达西定律可以得到：

$$q_{\mathrm{m}} = \frac{K_{\mathrm{m}} A_{\mathrm{m}} (p_{\mathrm{e}} - p_{\mathrm{w}})}{\mu L_{\mathrm{m}}} = \frac{K_{\mathrm{m}} V_{\mathrm{m}} (p_{\mathrm{e}} - p_{\mathrm{w}})}{\mu L_{\mathrm{m}}^2} \qquad (4\text{-}65)$$

同理，高渗透带裂缝流向井筒中的流量：

$$q_{\mathrm{f}} = \frac{K_{\mathrm{f}} A_{\mathrm{f}} (p_{\mathrm{e}} - p_{\mathrm{w}})}{\mu L_{\mathrm{f}}} = \frac{K_{\mathrm{f}} V_{\mathrm{f}} (p_{\mathrm{e}} - p_{\mathrm{w}})}{\mu L_{\mathrm{f}}^2} \qquad (4\text{-}66)$$

高渗透带系统的流量为

$$q = \frac{\bar{K} A (p_{\mathrm{e}} - p_{\mathrm{w}})}{\mu L} = \frac{\bar{K} V (p_{\mathrm{e}} - p_{\mathrm{w}})}{\mu L^2} \qquad (4\text{-}67)$$

由等效渗流原理知：

$$q = q_{\mathrm{m}} + q_{\mathrm{f}} \qquad (4\text{-}68)$$

由式（4-65）～式（4-68），假设 $L = L_{\mathrm{m}} = L_{\mathrm{f}}$，可得

$$\bar{K} = K_{\mathrm{m}} \frac{V_{\mathrm{m}}}{V_{\mathrm{m}} + V_{\mathrm{f}}} + K_{\mathrm{f}} \frac{V_{\mathrm{f}}}{V_{\mathrm{m}} + V_{\mathrm{f}}} = K_{\mathrm{m}} \frac{V - V_{\mathrm{f}}}{V} + K_{\mathrm{f}} \frac{V_{\mathrm{f}}}{V} \qquad (4\text{-}69)$$

由此可得支撑剂用量：

$$V_{\mathrm{f}} = \frac{(\bar{K} - K_{\mathrm{m}}) V}{K_{\mathrm{f}} - K_{\mathrm{m}}} \qquad (4\text{-}70)$$

式中，$q_{\mathrm{m}}$、$q_{\mathrm{f}}$、$q$ 分别表示高渗透带基质的流量、裂缝的流量、高渗透带系统的流量，m³/d；$K_{\mathrm{m}}$、$K_{\mathrm{f}}$、$\bar{K}$ 分别表示基质渗透率、支撑裂缝渗透率、高渗透带平均渗透率，mD；$A_{\mathrm{m}}$、$A_{\mathrm{f}}$、$A$ 分别表示基质渗流截面积、支撑裂缝渗流截面积、高渗透带渗流截面积，m²；$L_{\mathrm{m}}$、$L_{\mathrm{f}}$、$L$ 分别表示基质体长度、支撑裂缝长度、高渗透带长度，m；$V_{\mathrm{m}}$、$V_{\mathrm{f}}$、$V$ 分别表示基质体

积、支撑裂缝体积（砂量）、高渗透带体积，$m^3$；$\mu$ 表示原油黏度，$mPa \cdot s$；$p_e$、$p_w$ 分别表示泄油边界压力、井底流动压力，MPa。

式（4-70）即建立了单个高渗透带系统渗透率、基质渗透率、支撑裂缝渗透率与高渗透带体积、支撑裂缝体积（砂量）之间的关系，通过式（4-70）即可确定支撑剂用量。其中，储层渗透率可通过测井及室内实验获取，支撑裂缝渗透率可通过室内导流实验获取，高渗透带最优的改造体积和渗透率可通过产能模型优化得到。

### 4.4.2 页岩多段压裂裂缝参数优化

选取龙马溪组储层的一口实例井 Y1 井进行了裂缝参数优化。该实例井共完成了 16 段压裂施工，累计注入压裂液 $27740.5m^3$，支撑剂 1112.7t、$765.11m^3$，最高砂比 16%，施工排量 $6.8 \sim 15m^3/min$，施工泵压 $66 \sim 95MPa$。根据该井层的实际储层特征和实际施工情况建立了产能优化模型，从而优化了该井的裂缝长度和导流能力。

Y1 井的模拟基础数据如表 4-9 所示。

表 4-9 Y1 井基础参数表

| 参数项 | 参数值 | 参数项 | 参数值 |
| --- | --- | --- | --- |
| 储层深度/m | 3587 | 储层渗透率/mD | 0.207 |
| 储层厚度/m | 47.5 | 孔隙度/% | 3.875 |
| 原始地层压力/MPa | 70.7 | 岩石压缩系数/($10^{-4}MPa^{-1}$) | 5 |
| 气体体积系数（无因次） | 0.0132 | 气体扩散系数/($10^{-7}cm^2 \cdot s^{-1}$) | 4.13 |
| 地面天然气密度/(kg/cm³) | 0.725 | 气体黏度/($mPa \cdot s$) | 0.0195 |

对于该实例井改造后的裂缝网络采用高渗透带表示，高渗透带的大小和渗透率代表裂缝网络系统的大小和内部平均渗透率，其缝网长度、缝网宽度、缝网高度数据参见表 4-10。

表 4-10 威远龙马溪组某邻井微地震监测结果

| 段数 | 缝网长度/m | 缝网宽度/m | 缝网长宽比 | 缝网高度/m |
| --- | --- | --- | --- | --- |
| 1 | 235 | 70 | 3.4 | 60 |
| 2 | 190 | 70 | 2.7 | 80 |
| 3 | 290 | 90 | 3.2 | 80 |
| 4 | 264 | 85 | 3.1 | 70 |
| 5 | 300 | 130 | 2.3 | 80 |
| 6 | 270 | 80 | 3.4 | 65 |
| 7 | 285 | 120 | 2.4 | 60 |
| 8 | 250 | 80 | 3.1 | 50 |
| 9 | 205 | 140 | 1.5 | 100 |
| 10 | 340 | 120 | 2.8 | 100 |

续表

| 段数 | 缝网长度/m | 缝网宽度/m | 缝网长宽比 | 缝网高度/m |
|------|-----------|-----------|-----------|-----------|
| 11 | 260 | 100 | 2.6 | 85 |
| 12 | 340 | 50 | 6.8 | 70 |
| 13 | 340 | 50 | 6.8 | 70 |
| 14 | 420 | 85 | 4.9 | 65 |
| 15 | 340 | 90 | 3.8 | 40 |
| 16 | 360 | 90 | 4.0 | 40 |
| 17 | 300 | 70 | 4.3 | 45 |
| 18 | 360 | 90 | 4.0 | 70 |
| 19 | 230 | 115 | 2.0 | 45 |
| 平均 | 294 | 91 | 3.5 | 67 |

#### 4.4.2.1　裂缝半长优化

　　根据实际的水平井压裂段数及簇数，模拟不同裂缝半长（120m、160m、200m、240m、280m、320m、360m）的生产情况。第 1 年和第 2 年累产气量曲线随时间的变化情况如图 4-61 所示，可以看出累产气量随裂缝半长增加而增大，当裂缝半长大于 160m 时，累计产气量递增趋势减缓，因此最优裂缝半长为 160m。

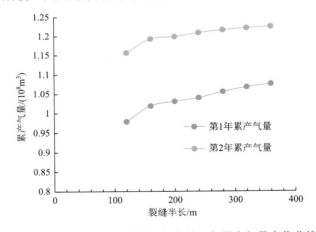

图 4-61　不同裂缝半长时第 1 年和第 2 年累产气量变化曲线

#### 4.4.2.2　裂缝导流能力优化

　　根据实际的水平井压裂段数及簇数，取裂缝半长为 160m，模拟不同高渗透带渗透率（1mD、3mD、5mD、7mD、9mD、11mD）的生产情况，累产气量曲线随渗透率的变化情况如图 4-62 所示，第 1 年和第 2 年累产气量曲线对比如图 4-61 所示，可知当高渗透带渗透率小于 3mD 时，累产气量随渗透率的增加而较快增长；当高渗透带渗透率大于 3mD 后，随着渗透率的不断增加，累产气量增幅较小，故高渗透带最佳渗透率为 3mD。

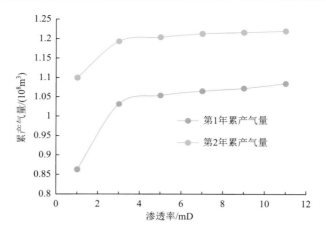

图 4-62　不同渗透率时第 1 年和第 2 年累产气量变化曲线

根据等效后高渗透带平均渗透率模型，得到等效裂缝体积与等效裂缝渗透率关系式：

$$K_e = (\overline{K} - K_m)\frac{\overline{V}}{V_e} + K_m \tag{4-71}$$

根据式（4-71），得到了在高渗透带渗透率为 3mD 条件下，等效裂缝体积与等效裂缝渗透率之间的关系曲线，如图 4-63 所示。

根据图 4-63 结果，等效裂缝体积随等效裂缝渗透率变化的曲线存在明显的拐点，在拐点左方，在小范围降低等效裂缝体积时，等效裂缝渗透率急剧增加，大幅增加了现场工艺加砂难度；而在拐点右方，在小范围降低等效裂缝渗透率时，所需等效裂缝体积急剧增加，大幅增加了现场工艺造缝难度。为了最大程度取得加砂与造缝之间的平衡，经济最优，优化等效裂缝渗透率为 14.87D 左右，等效裂缝体积为 14.87m³ 左右。

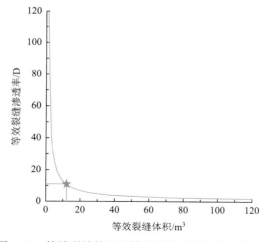

图 4-63　等效裂缝体积随等效裂缝渗透率变化的曲线

因此根据最优的等效裂缝长度和高度，可以计算得到等效裂缝最优宽度为 1.87mm，从而计算出等效裂缝最优导流能力为 2.7D·cm。

### 4.4.2.3　主次裂缝导流能力优化

页岩实际缝网不是平均分布，是由主干支撑裂缝＋一级次裂缝（粉陶支撑缝）＋二级次裂缝（自支撑缝）组成（图 4-64），优化的裂缝平均导流能力需转化为可评估的支撑裂缝导流能力、粉陶支撑裂缝导流能力和自支撑裂缝导流能力。

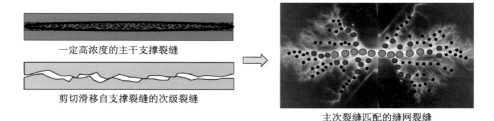

一定高浓度的主干支撑裂缝

剪切滑移自支撑裂缝的次级裂缝

主次裂缝匹配的缝网裂缝

图 4-64　主次裂缝及匹配示意图

假设页岩气水平井压后缝网系统中存在主裂缝、一级次裂缝和二级次裂缝，且一条主裂缝对应 $\alpha_1$ 条一级次裂缝，一条一级次裂缝对应 $\alpha_2$ 条二级次裂缝，因此，主裂缝、一级次裂缝和二级次裂缝渗流电路图如图 4-65 所示。

一级次裂缝之间的电阻为并联关系，则一级次裂缝总电阻为

$$\frac{1}{R_{ts}^{I}} = \frac{1}{R_s^{I}} + \frac{1}{R_s^{I}} + \cdots + \frac{1}{R_s^{I}} \tag{4-72}$$

简化得到：

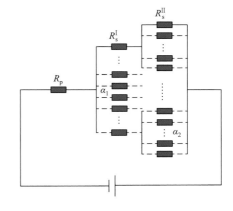

图 4-65　主裂缝、一级次裂缝和二级次裂缝电路图

$$R_{ts}^{I} = \frac{R_s^{I}}{\alpha_1} \tag{4-73}$$

$$R_{ts}^{I} = \frac{\mu L_s^{I}}{\alpha_1 K_s^{I} A_s^{I}} \tag{4-74}$$

式中，$\alpha_1$ 表示一条主裂缝对应的次裂缝条数。

主裂缝与一级次裂缝为串联关系，则等效裂缝总电阻为

$$R_e = R_s^{I} + R_p \tag{4-75}$$

将式（4-74）代入式（4-75）中，得到：

$$\frac{\mu L_e}{K_e A_e} = \frac{\mu L_s^{I}}{\alpha_1 K_s^{I} A_s^{I}} + \frac{\mu L_p}{K_p A_p} \tag{4-76}$$

其中，

$$L_e = L_s^{\mathrm{I}} + L_p \tag{4-77}$$

假设：

$$\frac{L_s^{\mathrm{I}}}{L_p} = \beta_1 \tag{4-78}$$

将式（4-77）和式（4-78）代入式（4-76）中，得到：

$$\frac{(1+\beta_1)L_p}{K_e A_e} = \frac{\beta_1 L_p}{\alpha_1 K_s^{\mathrm{I}} A_s^{\mathrm{I}}} + \frac{L_p}{K_p A_p} \tag{4-79}$$

$$\frac{(1+\beta_1)L_p}{K_e w_e h} = \frac{\beta_1 L_p}{\alpha_1 K_s^{\mathrm{I}} w_s^{\mathrm{I}} h} + \frac{L_p}{K_p w_p h} \tag{4-80}$$

由于导流能力 $F_c$ 为

$$F_c = Kw \tag{4-81}$$

将式（4-81）代入式（4-80），得到：

$$\frac{(1+\beta_1)}{F_{ce}} = \frac{\beta_1}{\alpha_1 F_{cs}^{\mathrm{I}}} + \frac{1}{F_{cp}} \tag{4-82}$$

$$F_{ce} = \frac{(\alpha_1 + \alpha_1\beta_1)F_{cs}^{\mathrm{I}} F_{cp}}{\alpha_1 F_{cs}^{\mathrm{I}} + \beta_1 F_{cp}} \tag{4-83}$$

式中，$F_{ce}$ 为中间变量。

二级次裂缝与一级次裂缝的关系和一级次裂缝与主裂缝的关系一样，都是属于并联关系，且各级裂缝之间渗流关系为串联。因此，根据式（4-83）的结果，可以得到一、二级次裂缝的等效裂缝导流能力。

$$F_e^{\mathrm{I}} = \frac{(\alpha_2 + \alpha_2\beta_2)F_s^{\mathrm{II}} F_s^{\mathrm{I}}}{\alpha_2 F_s^{\mathrm{II}} + \beta_2 F_s^{\mathrm{I}}} \tag{4-84}$$

将式（4-84）代入式（4-83）中，得到：

$$F_e = \frac{(\alpha_1 + \alpha_1\beta_1)F_p \dfrac{(\alpha_2 + \alpha_2\beta_2)F_s^{\mathrm{II}} F_s^{\mathrm{I}}}{\alpha_2 F_s^{\mathrm{II}} + \beta_2 F_s^{\mathrm{I}}} F_s^{\mathrm{II}} F_s^{\mathrm{I}}}{\alpha_1 \dfrac{(\alpha_2 + \alpha_2\beta_2)F_s^{\mathrm{II}} F_s^{\mathrm{I}}}{\alpha_2 F_s^{\mathrm{II}} + \beta_2 F_s^{\mathrm{I}}} + \beta_1 F_p} \tag{4-85}$$

对式（4-85）进行简化：

$$F_e = \frac{(\alpha_1 + \alpha_1\beta_1) \cdot (\alpha_2 + \alpha_2\beta_2)F_p F_s^{\mathrm{II}} F_s^{\mathrm{I}}}{\alpha_1(\alpha_2 + \alpha_2\beta_2)F_s^{\mathrm{II}} F_s^{\mathrm{I}} + \beta_1 F_p(\alpha_2 F_s^{\mathrm{II}} + \beta_2 F_s^{\mathrm{I}})} \tag{4-86}$$

式（4-72）~式（4-86）中，$\alpha_1$、$\beta_1$ 分别表示一级次裂缝与主裂缝数量、缝长的比值；$\alpha_2$、$\beta_2$ 分别表示二级次裂缝与主裂缝数量、缝长的比值；$R_p$、$R_{ts}^{\mathrm{I}}$ 分别表示主裂缝、总的次裂缝的渗流阻力；$R_s^{\mathrm{I}}$ 表示一级次裂缝渗流阻力；$L_p$ 表示主裂缝缝长，m；$h$ 表示储层厚度，m；$L_s^{\mathrm{I}}$ 表示次裂缝缝长，m；$K_e$、$K_p$、$K_s^{\mathrm{I}}$ 分别表示等效裂缝、主裂缝、一级次裂缝渗透率，D；$w_e$、$w_p$、$w_s^{\mathrm{I}}$ 分别表示等效裂缝、主裂缝、一级次裂缝缝宽，m；$A_e$、$A_p$、$A_s^{\mathrm{I}}$ 分别表示等效裂缝、主裂缝、一级次裂缝过流面积，m²；$F_e$、$F_p$、$F_s^{\mathrm{I}}$、$F_s^{\mathrm{II}}$ 分别表示

等效裂缝、主裂缝、一级次裂缝、二级次裂缝导流能力，D·cm。

　　根据上述模型，得到主裂缝、一级次裂缝和二级次裂缝的导流能力关系结果如图 4-66～图 4-83、表 4-11 所示。

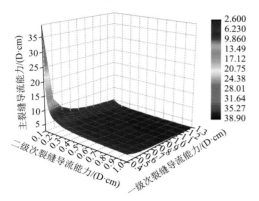

图 4-66　$\alpha_1 = 5$，$\alpha_2 = 5$ 时三种裂缝的导流
能力关系

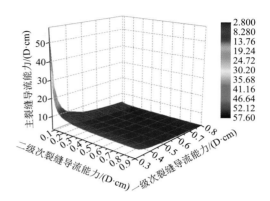

图 4-67　$\alpha_1 = 5$，$\alpha_2 = 10$ 时三种裂缝的导流
能力关系

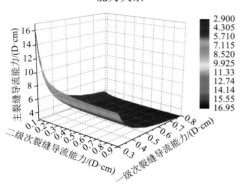

图 4-68　$\alpha_1 = 5$，$\alpha_2 = 15$ 时三种裂缝的导流
能力关系

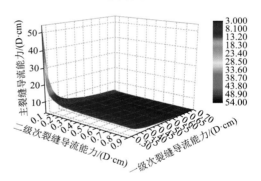

图 4-69　$\alpha_1 = 5$，$\alpha_2 = 20$ 时三种裂缝的导流
能力关系

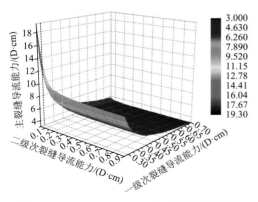

图 4-70　$\alpha_1 = 5$，$\alpha_2 = 30$ 时三种裂缝的导流
能力关系

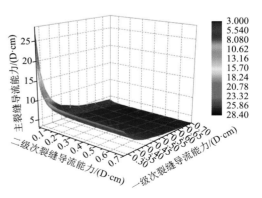

图 4-71　$\alpha_1 = 5$，$\alpha_2 = 40$ 时三种裂缝的导流
能力关系

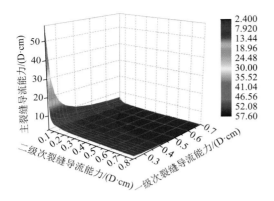

图 4-72　$\alpha_1 = 10$，$\alpha_2 = 5$ 时三种裂缝的导流
能力关系

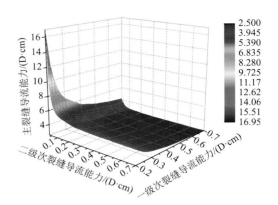

图 4-73　$\alpha_1 = 10$，$\alpha_2 = 10$ 时三种裂缝的导流
能力关系

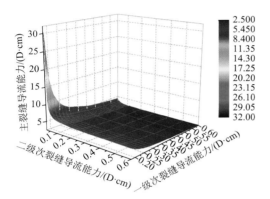

图 4-74　$\alpha_1 = 10$，$\alpha_2 = 15$ 时三种裂缝的导流
能力关系

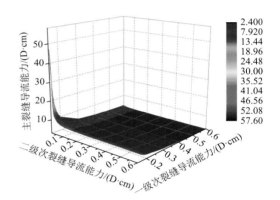

图 4-75　$\alpha_1 = 10$，$\alpha_2 = 20$ 时三种裂缝的导流
能力关系

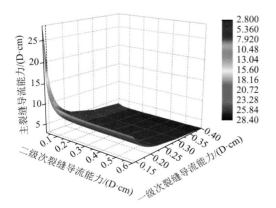

图 4-76　$\alpha_1 = 10$，$\alpha_2 = 30$ 时三种裂缝的导流
能力关系

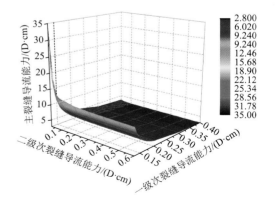

图 4-77　$\alpha_1 = 10$，$\alpha_2 = 40$ 时三种裂缝的导流
能力关系

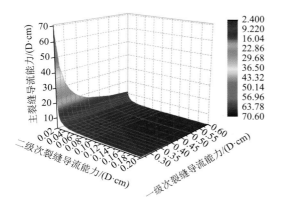

图 4-78　$\alpha_1 = 15$，$\alpha_2 = 5$ 时三种裂缝的导流
能力关系

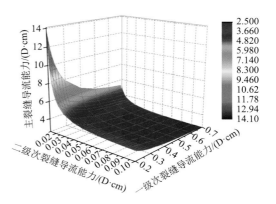

图 4-79　$\alpha_1 = 15$，$\alpha_2 = 10$ 时三种裂缝的导流
能力关系

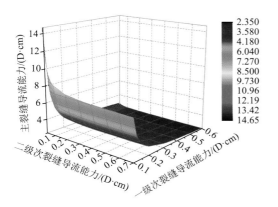

图 4-80　$\alpha_1 = 15$，$\alpha_2 = 15$ 时三种裂缝的导流
能力关系

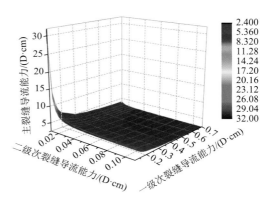

图 4-81　$\alpha_1 = 15$，$\alpha_2 = 20$ 时三种裂缝的导流
能力关系

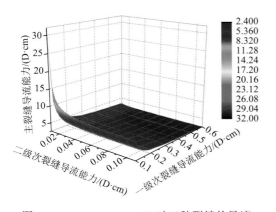

图 4-82　$\alpha_1 = 15$，$\alpha_2 = 30$ 时三种裂缝的导流
能力关系

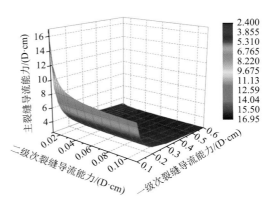

图 4-83　$\alpha_1 = 15$，$\alpha_2 = 40$ 时三种裂缝的导流
能力关系

**表 4-11　一级次裂缝、二级次裂缝不同数量比值下的最优裂缝导流能力**

| $\alpha_1$ | $\alpha_2$ | 主裂缝导流能力/(D·cm) | 一级次裂缝导流能力/(D·cm) | 二级次裂缝导流能力/(D·cm) |
|---|---|---|---|---|
| | 5 | 7.53 | 0.42 | 0.14 |
| | 10 | 7 | 0.38 | 0.14 |
| 5 | 15 | 6 | 0.38 | 0.14 |
| | 20 | 5.7 | 0.38 | 0.12 |
| | 30 | 5.5 | 0.34 | 0.12 |
| | 40 | 6.3 | 0.34 | 0.1 |
| | 5 | 6.4 | 0.24 | 0.09 |
| | 10 | 5 | 0.26 | 0.09 |
| 10 | 15 | 5 | 0.24 | 0.05 |
| | 20 | 4.8 | 0.2 | 0.05 |
| | 30 | 4.7 | 0.19 | 0.05 |
| | 40 | 4.7 | 0.16 | 0.05 |
| | 5 | 6.7 | 0.32 | 0.04 |
| | 10 | 3.94 | 0.3 | 0.03 |
| 15 | 15 | 3.6 | 0.2 | 0.07 |
| | 20 | 3.91 | 0.2 | 0.03 |
| | 30 | 3.91 | 0.18 | 0.03 |
| | 40 | 3.8 | 0.18 | 0.03 |

　　从图 4-66～图 4-83 的优化结果来看，随着主裂缝导流能力的增加，一级次裂缝和二级次裂缝导流能力降低，但都存在一个明显的拐点。在拐点左边，一级次裂缝导流能力或者二级次裂缝导流能力变化很小的范围，则主裂缝导流能力将会急剧变化；在拐点右边，主裂缝导流能力变化很小的范围，则一级和二级次裂缝导流能力将会急剧变化。因此优选三维图中拐点处为最佳导流能力值。

# 参 考 文 献

[1]　Beskok A，Karniadakis G E. Report：a model for flows in channels，pipes，and ducts at mico and nano scales[J]. Nanoscale and Microscale Thermophysical Engineering，1999，3（1）：43-77.

[2]　Shi J，Zhang L，Li Y，et al. Diffusion and flow mechanisms of shale gas through matrix pores and gas production forecasting[C]. SPE Unconventional Resources Conference Canada，SPE 167226，2013.

[3]　Adzumi H. Studies on the flow of gaseous mixtures through capillaries. Ⅰ. The viscosity of binary gaseous mixtures[J]. Bulletin of the Chemical Society of Japan，1937，12（5）：199-226.

[4]　Adzumi H. Studies on the flow of gaseous mixtures through capillaries. Ⅱ. The molecular flow of gaseous mixtures[J]. Bulletin of the Chemical Society of Japan，1937，12（6）：285-291.

[5]　Adzumi H. Studies on the flow of gaseous mixtures through capillaries. Ⅲ. The flow of gaseous mixtures at medium pressures[J]. Bulletin of the Chemical Society of Japan，1937，12（6）：292-303.

[6]　Shahri M R R，Aguilera R，Kantzas A. A new unified diffusion-viscous flow model based on pore level studies of tight gas formations[J]. SPE Journal，2012，18（1）：38-49.

[7]　孔祥言. 高等渗流力学[M]. 合肥：中国科学技术大学出版社，2010.

[8]　Xiong X. A fully-coupled free and adsorptive phase transport model for shale gas reservoirs including non-darcy flow effects [C].

SPE Annual Technical Conference and Exhibition，SPE 159758，2012.

[9]　Klinkenberg L J. The permeability of porous media to liquids and gases[J]. Socar Proceedings，1941，2（2）：200-213.

[10]　Javadpour F，Fisher D，Unsworth M. Nanoscale gas flow in shale gas sediments[J]. Journal of Canadian Petroleum Technology，2007，46（10）：55-61.

[11]　Civan F，Rai C S，Sondergeld C H. Shale-gas permeability and diffusivity inferred by improved formulation of relevant retention and transport mechanisms[J]. Transport in Porous Media，2011，86（3）：925-944.

[12]　Civan F，Rai C S，Sondergeld C H. Determining shale permeability to gas by simultaneous analysis of various pressure tests[J]. SPE Journal，2012，17（3）：717-726.

[13]　Civan F，Devegowda D，Sigal R F. Critical evaluation and improvement of methods for determination of matrix permeability of shale[R]. SEP Annual Technical Conference and Exhibition，New Orleans，Louisiana，USA，2013.

[14]　王才. 致密气藏压裂气井产能计算方法研究[D]. 北京：中国地质大学，2016.

[15]　Deng J，Zhu W，Ma Q. A New seepage model for shale gas reservoir and productivity analysis of fractured well[J]. Fuel，2014，124：232-240.

[16]　Wu K，Li X，Wang C，et al. Apparent permeability for gas flow in shale reservoirs coupling effects of gas diffusion and Desorption[C]. Unconventional Resources Technology Conference，URTEC：1921039，2014.

[17]　盛茂，李根生，黄中伟，等. 考虑表面扩散作用的页岩气瞬态流动模型[J]. 石油学报，2014（2）：347-352.

[18]　Javadpour F. Nanopores and apparent permeability of gas flow in mudrocks（shales and siltstone）[J]. Journal of Canadian Petroleum Technology，2009，48（8）：16-21.

[19]　Roy S，Raju R，Chuang H F，et al. Modeling gas flow through microchannels and nanopores[J]. Journal of Applied Physics，2003，93（8）：4870-4879.

[20]　张烈辉，陈果，赵玉龙，等. 改进的页岩气藏物质平衡方程及储量计算方法[J]. 天然气工业，2013（12）：66-70.

[21]　Wang J，Luo H，Liu H，et al. Variations of gas flow regimes and petro-physical properties during gas production considering volume consumed by adsorbed gas and stress dependence effect in shale gas reservoirs[C]. SPE Technical Conference and Exhibition，SPE 174996，2015.

[22]　Zeng F，Long C，Guo J. A novel unsteady model of predicting the productivity of multi-fractured horizontal wells [J]. International Journal of Heat & Technology，2015，33（4）：117-124.

[23]　Al-Ahmadi H A，Wattenbarger R A. Triple-porosity models：one further step towards capturing fractured reservoirs heterogeneity[C]. SPE/DGS Saudi Arabia Section Technical Symposium and Exhibition，SPE 149054，2011.

[24]　郭建春，苟波，赵志红. 一种页岩油藏水力压裂支撑剂量的确定方法：102865060 A[P]. 2013.01.09.

# 第 5 章　　页岩水平井多段多簇压裂扩展模拟

水力裂缝的延伸力学机理和扩展模拟是进行水力压裂设计的核心，是对水力裂缝参数进行定量模拟分析的理论基础。常规水力裂缝延伸是在单一裂缝扩展基础上建立的，主要经历了一个从二维到拟三维、再到全三维的发展历程。基于这些较为成熟的理论，发展了对应的水力压裂优化设计软件，包括 StimPlan、Fracpro PT、Meyer、Gohfer 等，为常规水力压裂的优化设计提供了强有力的工具。然而，页岩储层的水力裂缝扩展表现为复杂的延伸机制，具有复杂的网状扩展特性，裂缝延伸多表现为非平面性、多分支性和较大的随机性。经典的平面裂缝扩展理论不能满足页岩储层中水力裂缝扩展的要求，需要从机理上探究页岩储层的裂缝形成机制，为页岩储层的缝网压裂设计提供相应的理论基础。

本章针对页岩储层地质特征和开发页岩分段压裂工艺的特殊性，分别考虑页岩储层中的弱面（天然裂缝和层理界面）和多段多簇压裂多裂缝间的应力干扰对裂缝扩展的影响，模拟水力裂缝扩展过程中的几何尺寸及其形态，进而优化水平井分段压裂射孔参数。

## 5.1　　页岩-弱面交互压裂裂缝扩展数学模型

水力压裂是一个非常复杂的过程，不仅地层岩石的非均质性、地应力的不确定性和岩石行为会对裂缝扩展产生重要影响，而且压裂过程中还涉及复杂的物理过程。当地层存在天然裂缝或者层理时，裂缝扩展主要包括四个过程：①缝内压力导致岩石的变形；②压裂液在裂缝内的流动；③裂缝延伸；④弱面的影响。岩石的形变通常用线弹性力学来计算。用非线性偏微分方程将缝内液体的流动简化为沿着沟渠的流动，该过程涉及沿缝宽方向的液体流速和沿裂缝方向的压力梯度。裂缝的延伸过程主要是基于岩石的线弹性断裂理论。当遇到天然裂缝或者多薄层时，水力裂缝延伸会更加复杂和不确定。为了解决该问题，需要在原有的认识上进行更深入的研究。

页岩储层存在弱面时采用有限元软件 ABAQUS 模拟水力裂缝动态扩展，同时考虑孔隙压力和压裂液的滤失对裂缝扩展的影响。用带有孔隙压力的 Cohesive 单元模拟水力裂缝行为。Cohesive 单元主要有两个作用：一是根据损伤力学原理，模拟裂缝的起裂和扩展；二是模拟流体在裂缝中的流动。三维的 Cohesive 单元共有三层，每层四个节点。上下层节点张开，用于模拟裂缝的起裂和扩展，而中间四个节点用于模拟裂缝中流体的切向流动，如图 5-1 所示。

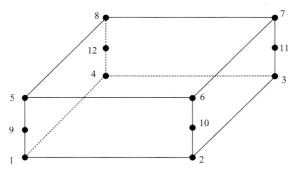

图 5-1　三维 Cohesive 单元

## 5.1.1　Cohesive 单元线弹性力学模型

在 Cohesive 单元出现损伤前，应力应变满足线性关系：

$$\boldsymbol{\sigma} = \left\{ \begin{array}{c} \sigma_n \\ \sigma_s \\ \sigma_t \end{array} \right\} = \boldsymbol{K}\boldsymbol{\varepsilon} = \left[ \begin{array}{ccc} K_{nn} & K_{sn} & K_{tn} \\ K_{ns} & K_{ss} & K_{ts} \\ K_{nt} & K_{st} & K_{tt} \end{array} \right] \left\{ \begin{array}{c} \varepsilon_n \\ \varepsilon_s \\ \varepsilon_t \end{array} \right\} \tag{5-1}$$

式中，$\sigma$ 为 Cohesive 单元承受的应力矢量；$\sigma_n$、$\sigma_s$ 和 $\sigma_t$ 分别为 Cohesive 单元法向和两个切向方向承受的应力，MPa；$\boldsymbol{K}$ 为单元刚度矩阵；$\varepsilon$ 为 Cohesive 单元产生的应变；$\varepsilon_n$、$\varepsilon_s$ 和 $\varepsilon_t$ 分别为 Cohesive 单元法向和两个切向方向的应变。

用 Cohesive 单元表征材料的损伤时，由于在材料未损伤之前，Cohesive 单元的几何厚度一般为 0，因此，Cohesive 单元在这种情况下计算的应变将会产生奇异。为消除该奇异，一般采用单元本构厚度 $T_0$ 来代替 Cohesive 单元的实际厚度，本构厚度用于 Cohesive 单元的应力和应变的计算，一般情况下，$T_0$ 取值为 1。

## 5.1.2　裂缝内流体流动模型

假设流体为不可压缩的牛顿流体，其在 Cohesive 单元损伤区内的流动分为垂直裂缝面的法向流动和沿裂缝面的切向流动[1]。切向流动促使裂缝扩展，法向流动表示流体滤失到地层中，如图 5-2 所示。

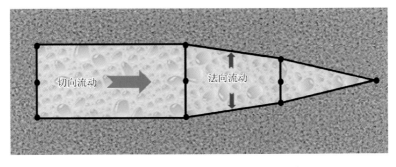

图 5-2　Cohesive 裂缝单元的流体流动示意图

### 5.1.2.1 流体切向流动

将裂缝内的压裂液视为不可压缩的牛顿流体，其切向流动计算式为

$$q = -\frac{w^3}{12\mu}\Delta p \tag{5-2}$$

式中，$q$ 为切向流量，$m^3/s$；$\Delta p$ 为 Cohesive 单元长度方向的压降梯度，$Pa/m$；$w$ 为缝宽，$m$；$\mu$ 为压裂液黏度，$Pa·s$。

### 5.1.2.2 流体法向流动

压裂液向地层的滤失可描述为流体在裂缝面法线方向的流动，通过设定法向滤失系数的方式，在裂缝表面形成一个渗透层，如图 5-3 所示。

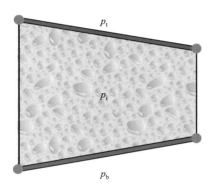

压裂流体在 Cohesive 单元上、下表面的法向渗流可表示为

$$\begin{cases} q_t = c_t(p_i - p_t) \\ q_b = c_b(p_i - p_b) \end{cases} \tag{5-3}$$

式中，$q_t$、$q_b$ 分别为流体沿着裂缝上、下表面的流量，$m^3/s$；$c_t$、$c_b$ 分别为流体在裂缝上、下表面的滤失系数，无因次；$p_i$ 为 Cohesive 裂缝单元中间面的流体压力，$MPa$；$p_t$、$p_b$ 分别为流体在裂缝上、下表面的孔隙压力，$MPa$。

图 5-3 压裂液滤失示意图

### 5.1.2.3 裂缝壁面压降方程

将水力裂缝内的流体流动假设为两块平行板间的层流流动，那么，其压降梯度满足以下方程：

$$\frac{dp}{dx} = -\frac{12\mu q}{h_f w^3} \tag{5-4}$$

式中，$\mu$ 为压裂液黏度，$Pa·s$；$q$ 为单翼裂缝流量，$m^3/s$；$h_f$ 为裂缝高度，$m$；$w$ 为裂缝宽度，$m$。

裂缝面内的压降方程为

$$\begin{cases} p = -\frac{12\mu qx}{h_f w_0^2 w} + p_0, & p > H \\ p = H, & p \leqslant H \end{cases} \tag{5-5}$$

式中，$H$ 为渗透压力值，$MPa$；$p_0$ 为井底压力，$MPa$；$w_0$ 为最大缝宽，$m$。

## 5.1.3 压裂渗流-应力耦合模型

在水力压裂扩展过程中，随着压裂液不断地注入，缝内压力不断升高，增加了压裂液

向地层滤失的能力，使岩石孔隙压力增加，改变了岩石的受力状态。同时，岩石应力状态的改变必将引起孔隙度、流体流速等参数改变，这些参数反过来也会影响储层孔隙压力的改变。可以看出，压裂过程中压裂液渗流与岩石变形相互制约，这种相互制约关系称为岩石渗流-应力耦合。通过求解应力平衡方程和流体连续性方程来实现该耦合过程[2]。

岩石应力平衡方程为

$$\int_{\Omega}(\bar{\sigma}-p_{\mathrm{w}}I)\delta_{\dot{\varepsilon}}\mathrm{d}\Omega=\int_{S}T\delta_{\mathrm{v}}\mathrm{d}S+\int_{\Omega}f\delta_{\mathrm{v}}\mathrm{d}\Omega+\int_{\Omega}\varphi\rho_{\mathrm{w}}g\delta_{\mathrm{v}}\mathrm{d}\Omega \tag{5-6}$$

流体渗流连续方程为

$$\frac{\mathrm{d}}{\mathrm{d}t}\left(\int_{\Omega}\varphi\mathrm{d}\Omega\right)=-\int_{S}\varphi v_{\mathrm{w}}\mathrm{d}S \tag{5-7}$$

式（5-6）、式（5-7）中，$\bar{\sigma}$ 为岩石中的有效应力，MPa；$p_{\mathrm{w}}$ 为孔隙流体压力，MPa；$\delta_{\dot{\varepsilon}}$ 为虚应变场，m；$T$ 为单位积分区域外表面力，MPa；$\delta_{\mathrm{v}}$ 为节点虚速度场，m/s；$f$ 为不考虑流体重力的单位体积力，MPa；$\varphi$ 为岩石孔隙度，无因次；$\rho_{\mathrm{w}}$ 为流体密度，kg/m³；$v_{\mathrm{w}}$ 为岩石孔隙间流体流动的速度，m/s；$t$ 为计算时间，s；$S$ 为外表面积，m²；$\Omega$ 为研究区域。

在水力压裂过程中，储层的孔隙度 $\varphi$ 和渗透率 $k$ 都随着孔隙体积的变化而变化，模拟过程中两参数是实时更新的，其流-固耦合动态方程为

$$\begin{cases} \varphi=\dfrac{\varphi_0-\varepsilon_{\mathrm{v}}}{1-\varepsilon_{\mathrm{v}}} \\ k=k_0\dfrac{1}{1-\varepsilon_{\mathrm{v}}}\left\{1-\dfrac{\varepsilon_{\mathrm{v}}}{\varphi_0}\right\}^3 \end{cases} \tag{5-8}$$

式中，$\varphi_0$ 为储层岩石初始孔隙度，无因次；$k_0$ 为储层岩石初始渗透率，μm²；$\varepsilon_{\mathrm{v}}$ 为孔隙体积变化率。

水力压裂过程中，认为天然裂缝存在剪应力损伤和拉应力损伤两种情况，天然裂缝的损伤使其渗透率产生突变增大，渗流引起的附加应力增大，致使相邻间的天然裂缝连通，形成裂缝网络，达到改造体积的目的。

### 5.1.4　裂缝起裂及扩展准则

采用单元刚度退化的 Traction-Separation 准则来模拟裂缝的起裂与扩展，在 Cohesive 单元未出现损伤之前，单元满足线性本构关系。满足损伤判据之后，单元刚度逐渐退化，直至单元刚度为 0，失去承载能力（图 5-4）。

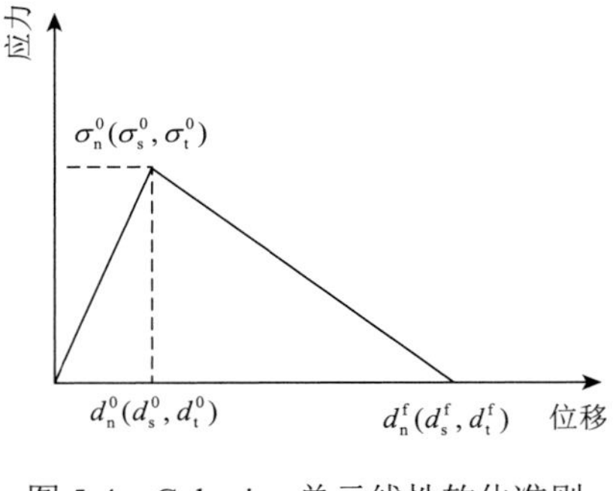

图 5-4　Cohesive 单元线性软化准则

#### 5.1.4.1　裂缝起裂准则

ABAQUS 模拟水力裂缝起裂的准则主要有四种：①最大应力准则；②二次应力准则；③最大应变准则；④二次应变准则。这里采用目前广泛应用的二次应力失效准则[3]，即当两个方向的应力平方和为 1 时，岩石初始断裂开始发生。即

$$\left\{\frac{\langle\sigma_n\rangle}{\sigma_n^0}\right\}^2 + \left\{\frac{\sigma_s}{\sigma_s^0}\right\}^2 = 1 \qquad (5\text{-}9)$$

式中，$\sigma_n$ 为法向应力，MPa；$\sigma_s$ 为切向应力，MPa；$\sigma_n^0$ 为岩石的抗拉强度，MPa；$\sigma_s^0$ 为切向损伤的阈值应力，MPa。

$\langle\sigma_n\rangle$ 表示 Cohesive 单元不能模拟压缩破坏：

$$\langle\sigma_n\rangle = \begin{cases} \sigma_n, & \sigma_n \geqslant 0 \\ 0, & \sigma_0 < 0 \end{cases} \qquad (5\text{-}10)$$

### 5.1.4.2　裂缝扩展准则

Cohesive 单元采用刚度退化描述单元损伤演化过程，损伤模式同样遵从 Traction-Separation 准则。其表达式为

$$\begin{aligned} \sigma_n &= \begin{cases} (1-D)\bar{\sigma}_n, & \bar{\sigma}_n \geqslant 0 \\ \bar{\sigma}_n, & \text{Cohesive单元受压时} \end{cases} \\ \sigma_s &= (1-D)\bar{\sigma}_s \\ \sigma_t &= (1-D)\bar{\sigma}_t \end{aligned} \qquad (5\text{-}11)$$

式中，$\bar{\sigma}_n$、$\bar{\sigma}_s$ 和 $\bar{\sigma}_t$ 分别为 Cohesive 单元法向和两个切向在未损伤前按照线弹性 Traction-Separation 准则在当前应变下预测得到的应力，MPa；$\sigma_n$、$\sigma_s$ 和 $\sigma_t$ 分别为三个方向实际承受的应力，MPa；$D$ 为无量纲损伤因子，它的取值为 $0\sim1$，$D = 0$ 表示材料未损伤，$D = 1$ 表示材料完全损伤。

水力裂缝扩展准则主要是基于位移扩展准则和能量扩展准则[4]。位移扩展准则包括线性位移扩展准则和指数位移扩展准则，能量扩展准则包括线性能量损伤准则和非线性能量损伤准则。在不同的准则下的损伤因子 $D$ 的计算方法有所不同，这里采用线性能量扩展准则，能量准则中选取由 Benzeggagh 和 Kenane 提出的 B-K 临界能量释放率准则，即

$$G_n^C + (G_s^C - G_n^C)\left\{\frac{G_s + G_t}{G_n + G_s + G_t}\right\}^{\eta} = G^C \qquad (5\text{-}12)$$

式中，$G_n^C$ 为裂缝法向断裂临界应变能释放率，N/mm；$G_s^C$、$G_t^C$ 为两切向断裂临界能量释放率，N/mm；$\eta$ 为与材料本身特性有关的常数，无因次；$G^C$ 为复合型裂缝临界断裂能量释放率，N/mm。

线性损伤因子的计算公式为

$$D = \frac{d_m^f(d_m^{max} - d_m^0)}{d_m^{max}(d_m^f - d_m^0)} \qquad (5\text{-}13)$$

式中，$d_m^f$ 为单元完全破坏时的位移，m；$d_m^{max}$ 为岩石加载过程中达到的最大位移，m；$d_m^0$ 为岩石初始损伤时的位移，m。

## 5.1.5　天然裂缝损伤模型

这里将胶结的天然微裂缝考虑成具有较低强度的弱面，通过连续损伤力学方法，将

天然裂缝的塑性损伤流体渗流耦合引入 Mohr-Coulomb 准则，考虑天然裂缝拉应力损伤和渗透性损伤演化，模拟存在天然裂缝条件下的裂缝扩展[5, 6]。

### 5.1.5.1　弹塑性损伤模型

根据连续损伤力学有效应力概念和应变等效原理，天然裂缝损伤的弹塑性模型可表示为

$$\{d\varepsilon\} = \{d\varepsilon_e\} + \{d\varepsilon_p\} + \{d\varepsilon_d\} \tag{5-14}$$

式中，$\{d\varepsilon\}$ 为总应变，无因次；$\{d\varepsilon_e\}$ 为弹性应变，无因次；$\{d\varepsilon_p\}$ 为塑性应变，无因次；$\{d\varepsilon_d\}$ 为损伤应变，无因次。

弹性应变可表示为

$$\{d\varepsilon_e\} = [K^*]^{-1}\{d\sigma\} \tag{5-15}$$

式中，$[K^*] = (1-D)[K]$，$D$ 为损伤因子，无因次；$[K]$ 为弹性矩阵。

由损伤力学可知，损伤裂缝的屈服函数 $F$ 和塑性势 $G$ 为

$$F(\sigma, H(\chi), D) = 0 \tag{5-16}$$

$$G(\sigma, H(\chi), D) = 0 \tag{5-17}$$

式中，$\sigma$ 为应力，MPa；$\chi$ 为内变量的标量，表示等效塑性应变，无因次；$H$ 为描述材料塑性变形发展时材料的软化；$G$ 为势函数。

天然裂缝的塑性变形和损伤同时出现，则塑性应变和损伤应变为

$$\{d\varepsilon_p\} + \{d\varepsilon_d\} = \lambda \left\{ \frac{\partial G(\sigma, H(\chi), D)}{\partial \sigma} \right\} \tag{5-18}$$

式中的 $\lambda$ 与材料的硬化法则有关。$\lambda$ 可表达为

$$\lambda = \frac{\left\{ \dfrac{\partial F}{\partial \sigma} \right\}^{\mathrm{T}} [K^*]\{d\varepsilon\}}{\left\{ \dfrac{\partial F}{\partial \sigma} \right\}^{\mathrm{T}} [K^*]\left\{ \dfrac{\partial G}{\partial \sigma} \right\} - A} \tag{5-19}$$

式中，$A$ 为硬化参数。由经典的弹塑性理论，损伤材料的塑性矩阵可表示为

$$[D_p^*] = \frac{[K^*]\left\{ \dfrac{\partial G}{\partial \sigma} \right\}\left\{ \dfrac{\partial F}{\partial \sigma} \right\}^{\mathrm{T}} [K^*]}{\left\{ \dfrac{\partial F}{\partial \sigma} \right\}^{\mathrm{T}} [K^*]\left\{ \dfrac{\partial G}{\partial \sigma} \right\} - A} \tag{5-20}$$

### 5.1.5.2　修正的 Mohr-Coulomb 准则

岩石的有效抗剪强度参数 $c^*$、$\phi^*$ 是损伤状态的函数。在损伤及孔隙压力的共同作用下，岩石破坏的 Mohr-Coulomb 准则用有效应力、孔隙压力和有效抗剪强度表示为

$$\frac{\tau_n}{1-D} = c^* + \frac{\sigma_n + Dp_w}{1-D}\tan\phi^* \tag{5-21}$$

式中，$\sigma_n$ 为破坏面上的法向应力，MPa；$\tau_n$ 为破坏面上的切向应力，MPa；$p_w$ 为孔隙压力，MPa。

设岩石的单轴抗压强度为 $\sigma_{\mathrm{c}}$，损伤后岩石的单轴强度 $\sigma_{\mathrm{c}}^{*} = (1 - D)\sigma_{\mathrm{c}}$。根据 Mohr-Coulomb 准则，$c^{*}$、$\phi^{*}$ 与单轴抗压强度之间的关系为

$$\sigma_{\mathrm{c}}^{*} = (1 - D)\sigma_{\mathrm{c}} = \frac{2c^{*}\cos\phi^{*}}{1 - \sin\phi^{*}} \tag{5-22}$$

可知损伤岩石的有效抗剪强度参数 $c^{*}$、$\phi^{*}$ 可表示为破坏面上法向应力、切向应力、岩石单轴抗压强度和岩石损伤变量的函数。

### 5.1.5.3　天然裂缝损伤演化方程

**1. 天然裂缝的拉应力损伤**

规定压应力（压应变）为负，拉应力（拉应变）为正。在单轴拉伸应力作用下的损伤演化方程为

$$D = \begin{cases} 0, & 0 < \overline{\varepsilon} \leqslant \varepsilon_{\mathrm{t0}} \\ 1 - \lambda S_{\mathrm{t}} / \overline{\varepsilon} E_{0}, & \varepsilon_{\mathrm{t0}} < \overline{\varepsilon} \leqslant \varepsilon_{\mathrm{tu}} \\ 1, & \varepsilon_{\mathrm{tu}} < \overline{\varepsilon} \end{cases} \tag{5-23}$$

式中，$\lambda$ 为残余强度系数；$E_{0}$ 为天然裂缝未损伤时的弹性模量，GPa；$\varepsilon_{\mathrm{t0}}$ 为弹性极限所对应的拉伸应变；$\varepsilon_{\mathrm{tu}}$ 为天然裂缝的极限拉伸应变。

$\overline{\varepsilon}$ 可表示为

$$\overline{\varepsilon} = \sqrt{\varepsilon_{\mathrm{p1}}{}^{2} + \varepsilon_{\mathrm{p2}}{}^{2} + \varepsilon_{\mathrm{p3}}{}^{2}} \tag{5-24}$$

式中，$\varepsilon_{\mathrm{p1}}$、$\varepsilon_{\mathrm{p2}}$ 和 $\varepsilon_{\mathrm{p3}}$ 分别为 3 个主塑性应变。

**2. 天然裂缝的剪应力损伤**

天然裂缝在应力和孔隙压力的耦合作用下，超过其极限强度时，产生塑性变形，等效塑性应变为

$$\overline{\varepsilon}_{\mathrm{p}} \frac{\sqrt{2}}{3} = \sqrt{(\varepsilon_{\mathrm{p1}} - \varepsilon_{\mathrm{p2}})^{2} + (\varepsilon_{\mathrm{p2}} - \varepsilon_{\mathrm{p3}})^{2} (\varepsilon_{\mathrm{p3}} - \varepsilon_{\mathrm{p1}})^{2}} \tag{5-25}$$

损伤因子与等效塑性应变满足一阶指数衰减函数，将等效塑性应变进行归一化，即

$$D = A_{0} \mathrm{e}^{-\overline{\varepsilon}_{\mathrm{pn}} / a} + B_{0} \tag{5-26}$$

式中，$\overline{\varepsilon}_{\mathrm{pn}}$ 为归一化的等效塑性应变；$a$ 为材料参数，通过实验确定，满足下列关系：

$$A_{0} = \frac{1}{\mathrm{e}^{-1/a} - 1}; \quad B_{0} = -\frac{1}{\mathrm{e}^{-1/a} - 1}$$

### 5.1.5.4　天然裂缝渗透性演化方程

**1. 未损伤天然裂缝的渗透性演化方程**

渗透系数与体积应变的关系为

$$k = \frac{k_{0}\left\{n_{0} - \left[\varepsilon_{\mathrm{v}} - \dfrac{\varepsilon_{\mathrm{v}}^{2}}{1 + \varepsilon_{\mathrm{v}}}(1 - n_{0})\right]\right\}^{3}}{n_{0}^{3}(1 - \varepsilon_{\mathrm{v}})} \tag{5-27}$$

式中，$k_0$ 为初始渗透系数，m/s；$n_0$ 为初始孔隙度，无因次；$\varepsilon_v$ 为孔隙体积变化率，无因次。

**2. 损伤天然裂缝的渗透性演化方程**

天然裂缝中损伤的部分仍可以承受剪切载荷和孔隙压力，按照渗流的立方体定律，岩石的损伤渗透系数按下式演化：

$$k = (1 - D)k_0 + Dk_f(1 + \varepsilon_v^{PF})^3 \qquad (5\text{-}28)$$

式中，$k_0$ 为未损伤岩石的渗透系数，m；$k_f$ 为破裂岩石的渗透系数，m；$\varepsilon_v^{PF}$ 为缺陷相的塑性体积应变，无因次；$D$ 为损伤因子。

# 5.2　页岩-弱面交互水力裂缝扩展模拟

## 5.2.1　水力裂缝-天然裂缝交互扩展

根据天然裂缝在储层中的展布情况，建立存在一定倾角的天然裂缝的页岩储层水力裂缝扩展有限元数值模拟模型，如图 5-5 所示。

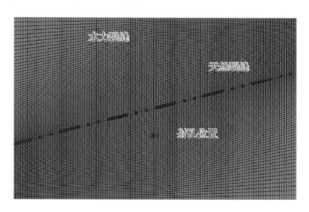

图 5-5　存在天然裂缝的页岩储层数值模型

这里采用四川盆地龙马溪组 H 井的地质参数作为已知量，根据该井岩石力学实验结果和测井资料统计结果整理了数值模拟裂缝扩展所需参数。其中储层参数见表 5-1。

**表 5-1　数值模拟裂缝扩展所需参数表**

| 岩性 | $E$/GPa | $\nu$/无因次 | $K$/mD | $\phi$/% | $p_n$/MPa | $\sigma_v$/MPa | $\sigma_H$/MPa | $\sigma_h$/MPa |
|---|---|---|---|---|---|---|---|---|
| 页岩 | 21.7 | 0.23 | 0.059 | 2.14 | 54.3 | 98.6 | 78.2 | 74.3 |

Cohesive 单元参数见表 5-2。

表 5-2　Cohesive 单元参数表

| 层位 | $E_n$/GPa | $E_s$/GPa | $E_t$/GPa | $t_n^0$/MPa | $t_t^0$/MPa | $t_s^0$/MPa | $G_c$/（Pa·m） | $\eta$ | $c_t/c_h$/(m³/s) |
|---|---|---|---|---|---|---|---|---|---|
| 页岩 | 214 | 214 | 214 | 2.5 | 2.5 | 2.5 | 73 | 2.84 | 1.3e-11 |
| 天然裂缝 | 121 | 121 | 121 | 1 | 1 | 1 | 21 | 2.84 | 1.3e-11 |

　　结合该页岩储层实际压裂施工情况，设置压裂液黏度为 10mPa·s，泵注排量为 5m³/min，据此建立适用于存在天然裂缝时的水力裂缝延伸有限元数值模拟模型，分别模拟了水平主应力差、水力裂缝与天然裂缝逼近角、压裂液黏度和施工排量参数对裂缝延伸的影响。

### 5.2.1.1　水平主应力差

　　结合实验室室内实验、测井数据和现场压裂施工曲线得出的地应力状态，最大水平主应力与最小水平主应力的差值一般在 6MPa 之内。因此取主应力差为 0MPa、3MPa 和 6MPa，在水力裂缝与天然裂缝逼近角为 15°条件下分别计算该地应力状态下在压裂 20min 后的裂缝扩展形态（图 5-6）。

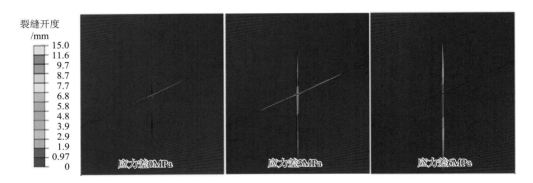

图 5-6　不同主应力差对裂缝扩展形态的影响

　　从图 5-6 可以看出，当天然裂缝逼近角较小（＜15°）甚至为 0 时，主应力差对裂缝扩展轨迹的影响非常明显。当主应力差较小时，天然裂缝延伸比较容易，裂缝扩展控制范围较大。当主应力差较大时，天然裂缝很难开启，而水力裂缝更易延伸。

### 5.2.1.2　水力裂缝与天然裂缝逼近角

　　一般在页岩储层中会存在高角度和低角度的天然裂缝，角度不同的天然裂缝会对水力裂缝的扩展有不同的影响。这里以水力裂缝与天然裂缝之间的夹角（即逼近角）为影响因素对裂缝形态进行分析，分别针对水力裂缝与天然裂缝逼近角为 15°、30°、45°时对水力裂缝扩展进行模拟（图 5-7）。

　　从图 5-7 可以看出，当水力裂缝遇到天然裂缝后，当逼近角较小时，天然裂缝在水力裂缝张开导致的剪应力作用下更易起裂，且天然裂缝扩展长度和宽度均较大；水力

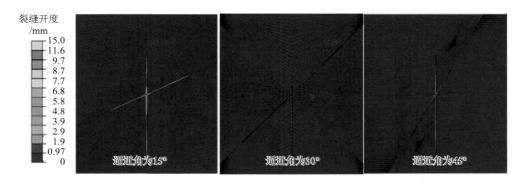

图 5-7　不同逼近角对裂缝扩展形态的影响

裂缝与天然裂缝逼近角较大时，水力裂缝会穿过天然裂缝继续扩展，而天然裂缝开启较困难。

### 5.2.1.3　压裂液黏度

选取 5mPa·s、15mPa·s 以及 30mPa·s 三个不同黏度的压裂液，针对 15°倾角的天然裂缝模型开展数值模拟研究。

如图 5-8～图 5-10 所示，压裂液黏度对水力裂缝扩展形态的影响较大。压裂液黏度较低时，水力裂缝缝宽和缝高均较小，天然裂缝开启；黏度增大，水力裂缝穿过天然裂缝，缝高和缝宽增大，天然裂缝不开启。

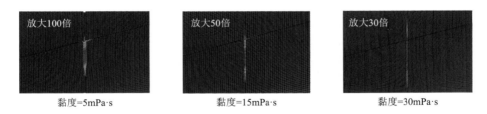

图 5-8　不同黏度压裂液对裂缝扩展形态的影响

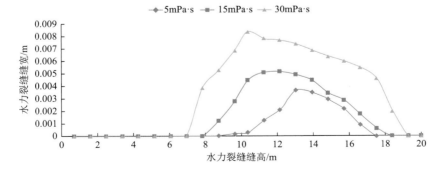

图 5-9　不同黏度压裂液对水力裂缝的影响

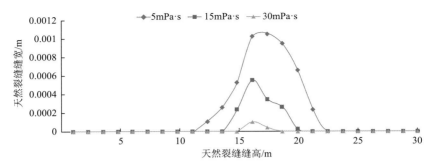

图 5-10　不同黏度压裂液对天然裂缝的影响

#### 5.2.1.4　施工排量

选取 $5m^3/min$、$10m^3/min$ 以及 $15m^3/min$ 三个不同排量的压裂液方案，针对 15°倾角的天然裂缝模型开展数值模拟研究（图 5-11～图 5-13）。

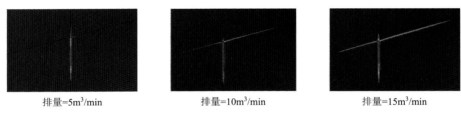

图 5-11　不同施工排量对裂缝扩展形态的影响

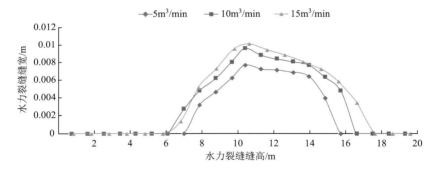

图 5-12　不同施工排量影响下的水力裂缝形态

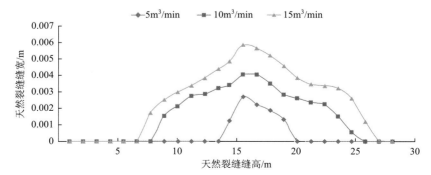

图 5-13　不同施工排量影响下的天然裂缝形态

如图 5-11～图 5-13 所示，施工排量对水力裂缝形态的影响规律较明显。施工排量越大，天然裂缝缝高越高，缝宽越大。总体来说，裂缝几何尺寸和施工排量正相关。

## 5.2.2　水力裂缝-弱面交互扩展

利用 ABAQUS 软件建立页岩互层界面扩展数值模型，并设置水平和垂向 Cohesive 起裂单元，竖直方向的 Cohesive 单元模拟水力裂缝的垂向扩展，水平方向的 Cohesive 单元模拟界面的拉伸破坏和剪切破坏[7]。在模型竖直中间方向预制一条水力裂缝，并在预制缝中间进行射孔，作为压裂液注入点，如图 5-14 所示。竖直方向施加垂向应力 $\sigma_v$，水平方向施加最小水平主应力 $\sigma_h$。页岩储层单元类型选择为四节点四边形平面应变，双线性位移和双线性孔隙压力（CPE4P—A 4-node plane strain quadrilateral，bilinear displacement，bilinear pore pressure）。对 Cohesive 单元采用的单元类型为二维四节点 Cohesive 单元。界面交互模型利用四川盆地龙马溪组 F 井的页岩物性参数为例（表 5-3），其中储层 Cohesive 单元材料参数见表 5-4。

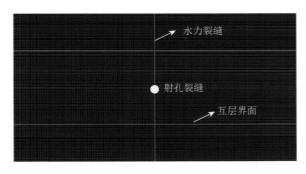

图 5-14　页岩界面水力裂缝扩展数值模拟几何图

表 5-3　储层基本物性参数

| 地层 | 泊松比 | 渗透率/mD | 孔隙度/% | 孔隙压力/MPa |
| --- | --- | --- | --- | --- |
| 页岩 | 0.27 | 0.56 | 2.2 | 54 |

表 5-4　储层 Cohesive 单元材料参数

| 地层 | $t_n^0$ /MPa | $t_s^0$ /MPa | $t_t^0$ /MPa | $G_n^c$ /(Pa·m) | $G_s^c$ /(Pa·m) | $G_t^c$ /(Pa·m) | $E_n$ /GPa | $E_s$ /GPa | $E_t$ /GPa | $G_n$ /(m³/s) | $C_t$ /(m³/s) | $\mu$ /(Pa·s) |
| --- | --- | --- | --- | --- | --- | --- | --- | --- | --- | --- | --- | --- |
| 页岩 | 1.4 | 1.4 | 1.4 | 26.7 | 26.7 | 26.7 | 1830 | 1830 | 1830 | $5\times10^{-6}$ | $5\times10^{-6}$ | 0.03 |

通过数值模拟分析地质因素和施工因素对水力裂缝几何形态的影响，研究水力裂缝在互层中的扩展规律。根据页岩储层实际工况，设定地层参数如表 5-5 所示。影响因素分析中，通过改变页岩储层的参数来研究裂缝在互层界面地层中的扩展规律。

表 5-5　　数值模拟地层基本参数表

| 地层 | 上覆压力/MPa | 最小水平应力/MPa | 杨氏模量/GPa | 抗拉强度/MPa | 剪应力/MPa | 断裂韧性/(MPa·m^0.5) | 排量/(m³/min) | 黏度/(mPa·s) |
|---|---|---|---|---|---|---|---|---|
| 页岩 | 70 | 70 | 36 | 8 | 65 | 1.35 | 12 | 20 |
| 互层界面 | 70 | 70 | 30 | 7 | 38.7 | 0.88 | 12 | 20 |

### 5.2.2.1　主应力差

　　由于本模型假设页岩储层垂向方向上存在层理界面,首先定义纵向地应力差为垂向应力与最小水平主应力之差 $\sigma_v - \sigma_h$。结合实验室室内实验、测井数据和现场压裂施工曲线得出的地应力状态,垂向应力与最小水平主应力的差值一般在 6MPa 之内。因此选取纵向应力差为 $-6$MPa、0MPa 和 6MPa,分别计算该地应力状态下的裂缝扩展模式。

　　在正断层地层中,水力压裂难以形成水平裂缝或 T 形裂缝。在上覆压力和水平应力相接近的逆断层和浅层等构造运动相对强烈的地区,则较易形成水平缝。在模拟中根据页岩储层实际应力差大小,设置最小水平应力 70MPa 不变,上覆压力分别取值 64MPa、67MPa、70MPa、73MPa、76MPa。研究垂向和水平最小主应力差对界面互层储层裂缝几何形态的影响。

　　从图 5-15 中可以看出,上覆压力越小,水力裂缝的高度就越高。同时,上覆压力越小,互层界面的剪切强度也就越小,水力裂缝也就更加容易在界面处产生剪切滑移,促使水力裂缝沿界面水平方向延伸。模拟结果和前人实验结果(在高应力差和高逼近角下,水力裂缝不易在互层界面起裂)一致。

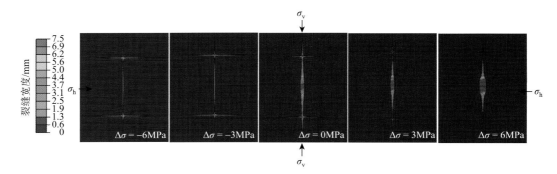

图 5-15　　不同地应力差下裂缝的扩展形态

　　结合水力压裂机理分析认为,较大的上覆压力会使水力裂缝缝宽变宽,裂缝被限制在砂岩储层中扩展,在注入压裂液体积和滤失量一定的情况下,裂缝沿着缝长方向扩展,形成宽而长的双翼缝。而较小的上覆压力,利于裂缝直接穿透界面扩展到页岩储层中,在界面处易产生滑移,引起水力裂缝在水平方向扩展,形成复杂的裂缝形态。以起裂点为坐标原点,绘制裂缝几何形态图,得到缝宽和缝高随着应力差的变化情况(图 5-16)。

　　从图 5-16 可以看出,裂缝高度随着应力差增加而降低,裂缝宽度随着应力差增加逐渐增加。在应力差为 $-6$MPa、$-3$MPa、0MPa、3MPa 时,水力裂缝均穿透互层界面,在页

岩储层和互层界面处都有延伸。当应力差为 6MPa 时，在施工条件下水力裂缝不足以抗

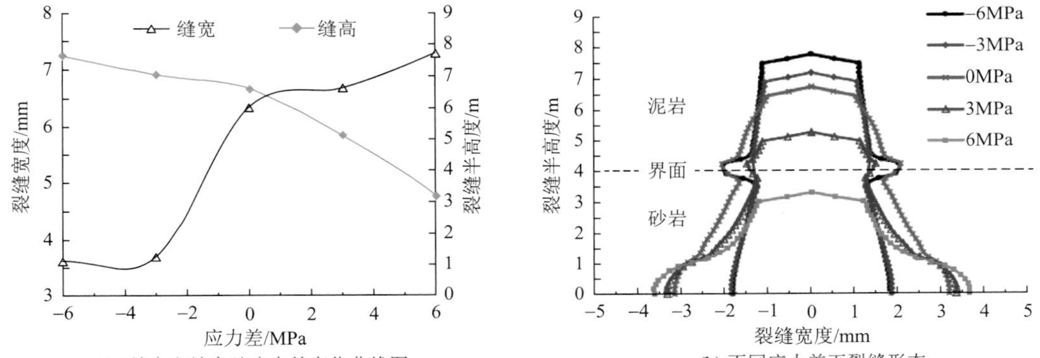

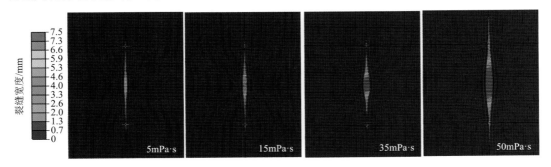

(a) 缝高和缝宽随应力差变化曲线图　　　　　　　　(b) 不同应力差下裂缝形态

图 5-16　不同应力差下裂缝的形态描述图

拒较大的上覆压力和界面剪切强度对裂缝扩展产生的阻力，水力裂缝被限制在储层基质中扩展。

### 5.2.2.2　压裂液黏度

不同黏度的压裂液具有不同的性能，对于沟通储层已有弱面结构、改善油气渗流通道具有重要意义。根据页岩储层实际施工压裂液黏度大小，压裂液黏度取值分别为 5mPa·s、15mPa·s、35mPa·s、50mPa·s，其他参数设定如表 5-5 所示。研究压裂液黏度对互层储层裂缝几何形态的影响（图 5-17）。

图 5-17　不同压裂液黏度下裂缝的扩展形态

从图 5-17 可以看出，压裂液黏度越大，缝宽越宽，缝高先降低后增加。这是因为压裂液黏度越大，流体流动阻力越大，且在裂缝壁面更易形成阻挡层，减弱压裂液的滤失，促使水力裂缝沿着主缝扩展。低黏度的压裂液，在裂缝中切向流动阻力较小，有利于水力裂缝沟通互层界面，形成复杂裂缝。

以起裂点为坐标原点，绘制裂缝几何形态图，得到缝宽和缝高随压裂液黏度的变化情况，如图 5-18 所示。从图 5-18 中可以看出，随着压裂液黏度的增加，缝宽逐渐增加，而缝高先降低后增加。黏度为 5mPa·s、15mPa·s 和 35mPa·s 时水力裂缝均穿透

互层界面，在互层界面处有一定的延伸。黏度为 50mPa·s 时水力裂缝穿透互层界面，在界面处无起裂。

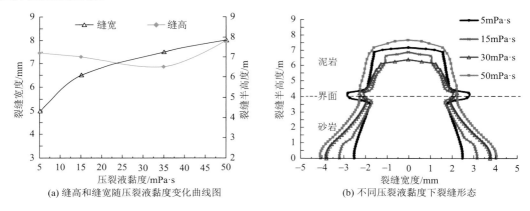

(a) 缝高和缝宽随压裂液黏度变化曲线图      (b) 不同压裂液黏度下裂缝形态

图 5-18　不同压裂液黏度下裂缝形态的变化规律

### 5.2.2.3　施工排量

水力裂缝扩展过程中不同注入排量为缝内流体提供不同的能量用以克服破岩过程中遇到的阻力，进而呈现不同的水力裂缝形态。根据页岩储层实际施工排量大小，施工排量取值分别为 $6m^3/min$、$9m^3/min$、$12m^3/min$、$15m^3/min$。研究施工排量对互层储层裂缝几何形态的影响。

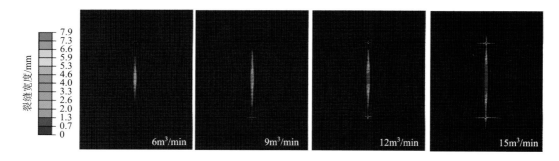

图 5-19　不同施工排量下裂缝的扩展形态

数值模拟得到不同施工排量下裂缝的几何形态（图 5-19）。从图 5-19 可以看出，施工排量越大，裂缝高度越高，缝宽越宽。这是因为较高的施工排量为缝内液体提供了足够大的能量以克服裂缝扩展过程中所遇到的阻力，促使裂缝向各个方向延伸。因此，低排量的工艺限制裂缝在砂岩中扩展，形成双翼缝。而高排量的工艺有利于水力裂缝穿透界面并在储层扩展，形成复杂缝。

从图 5-20 可以看出，随着施工排量的增加，缝高和宽度都逐渐增加。当施工排量为 $6m^3/min$ 时，水力裂缝内的能量不足以抵抗破岩过程中的阻力，缝高方向扩展受阻，水力裂缝被限制在砂岩储层中沿着缝长方向延伸。当施工排量为 $9m^3/min$、$12m^3/min$ 和

$15m^3/min$ 时水力裂缝均穿透互层界面，在页岩储层和互层界面处都有延伸。

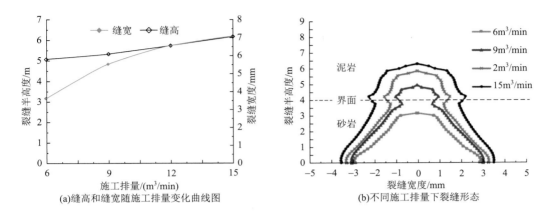

(a)缝高和缝宽随施工排量变化曲线图　　　　(b)不同施工排量下裂缝形态

图 5-20　不同施工排量下裂缝形态的描述图

### 5.2.3　水力裂缝-天然裂缝-弱面交互扩展

当页岩储层在界面附近存在低角度天然裂缝时，此时水力裂缝的扩展受到天然裂缝和界面的共同影响。利用 ABAQUS 软件二次开发用户子程序，建立模拟水力裂缝在复杂弱面条件下延伸的损伤数值模型，如图 5-21 所示，通过数值模型，模拟分析地层主应力差和施工排量对裂缝形态的影响。

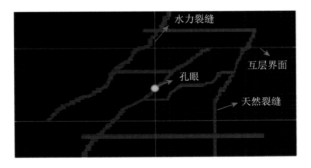

图 5-21　天然裂缝损伤模型示意图

#### 5.2.3.1　主应力差

从地层纵向剖面上看，天然裂缝呈水平或低角度展布。将模拟施工排量定为 $12m^3/min$，模拟不同垂向应力和最小水平主应力差值对裂缝扩展模式的影响。

如图 5-22 所示，当施工排量一定时，主应力差值的变化对裂缝扩展形态影响较大。当垂向应力比水平最小主应力（–6MPa 和 0MPa）小时，水平天然裂缝和低角度天然裂缝扩展明显，同时界面易张开扩展，最终形成的缝网范围较大。但是随着地层主应力差（6MPa）增大，水力裂缝扩展逐渐占据优势，低角度天然裂缝开启较为容易，而水平天然裂缝和界面开启困难，减小了裂缝之间的连通性，降低了缝网的复杂程度和波及范围。

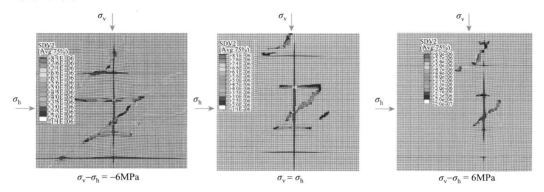

图 5-22　不同主应力差下天然裂缝和交界弱面的损伤演化结果

### 5.2.3.2　施工排量

页岩储层以水平天然裂缝为主，但也存在一定的竖直天然裂缝。因此根据页岩储层水平主应力的大小模拟不同施工排量下界面和地层天然裂缝的扩展情况，其中垂向主应力和最小水平主应力相等，施工排量分别为 9m³/min、12m³/min 和 15m³/min，结果如图 5-23 所示。当施工排量较小（9m³/min）时，水力裂缝延伸并穿过界面，天然裂缝和界面均不开启。随着施工排量的不断增大，在水力裂缝周围地层局部范围内，天然裂缝开启并扩展。

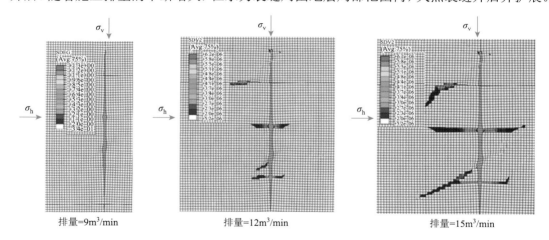

图 5-23　不同施工排量下天然裂缝和交界弱面损伤演化结果

## 5.3　水平井多段多簇压裂裂缝扩展模拟

水平井多段多簇压裂是低渗致密页岩储层高效开发的重要增产措施之一。通过在各段进行多簇射孔在压裂后形成多条裂缝，继而增大致密、超低渗储层的导流能力，提高油气生产能力（图 5-24）。目前水平井多段多簇压裂技术得到了现场广泛应用，然而在射孔簇参数选择、簇间距优化等方面仍然以测井数据及邻井资料为依据，还处于现场实践和经验摸索的阶段[8]。虽然基于压后产能模拟可优化裂缝射孔参数及簇间距等，但都必须提前假定裂缝的几何尺寸、导流能力等参数，忽略了在多段多簇压裂过程中多条裂缝同时延伸的力学干扰对裂缝形态的影响。随着页岩压裂技术的发展，通过有效控制成本（工厂化作业、滑溜水压裂、可钻桥塞等），尽可能在增加裂缝条数的前提下优化射孔参数和保证裂缝宽度是实现有效增产的关键。

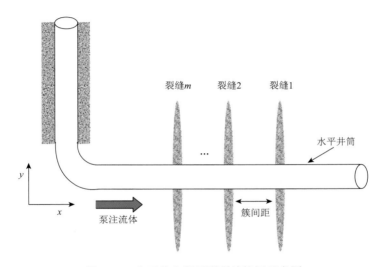

图 5-24　水平井多段压裂裂缝扩展示意图

与常规裂缝扩展不同，多条裂缝同时扩展时由于诱导应力干扰的客观存在改变了地应力场分布，从而引起了多裂缝延伸方向发生变化；同时裂缝延伸方向的改变又会反过来影响多裂缝内流体的压力分布和流量分配。这说明多裂缝扩展模型的应力场和流体场在计算过程中是一个不可分离的整体，需耦合求解。多裂缝扩展主要包括裂缝诱导应力场干扰模型、流体流动模型以及裂缝扩展准则三个部分。其中，裂缝诱导应力场干扰模型涉及弹性力学问题；流体流动模型包括裂缝内流体流动和井筒中流体流动，涉及流体力学问题；裂缝扩展判定准则涉及断裂力学问题。因此，水平井多段多簇压裂裂缝扩展是一个涉及多学科的复杂问题。

### 5.3.1　诱导应力场模型

通过对国内外裂缝诱导应力场研究文献的调研，发现裂缝诱导应力场存在多种计算方法，包括解析法、半解析法以及数值法等。其中解析法虽然在求解过程中计算简单、求解方便，但是无法考虑地层参数和裂缝转向等问题；数值法需要在地层中划分二维网格，导致计算量大，求解过程较为复杂；而半解析法只需要在裂缝上划分一维网格，具有计算量低、求解速度快以及求解方便等优点，因此通过引入半解析法（即位移不连续法）来计算裂缝诱导应力场。

位移不连续法（displacement discontinuity method，DDM）属于间接边界元的一种，由 Crouch 在 1976 年研究二维含裂缝岩体问题时提出[9]。该理论最早应用于岩土工程，在解决存在非连续体问题时处理起来非常方便，只需要对裂缝划分网格进行单元离散，而不用像直接边界元那样需要将裂缝面两边都进行网格离散；同时位移不连续法又要比有限元或者有限差分计算更准确，计算速度更快。位移不连续法对裂缝划分的网格上的位移不连续量为未知量，然后通过给定的裂缝边界条件求解，再利用位移不连续量来表征平面内任意位置处的应力场和位移场[10-13]。

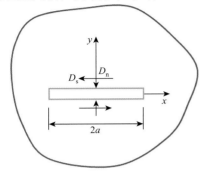

图 5-25　二维位移不连续裂缝单元体示意图

### 5.3.1.1　位移不连续法基本理论

如图 5-25 所示，假设地层中存在着一个长为 $2a$ 的裂缝单元体，裂缝的两个裂缝面的位移量分别用 $u(x, 0_+)$ 和 $u(x, 0_-)$ 表示，两个裂缝面之间的切向位移和法向位移分别用 $D_x$ 和 $D_y$ 来表示，当 $|x|<a$ 时，切向位移和法向位移与两裂缝面的位移量存在以下关系：

$$\begin{cases} D_x = u_x(x, 0_-) - u_x(x, 0_+) \\ D_y = u_y(x, 0_-) - u_y(x, 0_+) \end{cases} \tag{5-29}$$

式中，$u_x(x, 0_-)$ 为裂缝下表面在 $x$ 轴方向的位移，m；$u_x(x, 0_+)$ 为裂缝上表面在 $x$ 轴方向的位移，m；$u_y(x, 0_-)$ 为裂缝下表面在 $y$ 轴方向的位移，m；$u_y(x, 0_+)$ 为裂缝上表面在 $y$ 轴方向的位移，m。

在此定义的基础上，可得到常位移不连续单元体周围的位移计算公式：

$$\begin{cases} u_x = D_x[2(1-\nu)f'_x - yf''_{xx}] - D_y[(1-2\nu)f'_x + yf''_{xy}] \\ u_y = D_x[2(1-\nu)f'_x - yf''_{xy}] - D_y[(1-2\nu)f'_x + yf''_{yy}] \end{cases} \tag{5-30}$$

式中，根据弹性力学基本方程，可得到常位移不连续单元体应力场计算公式：

$$\begin{cases} \sigma_{xx} = 2GD_x(2f''_{xy} + yf'''_{xyy}) + 2GD_y(2f''_{yy} + yf'''_{yyy}) \\ \sigma_{yy} = 2GD_x(-yf'''_{xyy}) + 2GD_y(f''_{yy} - yf'''_{yyy}) \\ \tau_{xy} = 2GD_x(2f''_{yy} + yf'''_{xyy}) + 2GD_y(-yf'''_{xyy}) \end{cases} \tag{5-31}$$

式中，$G$ 为剪切模量，MPa；$\sigma_{xx}$ 为 $x$ 轴方向上的正应力，MPa；$\sigma_{yy}$ 为 $y$ 轴方向上的正应力，MPa；$\tau_{xy}$ 为剪切应力，MPa。

函数 $f_{xy}$ 的表达式为

$$f_{xy} = -f(x, y) = -\frac{1}{4\pi(1-\nu)} \left[ \begin{array}{l} y\left(\arctan\dfrac{y}{x-a} - \arctan\dfrac{y}{x+a}\right) - (x-a)\ln\sqrt{(x-a)^2 + y^2} \\ + (x+a)\ln\sqrt{(x+a)^2 + y^2} \end{array} \right] \tag{5-32}$$

式中，$a$ 为裂缝单元体半长，m；$\nu$ 为泊松比。

$f_{xy}$ 的各阶偏导数分别为

$$
\begin{cases}
f_x' = \dfrac{1}{4\pi(1-\nu)}\{\ln[(x-a)^2+y^2]^{1/2}-\ln[(x+a)^2+y^2]^{1/2}\} \\[2mm]
f_y' = -\dfrac{1}{4\pi(1-\nu)}\left[\arctan\dfrac{y}{x-a}-\arctan\dfrac{y}{x+a}\right] \\[2mm]
f_{xx}'' = \dfrac{1}{4\pi(1-\nu)}\left[\dfrac{x-a}{(x-a)^2+y^2}-\dfrac{x+a}{(x+a)^2+y^2}\right] \\[2mm]
f_{xy}'' = \dfrac{1}{4\pi(1-\nu)}\left[\dfrac{y}{(x-a)^2+y^2}-\dfrac{y}{(x+a)^2+y^2}\right] \\[2mm]
f_{yy}'' = -\dfrac{1}{4\pi(1-\nu)}\left[\dfrac{x-a}{(x-a)^2+y^2}-\dfrac{x+a}{(x+a)^2 y^2}\right] \\[2mm]
f_{xyy}''' = \dfrac{1}{4\pi(1-\nu)}\left[\dfrac{(x-a)^2-y^2}{[(x-a)^2+y^2]^2}-\dfrac{(x+a)^2-y^2}{[(x+a)^2+y^2]^2}\right] \\[2mm]
f_{yyy}''' = \dfrac{2y}{4\pi(1-\nu)}\left[\dfrac{x-a}{[(x-a)^2+y^2]^2}-\dfrac{x+a}{[(x+a)^2+y^2]^2}\right]
\end{cases}
\tag{5-33}
$$

### 5.3.1.2　裂缝诱导应力场计算

位移不连续法的基本理论是基于裂缝单元体平行于 $x$ 轴并且裂缝单元体的中心为原点的假设推导出的。而在实际水力压裂中，裂缝可划分为多个微小的裂缝单元体，每个裂缝单元体与总坐标系之间可能还存在一定的夹角。因此，在实际计算中不能直接利用位移不连续法基本方程进行求解，还需要局部坐标和总坐标进行变换。在裂缝划分的微小单元体中，每一个单元体都由自身构成一个局部坐标系，其中单元体切向方向为横坐标轴，法向方向为纵坐标轴。

如图 5-26 所示，假设总坐标系 $(x, y)$ 下存在一个任意裂缝单元体，局部坐标系 $(\bar{x}, \bar{y})$ 为裂缝切向方向和法向方向，总坐标系与局部坐标系之间存在夹角。位移不连续法基本方程满足局部坐标系，因此将局部坐标系转化到总纵坐标系下便可计算出任意裂缝单元体的物理参数在总坐标下的解[14-18]。

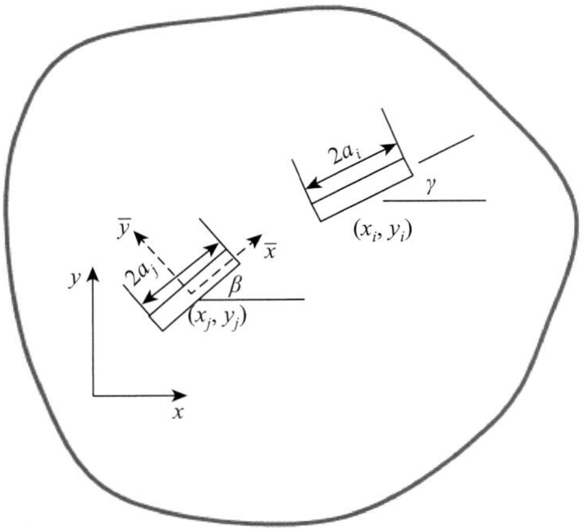

局部坐标系向总坐标系转换的具体公式如下：

图 5-26　总坐标系下裂缝单元体示意图

$$
\begin{cases}
\bar{x} = (x-x_j)\cos\beta_j+(y-y_j)\sin\beta_j \\
\bar{y} = -(x-x_j)\sin\beta_j+(y-y_j)\cos\beta_j
\end{cases}
\tag{5-34}
$$

式中，$(x, y)$ 为总坐标系，（m，m）；$(x_j, y_j)$ 是裂缝单元体 $j$ 的中点坐标，（m，m）。

如果平面内还存在另外一个裂缝单元体 $i$，其所在的局部坐标系与总坐标系之间的夹角为 $\beta_i$，如图 5-26 所示。那么裂缝单元体 $j$ 对单元体 $i$ 的诱导应力场以位移为未知量可表示为

$$
\begin{cases}
\sigma_{xx}^{ij} = C_{xx}^{ij} D_{\mathrm{s}}^{j} + C_{xy}^{ij} D_{\mathrm{n}}^{j} \\
\sigma_{yy}^{ij} = C_{yx}^{ij} D_{\mathrm{s}}^{j} + C_{yy}^{ij} D_{\mathrm{n}}^{j} \\
\tau_{xy}^{ij} = C_{\mathrm{sx}}^{ij} D_{\mathrm{s}}^{j} + C_{\mathrm{sy}}^{ij} D_{\mathrm{n}}^{j}
\end{cases}
\tag{5-35}
$$

式中，$\gamma^{ij} = \beta_i - \beta_j$。

$$
\begin{cases}
C_{xx}^{ij} = 2G[2f_{\bar{x}\bar{y}}'' \cos^2\beta_j - f_{\bar{x}\bar{x}}'' \sin2\beta_j + \bar{y}(f_{\bar{x}\bar{y}\bar{y}}''' \cos2\beta_j + f_{\bar{y}\bar{y}\bar{y}}''' \sin2\beta_j )] \\
C_{xy}^{ij} = 2G[-f_{\bar{x}\bar{x}}'' - \bar{y}(f_{\bar{x}\bar{y}\bar{y}}''' \sin2\beta_j - f_{\bar{y}\bar{y}\bar{y}}''' \cos2\beta_j)] \\
C_{yx}^{ij} = 2G[f_{\bar{x}\bar{y}}'' \sin^2\beta_j + f_{\bar{x}\bar{x}}'' \sin2\beta_j - \bar{y}(f_{\bar{x}\bar{y}\bar{y}}''' \cos2\beta_j + f_{\bar{y}\bar{y}\bar{y}}''' \sin2\beta_j)] \\
C_{yy}^{ij} = 2G[-f_{\bar{x}\bar{x}}'' + \bar{y}(f_{\bar{x}\bar{y}\bar{y}}''' \sin2\beta_j - f_{\bar{y}\bar{y}\bar{y}}''' \cos2\beta_j)] \\
C_{\mathrm{sx}}^{ij} = 2G[-f_{x,y}'' \sin2\beta_j - f_{\bar{x}\bar{x}}'' \cos2\beta_j - \bar{y}(f_{\bar{x}\bar{y}\bar{y}}''' \sin2\beta_j - f_{\bar{y}\bar{y}\bar{y}}''' \cos2\beta_j)] \\
C_{\mathrm{sy}}^{ij} = 2G[-\bar{y}(f_{\bar{x}\bar{y}\bar{y}}''' \cos2\beta_j + f_{\bar{y}\bar{y}\bar{y}}''' \sin2\beta_j)]
\end{cases}
\tag{5-36}
$$

进行坐标转换可得任意位置在总坐标系下的位移为

$$
\begin{cases}
u_x^i = B_{xx}^{ij} D_s^j + B_{xy}^{ij} D_n^j \\
u_y^i = B_{yx}^{ij} D_s^j + B_{yy}^{ij} D_n^j
\end{cases}
\tag{5-37}
$$

式中，

$$
\begin{cases}
B_{xx}^{ij} = -(1-2\nu)f_{\bar{x}}' \sin\beta_j + 2(1-\nu)f_{\bar{y}}' \cos\beta + \bar{y}(f_{\bar{x}\bar{y}}'' \sin\beta_j - f_{\bar{x}\bar{x}}'' \cos\beta_j) \\
B_{xy}^{ij} = -(1-2\nu)f_{\bar{x}}' \cos\beta_j - 2(1-\nu)f_{\bar{y}}' \sin\beta_j - \bar{y}(f_{\bar{x}\bar{y}}'' \cos\beta_j + f_{\bar{x}\bar{x}}'' \sin\beta_j) \\
B_{yx}^{ij} = (1-2\nu)f_{\bar{x}}' \cos\beta_j + 2(1-\nu)f_{\bar{y}}' \sin\beta_j - \bar{y}(f_{\bar{x}\bar{y}}'' \cos\beta_j + f_{\bar{x}\bar{x}}'' \sin\beta_j) \\
B_{yy}^{ij} = -(1-2\nu)f_{\bar{x}}' \sin\beta_j + 2(1-\nu)f_{\bar{y}}' \cos\beta_j - \bar{y}(f_{\bar{x}\bar{y}}'' \sin\beta_j - f_{\bar{x}\bar{x}}'' \cos\beta_j)
\end{cases}
\tag{5-38}
$$

在以上公式中没有考虑裂缝高度的影响，即认为裂缝高度为无限大，然而裂缝高度相对于裂缝长度是有限长的。为了考虑裂缝高度对诱导应力场的影响，通过引入 Olson 提出的考虑缝高的三维修正系数 $G$，推导出改进的位移不连续法[19]，修正系数 $G$ 可表示为

$$
G^{ij} = 1 - \frac{d_{ij}^{\beta}}{[d_{ij}^2 + (h/\alpha)^2]^{\beta/2}}
\tag{5-39}
$$

式中，$d_{ij}$ 为单元体 $j$ 到单元体 $i$ 的距离，m；$h$ 为裂缝高度，m；$\alpha,\beta$ 为经验常数，一般取 $\alpha = 1$，$\beta = 2.3$。

在获得单个常位移不连续单元体的诱导应力分布之后，采用叠加算法将整条裂缝的多个微小裂缝单元体所产生的诱导应力和位移进行叠加，如图 5-27 所示。

地层任意位置处受到的裂缝诱导应力场可表示为

$$\begin{cases} \sigma_{xx}^i = \sum_{j=1}^{N} G^{ij} C_{xx}^{ij} D_s^j + \sum_{j=1}^{N} G^{ij} C_{xy}^{ij} D_n^j \\[2mm] \sigma_{yy}^i = \sum_{j=1}^{N} G^{ij} C_{yx}^{ij} D_s^j + \sum_{j=1}^{N} G^{ij} C_{yy}^{ij} D_n^j \\[2mm] \tau_{xy}^i = \sum_{j=1}^{N} G^{ij} C_{sx}^{ij} D_s^j + \sum_{j=1}^{N} G^{ij} C_{sy}^{ij} D_n^j \end{cases} \qquad （5\text{-}40）$$

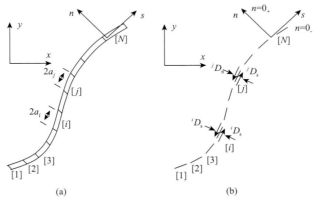

图 5-27　裂缝划分多个单元体示意图

同理，地层任意位置处的位移场可表示为

$$\begin{cases} u_x^i = \sum_{j=1}^{N} G^{ij} B_{xx}^{ij} D_s^j + \sum_{j=1}^{N} G^{ij} B_{xy}^{ij} D_n^j \\[2mm] u_y^i = \sum_{j=1}^{N} G^{ij} B_{yx}^{ij} D_s^j + \sum_{j=1}^{N} G^{ij} B_{yy}^{ij} D_n^j \end{cases} \qquad （5\text{-}41）$$

### 5.3.1.3　裂缝边界条件

在离散计算过程中，将每条裂缝划分为 $N$ 个裂缝单元体，对每个单元体进行受力分析后可获得裂缝边界条件。如图 5-28 所示，每个裂缝单元体均要受到缝内流体压力（裂缝面压应力和剪应力）和裂缝外部应力的共同作用。其中，裂缝外部应力包括其他裂缝单元体产生的裂缝诱导应力、滤失诱导应力和原地应力场[20-25]。

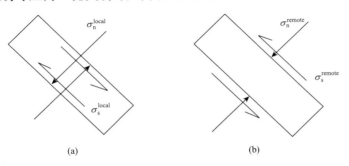

图 5-28　裂缝单元体受力示意图

　　裂缝单元体所受到的应力促使裂缝发生变形和破坏，裂缝单元体上的正应力和剪应力可表示为

$$
\begin{cases}
\sigma_n^i = p_{net} = \sigma_n^{local} - \sigma_n^{remote} \\
\sigma_s^i = \sigma_s^{local} - \sigma_s^{remote}
\end{cases}
\tag{5-42}
$$

式中，$p_{net}$ 为裂缝单元所受净压力，MPa；$\sigma_n^{local}$ 为裂缝内单元面所受正应力，MPa；$\sigma_n^{remote}$ 为裂缝外单元面所受正应力，MPa；$\sigma_s^{local}$ 为裂缝内单元面所受剪应力，MPa；$\sigma_s^{remote}$ 为裂缝外单元面所受剪应力，MPa。

　　在水力裂缝中，裂缝受到压裂液的作用而向前延伸，因此 $\sigma_n^{local}$ 一般为缝内压裂液产生的流体压力，$\sigma_s^{local}$ 一般为裂缝面接触时的摩擦阻力，可以通过裂缝内净压力和裂缝面摩擦系数来获得。当裂缝张开时，$\sigma_n^{local}$ 等于压裂液注入压力，$\sigma_s^{local}$ 等于零，因为张开的裂缝面之间不存在剪切摩擦。裂缝外单元面所受应力为地层应力条件下在裂缝面上的分量，在多裂缝扩展过程中，地层会受到裂缝诱导应力场、滤失诱导应力场和原地应力场的共同作用，而其他一些应力干扰（如井筒干扰效应、温度应力干扰等）一般影响较小。根据局部坐标系与总坐标系的转换关系，裂缝外单元面所受应力在总坐标系的公式可表示为

$$
\begin{cases}
\sigma_n^{i,\,remote} = (\sigma_h \sin^2 \beta_i + \sigma_H \cos^2 \beta_i - \sigma_{xy} \sin 2\beta_i) + \sum_{j=1}^{m-1} \sigma_n^{ij}(\text{裂缝}) \\
\sigma_n^{i,\,remote} = \left( \dfrac{1}{2}(\sigma_H - \sigma_h) \sin 2\beta_i + \sigma_{xy} \cos 2\beta_i \right) + \sum_{j=1}^{m-1} \sigma_s^{ij}(\text{裂缝})
\end{cases}
\tag{5-43}
$$

式中，$\sigma_H$ 为原地应力场最大水平主应力，MPa；$\sigma_h$ 为原地应力场最小水平主应力，MPa；$\sigma_{xy}$ 为原地应力场剪切应力，MPa；$\sigma_n^{ij}(\text{裂缝})$ 为裂缝单元体 $j$ 在单元体 $i$ 处的法向诱导应力，MPa；$\sigma_s^{ij}(\text{缝裂})$ 为裂缝单元体 $j$ 在单元体 $i$ 处的剪切诱导应力，MPa。

　　联立式（5-42）和式（5-43）可得到裂缝 $i$ 单元体的边界条件为

$$
\begin{cases}
\sigma_n^i = p_f - (\sigma_h \sin^2 \beta_i + \sigma_H \cos^2 \beta_i - \sigma_{xy} \sin 2\beta_i) - \sum_{j=1}^{m-1} \sigma_n^{ij}(\text{裂缝}) \\
\sigma_s^i = \left( \dfrac{1}{2}(\sigma_H - \sigma_h) \sin 2\beta_i + \sigma_{xy} \cos 2\beta_i \right) - \sum_{j=1}^{m-1} \sigma_s^{ij}(\text{裂缝})
\end{cases}
\tag{5-44}
$$

式中，$p_f$ 为裂缝内流体的压力，MPa。

## 5.3.2　流体压力场模型

### 5.3.2.1　裂缝内流体流动

**1. 缝内压降方程**

　　由于裂缝面存在摩擦力，裂缝在扩展过程中缝内压力随着裂缝长度的增加会逐渐降低。缝内压力与流体流速和流体黏度存在一定的相关性，现假设牛顿流体在一个平板之间流动，忽略重力和惯性力，根据动量方程可推导出：

$$\tau_{yx} = -\frac{\mathrm{d}p}{\mathrm{d}x}y \tag{5-45}$$

式中，$\tau_{yx}$ 为剪切应力，MPa；$p$ 为流体压力，MPa；$y$ 为缝宽方向上的距离，m。

根据牛顿流体的本构方程，剪切应力与流体黏度之间的关系为

$$\tau_{yx} = -\mu \frac{\mathrm{d}u}{\mathrm{d}y} \tag{5-46}$$

式中，$\mu$ 为压裂液黏度，mPa·s；$u$ 为流体剪切位移，m。

将式（5-45）和式（5-46）联立，并根据边界条件可得到裂缝位移量为

$$u = \left(\frac{y^2}{2\mu} - \frac{w^2}{8\mu}\right)\frac{\mathrm{d}p}{\mathrm{d}x} \tag{5-47}$$

平板流动断面的总流量为

$$q = wh\bar{u} = h\int_{-\frac{w}{2}}^{\frac{w}{2}}\left(\frac{y^2}{2\mu} - \frac{w^2}{8\mu}\right)\frac{\mathrm{d}p}{\mathrm{d}x}\mathrm{d}y = -\frac{w^3 h}{12\mu}\frac{\mathrm{d}p}{\mathrm{d}x} \tag{5-48}$$

式中，$q$ 为流体流量，m³/min；$h$ 为平板裂缝高度，m；$w$ 为平板裂缝宽度，m。

Lamb 等[26]的研究认为，在相同条件下椭圆内的流体流动压降是平板间流动压降的 $\frac{16}{3}\pi$ 倍，因此本模型的缝内流动压降方程可修正为

$$q = -\frac{\pi w_{\mathrm{f}}^3 h}{64\mu}\frac{\mathrm{d}p}{\mathrm{d}x} \tag{5-49}$$

式中，$w_{\mathrm{f}}$ 为裂缝横截面最大宽度，m。

**2. 物质平衡方程**

物质平衡方程基于质量守恒定律可推导出流体流量与裂缝宽度和滤失速率的关系。如图 5-29 所示为裂缝微小单元体在某一个时间段内压裂液质量的变化。首先，左侧为流体进入微小单元体，右侧为流体流出微小单元体；其次，在裂缝两侧还有压裂液滤失，可用滤失速率计算滤失量；最后，整个裂缝微小单元体会发生体积上的变化[27, 28]。

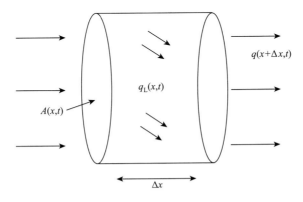

图 5-29　裂缝单元体质量守恒示意图

根据质量守恒定律：

$$V_{\mathrm{in}} - V_{\mathrm{out}} - V_{\mathrm{L}} = \Delta V \tag{5-50}$$

式中，$V_{in}$ 为进入裂缝单元体的压裂液体积，$m^3$；$V_{out}$ 为流出裂缝单元体的压裂液体积，$m^3$；$V_L$ 为裂缝单元体滤失的压裂液体积，$m^3$；$\Delta V$ 为裂缝单元体体积的变化量，$m^3$。

对方程进行展开化简后为

$$\frac{q(x,t)-q(x+\Delta x,t)}{\Delta x}-q_L(x,t)=\frac{A(x,t+\Delta t)-A(x,t)}{\Delta t} \tag{5-51}$$

当 $\Delta x$ 和 $\Delta t$ 都无限趋近于零时，上式可用偏微分方程表示：

$$\frac{\partial q(x,t)}{\partial x}-q_L(x,t)=\frac{\partial A(x,t)}{\partial t} \tag{5-52}$$

式中，$q_L$ 为压裂液滤失速率；$m^2/min$；$A$ 为裂缝横截面面积；$m^2$。

滤失速率可用 Cater 面积滤失模型进行计算：

$$q_L(x,t)=\frac{2hC_L}{\sqrt{t-\tau(x)}} \tag{5-53}$$

式中，$C_L$ 为滤失系数，$m/min^{0.5}$；$t$ 为泵注总时间，$min$；$\tau$ 为裂缝单元体开始滤失的时间，$min$。

将缝内压降方程代入物质平衡方程可得

$$\frac{\partial}{\partial x}\left[-\frac{\pi w^3(x,t)h}{64\mu}\frac{dp(x,t)}{dx}\right]-\frac{2hC_L}{\sqrt{t-\tau(x)}}=\frac{\pi h}{4}\frac{\partial w(x,t)}{\partial t} \tag{5-54}$$

化简可得

$$-\frac{\pi}{64\mu}\frac{\partial}{\partial x}\left[w^3(x,t)\frac{dp(x,t)}{dx}\right]=\frac{2C_L}{\sqrt{t-\tau(x)}}+\frac{\pi}{4}\frac{\partial w(x,t)}{\partial t} \tag{5-55}$$

#### 5.3.2.2　井筒中流体流动

由于流体在井筒中的注入方式和流态具有多样性，沿程摩阻计算较为复杂。这里考虑从油管注液，此时流体在井筒中的流动满足 Kirchoff 第一定律和第二定律[29]。

如图 5-30 所示，在忽略井筒储集效应的情况下，总流体注入量应为所有裂缝分别进入的流体流量之和，即质量守恒定律：

$$Q_T=\sum_{i=1}^{m}Q_i \tag{5-56}$$

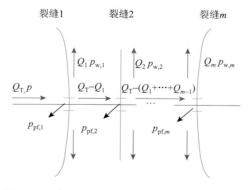

图 5-30　水平井多裂缝扩展流量和压力分布图

Kirchoff第二定律描述的是井筒中流体压力的平衡关系，即水平井跟部的压力等于裂缝受到的井筒摩阻压降、射孔摩阻和裂缝入口第一个单元体处的压力之和。当存在 $m$ 条裂缝同时扩展时，便有 $m$ 个压力平衡方程：

$$p_0 = p_{\mathrm{w},i} + p_{\mathrm{pf},i} + p_{\mathrm{cf},i} \quad (i = 1, 2, \cdots, m) \tag{5-57}$$

式中，$p_0$ 为水平井跟部流体压力，MPa；$p_{\mathrm{w},i}$ 为第 $i$ 条裂缝入口处的流体压力，MPa；$p_{\mathrm{pf},i}$ 为第 $i$ 条裂缝的射孔摩阻，MPa；$p_{\mathrm{cf},i}$ 为第 $i$ 条裂缝的井筒摩阻，MPa。

射孔摩阻是压裂施工中至关重要的因素，它严重影响着多裂缝流体流量的分配，是压裂过程中重要的设计参数。根据伯努利方程，射孔摩阻的计算公式[30]为

$$p_{\mathrm{pf},i} = \frac{0.2369 \rho_{\mathrm{s}}}{n_{\mathrm{p},i}^2 d_{\mathrm{p},i}^4 C_{\mathrm{d},i}^2} Q_i^2 \tag{5-58}$$

式中，$\rho_{\mathrm{s}}$ 为压裂液密度，kg/m³；$n_{\mathrm{p},i}$ 为第 $i$ 条裂缝射孔孔眼个数，无因次；$d_{\mathrm{p},i}$ 为第 $i$ 条裂缝射孔孔眼直径，m；$C_{\mathrm{d},i}$ 为第 $i$ 条裂缝孔眼修正系数，m。

孔眼修正系数 $C_{\mathrm{d}}$ 与射孔孔眼是否受到冲蚀有很大的关系，一般为 0.56～0.89。井筒摩阻跟裂缝间距成正比，每条裂缝在水平井筒上的压降计算公式为

$$\begin{cases} p_{\mathrm{cf},i} = C_{\mathrm{cf}} \sum_{j=1}^{i} (x_j - x_{j-1}) Q_{\mathrm{w},j} \\ Q_{\mathrm{w},j} = Q_{\mathrm{T}} - \sum_{j=1}^{i} Q_k, \quad j > 1 \\ Q_{\mathrm{w},j} = Q_{\mathrm{T}}, \quad j = 1 \\ C_{\mathrm{cf}} = \dfrac{128 \mu}{\pi D^4} \end{cases} \tag{5-59}$$

式中，$C_{\mathrm{cf}}$ 为摩阻系数，无量纲；$x_j$ 为裂缝 $j$ 到井筒跟端的距离，m；$Q_{\mathrm{w},j}$ 为经过 $j$ 条裂缝后剩下的流体流量，m³/min；$D$ 为水平井井筒直径，m。

### 5.3.2.3　流体边界条件

**1. 初始条件**

在多裂缝扩展泵注程序开始时，初始时间记为 0，假设初始裂缝方位角（裂缝与水平井筒的夹角）为 90°，裂缝初始缝长、缝宽、初始净压力等通过方程组求解。

**2. 边界条件**

水力裂缝入口处，在压裂过程中总排量恒定为 $Q_{\mathrm{T}}$，第 $i$ 条裂缝进入的流体流量为 $Q_i$，则对于单裂缝而言：

$$q(0, t) = -\frac{\pi h w_{\mathrm{f}}^3(0, t)}{64 \mu} \frac{\mathrm{d}p(0, t)}{\mathrm{d}x} = Q_{\mathrm{T}} \tag{5-60}$$

对于多裂缝而言：

$$q_i(0, t) = -\frac{\pi h w_{\mathrm{f},i}^3(0, t)}{64 \mu} \frac{\mathrm{d}p_i(0, \mathrm{t})}{\mathrm{d}x} = Q_i \quad (i = 1, 2, \cdots, m) \tag{5-61}$$

式中，$Q_i$ 为进入第 $i$ 条裂缝的流体流量，m³/min；$m$ 为总裂缝簇数，无因次；$Q_{\mathrm{T}}$ 为裂缝

总排量，$m^3/min$。

在水力裂缝尖端处的裂缝宽度为 0，则

$$w_f(l_f, t) = 0 \tag{5-62}$$

式中，$l_f$ 为裂缝延伸到尖端的距离，m。

### 5.3.3　裂缝扩展准则

目前关于岩石断裂的判断理论有很多，比较具有代表性的有最大张应力理论、最大周向应力理论、最大能量释放率理论以及应变能密度因子理论等[31]，这里采用最大周向应力理论进行计算。

#### 5.3.3.1　最大周向应力理论

国外学者通过对复合型裂纹在平面内扩展的大量实验研究所提出的最大周向应力理论认为：当 $\sigma_{\theta\theta}$ 达到特定值后，裂缝发生失稳，并沿着最大周向应力方向扩展。根据断裂力学理论，Ⅰ-Ⅱ复合型裂缝尖端的应力场为

$$\begin{cases} \sigma_{rr} = \dfrac{1}{2\sqrt{2\pi r}}\left[K_I(3-\cos\theta)\cos\dfrac{\theta}{2} + K_{II}(3\cos\theta-1)\sin\dfrac{\theta}{2}\right] \\[3mm] \sigma_{\theta\theta} = \dfrac{1}{2\sqrt{2\pi r}}\cos\dfrac{\theta}{2}[K_I(1+\cos\theta) - 3K_{II}\sin\theta] \\[3mm] \tau_{r\theta} = \dfrac{1}{2\sqrt{2\pi r}}\cos\dfrac{\theta}{2}[K_I\sin\theta + K_{II}(3\cos\theta-1)] \end{cases} \tag{5-63}$$

式中，$\sigma_{rr}$ 为径向应力，MPa；$\sigma_{\theta\theta}$ 为周向应力，MPa；$\tau_{r\theta}$ 为剪切应力，MPa；$K_I$ 为Ⅰ型强度因子，$MPa \cdot m^{0.5}$；$K_{II}$ 为Ⅱ型强度因子，$MPa \cdot m^{0.5}$；$r$ 为计算点到原点的距离，m。

利用纯Ⅰ型裂缝进行类比，当裂缝发生断裂时的极限周向应力为

$$\sigma_{\theta\theta c} = \frac{1}{\sqrt{2\pi r}}K_{Ic} \tag{5-64}$$

式中，$\sigma_{\theta\theta c}$ 为极限周向应力，MPa；$K_{Ic}$ 为岩体的断裂韧性，$MPa \cdot m^{0.5}$。

将Ⅰ-Ⅱ型复合裂纹转化为一个纯Ⅰ型裂纹，其等效应力强度因子可表示为

$$K_e = \frac{1}{2}\left[\cos\frac{\theta_0}{2}K_I(1+\cos\theta_0) - 3K_{II}\sin\theta_0\right] \tag{5-65}$$

式中，$K_e$ 为等效强度因子，$MPa \cdot m^{0.5}$。

最大周向应力准则用等效强度因子可表示为

$$K_e \geqslant K_{Ic} \tag{5-66}$$

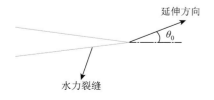

图 5-31　裂缝扩展偏转方向示意图

#### 5.3.3.2　裂缝转向角度计算

当裂缝发生破裂扩展时周向应力达到最大值，根据连续函数求最值的方法可得到，当 $\theta = \theta_0$ 时周向应力函数的一阶导数等于 0，且二阶导数小于 0。因此周向

应力在 $\theta = \theta_0$ 方向满足以下条件（图 5-31）：

$$\begin{cases} (\partial \sigma_{\theta\theta} / \partial \theta)|_{\theta=\theta_0} = 0 \\ (\partial^2 \sigma_{\theta\theta} / \partial \theta^2)|_{\theta=\theta_0} < 0 \end{cases} \tag{5-67}$$

将周向应力对 $\theta$ 微分后，可得到

$$\begin{cases} \dfrac{\partial \sigma_\theta}{\partial \sigma} = -\dfrac{3}{2\sqrt{2\pi r}} \cos\dfrac{\theta}{2} [K_{\mathrm{I}} \sin\theta + K_{\mathrm{II}}(3\cos\theta - 1)] \\ \dfrac{\partial^2 \sigma_\theta}{\partial \theta^2} = \dfrac{3}{4\sqrt{2\pi r}} \left\{ \dfrac{1}{2}\sin\dfrac{\theta}{2}[K_{\mathrm{I}}\sin\theta + K_{\mathrm{II}}(3\cos\theta - 1)] - \cos\dfrac{\theta}{2}(K_{\mathrm{I}}\cos\theta - 3K_{\mathrm{II}}\sin\theta) \right\} \end{cases} \tag{5-68}$$

将式（5-68）代入式（5-67）可得 I-II 型复合裂纹发生扩展的转向角为

$$\theta_0 = \begin{cases} 0 & , \ K_{\mathrm{II}} = 0 \\ 2\arctan\left\{ \dfrac{1}{4}\left[ \dfrac{K_{\mathrm{I}}}{K_{\mathrm{II}}} - \mathrm{sgn}(K_{\mathrm{II}})\sqrt{\left(\dfrac{K_{\mathrm{I}}}{K_{\mathrm{II}}}\right)^2 + 8} \right] \right\}, & K_{\mathrm{II}} \neq 0 \end{cases} \tag{5-69}$$

从式（5-65）和式（5-69）可以看出，还需要对 I 型和 II 型裂纹尖端的应力强度因子进行计算，才能判断裂缝是否扩展以及扩展的方向。应力强度因子可以由裂缝尖端单元体的法向位移和切向位移表示：

$$\begin{cases} K_{\mathrm{I}} = \dfrac{0.806 E \sqrt{\pi} D_{\mathrm{n}}^{\mathrm{tip}}}{4(1-\nu^2)\sqrt{2a}} \\ K_{\mathrm{II}} = \dfrac{0.806 E \sqrt{\pi} D_{\mathrm{s}}^{\mathrm{tip}}}{4(1-\nu^2)\sqrt{2a}} \end{cases} \tag{5-70}$$

式中，$D_{\mathrm{n}}^{\mathrm{tip}}$ 为裂缝尖端单元体法向位移，m；$D_{\mathrm{s}}^{\mathrm{tip}}$ 为裂缝尖端单元体切向位移，m。

## 5.3.4　数学模型求解

水平井多裂缝扩展数学模型中的偏微分方程很难通过边界条件求出解析解，这里采用数值方法对诱导应力场和流体压力场进行离散耦合求解。具体求解方法如下：诱导应力场利用位移不连续法求解裂缝应力干扰得到线性方程组，通过 Gauss-Jordan 消元法求解；流体压力场利用有限差分法离散偏微分方程得到非线性方程组，选取 Gauss-Newton 迭代法求解。其中裂缝内流体压力是驱动岩体保证裂缝扩展的直接动力，是连接岩体应变和流体流动的核心枢纽。当裂缝内的流体压力被求解出来之后，裂缝扩展过程中的其他未知量都能很方便地求解。

水平井多段多簇压裂过程中多条裂缝同时扩展，其诱导应力场的边界条件推导为

$$\begin{cases} \displaystyle\sum_{j=1}^{N} \sigma_{\mathrm{n}}^{ij} = p_{\mathrm{f}} - (\sigma_{\mathrm{h}} \sin^2\beta_i + \sigma_{\mathrm{H}} \cos^2\beta_i - \sigma_{xy}\sin 2\beta_i) \\ \displaystyle\sum_{j=1}^{N} \sigma_{\mathrm{s}}^{ij} = -\left[ \dfrac{1}{2}(\sigma_{\mathrm{H}} - \sigma_{\mathrm{h}})\sin 2\beta_i + \sigma_{xy}\cos 2\beta_i \right] \end{cases} \tag{5-71}$$

将式（5-71）代入式（5-40），进行离散处理，并用矩阵表达为

$$
\begin{bmatrix}
C_{\text{nn},1}^{1} & C_{\text{ns},1}^{1} & \cdots & C_{\text{nn},1}^{N} & C_{\text{ns},1}^{N} \\
C_{\text{sn},1}^{1} & C_{\text{ss},1}^{1} & \cdots & C_{\text{sn},1}^{N} & C_{\text{ss},1}^{N} \\
\vdots & \vdots & & \vdots & \vdots \\
C_{\text{nn},m}^{1} & C_{\text{ns},m}^{1} & \cdots & C_{\text{nn},m}^{N} & C_{\text{ns},m}^{N} \\
C_{\text{sn},m}^{1} & C_{\text{ss},m}^{1} & \cdots & C_{\text{nn},m}^{N} & C_{\text{ns},m}^{N}
\end{bmatrix}
\times
\begin{bmatrix}
D_{\text{n},1}^{1} \\
D_{\text{s},1}^{1} \\
\vdots \\
D_{\text{n},m}^{n_m} \\
D_{\text{s},m}^{n_m}
\end{bmatrix}
=
\begin{bmatrix}
b_{\text{n},1}^{1} \\
b_{\text{s},1}^{1} \\
\vdots \\
b_{\text{n},m}^{n_m} \\
b_{\text{s},m}^{n_m}
\end{bmatrix}
\tag{5-72}
$$

式中，$C_{\text{nn},j}^{i}$、$C_{\text{ns},j}^{i}$、$C_{\text{sn},j}^{i}$、$C_{\text{ss},j}^{i}$ 分别表示第 $j$ 条裂缝第 $i$ 个单元体的边界影响系数，MPa/m；$D_{\text{n},j}^{i}$、$D_{\text{s},j}^{i}$ 分别表示第 $j$ 条裂缝第 $i$ 个单元体的法向和切向位移，m；$b_{\text{n},j}^{i}$、$b_{\text{s},j}^{i}$ 分别表示第 $j$ 条裂缝第 $i$ 个单元体的法向和切向上的边界应力，MPa。

进一步将式（5-72）简化为

$$
A \cdot X = b \tag{5-73}
$$

式（5-73）为线性方程组，方程组和未知量的个数均为 $2N$，其中 $A$ 是由边界影响系数构成的 $2N \times 2N$ 方阵。根据边界影响系数的性质可知 $A$ 为满秩矩阵，因此该方程组一定存在唯一解，可采用 Gauss-Jordan 消元法直接求解。

流体压力场为二阶偏微分方程，同时该方程具有动态边界，较难获得解析解，因此采用数值法进行求解。为了保证方程组解的精度，采用中心有限差分进行网格离散求解，如图 5-32 所示。

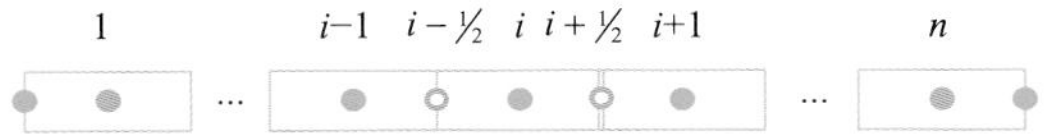

图 5-32　中心差分格式网格示意图

在中心差分格式中网格点位于单元体中心，单元体的所有物理性质都与单元体中心处的物理性质相同。在内部单元体边界上的物理性质为两个相邻的单元体的平均值，而在最外侧单元体边界上的物理性质则与所提供的边界条件相匹配，用公式表示为

$$
x_{i-1/2} = (x_{i-1} + x_i) / 2 \ (i = 1, 2, \cdots, n) \tag{5-74}
$$

连续性方程存在两个偏导数变量，一个是对长度进行求导，一个是对时间进行求导，在油藏中对时间一般采用向后差分进行离散。利用中心差分的思想，将连续性方程的裂缝单元体 $i(2 \leqslant i \leqslant n-1)$ 用差分格式表示为

$$
-\frac{\pi}{64\mu} \frac{(W_{i+1/2}^n)^3 \frac{\partial p_{i+1/2}}{\partial x} - (W_{i-1/2}^n)^3 \frac{\partial p_{i-1/2}}{\partial x}}{\Delta x} + \frac{2C_L}{\sqrt{t^n - \tau(x_i)}} + \frac{\pi}{4} \frac{W_i^n - W_i^{n-1}}{\Delta t} = 0 \tag{5-75}
$$

式中，$\Delta x = x_{i+1/2} - x_{i-1/2}$，$\Delta t = t^n - t^{n-1}$，$i$ 和 $n$ 分别表示空间和时间上的网络节点。

利用 $\alpha$ 和 $\beta$ 简化上述方程，令

$$
\begin{cases}
\alpha = \left( \dfrac{W_{i+1}^n + W_i^n}{2} \right)^3 \\
\beta = \left( \dfrac{W_i^n + W_{i-1}^n}{2} \right)^3
\end{cases}
\tag{5-76}
$$

代入连续性方程可化简得

$$k[\alpha(p_{i+1}^n - p_i^n) - \beta(p_i^n - p_{i-1}^n)] - \frac{2C_L\Delta t}{\sqrt{t^n - \tau(x_i)}} - \frac{\pi}{4}(W_i^n - W_i^{n-1}) = 0 \qquad (5\text{-}77)$$

其中，$k = \dfrac{\pi\Delta t}{64\mu\Delta x^2}$。

通过式（5-77）可以看出，该式是关于缝内流体压力与裂缝宽度的对三角矩阵，其中缝内流体压力与裂缝宽度在裂缝诱导应力场中也有对应的关系，两者耦合联立得到的方程组是关于缝内流体压力的方程组。

同时对流体边界条件进行离散，获取两个方程来共同求解缝内流体压力。首先裂缝入口处的第一个单元体进入的流量已知，此时：

$$q_j(x,t)|_{x=0} = -\frac{\pi h w_{f,j}^3(x,t)}{64\mu}\frac{\mathrm{d}p_j(x,t)}{\mathrm{d}x}|_{x=0} = Q_j \qquad (5\text{-}78)$$

将式（5-78）离散为式（5-77）的形式：

$$\frac{Q_j\Delta t}{h\Delta x} + \frac{\pi\Delta t}{64\mu(\Delta x)^2}[\alpha(p_{i+1}^n - p_i^n)] - \frac{2C_L\Delta t}{\sqrt{t^n - \tau(x_i)}} - \frac{\pi}{4}(W_i^n - W_i^{n-1}) = 0 \qquad (5\text{-}79)$$

同时，在水力裂缝尖端处裂缝宽度为 0，即最后单元体右边界宽度为 0，则

$$w_{f,n}^n = 0 \qquad (5\text{-}80)$$

将式（5-78）离散为式（5-77）的形式：

$$\frac{\pi\Delta t}{64\mu\Delta x^2}\left[\left(\frac{W_i^n}{2}\right)^3(p_{f,n}^n - p_i^n) - \beta(p_i^n - p_{i-1}^n)\right] - \frac{2C_L\Delta t}{\sqrt{t^n - \tau(x_i)}} - \frac{\pi}{4}(W_i^n - W_i^{n-1}) = 0 \qquad (5\text{-}81)$$

以上两个边界条件[式（5-79）、式（5-81）]中，如果是单裂缝扩展，那么在式（5-61）中，$\theta_i = \theta_T$ 为已知量，便可以进行计算。如果水力压裂为多裂缝扩展，那么 $Q_j$ 则为未知量，需要引入多裂缝在井筒中的流体流动模型。

$$\begin{cases} Q_T - \sum\limits_{j=1}^m Q_j = 0 \\ p_0 - (p_{w,j} + p_{pf,j} + p_{cf,j}) = 0 \end{cases} \qquad (5\text{-}82)$$

为了提高计算效率，可对诱导应力场和流体压力场分开求解，将未知量分解为 $X_1 = [D_n^i, D_s^i]^T$，$X_2 = [p_j, q_j, p_0]^T$，同时将方程组也分解为固体和流体方程两部分。首先赋予 $X_2$ 初值，可通过位移不连续法计算 $X_1$ 的解，然后将 $X_1$ 的解代入 $F_2$ 求解 $X_2$，将计算出的解与初值进行误差比较，如果误差在设定的范围内，则得到真实解，否则将计算出的解作为初值重新计算。

根据以上求解方法，进一步提出多段多簇压裂裂缝扩展流固耦合求解时的基本思路：

（1）输入基本参数，主要包括地层参数和施工参数。

（2）给出固定的时间步长和裂缝单元体长度，在一个时间步长内，裂缝单元体的个数是逐步增加的，直到满足裂缝扩展条件为止。

（3）假设初值 $x = [p^{(0)}, q^{(0)}, p_0^{(0)}]^T$，并代入岩体应力场边界条件组成的线性方程组中，通过 Gauss-Jordan 消元法可首先求解出裂缝单元体的法向位移量和切向位移量。

（4）将裂缝单元体的位移量代入流体压力场中，利用式（5-77）的离散方程通过 Gauss-Newton 迭代法可计算出 $x^{(k)} = [p^{(k)}, q^{(k)}, p_0^{(k)}]^T$。通过判断计算出来的值与上一步初值的相对误差，判断精度是否满足要求，如果满足精度要求，则程序进入下一步计算，如果不满足，则将新算出来的值当作初值返回步骤（3）重新计算，直到满足条件为止。

（5）根据裂缝尖端单元体的法向和切向位移量计算等效强度因子，判断其是否满足扩展准则。如果满足，则程序返回步骤（2），并增加一个裂缝单元体重新计算；如果不满足，该时步下裂缝扩展结束，取上一步的计算结果作为该时步下的最终结果。

（6）计算运行的施工时间，并判断该时间是否达到给定的施工时间。如果达到，则程序运行结束；如果没有达到，则程序返回步骤（2），计算下一时步的裂缝扩展，直到达到给定的施工时间为止。其具体流程思路如图 5-33 所示。

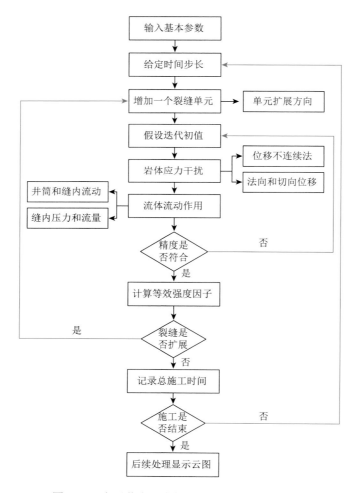

图 5-33　水平井多段多簇压裂裂缝扩展求解思路

## 5.4　水平井多段多簇压裂扩展规律及施工参数优化

### 5.4.1　多段多簇压裂裂缝扩展规律

以 3 簇裂缝压裂的模式为例，分析水平井多段多簇压裂裂缝扩展在应力干扰下的裂缝形态、应力分布以及流量分配等问题，计算基本参数如表 5-6 所示。

表 5-6　基本参数表

| 基本参数 | 取值 | 基本参数 | 取值 |
| --- | --- | --- | --- |
| 弹性模量/MPa | 30000 | 裂缝高度/m | 30 |
| 泊松比（无因次） | 0.2 | 裂缝簇间距/m | 25 |
| 最大水平主应力/MPa | 42 | 滤失系数/(m/min$^{0.5}$) | $5\times10^{-4}$ |
| 最小水平主应力/MPa | 40 | 断裂韧性/(MPa·m$^{0.5}$) | 4 |
| 压裂液黏度/(mPa·s) | 10 | 泵注液量/m³ | 100 |
| 注入排量/(m³/min) | 15 | 初始裂缝方位角/(°) | 90 |

3 簇裂缝扩展时泵注结束后的裂缝形态如图 5-34 所示。从图中可以看出，中间裂缝在外侧两裂缝的应力干扰下扩展长度最短，第 1 条裂缝扩展长度略大于第 3 条裂缝，同时中间裂缝的宽度小于外侧两裂缝。外侧两裂缝均向外侧偏转，这是因为外侧裂缝受到其他两裂缝的剪切应力均在同一个方向，使得外侧裂缝均向外偏转以平衡剪切应力；而中间裂缝基本上不发生偏转，其原因是中间裂缝受到外侧两裂缝的剪切应力方向相反且大小基本相同，导致了中间裂缝几乎不受剪切应力的作用。

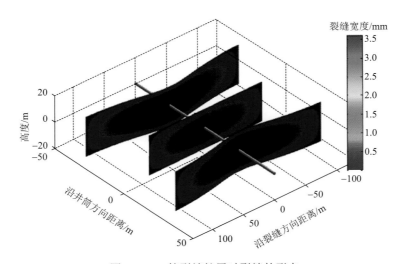

图 5-34　3 簇裂缝扩展时裂缝的形态

从图 5-35 和图 5-36 中可以看出 3 簇裂缝扩展时原地层最小水平主应力和最大水平主应力方向上地应力的分布规律。如图 5-35 所示，原最小水平主应力方向上的应力场在 3 簇裂缝之间的地层中较大，在第 2 条裂缝附近达到最大值；在裂缝尖端处由于应力集中效应使得地层应力较低；而离裂缝较远的地层中地应力与原地应力场几乎没有变化，说明在该区域受到的裂缝应力干扰较小。如图 5-36 所示，原最大水平主应力方向上的应力场只在 3 簇裂缝附近处的区域应力干扰较大而在其他区域的应力干扰较小。结合两图分析，可以发现裂缝应力干扰的范围在最小水平主应力方向上远大于最大水平主应力方向，这就导致了地层主应力差会有所降低。

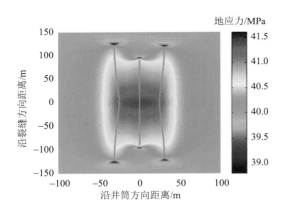

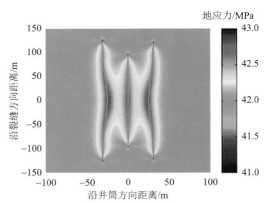

图 5-35　最小水平主应力方向的地应力分布　　　图 5-36　原最大水平主应力方向的地应力分布

　3 簇裂缝扩展时地层受到的剪切应力如图 5-37 所示。外侧两裂缝均受到剪切应力的作用而向外发生偏转，中间裂缝几乎没有受到剪切应力，其偏转的幅度较小。同时外侧两裂缝受到的剪切应力大小基本相等、方向相反，使得外侧两裂缝朝着相反的方向偏转。

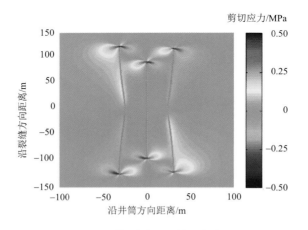

图 5-37　3 簇裂缝地层剪切应力分布

　在扩展结束后 3 簇裂缝的累积进液量所占比例如图 5-38 所示，由于裂缝的应力干扰，第 2 条裂缝扩展受阻导致其进液量始终处于劣势，最终第 3 条裂缝进液量最多，第 1 条裂缝次之，第 2 条裂缝最低。

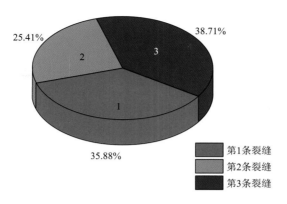

25.41%　　　　　　　38.71%

35.88%

　第1条裂缝
　第2条裂缝
　第3条裂缝

图 5-38　3 簇裂缝累积注入液量百分比

### 5.4.2　多段多簇裂缝扩展均匀性分析

从上面分析可知，多裂缝同时扩展时裂缝形态存在非均匀性，外侧裂缝因受到应力干扰较小而延伸较快，裂缝长度和宽度均比内侧裂缝更大；同时外侧裂缝受到的剪切应力较大，导致其更容易向外发生偏转，这些因素最终造成了多裂缝的扩展形态存在差异性。目前普遍的观点认为，多裂缝扩展时所有裂缝是否都能齐头并进是影响非常规油气藏产量的重要因素，当多裂缝扩展形态越均匀时，越有利于提高压裂效果和压后油气产量。

目前国内外并没有明确提出多裂缝扩展形态均匀程度的定量表征方法，仅从定性的角度提出了一些认识。其中一种观点认为多裂缝扩展长度之间的差异越小，则多裂缝扩展形态越均匀，显然这种定性的判断方法比较粗糙，仅考虑到裂缝形态在裂缝长度上的非均匀性，而没有考虑到裂缝宽度和裂缝偏转角对裂缝均匀程度的影响。Wu 等[14]从各裂缝进液量的角度出发提出了一种简单的表示方法，该方法认为各裂缝进液量之间的差异越小时，多裂缝扩展形态越均匀。可用公式表示为

$$\xi = \frac{Q_{\min}}{Q_{\max}} \tag{5-83}$$

式中，$\xi$ 为裂缝均匀系数，无因次；$Q_{\min}$ 为各裂缝进液量的最小值，$m^3$；$Q_{\max}$ 为各裂缝进液量的最大值，$m^3$。

式（5-83）中的裂缝均匀系数并没有考虑到压裂液滤失到地层中的影响，也没有揭示出裂缝形态与各裂缝扩展均匀程度的本质关系，因此本书在此基础上进行了改进和修正。这里从各裂缝进液量比例出发，同时考虑压裂液滤失对多裂缝扩展均匀程度的影响，推导出采用裂缝形态参数定量表征裂缝扩展均匀程度的方法。认为当进入各裂缝用于增加裂缝体积的液量差异越小时裂缝形态越均匀，并定义裂缝均匀系数为各裂缝用于

造缝液量的最小值与最大值之比，通过裂缝形态参数表示裂缝均匀系数。可用以下公式表示：

$$\xi = \frac{Q_{\min} - Q_{\text{滤失}}^{\min}}{Q_{\max} - Q_{\text{滤失}}^{\max}} = \frac{\int_0^{l_{\min}} h w_{\min} \mathrm{d}l}{\int_0^{l_{\max}} h w_{\max} \mathrm{d}l} = \frac{h \sum\limits_{i=1}^{n_{\min}} w_{i,\min} a_i}{h \sum\limits_{i=1}^{n_{\max}} w_{i,\max} a_i} \qquad (5\text{-}84)$$

式中，$Q_{\text{滤失}}^{\min}$、$Q_{\text{滤失}}^{\max}$ 分别表示各裂缝最小和最大滤失液量，$\mathrm{m}^3$；$l_{\min}$、$l_{\max}$ 分别表示各裂缝最小和最大裂缝长度，m；$n_{\min}$、$n_{\max}$ 分别表示各裂缝最小和最大单元个数，无因次；$w_{i,\min}$、$w_{i,\max}$ 分别表示最大和最小裂缝的第 $i$ 个单元体宽度，m；$a_i$ 表示第 $i$ 个单元体长度，m。

多裂缝扩展时外侧裂缝会向外发生较大偏转，而内侧裂缝一般偏转较小。裂缝偏转角的存在会使得各裂缝在垂直井筒方向的投影长度发生变化，在一定程度上提高了多裂缝均匀程度，考虑裂缝偏转角对裂缝均匀系数的影响并对式（5-84）修正得到：

$$\xi = \frac{h \sum\limits_{i=1}^{n_{\min}} w_{i,\min} a_i \cos\theta_{i,\min}}{h \sum\limits_{i=1}^{n_{\max}} w_{i,\max} a_i \cos\theta_{i,\max}} = \frac{\sum\limits_{i=1}^{n_{\min}} w_{i,\min} a_i \cos\theta_{i,\min}}{\sum\limits_{i=1}^{n_{\max}} w_{i,\max} a_i \cos\theta_{i,\max}} \qquad (5\text{-}85)$$

式中，$\theta_{i,\min}$、$\theta_{i,\max}$ 分别表示在最小和最大进液量裂缝中第 $i$ 个单元体裂缝的偏转角，（°）。

裂缝均匀系数全部通过裂缝形态参数（缝长、缝宽、裂缝偏转角）定量表征。如图 5-39 所示，裂缝均匀系数还可表示为横纵坐标与裂缝宽度曲线所围成的面积最小值与最大值之比。以 3 簇裂缝扩展为例，第 2 条裂缝所围成的面积最小，即图中的红色区域；第 3 条裂缝围成的面积最大，即图中的绿色区域，那么裂缝均匀系数就等于红色区域面积与绿色区域面积之比。该比值的取值范围为 0～1，当该值越接近 0 时，说明各裂缝形态差异越大，裂缝扩展得越不均匀；当该值越接近 1 时，说明各裂缝形态差异越小，多裂缝扩展得越均匀。

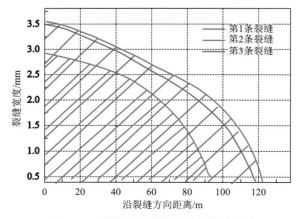

图 5-39　裂缝均匀系数几何意义示意图

同时，为了定量表征多裂缝在缝长和缝宽方向上的扩展均匀程度，从裂缝均匀系数中提取出缝长影响因子和缝宽影响因子，即在图 5-39 中缝长影响因子表示为各裂缝横坐标的最小值与最大值之比，缝宽影响因子表示为各裂缝纵坐标的最小值与最大值之比，可用以下公式表示：

$$\xi_1 = \frac{l_{\text{f, min}}}{l_{\text{f, max}}} \frac{\sum_{i=1}^{n_{\min}} a_i \cos\theta_{i,\min}}{\sum_{i=1}^{n_{\max}} a_i \cos\theta_{i,\max}} \tag{5-86}$$

$$\xi_{\text{w}} = \frac{w_{\min}}{w_{\max}} \tag{5-87}$$

式中，$\xi_1$、$\xi_{\text{w}}$ 分别表示缝长影响因子和缝宽影响因子，无因次；$l_{\text{f, min}}$、$l_{\text{f, max}}$ 分别表示各裂缝长度在垂直方向上的最小值和最大值，m；$w_{\min}$、$w_{\max}$ 分别表示各裂缝井筒处宽度的最小值和最大值，m。

### 5.4.3 多段多簇压裂施工参数优化

在各簇射孔参数相同的条件下，中间裂缝由于受到外侧裂缝的应力干扰较大而导致其扩展受阻，扩展过程中始终处于弱势地位。同时，在多裂缝扩展中如果能够降低中间裂缝的扩展阻力，那么就有利于提高多裂缝扩展的均匀程度。减少中间裂缝扩展阻力主要从射孔摩阻和裂缝应力干扰两方面考虑，射孔摩阻的主要影响因素是孔眼直径和孔眼数量，而裂缝应力干扰的主要影响因素是裂缝簇间距。这里主要分析多裂缝扩展时不同的压裂施工参数对裂缝均匀系数的变化规律，在相同的各簇裂缝射孔参数和单独改变中间裂缝射孔参数下优化多裂缝扩展中压裂施工参数。

#### 5.4.3.1 液体排量

从图 5-40 中可以看出，当液体排量不断增大时，中间裂缝进液量比例不断增加，而

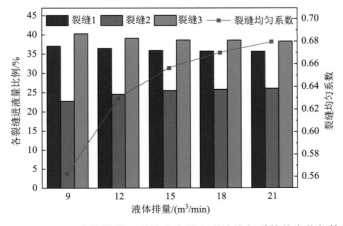

图 5-40　不同液体排量下裂缝进液量和裂缝均匀系数的变化规律

外侧两裂缝进液量比例则逐渐降低。裂缝均匀系数随着液体排量的增大而不断增加，当液体排量从 9m³/min 增加到 21m³/min 时，其对应的裂缝均匀系数从 0.56 增加到 0.68，说明了液体排量对多裂缝扩展均匀程度有着重要影响。为了保证多裂缝扩展均匀程度更高，在实际压裂施工中应采用高液体排量施工，建议 3 簇裂缝液体排量在 15～18m³/min。

### 5.4.3.2　液体黏度

从图 5-41 中可以看出，压裂液黏度不断增大时，中间裂缝进液量比例略有减小，外侧两裂缝进液量比例略有增加。裂缝均匀系数随着压裂液黏度的增大而有所减小，但减小的幅度很低。当液体黏度从 10mPa·s 增加到 100mPa·s 时，其对应的裂缝均匀系数从 0.65 下降到 0.62，说明了在低黏度压裂液下多裂缝扩展得更加均匀，在压裂施工时应尽量采用低黏度压裂液。

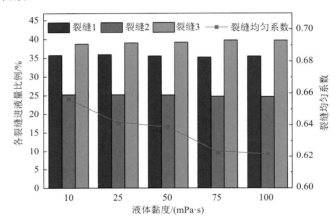

图 5-41　不同液体黏度下裂缝进液量和裂缝均匀系数的变化规律

### 5.4.3.3　孔眼直径

**1. 3 簇裂缝孔眼直径相同**

从图 5-42 中可以看出，多裂缝扩展时随着射孔孔眼直径的增加，中间裂缝的进液量比例逐渐降低，而外侧两裂缝进液量比例则逐渐上升。裂缝均匀系数随着孔眼直径的增加而下降，当孔眼直径从 10mm 增加到 18mm 时，其裂缝均匀系数从 0.65 降低到 0.49，说明了孔眼直径对多裂缝扩展均匀程度影响较大，当各簇裂缝孔眼直径越小时越有利于多裂缝均匀延伸。

**2. 3 簇裂缝孔眼直径不同**

从图 5-43 中可以看出，当中间裂缝孔眼直径逐渐增大时，外侧两裂缝进液量比例均不断下降，而中间裂缝的进液量比例不断增加。当中间裂缝孔眼直径为 10～16mm 时，裂缝均匀系数随着中间裂缝孔眼直径的增加而不断上升；当孔眼直径超过 16mm 后，其值随着孔眼直径的增加而下降。当孔眼直径为 16mm 时其值达到最大，为 0.94，此时多裂缝扩展得十分均匀，因此中间裂缝存在最优的孔眼直径使得裂缝均匀程度最大。

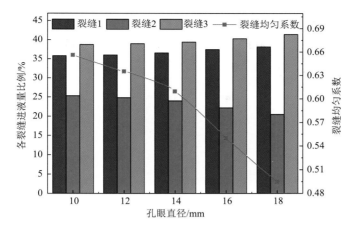

图 5-42　不同孔眼直径下裂缝进液量和裂缝均匀系数的变化规律

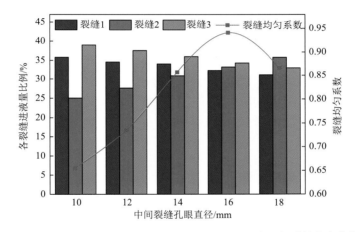

图 5-43　不同中间裂缝孔眼直径下裂缝进液量和裂缝均匀系数的变化规律

### 5.4.3.4　孔眼数量

**1. 3 簇裂缝孔眼数量相同**

从图 5-44 中可以看出，当孔眼数量增大时，中间裂缝进液量比例略有减小，外侧两裂缝进液量比例略有增加，但变化幅度不大。裂缝均匀系数随着孔眼数量的增大而略有减小，这是因为当孔眼直径增大时每簇裂缝射孔摩阻减小，降低了其在总压降中的比例，一定程度上增大了中间裂缝与外侧两裂缝之间的差异。当孔眼数量从 16 孔增加到 24 孔时，其对应的裂缝均匀系数从 0.67 降低到 0.63，总体上来说孔眼数量对裂缝均匀系数的影响不大。

**2. 3 簇裂缝孔眼数量不同**

减小中间裂缝射孔摩阻还可通过增加其孔眼数量来实现，当单独增加中间裂缝的孔眼数量时，有利于中间裂缝延伸。在外侧两裂缝孔眼数量都保持 20 孔不变时，增加中间裂缝孔眼数量模拟多裂缝扩展。

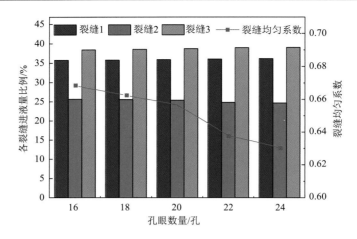

图 5-44　不同孔眼数量下裂缝进液量和裂缝均匀系数变化规律

从图 5-45 中可以看出，当中间裂缝孔眼数量增大时，外侧两裂缝进液量比例均略有下降，中间裂缝的进液量比例不断增加。随着中间裂缝孔眼直径的增大，裂缝均匀系数不断上升，当中间裂缝孔眼数量从 20 孔增加到 28 孔时，其对应的裂缝均匀系数从 0.65 增加到了 0.79。同时可看出，单独增加中间裂缝孔眼直径时的裂缝均匀系数明显大于单独增加中间裂缝孔眼数量时的裂缝均匀系数，说明了单独增加中间裂缝孔眼直径时的射孔压降明显比单独增加孔眼数量低，因此增加中间裂缝孔眼直径对提高多裂缝扩展均匀程度的贡献更大。

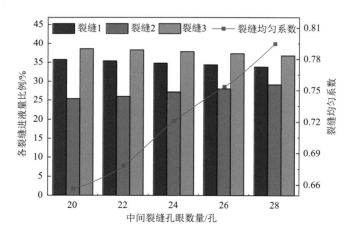

图 5-45　不同中间裂缝孔眼数量下裂缝进液量和裂缝均匀系数变化规律

### 5.4.3.5　裂缝簇间距

**1. 等簇间距**

从图 5-46 中可以看出，在不同裂缝簇间距下各簇裂缝进液量和裂缝均匀系数有所不同。当裂缝簇间距增大时中间裂缝进液量不断增大，而外侧两裂缝进液量则逐渐降低。裂缝均匀系数随着裂缝簇间距的增大而不断增加，当裂缝簇间距从 10m 增加到 40m 时，其对应的裂缝均匀系数从 0.58 增加到 0.67，说明了裂缝簇间距严重地影响着多裂缝扩展均匀程度。在其他参数保持不变的情况下，裂缝均匀系数在裂缝簇间距为 10～30m 时增加得较为明显，裂缝簇间距为 30～40m 时其增加幅度较小。这说明在本算例中，裂缝簇间距为 30～40m 时多裂缝扩展均匀程度较高。

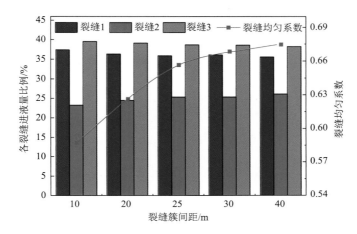

图 5-46 不同裂缝簇间距下裂缝进液量和裂缝均匀系数的变化规律

**2. 非等簇间距**

在 3 簇裂缝总间距不变的情况下，分析裂缝簇间距不同组合下裂缝均匀系数的变化规律。当总间距为 50m 时分别模拟非等簇间距下多裂缝扩展的裂缝形态，如图 5-47 所示。从图中可以看出，当 3 簇裂缝为非等簇间距组合时，由于簇间距不同使得外侧两裂缝在中间裂缝处的应力干扰不相等，导致了中间裂缝也会发生较大幅度的偏转，其偏转方向与裂缝簇间距较大的裂缝偏转方向相同。这是因为当裂缝簇距离较大时对中间裂缝的应力干扰较小，中间裂缝就容易朝着应力干扰较小的方向延伸。与中间裂缝距离较大的外侧裂缝受到的应力干扰最小，使得其扩展长度和宽度均最大。中间裂缝离外侧裂缝越近时其受到的应力干扰越大，裂缝偏转得更加剧烈，不利于提高多裂缝扩展均匀程度。

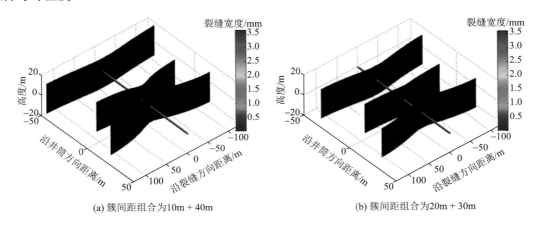

(a) 簇间距组合为10m + 40m          (b) 簇间距组合为20m + 30m

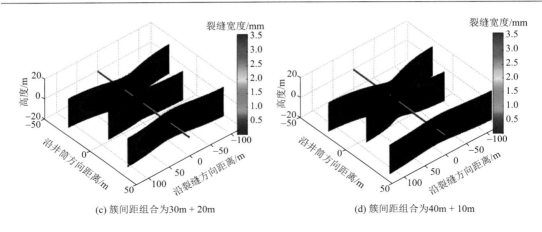

(c) 簇间距组合为30m + 20m　　　　　　(d) 簇间距组合为40m + 10m

图 5-47　非等簇间距对 3 簇裂缝形态的影响规律

从图 5-48 中可以看出，当第一条与第二条裂缝簇间距不断增大时，第一条裂缝进液量比例不断增加，相应地第三条裂缝进液量比例逐渐减小，而中间裂缝的进液量比例几乎不变。由于第三条裂缝无井筒摩阻，使得同等条件下其进液量比例比第一条裂缝略大。裂缝均匀系数随着第一条与第二条裂缝簇间距的增加而先增大后减小，当两裂缝簇间距相等时裂缝均匀系数达到最大。也就是说在均质储层中非等簇间距下多裂缝扩展时的裂缝均匀系数始终小于等簇间距下的裂缝均匀系数，因此如果地层为均质储层时应尽量保持等簇间距布缝，避免出现单一裂缝过量延伸而影响压裂改造效果。

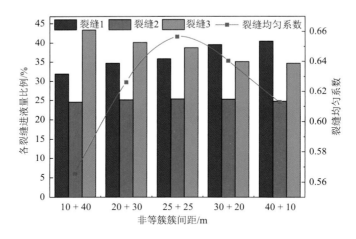

图 5-48　非等簇间距下裂缝进液量和裂缝均匀系数的变化规律

当 3 簇裂缝射孔参数条件相同时，最优裂缝簇间距为 30～40m，与裂缝应力干扰影响范围基本一致。这说明了当裂缝应力干扰基本可以忽略时多裂缝扩展均匀程度较高。然而在实际压裂施工中我们总想在裂缝扩展均匀的情况下使裂缝簇间距更小，因此可在改变中间裂缝射孔参数时进一步优化裂缝簇间距。模拟中间裂缝孔眼直径为12.5mm时不同裂缝簇间距下的多裂缝扩展形态变化规律。

模拟裂缝簇间距为 10m、20m、30m、40m 时多裂缝扩展形态，如图 5-49 所示。

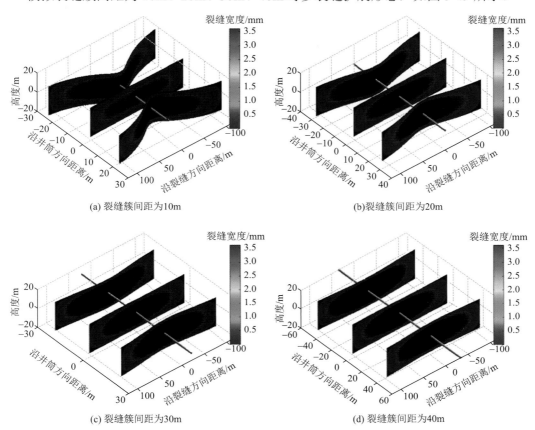

图 5-49　中间裂缝孔眼直径为 12.5mm 时裂缝簇间距对 3 簇裂缝形态的影响规律

从图 5-49 中可以看出，等簇间距时，单独增加中间裂缝孔眼直径时的裂缝形态与孔眼直径都相等时相比，中间裂缝扩展的长度和宽度明显增加，极大地增加了多裂缝扩展均匀程度。随着裂缝簇间距不断增大，中间裂缝扩展的长度和宽度都不断增加，外侧两裂缝偏转角降低，这些变化都有利于提高多裂缝扩展均匀程度。

从图 5-50 中可以看出，随着裂缝簇间距的不断增大，外侧两裂缝进液量比例均下降，中间裂缝进液量比例则不断上升。裂缝均匀系数随着裂缝簇间距的增加而不断增大，刚开始时裂缝均匀系数随着裂缝簇间距的增大而增加，且幅度较大，而当簇间距超过 30m 以后，裂缝均匀系数增加的幅度逐渐趋于平稳。因此在中间裂缝孔眼直径为 12.5mm 时，裂缝簇间距为 25~30m 时的裂缝均匀系数最优，多裂缝扩展均匀程度较高。

### 5.4.4　多段多簇压裂现场应用分析

这里以四川盆地龙马溪组某区块 M1 水平井为例，根据建立的多裂缝扩展模型和参数优化原则对其多段多簇压裂的施工参数进行优化设计。

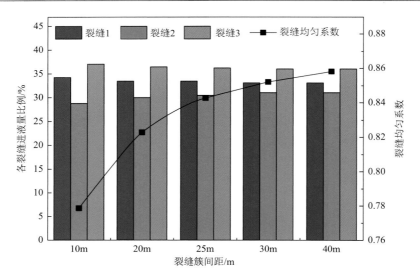

图 5-50　不同裂缝簇间距下裂缝进液量和裂缝均匀系数变化规律

#### 5.4.4.1　储层基本情况

M1 井为一口页岩深井，其垂直深度为 3605～3983m，水平段长为 1425m。水平井目标层段以黑色碳质、硅质页岩为主，平均总含气量为 3.49m³/t，平均 TOC 含量为 2.28%，矿物脆性指数为 38.44%～78.2%。通过岩石力学测试发现储层岩石的平均弹性模量为 42000MPa，泊松比为 0.22，平均水平主应力差为 4.5MPa，属于高弹性模量、低主应力差，有利于形成复杂裂缝。但是通过岩样取心发现气层的天然裂缝较不发育，存在的天然裂缝多以高角度缝为主。该井施工压力较高，预计为 86～102MPa，M1 井基本参数如表 5-7 所示。

表 5-7　M1 井基本参数表

| 基本参数 | 取值 | 基本参数 | 取值 |
|---|---|---|---|
| 平均弹性模量/MPa | 42000 | 水平井长度/m | 1425 |
| 最大水平主应力/MPa | 85 | 裂缝高度/m | 45 |
| 最小水平主应力/MPa | 80.5 | 断裂韧性/(MPa·m$^{0.5}$) | 3.2 |
| 泊松比（无因次） | 0.22 | 初始裂缝方位角/(°) | 90 |
| 压裂液黏度/(mPa·s) | 10 | | |

由于施工压力较高，为了保证每簇裂缝都能够顺利延伸，压裂设计主要以 2 簇和 3 簇裂缝扩展为主。通过分析发现该井脆性指数较高、水平应力差较低、天然裂缝较不发育，为了在压裂过程中能够形成复杂缝网，建议对施工参数进行优化设计。

#### 5.4.4.2　施工参数设计

**1. 2 簇裂缝参数设计**

由于 2 簇裂缝扩展形成的裂缝形态基本对称，其裂缝均匀系数接近 1，此时不再适合利用裂缝扩展均匀程度较高的原则设计施工参数,可用应力干扰影响范围的大小来确定。压裂液排量越大,裂缝越易形成长宽缝,建议采用 12～14m³/min 的大排量施工。通过模拟发现当孔眼数目为 20 孔、孔眼直径为 10mm、裂缝簇间距为 20～25m 时对地层产生的应力干扰影响范围较大,如图 5-51 所示。在两裂缝之间和裂缝附近的地层主应力差普遍较低,有利于在这个区域中形成复杂缝网。

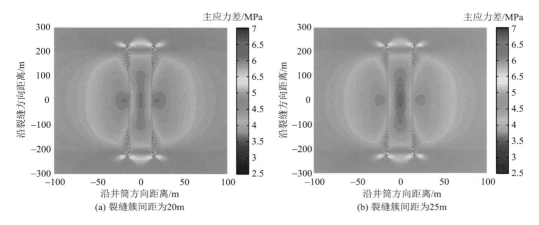

(a) 裂缝簇间距为20m　　　　　　　　　(b) 裂缝簇间距为25m

图 5-51　不同裂缝簇间距下 2 簇裂缝扩展时主应力差的分布示意图

2）3 簇裂缝参数设计

在相对增加中间裂缝孔眼直径或者孔眼数量的情况下可提高 3 簇裂缝扩展均匀程度,同时结合现场需要采用变密度射孔增加中间裂缝孔眼数量以增大裂缝均匀系数。同时由于施工压力较大,压裂液排量提升较为困难,现场最大排量可为 14～16m³/min。在保持外侧两裂缝孔眼数量为 20 孔不变的情况下,分别增加中间裂缝孔眼数量模拟计算 3 簇裂缝扩展的裂缝均匀系数,如图 5-52 所示。

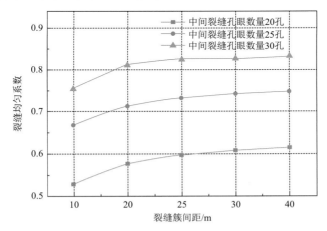

图 5-52　不同中间裂缝孔眼数量下 3 簇裂缝均匀系数变化规律

从图 5-52 可以看出,当中间裂缝孔眼数量增加时,在相同的簇间距下 3 簇裂缝扩展的裂缝均匀系数不断增加;当中间裂缝孔眼数量不变时,3 簇裂缝扩展的裂缝均匀系数随着裂缝簇间距继续增加的而增加，且当裂缝簇间距增加到一定程度后，其裂缝均匀系数的增加幅度不明显。取中间裂缝孔眼数量为 30 孔进行压裂，其最优裂缝簇间距为 20～25m。

从图 5-53 中可看出，在裂缝簇间距为 20m 和 25m 的情况下，3 簇裂缝形态扩展得较为均匀，裂缝均匀系数较高。

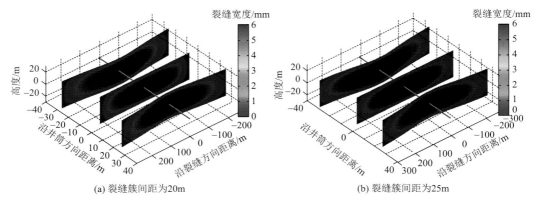

(a) 裂缝簇间距为20m　　　　　　　(b) 裂缝簇间距为25m

图 5-53　不同裂缝簇间距下 3 簇裂缝扩展形态示意图

根据表 5-8 中对不同簇数的裂缝设计结果确定了该井多段多簇的射孔参数为：分 20 段进行压裂，每段 2 簇或者 3 簇，簇间距为 20～25m。根据水平井穿过的地质甜点区进行 3 簇射孔的原则，设计本井的多段多簇压裂方案如表 5-9 所示。

**表 5-8　裂缝参数设计结果**

| 射孔簇数 | 液体排量/(m³/min) | 射孔长度/m | 射孔密度/(孔/m) | 孔眼直径/mm | 裂缝簇间距/m |
|---|---|---|---|---|---|
| 2 簇 | 12～14 | 1.5 | 20 | 10 | 20～25 |
| 3 簇 | 14～16 | 1.0/1.5 | 20 | 10 | 20～25 |

**表 5-9　M1 井射孔层段设计表**

| 段数 | 段长/m | 桥塞位置/m | 簇数 | 射孔段 1/m | | 射孔段 2/m | | 射孔段 3/m | |
|---|---|---|---|---|---|---|---|---|---|
| 1 | 60 | — | 2 | 5394 | 5393 | 5370 | 5369 | — | — |
| 2 | 55 | 5351 | 2 | 5332 | 5330 | 5310 | 5308 | — | — |
| 3 | 90 | 5296 | 3 | 5273 | 5272 | 5253.5 | 5252 | 5231 | 5230 |
| 4 | 91 | 5206 | 3 | 5187 | 5186 | 5162.5 | 5161 | 5138 | 5137 |
| 5 | 67 | 5115 | 2 | 5095 | 5093 | 5069 | 5067 | — | — |
| 6 | 67 | 5048 | 2 | 5029 | 5027 | 5006 | 5005 | — | — |
| 7 | 56 | 4981 | 2 | 4968 | 4967 | 4945 | 4944 | — | — |
| 8 | 66 | 4925 | 2 | 4906 | 4904 | 4884 | 4882 | — | — |
| 9 | 67 | 4859 | 3 | 4847.5 | 4846.5 | 4828.5 | 4827 | 4805 | 4804 |
| 10 | 89 | 4792 | 3 | 4769.5 | 4768.5 | 4751 | 4749.5 | 4728.5 | 4727.5 |

续表

| 段数 | 段长/m | 桥塞位置/m | 簇数 | 射孔段 1/m | | 射孔段 2/m | | 射孔段 3/m | |
|---|---|---|---|---|---|---|---|---|---|
| 11 | 60 | 4703 | 2 | 4688 | 4687 | 4664 | 4662 | — | — |
| 12 | 67 | 4643 | 2 | 4622 | 4621 | 4596 | 4595 | — | — |
| 13 | 67 | 4576 | 2 | 4555 | 4553 | 4529 | 4527 | — | — |
| 14 | 68 | 4509 | 2 | 4487 | 4485 | 4462 | 4461 | — | — |
| 15 | 67 | 4441 | 2 | 4420 | 4418 | 4394 | 4393 | — | — |
| 16 | 90 | 4374 | 3 | 4351 | 4350 | 4326.5 | 4325 | 4299 | 4298 |
| 17 | 89 | 4284 | 3 | 4259 | 4258 | 4237.5 | 4236 | 4214 | 4213 |
| 18 | 89 | 4195 | 3 | 4173 | 4172 | 4150.5 | 4149 | 4128 | 4127 |
| 19 | 56 | 4106 | 2 | 4093 | 4091 | 4070 | 4069 | — | — |
| 20 | 62 | 4050 | 2 | 4030 | 4028 | 4004 | 4003 | — | — |

利用以上设计思路对 M1 井进行了压裂设计并成功实施，图 5-54 为 M1 井分段压裂过程中微地震监测示意图。从图中可以看出，在第 1 段和第 5 段的压裂微地震事件较少，这主要是因为监测点离压裂段距离较远，能够监测到的微地震事件少。第 6 段到第 20 段的压裂改造较为充分，各段纵向深度跨度较大。微地震监测到的平均裂缝长度为 460m，平均带宽为 295m，平均高度为 45m，微地震监测到整个压裂改造体积为 2989.5 $\times 10^4 m^3$，在整体上改造较为充分。通过压后产量测试，采用 12mm 油嘴求产，测得井口压力 2 为 1.13MPa，页岩气产量达到 $14.08 \times 10^4 m^3/d$，进一步说明了在该压裂参数下地层形成了较为复杂的裂缝网络。

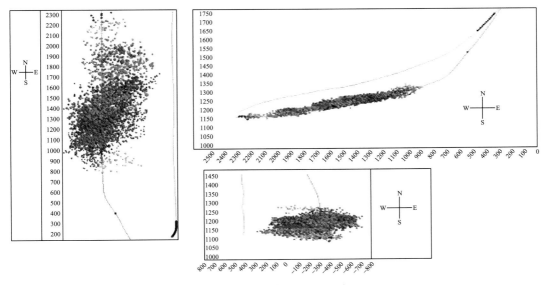

图 5-54 M1 水平井微地震监测俯视图和侧视图

# 参 考 文 献

[1]　王瀚. 水力压裂垂直裂缝形态及缝高控制数值模拟研究[D]. 合肥：中国科学技术大学，2013.

[2]　Guo J C，Luo B，Zhu H Y，et al. Multilayer stress field interference in sandstone and mudstone thin interbed reservoir[J]. Journal of Geophysics and Engineering，2016，13（5）：775-785.

[3]　Guo J，Zhao X，Zhu H，et al. Numerical simulation of interaction of hydraulic fracture and natural fracture based on the cohesive zone finite element method[J]. Journal of Natural Gas Science and Engineering，2015，25：180-188.

[4]　Turon A，Camanho P P，Costa J，et al. A damage model for the simulation of delamination in advanced composites under variable-mode loading [J]. Mechanics of Materials，2006，38（11）：1072-1089.

[5]　Tang Z，Xu J. A Combined DEM/FEM multiscale method and structure failure simulation under laser irradiation[J]. American Institute of Physics，2006：363-366.

[6]　Zhu H，Zhao X，Guo J，et al. Coupled flow-stress-damage simulation of deviated-wellbore fracturing in hard-rock[J]. Journal of Natural Gas Science and Engineering，2015，26：711-724.

[7]　罗波. 川西须五段砂泥岩互层水力裂缝扩展规律研究[D]. 成都：西南石油大学，2015.

[8]　Guo J，Lu Q，Zhu H，et al. Perforating cluster space optimization method of horizontal well multi-stage fracturing in extremely thick unconventional gas reservoir[J]. Journal of Natural Gas Science and Engineering，2015，26：1648-1662.

[9]　Crouch S L. Solution of plane elasticity problems by the displacement discontinuity method. I. Infinite body solution[J]. International Journal for Numerical Methods in Engineering，1976，10（2）：301-343.

[10]　Weng X，Kresse O，Cohen C E，et al. Modeling of hydraulic-fracture-network propagation in a naturally fractured formation[J]. SPE Production & Operations，2011，26（4）：368-380.

[11]　Kresse O，Cohen C，Weng X，et al. Numerical modeling of hydraulic fracturing in naturally fractured formations[J]. U.S.Rock Mechanics，2011，15（5）：516-535.

[12]　Wu R，Kresse O，Weng X，et al. Modeling of interaction of hydraulic fractures in complex fracture networks[C]. SPE Hydraulic Fracturing Technology Conference，the Woodlands，USA，SPE152052，2012.

[13]　Kresse O，Weng X，Gu H，et al. Numerical modeling of hydraulic fractures interaction in complex naturally fractured formations[J]. Rock Mechanics and Rock Engineering，2013，46（3）：555-568.

[14]　Wu K，Olson J E. Investigation of critical in situ and injection factors in multi-frac treatments：guidelines for controlling fracture complexity[C]. SPE Hydraulic Fracturing Technology Conference，the Woodlands，USA，SPE163821，2013.

[15]　Wu K，Olson J. Mechanics analysis of interaction between hydraulic and natural fractures in shale reservoirs[C]. Unconventional Resources Technology Conference，Denver，USA，SPE 1922946，2014.

[16]　Wu K，Olson J，Balhoff M T，et al. Numerical analysis for promoting uniform development of simultaneous multiple-fracture propagation in horizontal wells[C]. SPE Annual Technical Conference and Exhibition，Houston，USA，SPE174869，2015.

[17]　Wu K. Simultaneous multi-frac treatments：fully coupled fluid flow and fracture mechanics for horizontal wells[J]. SPE Journal，2015，20（2）：337-346.

[18]　曾青冬，姚军，孙致学. 页岩气藏压裂缝网扩展数值模拟[J]. 力学学报，2015，47（6）：994-999.

[19]　Olson J E. Predicting fracture swarms—the influence of subcritical crack growth and the crack-tip process zone on joint spacing in rock[J]. Geological Society，2004，231（1）：73-88.

[20]　郭建春，尹建，赵志红. 裂缝干扰下页岩储层压裂形成复杂裂缝可行性[J]. 岩石力学与工程学报，2014，33（8）：1589-1596.

[21]　尹建，郭建春，赵志红，等. 射孔水平井分段压裂破裂点优化方法[J]. 现代地质，2014，28（6）：1307-1314.

[22]　邓燕，尹建，郭建春. 水平井多段压裂应力场计算新模型[J]. 岩土力学，2015，36（3）：660-666.

[23]　赵金洲，陈曦宇，刘长宇，等. 水平井分段多簇压裂缝间干扰影响分析[J]. 天然气地球科学，2015，26（3）：533-538.

[24]　胥云，陈铭，吴奇，等. 水平井体积改造应力干扰计算模型及其应用[J]. 石油勘探与开发，2016，43（5）：780-786.

[25]　尹建. 水平井分段压裂诱导应力场研究与应用[D]. 成都：西南石油大学，2014.

[26]　Lamb A R，Gorman G J，Elsworth D. A fractured mapping and extended finite element scheme for coupled deformation and fluid flow in fractured porous media[J].International Journal for Numerical and Analytical Methods in Geomechanics，2013，37（17）：2916-2936.

[27]　蔡儒帅. 煤岩层水力裂缝扩展形态研究[D]. 成都：西南石油大学，2015.

[28]　黄超. 水平井分段压裂多裂缝扩展规律研究[D]. 成都：西南石油大学，2017.

[29]　曾庆磊，庄茁，柳占立，等. 页岩水力压裂中多簇裂缝扩展的全耦合模拟[J]. 计算力学学报，2016，33（4）：643-648.

[30]　李勇明，陈曦宇，赵金洲，等. 射孔孔眼磨蚀对分段压裂裂缝扩展的影响[J]. 天然气工业，2017，37（7）：52-59

[31]　庄茁，柳占立，王涛，等. 页岩水力压裂的关键力学问题[J]. 科学通报，2016（1）：72-81.

# 第 6 章 页岩储层压裂支撑剂输送实验模拟研究

页岩储层渗透率低、地质条件差异性大，水力压裂后形成的裂缝或者裂缝网络结构复杂，为减小储层伤害，并最终形成具有高导流能力的支撑裂缝，需要研究各种压裂技术中支撑剂的输送铺置规律。滑溜水压裂以其成本低、伤害小及能形成复杂裂缝网络的特点，在页岩储层压裂中被广泛推广应用，但由于裂缝中固液两相流的复杂性，对其系统的研究仍不够深入。同样线性胶、高黏胶液携砂的压裂技术在页岩储层同样有着广泛的应用，认识清楚其输送规律为页岩储层压裂方案的选择提供了有力的支撑。

## 6.1 滑溜水压裂支撑剂输送实验

### 6.1.1 单翼裂缝支撑剂输送实验

采用单翼裂缝平板可视实验装置，开展页岩压裂过程中滑溜水携砂实验，认识裂缝中滑溜水携支撑剂的输送和沉降规律。

#### 6.1.1.1 实验装置及实验条件

**1. 单翼平板裂缝流动装置**

图 6-1 给出了平板裂缝流动装置的原理示意图，其主要包括：液罐及搅拌系统、动力输送系统、可视化裂缝测试系统、高清视频采集系统、液体回收系统、数据采集与控制系统（图中未显示）。图 6-2 给出了可视化裂缝测试系统的实物图，其由 2 套长 2m、高 0.6m、间隙宽 6mm 的有机玻璃可视化平板裂缝串联组成，总长度为 4m，模拟了地层中

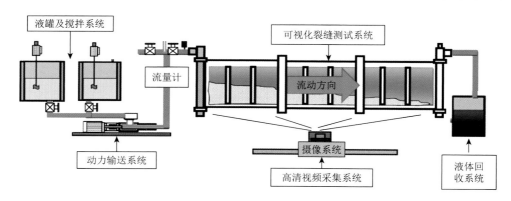

图 6-1 平板裂缝流动装置原理示意图

裂缝的一条片段，采用该装置可以直观地观察携砂液在裂缝中的运移、沉降和铺置过程。平板装置右侧进口处为模拟射孔的井筒。

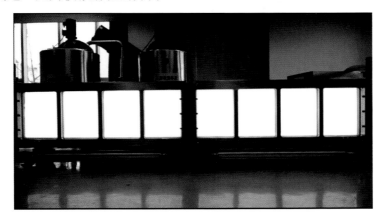

图 6-2　可视化裂缝测试系统实物图

**2. 实验条件**

为了能够反映真实流体携带支撑剂在裂缝中的输送行为，需要采用一定的相似准则将现场施工排量转换到室内实验排量。在本书中，采用速度相似准则，即保证实验平板中压裂液和支撑剂浆体流动速度与真实水力裂缝中压裂液和支撑剂浆体流动速度相同，则实验中泵注排量的计算公式如下：

$$Q_E = \frac{Q_F}{2n} \frac{H_E W_E}{H_F W_F} \times 1000 \qquad (6\text{-}1)$$

式中，$Q_E$ 为室内实验泵注排量，L/min；$Q_F$ 为现场施工泵注排量，$m^3/min$；$n$ 为单个压裂段的射孔簇数，无量纲；$H_E$ 为实验平板装置的高度，m；$W_E$ 为实验平板间的宽度，mm；$H_F$ 为水力裂缝高度，m；$W_F$ 为水力裂缝宽度，mm。

取典型的页岩气压裂施工排量为 $12m^3/min$，假设每段有两簇射孔、水力裂缝高 30m、缝宽 6mm。根据式（6-1）确定实验泵注排量 $Q_E$ 为 60L/min。实验中右侧进口等间距分布三个射孔孔眼，其大小为宽 6mm×高 18mm。

**3. 实验材料**

实验流体采用 20℃清水，密度为 $998kg/m^3$，黏度为 1.0mPa·s。支撑剂选用现场最常用的 40/70 目陶粒，其体密度为 $1750kg/m^3$，视密度为 $3000kg/m^3$，实验中体积分数为 6%（全书中支撑剂浓度为体积分数）。

### 6.1.1.2　实验结果及分析

**1. 支撑剂床体形成过程**

以泵注排量 60L/min 为例展示裂缝中支撑剂床体的形成过程，如图 6-3 所示。当清水和支撑剂混合物浆体自左端三个射孔孔眼以射流的方式进入裂缝后，在近井地带充分混合后向右端推进 [图 6-3（a）]。由于重力沉降和对流沉降的原因，混合物浆体在裂缝中逐渐向裂缝底部沉降，形成了一个近乎直线的混合物和纯液相的分界面。如图 6-3（a）所示，在泵注排量为 60L/min 的实验条件下，图中该直线斜率偏大，可以看出，支撑剂颗粒沉降的最远位置未到裂缝末端。

　　此后，沉降至裂缝底部的支撑剂颗粒不断堆积，砂堤的高度随时间不断增加形成支撑剂床体。可以看出，随着混合物浆体的不断注入，支撑剂床体整体不断增高，如图 6-3（c）、（d）所示。当砂体堆积高度高于一定值后，其对进口流场产生了明显的干扰，颗粒基本在进口附近砂体上侧沉降堆积 ［图 6-3 （d）］。当距离裂缝进口附近的支撑剂床达到平衡高度后，该位置颗粒沉降和被流化的量相同，支撑剂床体高度不再增加，颗粒在后侧进一步堆积，达到平衡高度的床体不断向后延伸，如图 6-3 （e）～（g）所示。

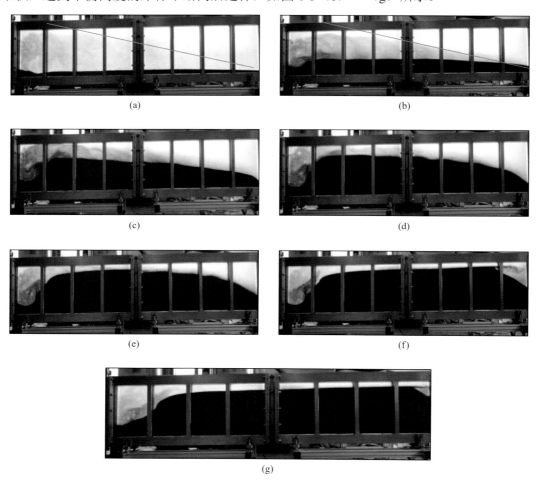

图 6-3　排量为 60L/min 的支撑剂床形成过程（图像进行了水平翻转）

**2. 不同工况实验结果对比**

　　图 6-4 给出了泵注排量为 80L/min 时的支撑剂床体形成过程，其与图 6-3 中 60L/min 的泵注排量下的情况类似。最大的不同之处在于，因缝内流动速度更大，支撑剂颗粒能够被带到更远的地方，80L/min 的排量条件下自裂缝进口顶部出发的颗粒沉降距离超过裂缝长度，从而使得裂缝底部堆积的支撑剂床没有明显的从前向后的坡度，几乎是随时间均匀

地向上堆积铺置。可以推断，在更大排量的实验中，颗粒将最先在裂缝尾部堆积。此外，本工况下由于流体携带能力更强，近井地带出现更大面积无砂区。

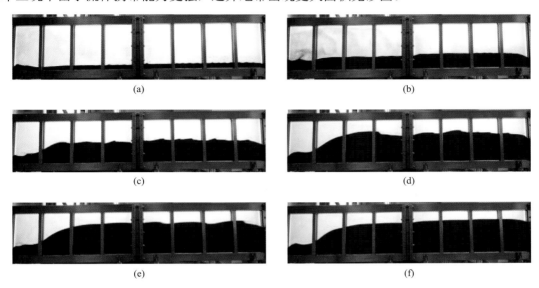

图 6-4　排量为 80L/min 的支撑剂床形成过程

　　图 6-5 给出了泵注排量为 40L/min 时支撑剂在裂缝中的堆积过程。可以看出，在低泵注排量下，支撑剂进入裂缝后就迅速沉降至裂缝底部，主要堆积在近井地带，部分被携带至裂缝远端，从而使裂缝底部的支撑剂床体形成了一个向后倾斜的坡度。随着支撑剂不断地注入裂缝，支撑剂床越堆越高，尾部的坡度更加明显。

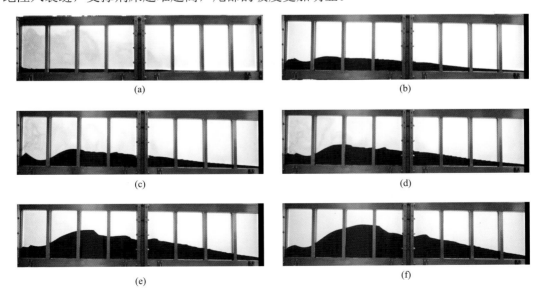

图 6-5　排量为 40L/min 的支撑剂床形成过程

　　图 6-6 给出了 60L/min 和 80L/min 条件下实验完成后支撑剂床顶部的高度沿缝长的分

布。从图中可以看出，60L/min 泵注排量下最后支撑剂床体的高度约为 53cm，顶部平衡间隙约为 7cm；而 80L/min 泵注排量下最后支撑剂床体的高度约为 47cm，即顶部平衡间隙约为 13cm。

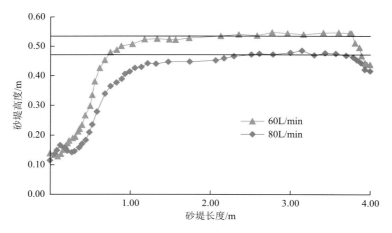

图 6-6　不同排量下砂堤的堆积形态

**3. 支撑剂沉降铺置规律分析**

分析上述三种条件下清水携支撑剂输送的实验结果，可以得出如下的规律：

（1）正如经典实验研究和理论研究所展示的结论一样，清水携支撑剂颗粒在裂缝中输送将展现出如下过程：沉降、堆积、砂堤达到平衡高度、砂堤向后延伸等[1, 2]。但在大排量下（如本书中的 80L/min），压裂液支撑剂浆体混合物能量较高，在裂缝中铺置特征会和裂缝结构相互影响，其铺置特征有可能区别于传统砂堤堆积过程[3]。

（2）由于压裂液黏度小、施工排量大，裂缝中流态常为湍流，支撑剂颗粒在其中的沉降规律比高黏压裂液中的沉降规律更为复杂，依靠修正 Stokes 沉降公式来计算颗粒沉降速度的方法在滑溜水压裂中并不适用。如韩琦在其论文中比较了利用修正 Stokes 公式及计算流体力学-离散元方法（computational fluid dynamics and discrtet element method，CFD-DEM）所获得的超低密度支撑剂颗粒沉降速度，发现两者相差数倍[4]。

（3）滑溜水压裂中，支撑剂输送沉降受到压裂液性质（密度、黏度）、支撑剂性质（密度、粒径）、裂缝宽度、泵注参数（排量、支撑剂浓度）、压裂液滤失等众多因素共同作用，目前的研究虽然揭示了平衡高度等关键参数受上述参数影响的规律，但仍然需要进一步研究更复杂条件及更基础的流动机理[5-8]。因此，建立滑溜水压裂中支撑剂输送沉降模型需要有新的研究思路。

（4）页岩储层开发向更复杂的深层和超深层发展，建立一种行之有效的滑溜水携支撑剂在裂缝中的输送模拟方法势在必行，

## 6.1.2　复杂缝网支撑剂输送实验

随着对页岩压裂改造裂缝形态认识的加深，Warpinski 等[9]、Sahai 等[10]指出页岩压裂

形成的是复杂的裂缝网络，该观点目前已深入人心。支撑剂在裂缝网络中的输送规律显然有别于单翼缝中的规律，目前对裂缝网络中支撑剂的输送研究仍处于起步阶段，本书在此介绍 Sahai[11]和 Clark 等[12]开展的部分实验工作。

### 6.1.2.1　复杂缝网流动实验

**1. 复杂缝网流动实验装置**

Sahai 所建立的缝网流动实验装置如图 6-7 所示，根据图中箭头所示的流动方向可以将其以 T-1、T-2 和 H-1 进行表征。其中，T-1 型缝包含一条主缝和一条二级垂直次缝；T-2 型缝包含一条主缝和两条二级垂直次缝；H-1 型缝包含一条主缝和一条水平次缝。主缝与次缝之间垂直相交，且主缝缝长都为 1.22m、高都为 0.61m，主缝、次缝缝宽都为 5.46mm。

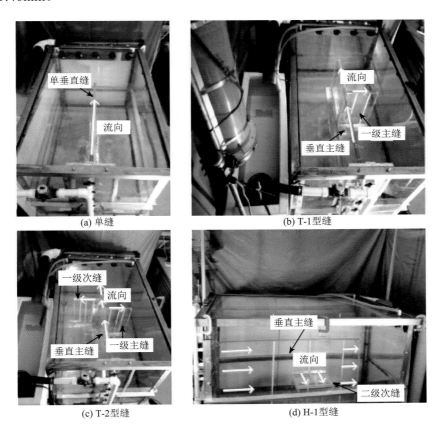

(a) 单缝

(b) T-1 型缝

(c) T-2 型缝

(d) H-1 型缝

图 6-7　不同裂缝网络实验装置[11]

**2. 实验方案**

保持实验装置中裂缝内的平均速度与水力裂缝相同，将现场施工排量转化为室内实验排量，实验排量为 18.9～75.7L/min。压裂液采用清水，支撑剂采用 30/70 目和 100 目两种粒径的石英砂[11]。

### 6.1.2.2　实验结果分析

**1. 泵注排量的影响**

对比单翼裂缝与 T-1、T-2、H-1 型复杂裂缝中支撑剂的输送过程，发现次缝的存在不会对复杂缝网主缝中支撑剂的沉降和输送行为产生明显的影响。如图 6-8 所示，与单翼裂缝中支撑剂的输送过程相似，支撑剂在 T-1 缝主缝中输送时，由于清水的黏度较低，支撑剂进入裂缝后会迅速沉降，在主缝中逐渐堆积形成砂堤，主缝中该过程与单翼裂缝中的特征基本一致。随着泵注排量的增加，砂堤顶部流速增加，也就使得砂堤的平衡高度减小[11]。

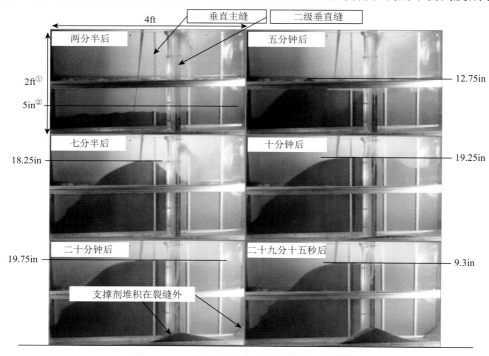

图 6-8　T-1 型缝主缝中支撑剂输送过程[11]

对于页岩复杂裂缝网络中支撑剂的输送，很关键的一个问题就是支撑剂是否能进入二级甚至是更高级次缝。Sahai[11]通过分析实验结果（图 6-9），指出支撑剂由主缝进入次缝时受到两种机理的控制：当泵注排量小于临界排量时，支撑剂只在重力的作用下，由主缝砂堤滚落进入次缝 [图 6-9（a）]；而当泵注排量大于临界排量时，支撑剂除了重力作用滚落进入次缝外，还能被压裂液携带进入裂缝。

Sahai[11]定义支撑剂能流入次缝时的排量为临界排量，实验表明临界排量为 23～55L/min，转换成临界流速为 0.1～0.23m/s。值得注意的是，临界流速更能表征支撑剂由主缝进入次缝的机理。因为流体所具有的动能是携带颗粒运动的动力，而工程中裂缝的尺度千变万化，相同的注入排量会产生裂缝内不同的速度，很难用于表征不同的施工对象。

---

① 1ft=3.048×10⁻¹m。

② 1in=2.54cm。

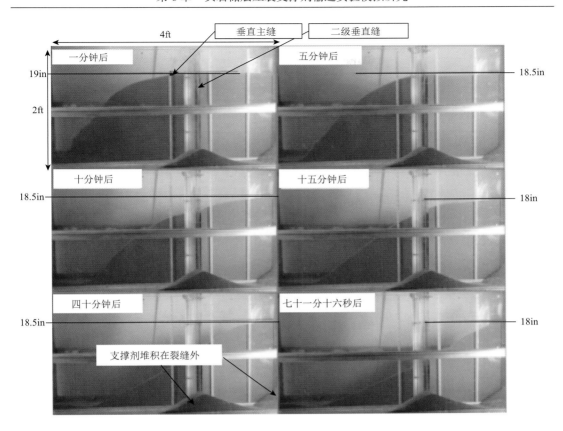

图 6-9　T-1 型裂缝次缝中支撑剂输送过程

**2. 支撑剂浓度的影响**

实验结果表明，提高支撑剂浓度能提高主缝和次缝中砂堤的堆积速度，虽然提高支撑剂浓度会降低支撑剂的沉降速度（干扰沉降）。对于 T-1、T-2、H-1 型主缝，当使用低支撑剂浓度和低泵注速度时，获得的主缝砂堤高度越大；使用高支撑剂浓度和高泵注速度时，虽然进入裂缝中的支撑剂越多，但是获得的砂堤高度反而低于低浓度时的高度。这就表明，泵注速度比支撑剂浓度对主缝中砂堤平衡高度的影响更大[12]。

分析实验结果，还发现支撑剂浓度对次缝中支撑剂输送的影响作用与主缝中的不同。当使用低支撑剂浓度和低泵注速度时，支撑剂只能在重力作用下滚落进入次缝；而增大支撑剂浓度和泵注速度后，支撑剂还能被压裂液携带进入次缝，使得次缝中的砂堤高度增大[12]。

总的来说，增加支撑剂浓度会提高主缝和次缝中砂堤的堆积速度，但泵注速度才是主缝砂堤平衡高度以及支撑剂是否能被压裂液携带进入次缝的决定性因素。

**3. 裂缝形态的影响**

对比 T-1 型缝、T-2 型缝和 H-1 型缝，可以发现，随着裂缝复杂程度的变化，裂缝中支撑剂的输送发生明显变化。如图 6-10 所示，对于 T-2 型缝，支撑剂从主缝进入次缝受次缝距离井眼距离的影响，次缝距离井眼越近，该次缝就能更早形成砂堤，并且更早地达到平衡高度。

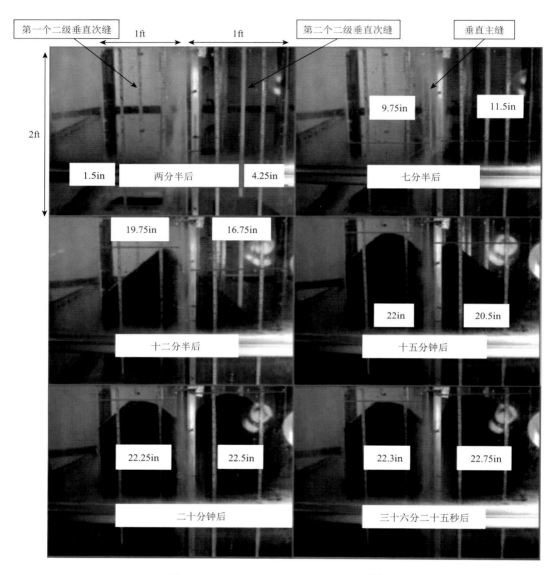

图 6-10　T-2 型缝次缝支撑剂堆积过程[11]

　　图 6-11 和图 6-12 分别为支撑剂在 H-1 型缝主缝和次缝中的输送过程。可以看到，H-1 型缝主缝中支撑剂输送过程与单翼裂缝的输送过程相似，而支撑剂由主缝进入次缝同样受到前述两种机理的控制。不过水平次缝重力效应的影响更小，也就是说由主缝滚落进入水平次缝中的支撑少。这是由于支撑剂进入次缝后会在水平缝的缝口堆积，将水平缝缝口堵塞，导致主缝砂堤中的支撑剂不能进入次缝。当压裂液流动速度达到临界流速后，

支撑剂被携带进入水平缝深处,才能使支撑剂大量进入水平次缝。需要指出的是,支撑剂是否进入水平次缝还受到水平缝缝宽及位置的影响。水平缝宽度越大,进入水平次缝的支撑剂就越多[11]。

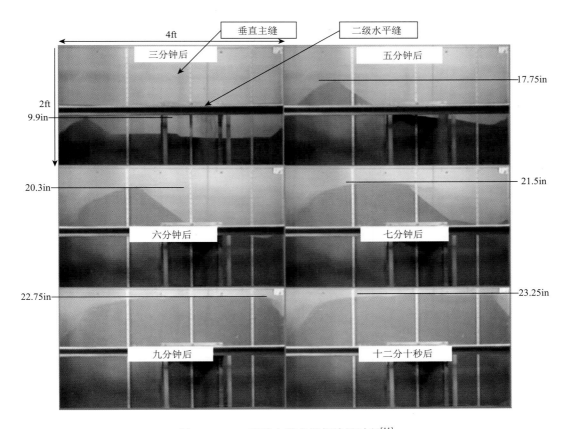

图 6-11　H-1 型缝主缝支撑剂输送过程[11]

## 6.1.2.3　复杂缝网中支撑及输送机理

通过引用相关文献中复杂缝网支撑剂输送的实验成果,对比所完成的单翼缝支撑剂输送实验,可以发现复杂缝网中支撑剂输送存在以下规律:

(1) 在主缝中支撑剂的输送铺置行为与单翼缝极为相似,但在主缝与支缝相交处由于流量的分配,使得流体对支撑剂携带的能力、砂堤的形状都有明显变化,预测砂堤在裂缝中的堆积特征需要确定这些因素的影响。

(2) 初始阶段由于次缝中流量一般较小,主导其中支撑剂铺置的因素为重力,使得次缝中砂堤堆积形态较好预测;随着泵注量的增大,砂堤堆积高度升高,流体流化能力增强,确定临界流化速度是预测次缝中砂堤堆积形态的主要任务。

(3) 复杂缝网中的砂堤由流动所决定,而分流量则是任意缝中流动的边界条件,因此确定裂缝网络中的分流量是计算水力缝网中支撑剂铺置的关键所在。

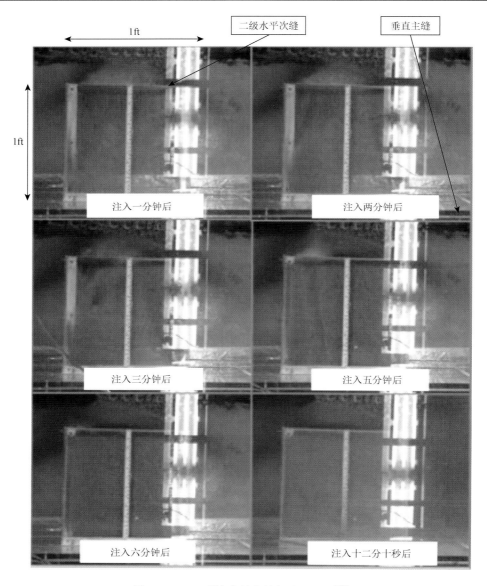

图 6-12　H-1 型缝次缝支撑剂输送过程[11]

## 6.2　通道压裂支撑剂输送实验研究

通道压裂技术是通过交替泵注含支撑剂和不含支撑剂的脉冲段，在人工裂缝内形成不连续的支撑剂团状铺置的压裂技术。与常规压裂技术相比，通道压裂能将支撑裂缝的导流能力提高 1.5～2.5 个数量级[13]；同时，由于采用了脉冲加砂技术和纤维技术，通道压裂有效裂缝长度远大于常规压裂[14]。目前，通道压裂技术已在鹰滩组页岩（Eagle Ford）[15]和巴内特页岩（Barnett）[16]中进行了大量应用。应用结果表明，与常规压裂技术相比，通道压裂技术能提高鹰滩组（Eagle Ford）页岩产气量 60%，降低支撑剂使用量 28% 和压裂液使用量 60%。

通道压裂的关键在于在人工裂缝中实现不连续的支撑剂团状铺置。本书给出通道压裂时支撑剂在平板裂缝中输送的实验研究结果，分析纤维、压裂液、支撑剂、排量和脉冲时间对支撑剂（团柱）运移和通道分布特征的影响规律。

## 6.2.1 实验装置及条件

### 6.2.1.1 实验装置

开展通道压裂所使用的装置为图 6-1 所示的单翼平板裂缝流动装置。实验时两个液罐分别配置中顶液（纯冻胶）和携砂液（含纤维），通过控制液罐的出口阀门实现向裂缝中交替注入流体的脉冲泵注程序。

### 6.2.1.2 实验材料

压裂液采用现场使用的羟丙基胍胶压裂液，胍胶浓度为 0.35%，压裂液中只添加了对压裂液流变性有影响的添加剂，包括羟丙基胍胶（稠化剂）、碳酸钠（pH 调节剂）以及硼砂（交联剂）。在 $170s^{-1}$、室温 25℃ 条件下，保证压裂液的黏度保持在 100mPa·s 左右（图 6-13）。

支撑剂采用 20/40 目石英砂、20/40 目低密度陶粒、20/40 目中密陶粒以及 30/50 目中密度陶粒，实验过程中保持支撑剂浓度为 20%。

纤维采用压裂现场使用的 BF-Ⅱ纤维，纤维浓度（纤维与压裂液质量之比）为 0.2%，纤维长度为 6mm。

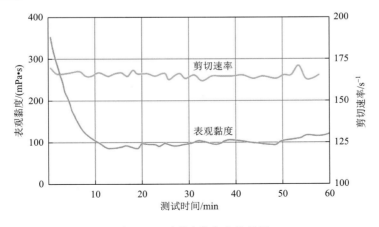

图 6-13 压裂液流变实验结果

### 6.2.1.3 实验排量和脉冲时间

采用与缝内流体输送速度相同的条件 [式（6-1）] 将现场施工排量转换化为实验排量。取现场某通道压裂现场施工参数：排量为 3.5~4.5m³/min、人工裂缝高度为 50m、宽

度 为 10mm。实验平板高度为 0.6m、宽度为 6mm，计算得到实验排量为 12.6～16.2L/min，同时考虑实验平板承压能力，为保障实验过程的安全，实验排量依次设置为 5L/min、10L/min 和 15L/min。

通过充分的实验调试，并综合考虑平板容积和实验条件的限制，脉冲时间设置如表 6-1 所示。

表 6-1　不同实验排量对应的脉冲时间

| 排量/(L/min) | 脉冲时间/s | | | | |
| --- | --- | --- | --- | --- | --- |
| 5 | 10 | 15 | 20 | 30 | 45 |
| 10 | 10 | 15 | 20 | 30 | - |
| 15 | 10 | 15 | 20 | 30 | - |

### 6.2.1.4　实验流程

为了获得尽可能多的实验数据，整个实验过程都采用高清摄像机进行录像。具体的实验步骤如下（图 6-14）：

（1）排除空气：泵注清水，排除整个管线和平板中的气体。

（2）配置实验液体：在搅拌罐一中配置纯压裂液，充当中顶液；在搅拌罐二中的压裂液中加入支撑剂和纤维，充当携砂液。

（3）前置液阶段：泵注搅拌罐一中纯压裂液，模拟通道压裂的前置液阶段。

（4）携砂液阶段：按照实验泵注程序（表 6-2）交替开关搅拌罐，实现通道压裂的脉冲泵注过程。

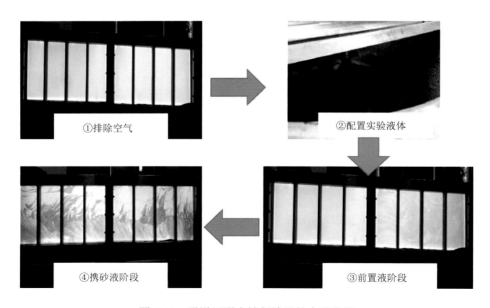

①排除空气　　　②配置实验液体

④携砂液阶段　　　③前置液阶段

图 6-14　通道压裂支撑剂输送的实验步骤

**表 6-2　通道压裂实验泵注程序**

| 序号 | 阶段 | 排量/(L/min) | 时间/s | 液体类型 |
|---|---|---|---|---|
| 1 | 排气 | 10 | 180 | 清水 |
| 2 | 前置液 | 10 | 180 | 纯冻胶 |
| 3 | 携砂段一 | 10 | 30 | 携砂液 |
| 4 | 中顶段一 | 10 | 30 | 纯冻胶 |
| 5 | 携砂段二 | 10 | 30 | 携砂液 |
| 6 | 中顶段二 | 10 | 30 | 纯冻胶 |
| 7 | 携砂段三 | 10 | 30 | 携砂液 |
| 8 | 中顶段三 | 10 | 30 | 纯冻胶 |
| 9 | 携砂段四 | 10 | 30 | 携砂液 |
| 10 | 中顶段四 | 10 | 30 | 纯冻胶 |
| 11 | 携砂段五 | 10 | 30 | 携砂液 |
| 12 | 中顶段五 | 10 | 30 | 纯冻胶 |
| 13 | 携砂段六 | 10 | 30 | 携砂液 |
| 14 | 中顶段六 | 10 | 30 | 纯冻胶 |
| 15 | 携砂段七 | 10 | 30 | 携砂液 |
| 16 | 中顶段七 | 10 | 30 | 纯冻胶 |
| 17 | 尾追 | 10 | 40 | 携砂液 |

## 6.2.2　支撑剂输送铺置形态影响因素

### 6.2.2.1　纤维加量

图 6-15 展示了不同流量条件下，在携砂液段加或不加纤维的实验条件下裂缝中支撑剂团柱的铺置特征。

(a) 排量为5L/min，不加纤维　　　　　(b) 排量为5L/min，加纤维（黑色部分为通道）

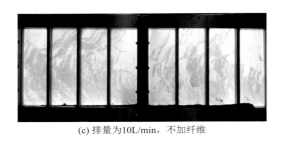

(c) 排量为10L/min，不加纤维      (d) 排量为10L/min，加纤维

(e) 排量为15L/min，不加纤维      (f) 排量为15L/min，加纤维

图 6-15　纤维对支撑剂输送形态的影响（脉冲时间为 30s）

图 6-15（a）所示是注入排量为 5L/min，采用脉冲泵注方式，但不加入纤维时支撑剂团的铺置分布情况。可以看出，在输送过程中支撑剂发生了明显的分散，支撑剂充满整个平板，没有形成明显的优势流动通道。图 6-15（b）是采用脉冲泵注方式并且加入纤维后的支撑剂铺置情况，可以看出在平板中支撑剂团之间形成了明显的流动通道。

对于排量为 10L/min 和 15L/min 的情况，虽然在不加入纤维时，也能在平板中形成通道，但获得的通道面积占比（通道所占面积与整个平板面积之比）分别仅有 31% 和 27%，远小于加入纤维后形成的通道面积占比（46% 和 41%）；且加入纤维后，携砂液脉冲段颜色更均匀、更明亮，也表明此时携砂液脉冲段支撑剂浓度更高，支撑剂的分散更少 [图 6-15（c）～（f）]。

通过上面的对比，发现纤维能有效提高携砂液脉冲段在输送过程中的完整性，对通道压裂实现不连续的支撑剂团状铺置有非常重要的作用，尤其是小施工排量时，必须使用纤维才能实现不连续的支撑剂团状铺置。

支撑剂团沉降实验已经表明，支撑剂团在沉降过程中会产生明显的分散效应，而在输送实验过程中，支撑剂团受到的流体剪切作用力更大，支撑剂团更趋向于分散。当排量较小（5L/min）时，可以获得的流动通道尺寸也较小，因此，支撑剂团一旦分散就不能形成不连续的支撑剂团状铺置，也就不能获得供油气流动的"高速通道"。当排量较大（10L/min 和 15L/min）时，可以获得的流动通道尺寸也较大，但支撑剂团的分散导致了支撑剂团的面积增大，通道的面积也就相应减小了；并且随着排量增大，压裂液施加于支撑剂团的剪切作用力越大，支撑剂团的分散也就越严重，导致通道面积占比越小。

从加入纤维对支撑剂输送的对比来看，可以看出加入纤维后能够有效约束支撑剂团的分散。如图 6-16（a）所示，纤维在压裂液中以固相形态存在，其通过与支撑剂的碰撞阻碍支撑剂的运动。尤其是当纤维相互作用形成网状结构时，多根纤维共同作用于支撑剂，将会强烈地约束支撑剂运动，降低了支撑剂运动速度［图 6-16（b）、（c）］。

从含纤维支撑剂团电镜扫描图片也发现，纤维以固体形式存在于携砂液中，纤维杂乱取向、相互接触，形成了三维空间网状结构。同时胍胶交联网络通过胍胶分子链在纤维表面上的缠绕，使得没有接触的纤维之间也存在相互作用，相互接触的纤维之间的相互作用增强，从而使得纤维网状结构的范围增大、强度增强，此时，纤维和胍胶交联网络共同约束了支撑剂的运动［图 6-16（e）、（f）］。因此，纤维可以有效地约束支撑剂团在输送过程中的分散，使得仅有少量的支撑剂在液体剪切作用下，分散到支撑剂团之间的"高速通道"中［图 6-16（d）］。所以，即使排量为 5L/min，加入纤维后也在支撑剂

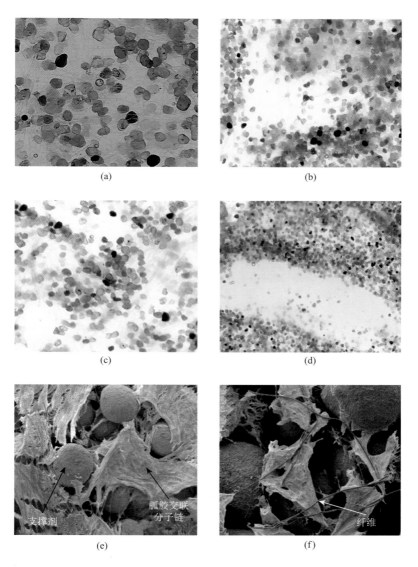

图 6-16　含纤维携砂液脉冲段局部放大图片及电镜扫描图片

充填层中观察到可供油气流动的"通道"；而在10L/min和15L/min的高剪切流动中，纤维的加入也明显增强了支撑剂团的稳定性，获得了比不加入纤维时更大尺寸的通道（通道面积占比分别为46%和41%）。

图6-17和图6-18展示了支撑剂中不加或加纤维时，施工完成停泵后的静态沉降特征。不加入纤维时，形成的通道在停泵5min时由于支撑剂的沉降而破坏；到停泵10min时，通道就被破坏殆尽；到停泵38min时，支撑剂就全部沉降到平板底部。加入纤维后，到停泵25min时，都还存在大量的通道；到停泵50min时，通道才基本消失，但是在支撑剂充填层中出现了一些微小间隙；到停泵300min时，支撑剂都还没全部沉降到平板底部。显然，加入纤维不但减小了支撑剂颗粒的沉降速度，同时也一定程度地改变了其沉降模式。

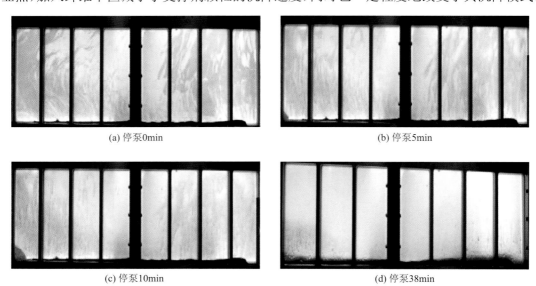

(a) 停泵0min　　　　　　　　　　　　　　(b) 停泵5min

(c) 停泵10min　　　　　　　　　　　　　(d) 停泵38min

图6-17　停泵过程中支撑剂铺置形态变化（排量为15L/min，脉冲时间为30s，不加入纤维）

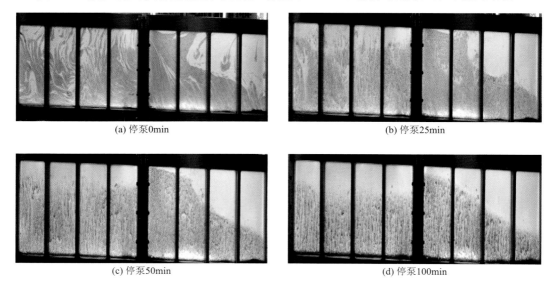

(a) 停泵0min　　　　　　　　　　　　　　(b) 停泵25min

(c) 停泵50min　　　　　　　　　　　　　(d) 停泵100min

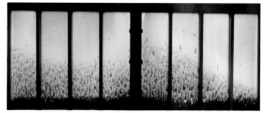

(e) 停泵140min　　　　　　　　　　　　　　　　　(f) 停泵300min

图 6-18　纤维对停泵过程中支撑剂铺置形态的影响（排量为 15L/min，脉冲时间为 30s）

通过上述对比可知，加入纤维后可以有效减缓支撑剂沉降，降低通道在停泵后的破坏速度，有利于"高速通道"在裂缝闭合过程中的保持；并且纤维还使得支撑剂充填层中形成了微小间隙，这些间隙有利于提高支撑裂缝的导流能力。这是由于支撑剂在输送过程中，通过与纤维的持续碰撞，增大了纤维与纤维的接触概率，大量纤维相互接触，在局部位置形成了纤维网状结构。停泵后，这些位置的支撑剂受到纤维网状结构强烈的束缚，沉降速度较小，而未受到纤维影响的支撑剂沉降速度较大，导致支撑剂在停泵后以不同的速度沉降，支撑剂快速沉降的区域就成为支撑剂充填层中的微小间隙。

图 6-19 为连续泵注加砂停泵后支撑剂的沉降过程。图 6-19 表明，加入纤维同样降低了支撑剂沉降速度，并且在支撑剂充填层中形成了大量的微小间隙。前面实验已经证明，纤维对形成不连续的支撑剂团状铺置有很大的作用。因此，接下来的实验在携砂液中都加入了纤维。

(a) 停泵时刻　　　　　　　　(b) 停泵2h　　　　　　　　(c) 停泵8h

图 6-19　连续泵注加砂停泵后支撑剂的沉降过程（携砂液中加入纤维）

## 6.2.2.2　压裂液性质

图 6-20 对比了压裂液性质对支撑剂（含纤维）铺置特征的影响。图 6-20（a）为中顶液和携砂液均为基液，可以看出此时携砂液在进入裂缝的输送过程中迅速地向底部沉降，无法保证对整个裂缝的支撑，当然更谈不上形成通道。图 6-20（b）为中顶液为基液、

携砂液为冻胶的实验结果，同样可以看出，在本实验工况下基液只在裂缝顶部形成优势通道流动，裂缝中没有有效地形成离散的支撑剂团柱。其原因是基液的中顶液黏度太小，难以悬浮携砂液脉冲段。图 6-20（c）为中顶液和携砂液均为冻胶的实验结果，可以看到明显的团柱状支撑形态。

 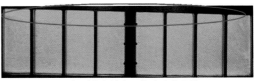

(a) 中顶液和携砂液均为基液　　　　　　　　(b) 中顶液为基液，携砂液为冻胶

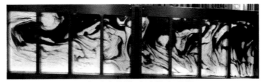

(c) 中顶液和携砂液均为冻胶

图 6-20　压裂液性质对支撑剂的输送形态的影响

### 6.2.2.3　支撑剂密度

为研究支撑剂密度和粒径对支撑剂输送形态的影响，在实验中使用了四种支撑剂：20/40 目超低密度陶粒（1400kg/m³）、20/40 目石英砂（1600kg/m³）、20/40 目中密度陶粒（1760kg/m³）以及 30/50 目中密度陶粒（1760kg/m³）。对比发现，虽然使用了不同类型的支撑剂，但是得到的支撑剂铺置形态和流通通道非常相似，说明支撑剂密度和粒径对通道压裂支撑剂输送形态的影响较小（图 6-21）。

 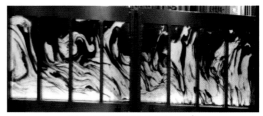

(a) 20/40目超低密度陶粒(1400kg/m³)　　　　　　(b) 20/40目石英砂(1600 kg/m³)

(c) 20/40目中密度陶粒(1760 kg/m³)　　　　　　(d) 30/50目中密度陶粒(1760 kg/m³)

图 6-21　支撑剂密度和粒径对支撑剂输送形态的影响

#### 6.2.2.4　实验排量

如图 6-22 所示，排量对通道压裂中支撑剂输送形态有很大的影响。当排量较小时（5L/min 和 10L/min），支撑剂主要在裂缝底部连续向前运移，获得的通道主要分布在平板上部，通道形态复杂，连通性较好；尤其是排量为 10L/min 时，形成的流动通道尺寸较 5L/min 时更大，且流动通道之间的连通性好，在通道之间还分布有支撑剂团，可以避免裂缝闭合导致的通道尺寸减小。当排量较大时（15L/min），携砂液脉冲段被中顶液完全分隔开，支撑剂以段塞的形式向前运移，此时获得的通道尺寸大，但通道之间的连通性较差；并且对于这种通道面积相对较大的情形，需要考虑通道能否获得有效支撑，通过交替泵注获得通道后，还要保证支撑剂充填层中的通道不会因为得不到有效支撑而发生闭合，导致流动通道尺寸减小，甚至消失。

(a) 排量为5L/min(黑色部分为通道)　　　　　　　　　(b) 排量为10L/min

(c) 排量为15L/min

图 6-22　排量对支撑剂输送形态的影响（脉冲时间为 30s）

#### 6.2.2.5　脉冲时间

如图 6-23 所示，脉冲时间对通道压裂中支撑剂输送形态的影响显著。当脉冲时间较小时（10～20s），支撑剂主要在裂缝底部连续向前运移；当脉冲时间较大时（30s），携砂液脉冲段被中顶液完全分隔开，支撑剂以段塞的形式向前运移。并且，随着脉冲时间增加，获得的通道尺寸不断变大、形态不断变简单，但通道连通性不断变差；尤其是在大脉冲时间时（30s），通道完全被携砂液脉冲段隔离开来，同时考虑到通道支撑问题，大脉冲时间形成的通道不一定能有效提高支撑剂充填层的导流能力。

如图 6-24 所示，随着脉冲时间增大，当排量为 10L/min 时与排量 15L/min 时支撑剂铺置有相同的变化规律。同时，对比排量为 15L/min、脉冲时间为 30s［图 6-23（d）］与排量为 10L/min、脉冲时间为 45s［图 6-24（b）］时的支撑剂输送形态，发现两种实验条件下的支撑剂输送形态和通道特征几乎相同；而排量为 15L/min、脉冲时间为 20s［图 6-23（c）］与排量为 10L/min、脉冲时间为 30s［图 6-24（a）］时得到的支撑剂输送形态和通道特征也几乎相同。这说明，当泵注的脉冲段体积（排量与脉冲时间的乘积）相同时，就可以获得相似的支撑剂输送形态和高速通道，也说明是排量和脉冲时间两者共同影响支撑剂输送形态。

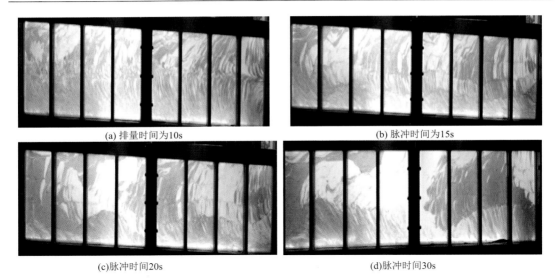

(a) 排量时间为10s　　　　　　　　　　　　(b) 脉冲时间为15s

(c)脉冲时间20s　　　　　　　　　　　　　　(d)脉冲时间30s

图 6-23　脉冲时间对支撑剂输送形态的影响（排量 15L/min）

(a) 脉冲时间为30s　　　　　　　　　　　　(b) 脉冲时间45s

图 6-24　脉冲时间对支撑剂输送形态的影响（排量 10L/min）

综上所述，纤维和压裂液对能否实现支撑剂团状铺置有很大影响；在加入纤维和使用冻胶压裂液的前提下，排量和脉冲时间两者共同影响支撑剂输送形态，并且影响程度很大；而支撑剂密度和粒径则对支撑剂输送形态几乎没有影响。各因素对通道压裂支撑剂输送形态的影响规律如表 6-3 所示。

表 6-3　各因素对通道压裂支撑剂输送形态的影响规律总结

| 影响因素 | 影响规律 | 影响程度 |
|---|---|---|
| 纤维 | 辅助实现不连续的支撑剂团状铺置形态，提高通道面积占比；低排量时，必须使用纤维 | 大 |
| 压裂液 | 中顶液、携砂液都必须有较高黏度，才能实现不连续的支撑剂团状铺置形态 | 大 |
| 排量 | 排量不宜过小和过大，与脉冲时间共同影响输送形态 | 大 |
| 脉冲时间 | 脉冲时间不宜过小和过大，与排量共同影响输送形态 | 大 |
| 支撑剂 | 支撑剂密度和粒径对支撑剂输送形态没有明显影响 | 几乎无影响 |

## 6.2.3　通道压裂支撑剂铺置形态

对不同参数组合下的流动通道特征和支撑剂铺置形态进行分析，发现支撑剂的输送形态可以分为三类，各类支撑剂输送形态典型形态图如图 6-25 所示。

(a) Ⅰ型输送形态

(b) Ⅱ型输送形态

(c) Ⅲ型输送形态

图 6-25　各类支撑剂输送形态典型形态图

如图 6-25（a）所示，Ⅰ型输送形态中支撑剂主要在平板底部以连续形式向前输送，得到的通道连通性好、形状复杂，但通道尺寸小，且可能由于未得到有效支撑而发生闭合；Ⅱ型输送形态中支撑剂团尺寸增大，支撑剂输送逐渐向段塞流过渡，得到的通道尺寸较大、连通性较好、均匀分布在整个平板中［图 6-25（b）］；Ⅲ型输送形态中支撑剂团尺寸很大，支撑剂以段塞的形式在平板中输送，得到的通道尺寸大、形状简单，但通道被支撑剂团完全隔离开，连通性差，且可能会由于未得到有效支撑，通道中部位置发生闭合，导致通道有效性变差［图 6-25（c）］。各类支撑剂输送形态的通道特征对比分析如表 6-4 所示，可以发现Ⅱ型输送形态最优，得到的流动通道能最大限度地提高支撑裂缝的导流能力。

表 6-4　各脉冲单元注入参数区间通道特征对比分析

| 名称 | Ⅰ型输送形态 | Ⅱ型输送形态 | Ⅲ型输送形态 |
| --- | --- | --- | --- |
| 通道大小 | 小 | 适中 | 大 |
| 通道面积占比 | 47% | 49% | 40% |
| 通道形状复杂程度 | 复杂 | 一般 | 简单 |
| 通道连通性 | 好 | 好 | 差 |
| 通道位置 | 上部 | 均匀 | 段塞式 |
| 能否获得有效支撑 | 裂缝上部的通道可能得不到有效支撑 | 充填层中的通道都可以得到有效支撑 | 通道中部可能得不到有效支撑 |

对不同参数组合下的支撑剂输送形态和流动通道特征进行分析，还发现支撑剂输送形态主要受到泵注排量和脉冲时间乘积的控制。当泵注排量和脉冲时间乘积相同时，得到的支撑剂输送形态和高速通道都具有相似的特征。如图 6-22（a）和图 6-23（a），前者排量为 5L/min、脉冲时间为 30s，后者排量为 15L/min、脉冲时间为 10s，两者排量和脉冲时间乘积都为 2.5L；在该条件下，支撑剂都在平板底部以连续形式运移，同时高速通道也具有相似的特征：小尺寸、复杂形态、连通性好、主要分布在平板中上部。

为更好表征排量和脉冲时间共同对支撑剂输送形态的影响，这里引入参数——脉冲

单元注入参数 $P_u$，其定义为排量和脉冲时间的乘积，表达式如下：

$$P_u = \frac{Q_E \Delta t}{60} \qquad (6-2)$$

式中，$P_u$ 为脉冲单元注入参数，L；$Q_E$ 为实验排量，L/min；$\Delta t$ 为脉冲时间，s。

通过对已进行的实验进行统计，实验得到的脉冲单元注入参数为 0.8～7.5L。根据支撑剂输送形态分类，脉冲单元注入参数也可以分为三个区间：I型支撑剂输送形态对应 $P_u$<2.5；II型支撑剂输送形态对应 $2.5 \leq P_u \leq 5$；III型支撑剂输送形态对应 $P_u$>5。其中，当脉冲单元注入参数为[2.5, 5]时，得到的高速通道能最大限度地提高支撑裂缝的导流能力，也就是说最佳的脉冲单元注入参数区间为[2.5, 5]。

在确定最佳脉冲单元注入参数区间的基础上，结合实验方案设计中用到的速度相似准则［式（6-1）］，即可对现场施工排量和脉冲时间进行优化，计算公式如下式：

$$Q_F \Delta t = \frac{3P_u}{25} \frac{H_F W_F}{H_E W_E} \qquad (6-3)$$

计算不同施工排量时的脉冲时间，就可得到施工排量和脉冲时间优化图版，如图 6-26 所示。当施工排量为 4m³/min，脉冲时间为 10～21s 时，可以得到最优的支撑剂输送形态，形成的流动通道可以最大限度地提高支撑裂缝的导流能力。

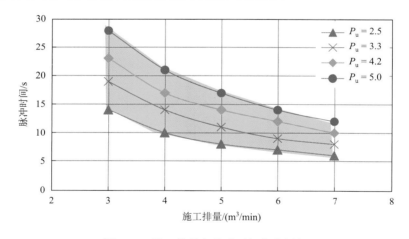

图 6-26　施工排量和脉冲时间优化图版

# 6.3　交替泵注压裂支撑剂输送实验研究

在页岩储层压裂施工过程中，交替泵注压裂技术被广泛使用以实现大规模造缝、达到更大 SRV 与缝内高效的支撑剂铺置之间的平衡。根据交替泵注的液体性质不同，通常将交替泵注压裂技术分为正向混合交替泵注（alternate hybrid fracturing）与反向混合交替泵注（reverse alternate hybrid fracturing）。正向混合交替泵注技术在施工过程中先用低黏压裂液（滑溜水或线性胶）注入地层造缝，接着泵注高黏冻胶压裂液进行携砂，能够有效增大支撑剂的输送距离以及提高 SRV。反向混合交替泵注压裂技术先泵注高黏冻胶前置液造缝，随后利用低黏线性胶携带支撑剂进入地层，利用前后注入流体之间的黏度差所引起的"指进现象"，从而形成更远的支撑剂有效输送距离，提高储层产量。本书将现场施工条件转化为实验室实验条件，利用可视化平板实验装置研究两种泵注条件下支撑剂的输送铺置机理。

### 6.3.1　实验装置及条件

#### 6.3.1.1　实验装置

开展交替泵注条件下支撑剂输送实验所使用的装置为图 6-1 所示的单翼平板裂缝流动装置。实验时根据不同交替泵注条件在两个液罐中分别配置不同类型的前置液和中顶液，通过控制液罐的出口阀门实现向裂缝中交替注入流体的交替泵注程序。

#### 6.3.1.2　实验材料

选择 30/50 目中密陶粒作为实验用支撑剂，实测支撑剂视密度为 1760kg/m$^3$。低黏线性胶选用羟丙基胍胶作为稠化剂，而对于实验用冻胶压裂液采用现场压裂施工常用的胍胶冻胶压裂液体系，其主要成分为：0.4%羟丙基胍胶（稠化剂）、0.1%碳酸钠（pH 调节剂）、0.1%硼砂（交联剂）。形成的冻胶压裂液保证在 170s$^{-1}$、室温 25℃条件下，压裂液的黏度保持在 100mPa·s 左右。

#### 6.3.1.3　实验步骤

**1. 正向混合泵注实验步骤**

（1）在液罐一中配置 150L 冻胶携砂液，在液罐二中配置 200L 线性胶。

（2）关闭液罐一阀门，打开液罐二阀门，以设定排量将线性胶打入平板之中，直至线性胶充满平板且流动稳定。

（3）关闭液罐二阀门，打开液罐一阀门，泵注冻胶携砂液直至完全充满平板且流动稳定。

（4）关闭液罐一阀门，打开液罐二阀门，以设定排量将线性胶打入平板之中，观察"指进现象"，直至裂缝中支撑剂形成稳定冲刷床。

（5）关闭液罐二阀门，打开液罐一阀门，泵注冻胶携砂液直至完全充满平板且流动稳定。

（6）重复步骤（2）～（5），直至罐中液体剩余不足 5%。

（7）利用高速摄像机捕捉支撑剂等在裂缝中的运移铺置形态。

2. 反向混合泵注实验

（1）在液罐一中配置 150L 线性胶携砂液，在液罐二中配置 200L 冻胶。

（2）关闭液罐一阀门，打开液罐二阀门，以设定排量将冻胶打入平板之中，直至线性胶充满平板且流动稳定。

（3）关闭液罐二阀门，打开液罐一阀门，泵注线性胶携砂液入平板，观察"指进现象"，直至中顶通道稳定。

（4）关闭液罐一阀门，打开液罐二阀门，以设定排量将冻胶打入平板之中，直至冻胶在缝内充满平板且流动稳定。

（5）重复步骤（3）～（4），直至罐中液体剩余不足 5%。

（6）利用高速摄像机捕捉支撑剂等在裂缝中的运移铺置形态。

### 6.3.2　正向交替泵注实验研究

#### 6.3.2.1　支撑剂运移输送特征

在正向交替泵注实验中首先将低黏线性胶泵注至平板中模拟前置液，随后将高黏冻胶携砂液注入平板。由图 6-27 可知，在泵注过程中，高黏冻胶携砂液在平板中形成活塞式的驱替，其在纵向上完全充满平板，支撑剂沉降速度较小，最终在输送过程中实现了平板内支撑剂全铺置。

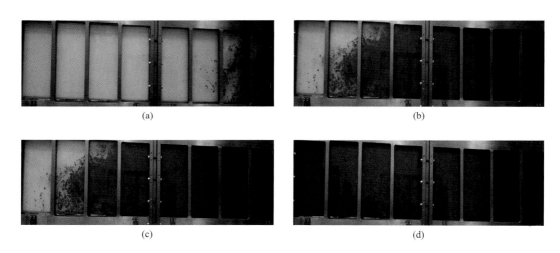

图 6-27　冻胶携砂液驱替低黏线性胶

当高黏冻胶携砂液全部充满平板且流动稳定后，将低黏线性胶泵注入平板，观察其对支撑剂床体的影响（图 6-28）。由于黏度的巨大差异，当低黏线性胶被泵注入平板后会出现明显的"指进现象"，低黏液体会"穿刺"进支撑剂铺置区域从而形成一条优势流动通道 [图 6-28（a）]。在优势通道的上下两部分支撑剂出现不同的运动模式，上部支撑剂由于缺少底部支撑会出现纵向上的迅速沉降，随即被泵注入内的流体推向裂缝深部 [图 6-28（b）]。而优势通道底部的支撑剂床体则保持整体的相对稳定，但其表面的支撑剂在流体不断的冲刷作用下会被剥离支撑剂床本体而被带入裂缝深部 [图 6-28（c）]，其高度会逐渐降低，最终达到一个相对平衡高度，将其定义为"顶替平衡高度" [图 6-28（d）]。当平板中形成"顶替平衡高度"后，线性胶的再次注入基本不会对支撑剂床产生影响。

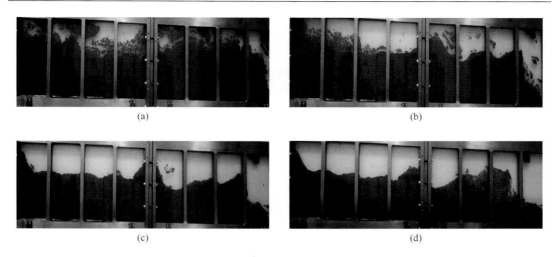

图 6-28　线性胶指进现象

　　达到中顶平衡高度后，再次泵注携砂液入平板，支撑剂会再次充满平板［图 6-29］。整个泵注过程根据底部支撑剂床速度可以分为两个阶段，即携砂液快速充填阶段与携砂液整体推进阶段。在携砂液快速充填阶段，携砂液迅速由上部穿透并填满平板，而平板底部的支撑剂床保持稳定（$t_1$ 时刻）。而随着携砂液的持续注入，下部支撑剂床体的流速会逐渐增大，最终平板内流体整体向前推进（$t_2$ 时刻）。

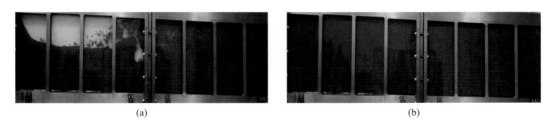

图 6-29　冻胶压裂液的顶替过程

　　实验中选择在 $t_1$ 时刻与 $t_2$ 时刻之间再次泵注线性胶，结果表明会有更多的支撑剂输送至裂缝深部，最后冲蚀所形成的支撑剂床铺置形态与图 6-28 中顶平衡时存在较大差别。这是因为此时平板中存在两个速度不同的区域，即上部无支撑剂铺置区域的高速携砂液流动区域与下部支撑剂床的平推运动区域，两者速度差异使得分界面即支撑剂床顶部会产生较大扰动，从而产生了不同的铺置特征，如图 6-30 所示。

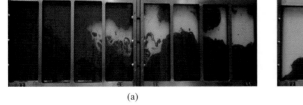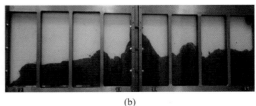

图 6-30　线性胶的顶替过程

### 6.3.2.2 顶替效率影响因素

在正向混合泵注压裂施工过程中，支撑剂的持续注入会造成缝口支撑剂堆积，导致支撑剂输送困难，甚至出现砂堵的现象。因此在施工过程中，以适当的条件泵注中顶液进行裂缝中的支撑剂顶替显得尤为重要。显然，泵注冻胶压裂液能形成较好的活塞式驱替，但会造成储层的裂缝复杂程度不高，影响后期产能，因此采用低黏线性胶进行顶替是一个较好的选择。

为了能够表征线性胶的顶替能力，定义顶替效率：

$$\eta_d = 1 - \frac{A_e}{A_s} \tag{6-4}$$

式中，$\eta_d$ 为顶替效率，无量纲；$A_e$ 为实验中顶替完成后支撑剂所占平板裂缝中的面积，$m^2$；$A_s$ 为实验中平板裂缝的总面积，$m^2$。

顶替效率表征了不同实验条件下线性胶将含支撑剂冻胶向裂缝深部顶替的能力，本书通过实验分析相关参数的影响。

**1. 线性胶性质的影响**

按照 6.3.1 节中正向混合泵注实验步骤开展实验，实验参数如表 6-5 所示，实验完成后采用图像处理技术识别裂缝中不同液体所占的面积。

**表 6-5 液体黏度对中顶效率影响对照实验设计**

| 实验组数 | 中顶液黏度/(mPa·s) | 砂比/% | 泵注排量/(L/min) |
|:---:|:---:|:---:|:---:|
| 1 | 1 | 15 | 10 |
| 2 | 15 | 15 | 10 |
| 3 | 30 | 15 | 10 |
| 4 | 40 | 15 | 10 |
| 5 | 60 | 15 | 10 |

图 6-31 为采用不同黏度的线性胶（包括清水）进行顶替所得到的最终中顶平衡高度。由图中看出，当采用清水顶替时 [图 6-31（a）]，只在平板裂缝顶部形成较小的流动通道，表明其只能将裂缝顶部少量冻胶和支撑剂混合物推向裂缝深部。而随着流体的黏度不断地增大 [图 6-31（b）～（e）]，线性胶流动的通道高度越来越大，展示出其有能力将更多的冻胶和支撑剂混合物推向尾部。

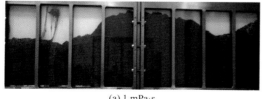

(a) 1 mPa·s

(b) 15mPa·s

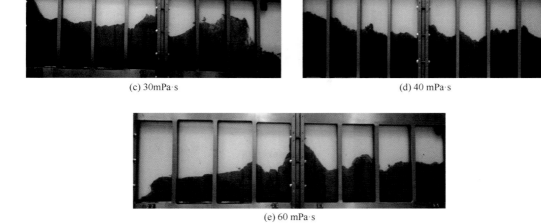

(c) 30mPa·s　　　　　　　　　　　　　　　(d) 40 mPa·s

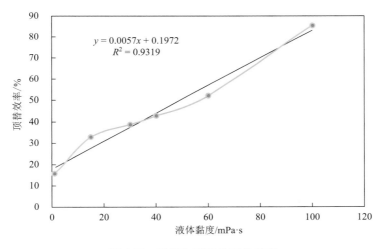

(e) 60 mPa·s

图 6-31　不同黏度线性胶的顶替效果

为了更加精确地计算每种实验结果的中顶效率，将图 6-31 中的实验结果图片进行二值化处理，获取支撑剂铺置区域像素点的个数，继而获取支撑剂铺置区域的面积，最终可计算得到不同黏度中顶液的顶替效率（图 6-32）。

图 6-32　黏度与顶替效率关系图

由计算结果可知，线性胶的顶替能力随着黏度的增加而增强。当使用清水顶替时，其中顶效率仅为 15.8%，而当顶替液体变为 15mPa·s 的线性胶时，其中顶效率为清水的 2 倍，实测值达到了 33%。增加线性胶黏度，其顶替效率逐步提升，当中顶液黏度达到 60mPa·s 时，其顶替效率达到 52%。

**2. 砂比的影响**

按照 6.3.1 节中正向混合泵注实验步骤开展实验，在实验中分别设置了四种不同注入砂比，分别为 6%、10%、15% 和 20%，观察顶替过程并计算其顶替效率。实验参数如表 6-6 所示。

表 6-6　砂比对顶替效率影响对照实验设计

| 实验组数 | 中顶液黏度/(mPa·s) | 砂比/% | 泵注排量/(L/min) |
| --- | --- | --- | --- |
| 1 | 30 | 6 | 10 |
| 2 | 30 | 10 | 10 |
| 3 | 30 | 15 | 10 |
| 4 | 30 | 20 | 10 |

图 6-33 为不同砂比条件下实验最终得到的支撑剂分布规律。由图中可以看出,在同一泵注排量与液体条件下,顶替效率随着支撑剂砂比的增加而降低,图 6-34 给出了图像处理后砂比和顶替效率之间的关系曲线。

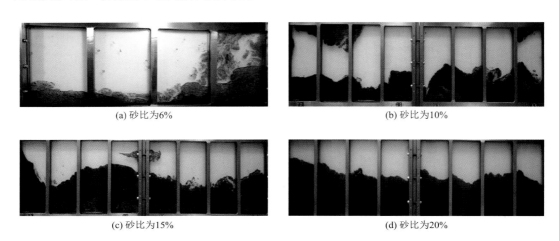

(a) 砂比为6%　　　　　　　　　　　　　(b) 砂比为10%

(c) 砂比为15%　　　　　　　　　　　　　(d) 砂比为20%

图 6-33　不同砂比条件下的顶替效果

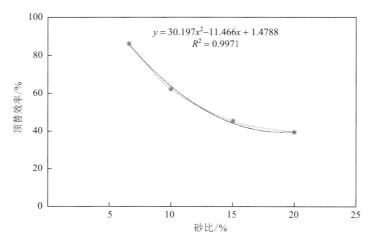

$$y = 30.197x^2 - 11.466x + 1.4788$$
$$R^2 = 0.9971$$

图 6-34　砂比与顶替效率关系图

由计算结果可知，在相同条件下，使用的支撑剂量越少，其更容易被顶替进入裂缝深部。当砂比为 6%时，其顶替效率几乎达到了 90%。而随着支撑剂砂比提高到 20%，其顶替效率仅为 39%。这是由于低砂比泵注时，支撑剂颗粒之间的接触作用较低，支撑剂在缝口堆积所形成的支撑剂床不稳定，会被大量顶替而进入裂缝。而当支撑剂砂比增加后，支撑剂床相对稳定且保持良好的整体性，故顶替效率较低。

**3. 排量的影响**

同样按照 6.3.1 节中正向混合泵注实验步骤开展实验，实验中分别设置了三种泵注排量，观察其顶替过程并最终确定相应的顶替效率，具体实验参数如表 6.7 所示。

表 6-7　排量对顶替效率影响对照实验设计

| 实验组数 | 中顶液黏度/(mPa·s) | 砂比/% | 泵注排量/(L/min) |
| --- | --- | --- | --- |
| 1 | 30 | 15 | 5 |
| 2 | 30 | 15 | 10 |
| 3 | 30 | 15 | 15 |

(a) 排量为5L/min

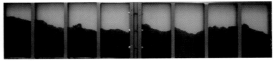
(b) 排量为10L/min

(c) 排量为15L/min

图 6-35　不同排量的顶替效果

图 6-35 为不同泵注排量条件下的实验完成后裂缝中支撑剂的分布。从图中可以看出，在其他条件相同的情况下，随着泵注排量的增加，平板底部最后所剩的支撑剂减少，这表明提高排量能够有效地提高顶替效率。为了进一步定量化表征不同泵注排量的顶替能力，对图 6-35 做二值化处理获取不同排量条件下的顶替效率，如图 6-36 所示。

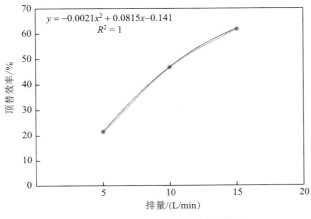

图 6-36　排量与顶替效率关系图

由计算结果可知，在其他相同条件下，提高排量能够显著增加顶替效率。当排量为 5L/min 时，顶替效率仅为 21.4%，而当排量增大到 15L/min 时，其顶替效率达到了 60.9%。这是由于排量的增加，中顶液具有更大的动能，能够有效地破坏支撑剂床体，从而使更多的支撑剂脱离床体而被带入裂缝深部。

### 6.3.3　反向交替泵注实验研究

按照 6.3.1 节中反向混合泵注实验步骤开展实验，实验中线性胶黏度为 30mPa·s，冻胶同样使用硼交联体系，黏度为 100mPa·s，支撑剂为 30/50 目中密陶粒。

图 6-37 给出了采用线性胶携砂液顶替冻胶压裂液的实验结果。从图中可以看出，初始阶段向裂缝中注入了冻胶压裂液［图 6-37（a）］，当冻胶压裂液完全充满平板且流动稳定后开始注入线性胶携砂液。由于前后注入的流体的黏度差异，线性胶携砂液会在冻胶充填裂缝形成黏性指进，在平板中部形成一条优势输送通道［图 6-37（b）］。由于底部的冻胶支撑作用，刚进入裂缝中的携砂线性胶并不会马上沉降，但因携砂液黏度过低，沿着运动方向会不断地沉向裂缝底部，最终形成一条弯曲的优势通道［图 6-37（c）］。从图 6-37（d）可以看出，不断注入的线性胶携砂液始终未能将进口底部和出口顶部的冻胶推出裂缝。

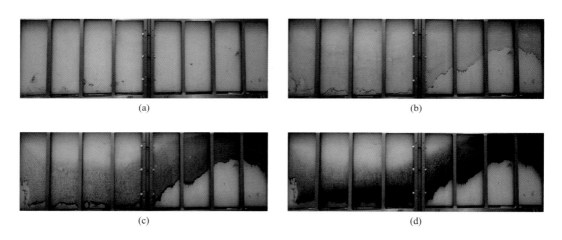

(a)　　　　　　　　　　　　　　　　　　(b)

(c)　　　　　　　　　　　　　　　　　　(d)

图 6-37　线性胶携砂液顶替冻胶的过程

总结反向交替泵注的现象可知，其一般可分为三个阶段：低黏携砂液指进形成优势通道、优势通道内沉降以及后期注入流体在优势通道输运。

当低黏携砂液在裂缝中形成稳定的优势流动通道后，实验中注入冻胶压裂液，观察其对裂缝中支撑剂铺置的影响（图 6-38）。从图中可以看出，冻胶压裂液首先进入优势通道驱替其中的支撑剂［图 6-38（a）］。随着冻胶压裂液的持续注入，支撑剂优势通道被破坏，包围优势通道的冻胶压裂液也被后注入的冻胶顶替而向裂缝深部运移［图 6-38（b）、（c）］。此过程中，优势通道内未被冻胶驱替的支撑剂会逐渐沉降到平板底部，最终形成较矮且稳定的支撑剂床体，冻胶占据几乎全部的裂缝缝高［图 6-38（d）］。

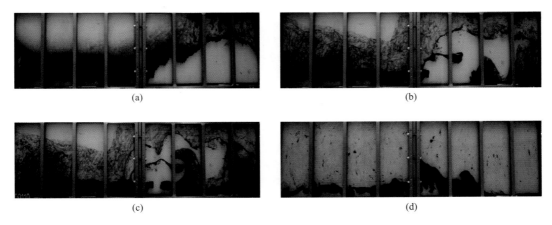

图 6-38　冻胶压裂液对低黏携砂液的顶替过程

由反向交替泵注实验现象可知，低黏携砂液进入冻胶前置液充填的裂缝后，首先会形成优势的指进通道，支撑剂会沿该通道迅速输运到裂缝深部。由于其黏度过低，在通道内仍会发生沉降，可能会造成支撑剂输送困难甚至砂堵的情况。因此，进行反向泵注施工过程中，在低黏携砂液泵注一段时间后，应适当注入一段冻胶压裂液，将缝口沉降的支撑剂带入裂缝深部。当缝口支撑剂完全被带走后，再次泵注低黏携砂液实现第二段的黏性指进输砂。在整个施工过程中可重复上述泵注流程，直到施工结束。利用上述改造思路，能够增加有效裂缝支撑长度以及提高支撑剂输送效率，从而优化了页岩储层的改造效果。

# 参 考 文 献

[1]　Kern K，Perkins T K，Wyant R E. The mechanics of sand movement in fracturing[J]. Journal of Petroleum Technology，1959，11（7）：55-57.

[2]　Liu Y J. Settling and Hydrodynamic Retardation of Proppants in Hydraulic Fractures[D]. Texas： University of Texas，2006.

[3]　Tsai K，Degaleesan S S，Fonseca E R，et al. Advanced computational modeling of proppant settling in water fractures for shale gas production[J]. SPE Journal，2013，18（1）：1389-1394.

[4]　韩琦. 超低密度支撑剂在裂缝中输送的 CFD-DEM 模拟研究[D]. 成都：西南石油大学，2018.

[5]　Patankar N A，Joseph D D，Wang J，et al. Power law correlations for sediment transport in pressure driven channel flows[J]. International Journal of Multiphase Flow，2002，28（8）：1269-1292.

[6]　Patankar N A，Huang P Y，Ko T，et al. Lift-off of a single particle in Newtonian and viscoelastic fluids by direct numerical simulation[J]. Journal of Fluid Mechanics，2001，438：67-100.

[7]　Patankar N A，Ko T，Choi H G，et al. A correlation for the lift-off of many particles in plan Poiseuille of Newtonian fluids[J]. Journal of Fluid Mechanics，2001，445：55-76.

[8]　Mahrer K D，Aud W W，Hansen J T. Far-field hydraulic fracture geometry： a changing paradigm[J]. SPE Annual Technical Conference and Exhibition，Denver，Colorado，USA，SPE 36441，1996.

[9]　Warpinski N R，Teufel L W. Influence of geologic discontinuities on hydraulic fracture propagation[J].Journal of Petroleum Technology，1984，39（2）：209-220.

[10]　Sahai R，Miskimins J L，Olson K E. Laboratory results of proppant transport in complex fracture systems[C]. SPE Hydraulic Fracturing Technology Conference，Woodlands，Texas，USA，SPE 168579，2014.

[11]　Sahai R. Laboratory evaluation of Proppant transport in complex fracture systems[D]. Colorado： Colorado School of Mines，2012.

[12]　Clark P E，Zhu Q. Fluid flow in vertical fractures from a point source[J]. Journal of Petroleum Technology，1995，47（3）：209-215.

[13]　Clark P，Zhu Q. Convective transport of propping agents during hydraulic fracturing[C]. SPE Eastern Regional Meeting，Columbus，Ohio，USA，SPE 37358，1996.

[14]　Altman R，Viswanathan A，Xu J，et al. Understanding the impact of channel fracturing in the eagle ford shale through reservoir simulation[C]. SPE Latin America and Caribbean Petroleum Engineering Conference，Mexico City，Mexico，USA，SPE 153728，2012.

[15]　Rhine T，Loayza M，Kirkham B，et al. Channel fracturing in horizontal wellbores：the new edge of stimulation techniques in the eagle ford formation[C]. SPE Annual Technical Conference and Exhibition，Denver，Colorado，USA，SPE 145403，2011.

[16]　Samuelson M L，Stefanski J，Downie R，et al. Field development study：channel hydraulic fracturing achieves both operational and productivity goals in the Barnett Shale[C]. Americas Unconventional Resources Conference，Pittsburgh，Pennsylvania，USA，SPE 155684，2012.

# 第7章 页岩储层压裂支撑剂输送数值模拟研究

页岩气滑溜水压裂主要目的是在储层中形成网络状裂缝,并用支撑剂将压开的裂缝支撑起来以形成高导流能力的填砂裂缝。本章中首先结合页岩压裂微地震监测结果及前人对页岩裂缝网络的研究成果,构建用于研究支撑剂输送沉降规律的不同裂缝网络结构。然后针对清水和支撑剂浆体在裂缝中的输送行为建立欧拉-欧拉固液两相流的计算流体动力学(computational fluid dynamics,CFD)模型。在对 CFD 模型实验验证的基础上,研究网络裂缝形态对支撑剂输送铺置规律的影响。最后,将该 CFD 方法推广用于大尺度页岩网络裂缝的支撑剂输送研究。

## 7.1 裂缝网络几何模型

Mahrer 等[1]研究裂缝性储层中结构弱面的作用和影响时,认识到远井区域形成的压裂裂缝为宽的裂缝带,即裂缝网络,并首先提出了"network fractures"的概念。由于页岩储层天然裂缝和水平层理发育,且采用大排量的滑溜水压裂工艺,使得页岩压裂水力裂缝是由一系列不同尺度的裂缝相互连通形成的复杂裂缝网络,如图 7-1 所示。

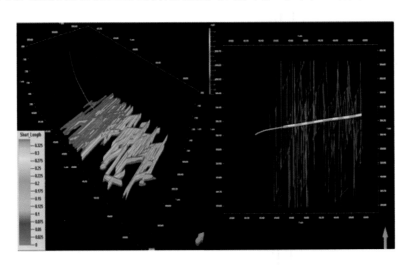

图 7-1 页岩压裂微地震监测裂缝解释成果[2]

目前,最主要的页岩储层裂缝形态表征模型有线网模型和离散化缝网模型。Xu 等[3]首先提出了线网模型(又称水力缝网模型,hydraulic fracture network,HFN 模型),该模型认为页岩压裂后形成的改造体是沿水平井筒对称的椭圆柱体,裂缝网络为相互垂直的裂缝，其几何模型示意图如图 7-2 所示。Meyer 等[4]提出了页岩压裂裂缝的离散化缝网（discrete fracture network，DFN）模型，假设改造体为关于井筒对称的椭球体，由一条水力主缝及多条次生裂缝垂直相交组成，其几何模型示意图如图 7-3 所示。

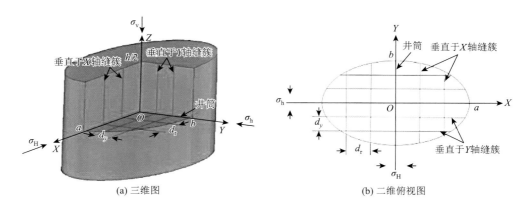

(a) 三维图　　　　　　　　　　　　　(b) 二维俯视图

图 7-2　HFN 几何模型三维、二维俯视图[3]

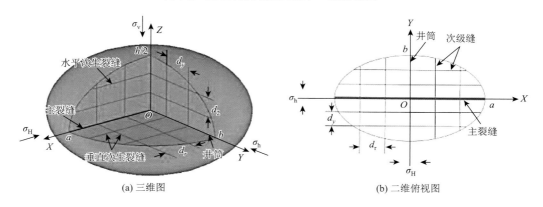

(a) 三维图　　　　　　　　　　　　　(b) 二维俯视图

图 7-3　DFN 模型模拟的裂缝扩展结果[4]

结合国内外页岩储层裂缝形态模型、室内实验、矿产实验分析以及微地震监测结果，同时为方便支撑剂输送数值求解，将页岩复杂裂缝网络简化为由一条主缝和多条次缝垂直相交形成的裂缝系统。

基本假设如下：①复杂裂缝由一条主缝和多条垂直次缝或水平次缝垂直相交组成；②单独的主缝和次缝都为矩形，即主缝或次缝沿缝长方向高度和宽度不变，且主缝高度和垂直次缝高度相等；③忽略裂缝壁面的滤失。按照上述假设条件，分别建立了小尺度复杂裂缝模型和大尺度复杂裂缝模型。

其中，小尺度复杂裂缝模型如图 7-4 所示，包含 5 种裂缝形态（T-1、T-2、T-3、T-4 和 H-1）。其中，T-1 型缝包含一条主缝和一条垂直次缝；T-2 型缝包含一条主缝和两条垂直次缝；T-3 型缝包含一条主缝、一条次缝和两条二级次缝；T-4 型缝包含一条主缝、两条次缝和两条二级次缝；H-1 型缝包含一条主缝和一条水平次缝。考虑到复杂裂缝网络中主缝的缝宽明显大于次缝的缝宽，因此主缝宽度设为 6mm，次缝和二级次缝宽度设为 3mm。

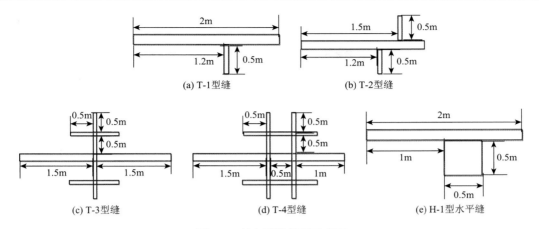

(a) T-1型缝　　(b) T-2型缝

(c) T-3型缝　　(d) T-4型缝　　(e) H-1型水平缝

图 7-4　复杂裂缝模型示意图

为更真实反映支撑剂在页岩复杂裂缝中的输送和运移,进一步建立了大尺度复杂裂缝几何模型,如图 7-5 所示。大尺度复杂裂缝由一条主缝、两条次缝和两条二级次缝组成,主缝、次缝和二级次缝的长高相同,都为长 11m、高 4m,宽度以主缝、次缝、二级次缝的顺序依次减小,分别为 6mm、4mm 和 2mm。

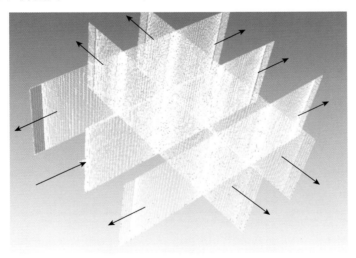

图 7-5　大尺度裂缝网络模型

## 7.2　欧拉固液两相流模型

支撑剂在页岩复杂裂缝中的输送为一个固液两相流动问题,本书基于欧拉-欧拉双流体模型建立复杂裂缝中支撑剂-压裂液固液两相流动数值模型。欧拉-欧拉双流体模型将支撑剂(固相)和压裂液一样处理成流体,采用动理学理论考虑颗粒之间的碰撞、颗粒本身的湍流扩散等[5-8]。

本书中建立的固液两相流动模型基本假设条件如下:

（1）视颗粒相为拟流体，运动过程中其与压裂液相之间相互耦合，颗粒拟流体相具有宏观的物理量（压力、温度、速度等），且各相均满足质量、动量和能量守恒。

（2）裂缝内流体的流动为非定常流动。

（3）对粒径分布不均匀的支撑剂颗粒采用平均粒径表征，颗粒相不发生相变。

（4）压裂过程中，裂缝内部流体流动非常复杂，流体介质间存在较强的浓度、能量和动量交换，所以需要考虑湍流。

## 7.2.1 控制方程和本构方程

### 7.2.1.1 连续性方程和动量方程

**1. 连续性方程**

连续性方程描述流体相和颗粒相在运动过程中的质量守恒规律，对不考虑相变的非定常可压缩流体，其连续性方程为

$$\frac{\partial}{\partial t}(\alpha_m \rho_m) + \nabla \cdot (\alpha_m \rho_m \boldsymbol{v}_m) = 0 \tag{7-1}$$

式中，$m = 1$ 为压裂液相，$m = \text{s}$ 为支撑剂相；$\alpha_m$ 为该相所占的体积分数，无量纲，且有 $\alpha_1 + \alpha_\text{s} = 1$；$\rho_m$ 为该相的密度，$\text{kg/m}^3$；$\boldsymbol{v}_m$ 为该相的速度矢量，$\text{m/s}$。

**2. 液相和固相动量方程**

压裂液相为不可压缩流体，不可压 N-S 方程描述其动量守恒，为

$$\frac{\partial}{\partial t}(\alpha_1 \rho_1 \boldsymbol{v}_1) + \nabla \cdot (\alpha_1 \rho_1 \boldsymbol{v}_1 \boldsymbol{v}_1) = -\alpha_1 \nabla p_1 + \nabla \cdot \overline{\overline{\boldsymbol{\tau}}}_1 + \alpha_1 \rho_1 \boldsymbol{g} + K_{\text{ls}}(\boldsymbol{v}_\text{s} - \boldsymbol{v}_1 - \boldsymbol{v}_{\text{dr}}) \tag{7-2}$$

大量研究人员采用动理学理论将固相拟流体化，从而得到了 N-S 方程形式的固相动量守恒方程，即

$$\frac{\partial}{\partial t}(\alpha_\text{s} \rho_\text{s} \boldsymbol{v}_\text{s}) + \nabla \cdot (\alpha_\text{s} \rho_\text{s} \boldsymbol{v}_\text{s} \boldsymbol{v}_\text{s}) = -\alpha_\text{s} \nabla p_1 + \nabla p_\text{s} + \nabla \cdot \overline{\overline{\boldsymbol{\tau}}}_\text{s} + \alpha_\text{s} \rho_\text{s} \boldsymbol{g} - K_{\text{ls}}(\boldsymbol{v}_\text{s} - \boldsymbol{v}_1 - \boldsymbol{v}_{\text{dr}}) \tag{7-3}$$

式中，$\boldsymbol{g}$ 为重力加速度，$\text{m/s}^2$；$t$ 为时间，$\text{s}$；$p_1$ 为液相压力，$\text{Pa}$；$p_\text{s}$ 为固相压力，$\text{Pa}$；$\overline{\overline{\boldsymbol{\tau}}}_1$ 为液相剪切应力张量，$\text{N/m}^2$；$\overline{\overline{\boldsymbol{\tau}}}_\text{s}$ 为固相剪切应力张量，$\text{N/m}^2$；$K_{\text{ls}}$ 为相间动量交换系数，无量纲；$\boldsymbol{v}_{\text{dr}}$ 为固液两相间的漂移速度，$\text{m/s}$。

**3. 颗粒温度方程**

颗粒相温度定义为颗粒随机运动的动能[5]，其表达式为

$$\Theta_\text{s} = \frac{1}{3} v'_{\text{s},i} v'_{\text{s},i} \tag{7-4}$$

式中，$v'_{\text{s},i}$ 为直角坐标系中 $i$ $(i = x, y, z)$ 方向上固相颗粒的脉动速度，$\text{m/s}$。

根据动理学理论，颗粒温度输运方程[5]为

$$\frac{3}{2}\left[\frac{\partial}{\partial t}(\rho_\text{s} \alpha_\text{s} \Theta_\text{s}) + \nabla \cdot (\rho_\text{s} \alpha_\text{s} \boldsymbol{v}_\text{s} \Theta_\text{s})\right] = (-p_\text{s} \overline{\overline{I}} + \overline{\overline{\tau}}_\text{s}) : \nabla \boldsymbol{v}_\text{s} + \nabla \cdot (k_{\Theta_\text{s}} \nabla \Theta_\text{s}) - \gamma_{\Theta_\text{s}} + \phi_{\text{ls}} \tag{7-5}$$

式中，$(-p_s\bar{\bar{I}}+\bar{\bar{\tau}}_s):\nabla v_s$ 表示固相应力张量所产生的能量；$I$ 为单位矩阵，无量纲；$k_{\Theta_s}$ 为能量扩散项中的扩散系数；$\gamma_{\Theta_s}$ 为能量的碰撞耗散项；$\phi_{ls}$ 为固相和液相间能量的交换项。

### 7.2.1.2　本构方程

**1. 相间作用模型**

支撑剂颗粒在裂缝中堆积形成高浓度的砂体，采用 Gidaspow 阻力模型[6]描述颗粒相与流体相之间作用，其定义为

$$K_{ls} = \begin{cases} \dfrac{3}{4}C_D \dfrac{\rho_1\alpha_1\alpha_s|v_1-v_s|}{d_s}\alpha_1^{-2.65}, & \alpha_1 \geqslant 0.8 \\[3mm] \dfrac{150\alpha_s(1-\alpha_1)\mu_1}{\alpha_1 d_s^2}+\dfrac{1.75\rho_1\alpha_s|v_1-v_s|}{d_s}, & \alpha_1 < 0.8 \end{cases} \tag{7-6}$$

式中，$C_D$ 为阻力系数，$C_D = \begin{cases} \dfrac{24}{Re_s}[1+0.15(Re_s)^{0.687}], & Re_s < 1000 \\[2mm] 0.44, & Re_s \geqslant 1000 \end{cases}$，无量纲；$Re_s$ 为颗粒

雷诺数，$Re_s = \dfrac{\rho_1 d_s\alpha_1|v_s-v_1|}{\mu_1}$，无量纲；$d_s$ 为颗粒直径，m；$\mu_1$ 为流体相动力黏性系数，Pa·s。

页岩气滑溜水压裂常采用大排量施工，裂缝中流态一般为湍流，因此除流体对颗粒的阻力作用外，还需考虑流体相湍流输运所导致的对固相颗粒的作用。式（7-2）中的漂移速度 $v_{dr}$ 定义为[9]

$$v_{dr} = \dfrac{D_{t,sl}}{\sigma_{sl}}\left(\dfrac{\nabla\alpha_s}{\alpha_s}-\dfrac{\nabla\alpha_1}{\alpha_1}\right) \tag{7-7}$$

式中，$\sigma_{sl}$ 为分散 Prandtl 数，取值 0.75；$D_{t,sl}$ 为一标量，取其为混合物湍流运动黏度[10]，$m^2/s$。

**2. 固相压力方程**

固相压力 $p_s$ 包括动理学影响和颗粒间碰撞的作用，表示为

$$p_s = \alpha_s\rho_s\Theta_s + 2\rho_s(1+e_{ss})\alpha_s^2 g_{0,ss}\Theta_s \tag{7-8}$$

式中，$e_{ss}$ 为颗粒间碰撞的恢复系数，无量纲；$g_{0,ss}$ 为径向分布函数，$g_{0,ss} = \left[1-\left(\dfrac{\alpha_s}{\alpha_{s,max}}\right)^{1/3}\right]^{-1}$ [11]，无量纲；$\alpha_{s,max}$ 为颗粒最大堆积体积，无量纲。

**3. 液固相剪切应力模型**

式（7-2）和式（7-3）液相（$m=1$）和颗粒相（$m=s$）的剪切应力张量定义为

$$\tau_m = \alpha_m\mu_m(\nabla v_m + \nabla v_m^T) + \alpha_m\left(\lambda_m - \dfrac{2}{3}\mu_m\right)\nabla\cdot v_m\bar{\bar{I}} \tag{7-9}$$

式中，$\mu_1$ 为液相动力黏性系数，包括液相剪切黏性系数 $\mu_1$ 和湍流涡黏性 $\mu_{t,1}$，其定义参考文献[12]，Pa·s；$\lambda_1$ 为液相体积黏性系数，对不可压缩流体取 $\lambda_1 = 0$；$\mu_s$ 为固相的剪切黏性系数，Pa·s；$\lambda_s$ 为固相的体积黏性系数，Pa·s。

拟流体化的固相剪切黏性系数包括固相颗粒碰撞部分、动理学部分以及可选择的摩擦黏性部分，表示为

$$\mu_s = \mu_{s,col} + \mu_{s,kin} + \mu_{s,fr} \tag{7-10}$$

剪切黏性的碰撞部分 $\mu_{s,col}$ 用于描述颗粒相在运动过程之中相互之间碰撞而产生的剪切应力，由文献[6]给出

$$\mu_{s,col} = \frac{4}{5} \alpha_s \rho_s d_s g_{0,ss} (1 + e_{ss}) \left( \frac{\Theta_s}{\pi} \right)^{1/2} \tag{7-11}$$

同样，Gidaspow 等[6]给出了动理学黏性系数的表达式，即

$$\mu_{s,kin} = \frac{10 \rho_s d_s \sqrt{\Theta_s \pi}}{96 \alpha_s (1 + e_{ss}) g_{0,ss}} \left[ 1 + \frac{4}{5} g_{0,ss} \alpha_s (1 + e_{ss}) \right]^2 \tag{7-12}$$

在支撑剂床堆积体内，由于颗粒浓度接近最大堆积体积，颗粒间碰撞作用不再重要，此时颗粒间的作用力主要体现为颗粒间的摩擦应力[13]。根据修正的 Coulomb 定律，固相摩擦黏性表示为

$$\mu_{s,fr} = \frac{p_{fri} \sin \phi}{2 \sqrt{I_{2D}}} \tag{7-13}$$

式中，$p_{fri}$ 为颗粒间摩擦压力，Pa；$\phi$ 为内摩擦角，取 $30°$；$I_{2D}$ 为偏应力张量的第二不变量，无量纲。

而摩擦压力 $p_{fri}$ 采用 Johnson-Jackson[14]模型进行描述，为

$$p_{fri} = F_r \frac{(\alpha_s - \alpha_{s,min})^n}{(\alpha_{s,max} - \alpha_s)^m} \tag{7-14}$$

式中，系数 $F_r = 0.05$、$n = 2$、$m = 5$；$\alpha_{s,min}$ 为颗粒间产生摩擦应力时的最小颗粒堆积体积，取 $0.5$；$\alpha_{s,max}$ 为最大颗粒堆积浓度，根据测量本书取 $0.63$。

为了考虑拟流体化固相在输运过程中的压缩和膨胀行为，Lun 等[7]建立了固相体积黏性模型，即

$$\lambda_s = \frac{4}{3} \alpha_s^2 \rho_s d_s g_{0,ss} (1 + e_{ss}) \left( \frac{\Theta_s}{\pi} \right)^{1/2} \tag{7-15}$$

**4. 颗粒相能量传递模型**

颗粒能量扩散系数 $k_{\Theta_s}$ 定义[8]为

$$k_{\Theta_s} = \frac{15 d_s \rho_s \alpha_s \sqrt{\Theta_s \pi}}{4(41 - 33\eta)} \left[ 1 + \frac{12}{5} \eta^2 (4\eta - 3) \alpha_s g_{0,ss} + \frac{16}{15\pi} (41 - 33\eta) \eta \alpha_s g_{0,ss} \right] \tag{7-16}$$

式中，$\eta = \frac{1}{2}(1 + e_{ss})$。

颗粒间由于碰撞而产生的能量耗散以 $\gamma_{\Theta_s}$ 表示，采用 Lun 等[7]的定义为

$$\gamma_{\Theta_s} = \frac{12(1 - e_{ss}^2)g_{0,ss}}{d_s\sqrt{\pi}}\rho_s\alpha_s^2\Theta_s^{3/2} \tag{7-17}$$

颗粒相随机脉动动能向流体相的能量传递项 $\phi_{1s}$ 定义[6]为

$$\phi_{1s} = -3K_{1s}\Theta_s \tag{7-18}$$

### 7.2.2　$k$-$\varepsilon$ 混合物湍流模型

由于页岩滑溜水压裂采用低黏滑溜水作为压裂液，流体黏度比较小，且施工时采用的排量较大（通常 10m³/min 以上），支撑剂在复杂裂缝中的输送需要考虑湍流效应的影响。本书采用 $k$-$\varepsilon$ 混合物湍流模型[10]考虑流动中的湍流现象，该模型意味着液相和固相共享相同的湍流场，其是单相流 $k$-$\varepsilon$ 两方程湍流模型向两相流的延伸，控制方程中采用相混合性质参数替代单相的性质参数。

湍流脉动动能方程为

$$\frac{\partial}{\partial t}(\rho_m k) + \nabla \cdot (\rho_m \boldsymbol{v}_m k) = \nabla \cdot \left[\left(\mu_m + \frac{\mu_{t,m}}{\sigma_k}\right)\nabla k\right] + G_{k,m} - \rho_m\varepsilon + \Pi_{k_m} \tag{7-19}$$

式中，$\varepsilon$ 为湍流脉动动能耗散率，$\varepsilon = \frac{\mu_m}{\rho_m}\overline{(\nabla \cdot \boldsymbol{v}_m')}\ \overline{(\nabla \cdot \boldsymbol{v}_m')}$，m²/s³；$k$ 为湍流脉动动能，$k = \frac{1}{2}\overline{\boldsymbol{v}_m'\boldsymbol{v}_m'}$，m²/s²。

湍流脉动动能耗散率 $\varepsilon$ 表示各向同性的小尺度涡的机械能转化为热能的速率，其控制方程为

$$\frac{\partial}{\partial t}(\rho_m\varepsilon) + \nabla \cdot (\rho_m\boldsymbol{v}_m\varepsilon) = \nabla \cdot \left[\left(\mu_m + \frac{\mu_{t,m}}{\sigma_\varepsilon}\right)\nabla\varepsilon\right] + \frac{\varepsilon}{k}(C_{1\varepsilon}G_{k,m} - C_{2\varepsilon}\rho_m\varepsilon) + \Pi_{\varepsilon_m} \tag{7-20}$$

式（7-19）、式（7-20）中压裂液和支撑剂两相混合物密度 $\rho_m$、分子动力黏度 $\mu_m$ 和速度 $\boldsymbol{v}_m$ 分别为

$$\rho_m = \alpha_1\rho_1 + \alpha_s\rho_s, \quad \mu_m = \alpha_1\mu_1 + \alpha_s\mu_s, \quad \boldsymbol{v}_m = \frac{\alpha_1\rho_1\boldsymbol{v}_1 + \alpha_s\rho_s\boldsymbol{v}_s}{\alpha_1\rho_1 + \alpha_s\rho_s}$$

混合物的湍流黏性 $\mu_{t,m}$ 为

$$\mu_{t,m} = \rho_m C_\mu \frac{k^2}{\varepsilon} \tag{7-21}$$

湍动能产生项 $G_{k,m}$ 为

$$G_{k,m} = \mu_{t,m}[\nabla\boldsymbol{v}_m + (\nabla\boldsymbol{v}_m)^T] : \nabla\boldsymbol{v}_m \tag{7-22}$$

式（7-19）和式（7-20）混合物 $k$-$\varepsilon$ 控制方程中的 $\Pi_{k_m}$ 和 $\Pi_{\varepsilon_m}$ 用于描述固相和液相之间的作用[15]，分别表示为

$$\Pi_{k_m} = C_{ke}K_{sl}|\boldsymbol{v}_s - \boldsymbol{v}_1|^2 \tag{7-23}$$

$$\Pi_{\varepsilon_m} = C_{\text{td}} \frac{1}{\tau_{\text{p}}} \Pi_{k_m} \tag{7-24}$$

式（7-24）中 $\tau_{\text{p}}$ 为诱导湍流的特征时间，定义为

$$\tau_{\text{p}} = \frac{2 C_{\text{VM}} d_{\text{s}}}{3 C_{\text{D}} |v_{\text{s}} - v_{\text{l}}|} \tag{7-25}$$

式中，$C_{\text{D}}$ 为阻力系数，无量纲；$C_{\text{VM}}$ 为虚拟质量力系数，取 0.5。

上述方程各式中的常数[10]为：$C_{1\varepsilon} = 1.44$，$C_{2\varepsilon} = 1.92$，$C_\mu = 0.09$，$\sigma_k = 1.0$，$\sigma_\varepsilon = 1.3$，$C_{\text{ke}} = 0.75$，$C_{\text{td}} = 0.45$。

### 7.2.3　边界条件

裂缝中支撑剂-压裂液固液两相流动模型的边界条件主要包括进口、出口和壁面边界条件。其中，进口边界采用速度入口，出口边界采用压力出口，裂缝壁面边界则根据固液两相分别设定。

#### 7.2.3.1　速度入口

为方便建模和网格划分，模型中的入口形状为矩形，矩形入口的宽度与主缝宽度相同。模拟时，入口边界需要给定压裂液（液相）和支撑剂（固相）的速度、固相体积分数和湍流的相应参数。本书中，假设压裂液和支撑剂的入口速度相同，其大小为泵注排量除以射孔数和进口面积的乘积。

#### 7.2.3.2　压力出口

同样，为方便建模和网格划分，模型中的出口形状为矩形。模拟时，出口边界需要给定压裂液和支撑剂在出口处的压力，由于流动规律取决于压差而并非压力的绝对值，本书中将液固相在出口处的压力都设为 0Pa。

#### 7.2.3.3　壁面边界条件

液相壁面边界条件采用非滑移、非穿透边界，即指定液相法向和切向速度为零。

固相在壁面处的法向速度为零，切向速度和颗粒温度根据 Johnson-Jackson 模型计算[14, 16]，即

$$\frac{v_{\text{s}l}}{|v_{\text{s}l}|} \cdot (\tau_k + \tau_{\text{f}}) \cdot n + \frac{\phi \pi \rho_{\text{s}} \alpha_{\text{s}} g_0 \sqrt{\Theta_{\text{s}}}}{2\sqrt{3} \alpha_{\text{s}}^{\max}} v_{\text{s}l} + (n \cdot \tau_{\text{f}} \cdot n) \tan \delta_{\text{w}} = 0 \tag{7-26}$$

$$k_{\Theta_{\text{s}}} \frac{\partial \Theta_{\text{s}}}{\partial x} = \frac{\phi \pi |v_{\text{s}l}| \rho_{\text{s}} \alpha_{\text{s}} g_0 \sqrt{\Theta_{\text{s}}}}{2\sqrt{3} \alpha_{\text{s}}^{\max}} - \frac{\sqrt{3} \pi \rho_{\text{s}} \alpha_{\text{s}} g_0 (1 - e_{\text{w}}^2) \Theta_{\text{S}}^{3/2}}{4 \alpha_{\text{s}}^{\max}} \tag{7-27}$$

式中，$e_{\text{w}}$ 为颗粒和壁面碰撞的恢复系数，取 0.9；$n$ 为壁面向内的法向矢量；$\delta_{\text{w}}$ 为壁面摩擦角，rad，取 $\pi/10$；$\phi$ 为壁面反射系数，无因次，取 0.001；$\tau_k$、$\tau_{\text{f}}$ 分别为固相在壁面产生的动力学碰撞和摩擦应力张量，Pa；$v_{\text{s}l}$ 为固相与壁面间的滑移速度矢量，m/s。

### 7.2.4　模型求解

在建立裂缝内压裂液携带支撑剂输送固液两相流物理模型的基础上,需要对控制微分方程组和相应的计算域(裂缝网络几何模型)进行离散求解。本书中采用有限体积法对控制方程组进行离散,得到相应的代数方程组,而针对裂缝网络中计算域的离散则得到计算所需的网格模型。

#### 7.2.4.1　网格模型

根据图 7-4,本书建立了 T-1、T-2、T-3、T-4 和 H-1 等形态的小尺度裂缝网络几何模型,由于模型形状较为规则,因此进一步采用六面体网格对计算域进行结构化离散。为了能够更好地表征入口、出口和各级裂缝之间交汇处的流动,在这些位置进行网格加密,最终得到的网格如图 7-6 所示。

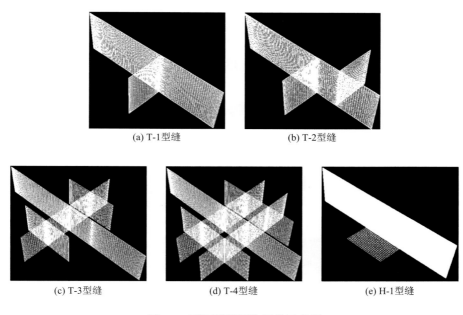

(a) T-1型缝　　　　　　　　　　　(b) T-2型缝

(c) T-3型缝　　　　　(d) T-4型缝　　　　　(e) H-1型缝

图 7-6　不同裂缝网络网格示意图

#### 7.2.4.2　方程组离散及求解

对裂缝中固液两相流的控制方程组[式(7-1)～式(7-3)、式(7-5)、式(7-19)和式(7-20)]采用有限体积法进行离散,空间域的离散均为上风格式,瞬态时间项采用隐式格式,压力梯度方程离散采用基于单元体的最小二乘法。

离散得到的代数方程组采用相耦合算法(semi-implicit method for pressure-linked equations,SIMPLE)进行迭代求解。该方法在交错网格基础上求解压力场,通过压力场求解动量方程得到速度场。

### 7.2.5　模型验证

采用前面单翼裂缝中支撑剂输送实验对建立的支撑剂输送两相流模型进行验证。依据单翼裂缝实验装置（图 6-2）建立裂缝几何模型，其形状为矩形，裂缝缝长为 4m、高为 0.6m、宽为 6mm。模型输入参数与实验参数相同，实验中压裂液为清水，因此模型中液体黏度为 1mPa·s，密度为 1000kg/m³；实验中支撑剂为 40/70 目的中密度陶粒，因此模型中支撑剂体密度为 1750kg/m³，支撑剂粒径取平均粒径 0.32mm；压裂液和支撑剂的入口流速相同，都取 0.5m/s，入口处的支撑剂体积分数为 6%。

图 7-7 为模拟得到的不同时刻的支撑剂堆积形态。支撑剂在裂缝中的最大堆积体积分数为 0.629，图中红色部分表示支撑剂在该处完全沉降并堆积。模拟结果表明：支撑剂先是在离入口较近的地方快速地沉降，逐渐堆积而形成砂堤。随着砂堤高度的增加，流过该段砂堤顶部的流动通道面积减少，因入口速度不变，所以裂缝内的混合物流速增大，更多支撑剂能够被高流速的液体携带到更远的地方，所以支撑剂开始在离入口较远的地方堆积。等到砂堤在离入口较近的地方达到平衡高度时，表示该位置沉降下来的支撑剂和被流化带走的支撑剂数量相同，达到平衡高度的砂堤向后延伸。

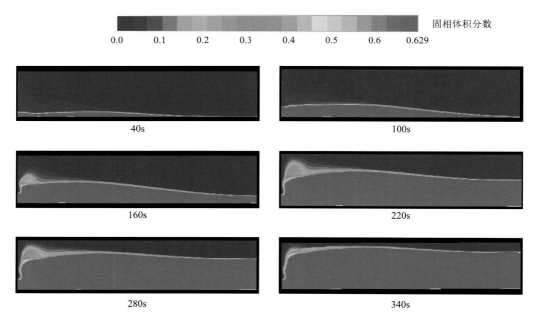

图 7-7　不同时刻裂缝中支撑剂浓度分布

图 7-8 为平板缝实验结果和数值模拟结果的对比。对比发现实验结果 120s 时与数值模拟 100s 时砂堤的形状相差不大，此时支撑剂主要在离裂缝入口较近的地方堆积。随着时间的增加，数值模拟和实验中的砂堤都开始在入口处较快的堆积，此时砂堤的整体形状

相差不大,只是数值模拟中砂堤堆积的距离离入口较近,而实验中支撑剂堆积的距离离入口较远。对比数值模拟的最终砂堤形态和实验的最终砂堤形态(图 7-9),得到的砂堤平衡高度和形态均较为接近。

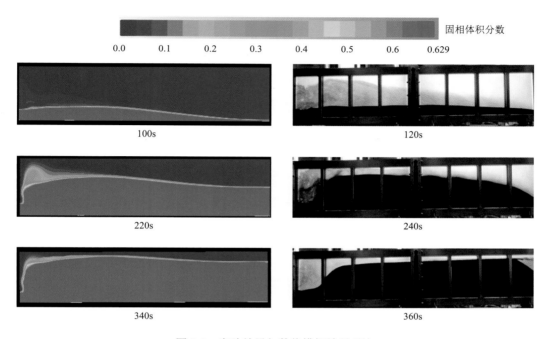

图 7-8　实验结果与数值模拟结果对比

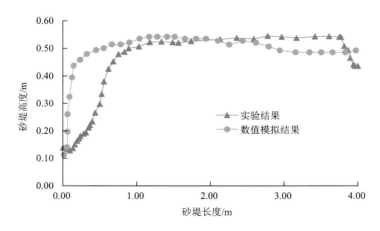

图 7-9　实验与数值模拟结果砂堤平衡高度对比

通过上述对比,发现实验和数值模拟得到的砂堤形成过程相似,砂堤形态相似,砂堤平衡高度相同,表明建立的支撑剂-压裂液两相流动模型能较为准确地捕捉支撑剂在裂缝中输送和铺置主要特征。

## 7.3　小尺度复杂裂缝支撑剂输送模拟

### 7.3.1　主缝和次缝支撑剂输送和铺置

以 T-1 型缝 [图 7-6（a）] 为例，分析复杂裂缝中支撑剂的输送规律。T-1 型缝为一条次缝与一条主缝垂直相交，主缝尺寸为 2000mm×600mm×6mm，次缝离主缝左侧 1200mm，次缝尺寸为 500mm×600mm×3mm。模型中主缝的左侧设置三个入口，且均匀分布于主缝左侧（上部入口距裂缝顶部 120mm，中部入口位于缝高中间位置，下部入口距裂缝底部 120mm），每个入口的尺寸为 40mm×6mm，主缝右侧均匀分布三个出口，每个出口的尺寸也为 40mm×6mm。

由于裂缝模型形状规则，采用的是正六面体进行网格划分，在主缝和次缝相交处以及入口和出口端进行了网格加密。主缝中网格数目在长度方向上为 100 个，高度方向上为 60 个、宽度方向为 4 个；次缝中长度方向上为 25 个，高度方向上为 60，而宽度方向上为 2 个。模型共划分网格 27000 个。

数值模拟时，压裂液设置为清水，黏度为 1mPa·s，密度为 1000kg/m³；支撑剂为 40/70 目陶粒，颗粒粒径取中值粒径 0.32mm，支撑剂密度为 3200kg/m³，入口处的支撑剂浓度为 8%，压裂液和支撑剂以相同的速度进入裂缝，其值为 1m/s。

#### 7.3.1.1　主缝中支撑剂的铺置特征

如图 7-10 所示，T-1 型缝主缝中支撑剂的铺置过程和垂直单翼缝缝中支撑剂的铺置过程相似，携砂液进入裂缝，支撑剂在离入口较近的地方快速地沉降并形成砂堤。伴随着携砂液不断地注入，砂堤的高度逐渐增加，但是砂堤高度在离入口较近处的增长速度明显高于远离入口端的增长速度，所以砂堤先在离入口较近的地方达到平衡高度（图 7-10 中 140s 时）。图 7-11 给出了 180s 时砂堤高度沿主缝长度方向的分布，最高点的值约为 0.5m。

随着支撑剂的进一步注入，砂堤在入口较近处先达到平衡高度时，表示该区域内的压裂液携带的支撑剂颗粒沉降量和被流化的量相等，继续注入的颗粒将被运移到砂堤的背面继续堆积，因此平衡高度将向后延伸。

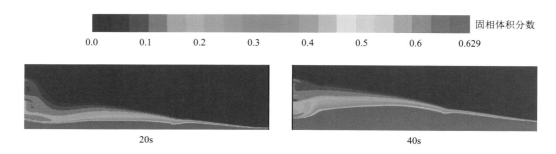

固相体积分数

0.0　　0.1　　0.2　　0.3　　0.4　　0.5　　0.6　0.629

20s　　　　　　　　　　　　　　　40s

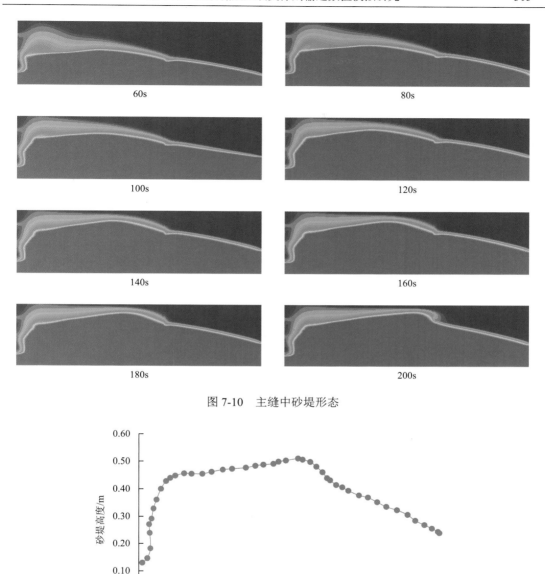

图 7-10　主缝中砂堤形态

图 7-11　砂堤达到平衡高度时形态

　　图 7-12 为 T-1 型缝主缝中砂堤形态的实验结果和数值模拟结果的对比，对比发现砂堤形态在整体上是一致的，都是先在离入口较近端达到平衡高度，但在入口附近的形态存在一定的差异，可能的原因是实验过程中三个进口条件会不断发生变化，而数值模拟时则保持不变。当砂堤向后延伸经过支缝时，无论从实验还是数值模拟结果都可以看出砂堤高度都出现明显的降低，其原因是部分支撑剂在此处进入了支缝当中。

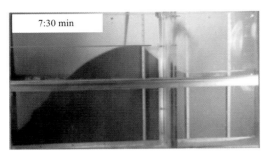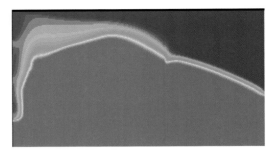

图 7-12　主缝中砂堤形态的实验结果与数值模拟结果[17]对比

从图 7-13 的液相速度场分布图可以看出，开始时支撑剂颗粒进入裂缝的数量较少，所以支撑剂发生沉降形成的砂堤高度较低，此时砂堤的顶部和裂缝顶部之间的间隙较大，所以流过砂堤上部的流体速度较小。随着携砂液不断地注入，支撑剂在裂缝中不断地沉降，砂堤高度逐渐增加，此时砂堤的顶部和裂缝顶部之间的间隙不断减小，所以流过砂堤上部的流体速度也不断增大。当砂堤的顶部和裂缝顶部之间的间隙减小到一定值时，该区域内的水流携带的支撑剂沉降数量和砂堤上支撑剂颗粒被流化的数量相等，此时砂堤的平衡高度形成，缝内流速达到最大，约等于 1.3m/s，支撑剂颗粒被运移到砂堤的背面发生沉降，砂堤平衡高度不断向前推进。

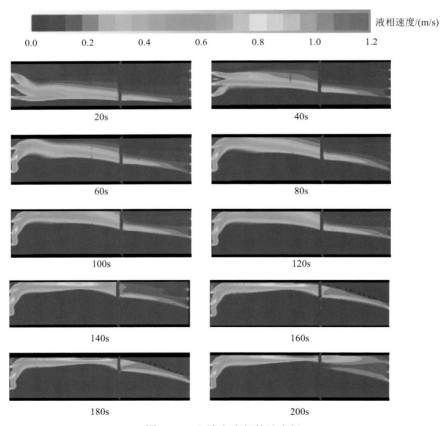

图 7-13　主缝中液相的速度场

### 7.3.1.2　次缝中支撑剂的铺置特征

图 7-14 和图 7-15 为 T-1 型缝中次缝中砂堤不同时刻的堆积形态。从两图中可以看出，支撑剂进入次缝的一段时间内，次缝中砂堤沿缝长方向始终呈现一定大小的倾角，并随着携砂液的不断流入，次缝中支撑剂不断堆积，该过程中砂堤的倾角不变，只是增加了砂堤高度。而且次缝中入口处的砂堤高度始终与主缝中该位置上的砂堤高度相等。当次缝中砂堤形状达到一定高度后（此时模拟时间达到 140s），次缝中的砂堤形状发生变化，不再呈现为大小一定的倾角，而是在次缝入口附近砂堤高度开始变得水平。

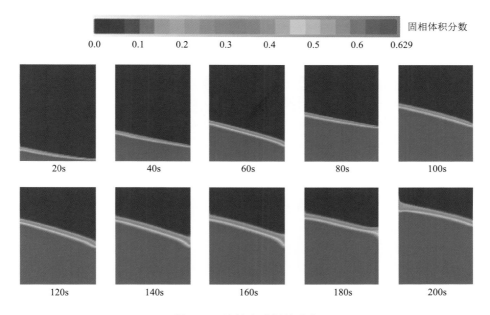

图 7-14　次缝中砂堤的形态

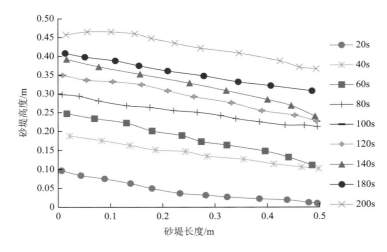

图 7-15　次缝砂堤堆积形态

图 7-16 为次缝中砂堤形态的数值模拟结果与实验结果对比，对比可以发现数值模拟结果和实验结果有良好的吻合，次缝中砂堤的形态有很好的相符度，说明对复杂裂缝的数值模拟结果也较为准确，再一次验证了该数值模拟方法的有效性。

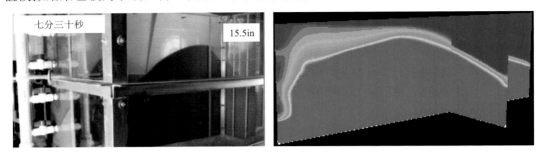

图 7-16 次缝中砂堤形态的数值模拟结果与实验结果[17]对比

图 7-17 为次缝中流体的速度场，从图中可以发现，次缝中随着砂堤高度的不断增大，砂堤的顶部和裂缝顶部之间的间隙不断减小，逢内流速不断增大。当模拟时间达到 140s 时，次缝中的流体速度达到 0.3m/s。结合次缝中砂堤的形态，发现次缝中入口处的砂堤高度始终与主缝中的砂堤高度相等，此时次缝中的流速较小，主缝中在接近次缝入口处的流速也较小，所以主缝内流体的速度不足以携带支撑剂进入次缝，此时支撑剂主要在重力作用下由主缝处滚落进入次缝中。随着携砂液的不断泵入，次缝中砂堤的形态不再呈比较大的倾角，而是在次缝入口处附近开始变得水平，这是因为随着支撑剂颗粒在主缝中的不断沉降和堆积，在次缝入口处的砂堤高度不断增加，此时主缝中在该处的流体速度也越来越大，支撑剂可以被流体速度流化并携带进入次缝内。由于次缝内流速较低，支撑剂在次缝的入口附近快速沉降，导致次缝入口附近的砂堤形态变得水平。

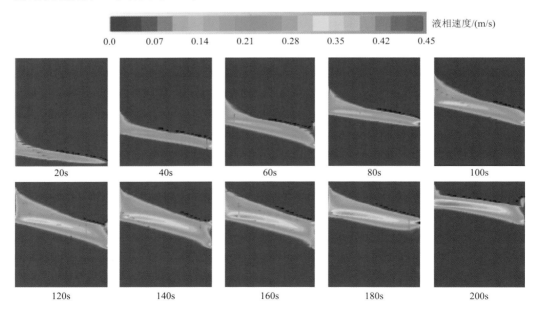

图 7-17 次缝中液相速度场

## 7.3.2　支撑剂输送影响因素

### 7.3.2.1　支撑剂密度的影响

页岩气藏压裂使用的支撑剂真实密度为 2700～3500kg/m³，选择 2700kg/m³、3000kg/m³、3200kg/m³ 三个密度，研究支撑剂密度对复杂裂缝中支撑剂输送形态的影响规律。模拟时只改变支撑剂密度这个参数，其他参数相同。其中，压裂液黏度为 1mPa·s、密度为 1000kg/m³；支撑剂粒径为 0.32mm，入口处的支撑剂体积分数为 8%；入口处压裂液和支撑剂的速度为 1m/s。

图 7-18 为支撑剂密度为 2700kg/m³ 时，复杂裂缝中形成的砂堤形态。从图中可以看出，由于支撑剂密度较低，其能够被流体携带到离入口较远的地方，开始时支撑剂在整个主裂缝中较为均匀的铺置。随着支撑剂不断地注入，支撑剂开始在入口处附近堆积，使得入口处附近的砂堤高度不断增加。而随着入口处砂堤高度的增加，砂堤顶部与裂缝顶部之间的过流面积不断减小，缝内流速不断增大。此时，支撑剂开始绕过离入口较近处的砂堤，运移到裂缝中后部区域（离入口较远处）沉降。

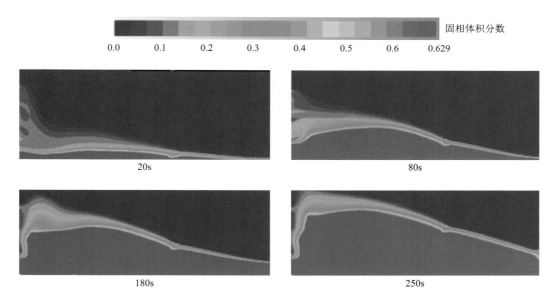

图 7-18　支撑剂密度为 2700kg/m³ 时主缝中的砂堤形态

同样，当主缝中砂堤堆积到一定高度后，次缝中开始出现砂堤堆积的现象，其形状如图 7-19 所示，沿流动方向上以一个坡度向前延伸。可以看出，支撑剂密度为 2700kg/m³，模拟时间为 250s 时砂堤在主缝入口处附近达到平衡高度，即平衡时间为 250s。

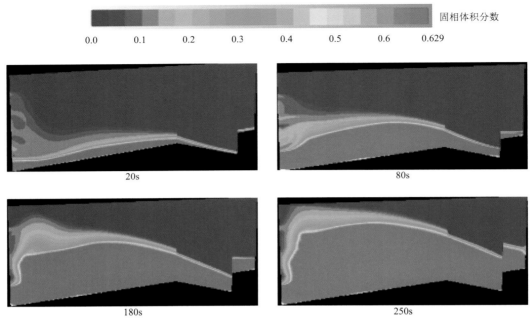

图 7-19　支撑剂密度为 2700kg/m³ 时次缝中的砂堤形态

　　图 7-20 是支撑剂密度为 3000kg/m³ 时在主缝中形成的砂堤形态。同样在注入的初始阶段，支撑剂在离入口较近的地方就开始沉降，但是对比支撑剂密度为 2700kg/m³ 时可以发现，支撑剂开始堆积的位置离入口较近。当支撑剂在入口处附近堆积的高度增高时会导致缝内流速增大，所以支撑剂能够被携带到更远的地方沉降。且支撑剂在主缝中的沉降过程类似于在垂直缝中的沉降过程，约 240s 时砂堤在入口处达到平衡高度。在次缝入口处主缝的砂堤高度较低，所以该处的缝内流速较小，无法有效地流化支撑剂颗粒，因此支撑剂主要在重力作用下滚入次缝中，此时次缝中砂堤形状呈一定的倾角（图 7-21）。

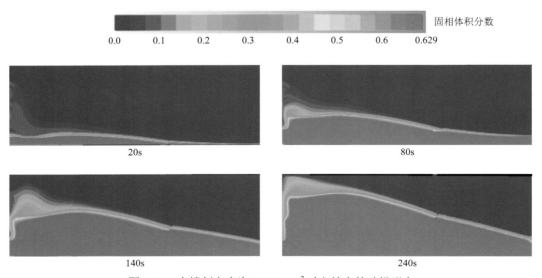

图 7-20　支撑剂密度为 3000kg/m³ 时主缝中的砂堤形态

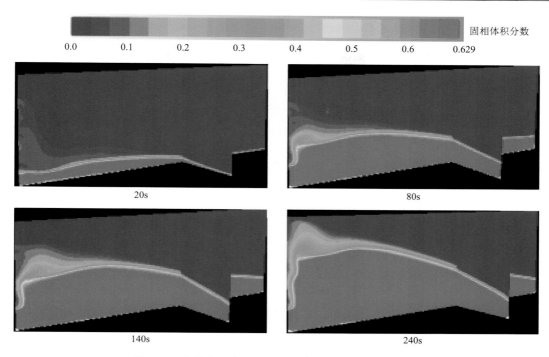

图 7-21　支撑剂密度为 3000kg/m³ 时次缝中的砂堤形态

图 7-22 为支撑剂密度为 3200kg/m³ 时在裂缝中形成的砂堤形态。支撑剂进入裂缝后同样快速沉降，在离入口较近的地方快速地形成砂堤，对比前两种密度条件可以看出，此时的支撑剂未能被携带到裂缝深部。随着支撑剂在入口处附近的沉降，砂堤顶部与裂缝顶部之间的过流面积减少，所以缝内流速增大，支撑剂开始绕过离入口较近处的砂堤，在模型中间区域（离入口较远处）沉降，形成更长的支撑距离。

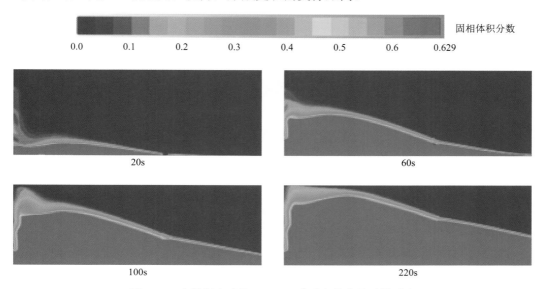

图 7-22　支撑剂密度为 3200kg/m³ 时主缝中的砂堤形态

从图 7-23 中可以看出，约 220s 时砂堤在入口处达到平衡高度，这个工况下砂堤在入口处附近达到平衡高度的时间小于支撑剂密度为 2700kg/m³ 和 3000kg/m³ 时达到平衡高度所需要的时间。同样观测次缝当中支撑剂的堆积过程发现，只有主缝中支撑剂砂堤堆积到一定高度后，颗粒才沿一定的坡度进入次缝，表明次缝中流体速度仍然较低，支撑剂颗粒进入次缝的能量主要是重力势能，这与上两种密度情况并无明显差别（图 7-23）。

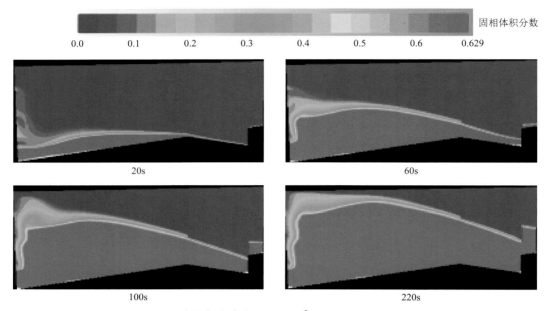

图 7-23　支撑剂密度为 3200kg/m³ 时次缝中的砂堤形态

图 7-24 给出了三种密度条件下注入时间为 20s 时主裂缝中的砂堤形态。对比发现，随着支撑剂密度的增加，支撑剂受到的重力作用增强，砂堤中心点距离进口越近，砂堤尾

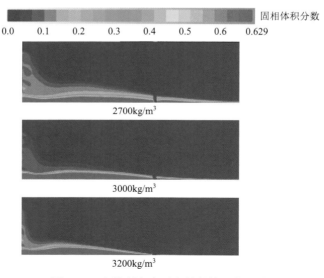

图 7-24　支撑剂密度对支撑剂输送的影响

部的倾角越大。图 7-25 给出了三种工况达到平衡高度后主裂缝中的砂堤高度。对比发现，支撑剂密度越大，砂堤在入口处附近达到平衡时的高度越大，即顶部的间隙越小，需要用以流化颗粒的速度越大，同时支撑剂密度越大，最终形成的砂堤距离裂缝入口越近，表示造成砂堵的可能性越高。

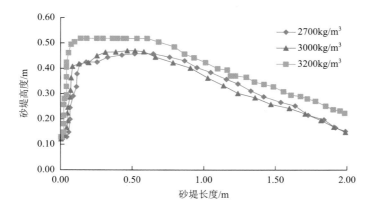

图 7-25　支撑剂密度对砂堤铺置形态的影响

### 7.3.2.2　支撑剂粒径的影响

图 7-26 为支撑剂粒径为 0.2mm（70/100 目支撑剂）时支撑剂在裂缝中的铺置形态。从图中可以看出，由于支撑剂颗粒粒径较小，支撑剂颗粒进入裂缝后被流体携带到离入口较远的地方，支撑剂开始时在裂缝中较为均匀地铺置。随着支撑剂不断地注入，支撑剂开始在入口处附近堆积，砂堤不断升高。随着入口处砂堤高度的增加，砂堤顶部与裂缝顶部之间的过流面积减少，所以缝内流速增大，支撑剂开始绕过离入口较近处的砂堤，并在模型中间区域（离入口较远处）沉降。注入时间约 300s 时支撑剂在入口附近达到平衡高度。

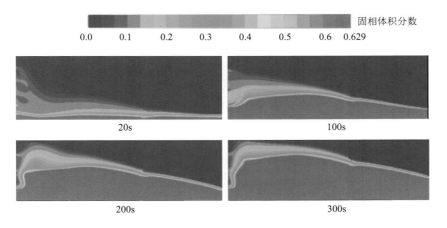

图 7-26　粒径为 0.2mm 时主缝中的砂堤形态

图 7-27 给出了次缝中砂堤的形态,可以看出,颗粒直径较小时次缝中支撑剂更容易进入,即次缝中支撑剂形成的砂堤坡面更加平缓,表明除重力影响外此时流化颗粒所需速度更小,颗粒更容易进入次缝。

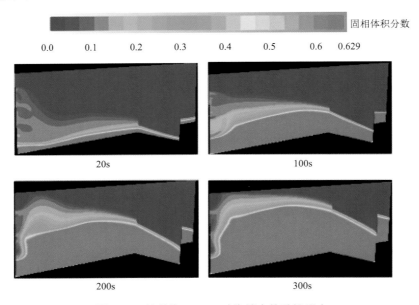

图 7-27　粒径为 0.2mm 时次缝中的砂堤形态

图 7-28 和图 7-29 分别给出了支撑剂粒径为 0.32mm(40/70 目支撑剂)时主缝和次缝中的砂堤形态。可以看出,刚进入裂缝中的支撑剂颗粒仍然能够被携带至主缝中的末端位置,动能耗尽后停止运动。其后,砂堤的高度随着支撑剂颗粒的注入较为均匀地升高,随着入口处砂堤高度的增加,砂堤顶部与裂缝顶部之间的过流面积不断减少,所以缝内流速增大,部分支撑剂颗粒绕过离入口较近处的砂堤,开始在模型中间区域(离入口较远处)沉降。当所形成的砂堤达到所谓的"平衡高度"后,后续注入的颗粒将翻越砂堤运移到其后部并不断堆积,从而延伸砂堤的平衡高度。在支撑剂颗粒为 0.32mm,模拟时间为 250s 时支撑剂在入口处达到平衡高度,即平衡时间为 250s。

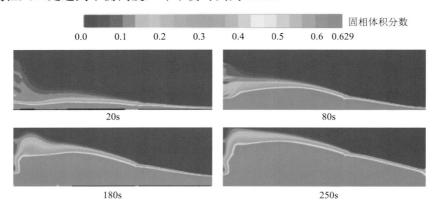

图 7-28　粒径为 0.32mm 时主缝中的砂堤形态

图 7-29 展示了主缝和次缝相结合的支撑剂砂堤随时间变化的形态。可以看出，在注入时间约 20s 后，次缝当中已经出现了砂堤的堆积。对比粒径为 0.2mm 的模拟结果可以看出，粒径为 0.32mm 时次缝中砂堤向前延伸坡面的倾斜角度明显大于粒径为 0.2mm 时的结果。

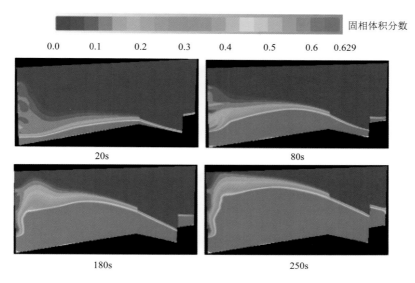

图 7-29　粒径为 0.32mm 时次缝中的砂堤形态

图 7-30 和图 7-31 分别给出了当支撑剂粒径为 0.45mm（30/50 目支撑剂）时主缝和次缝中支撑剂的铺置形态。由于裂缝尺度较小，0.45mm 颗粒仍然能够被携带到裂缝尾部，但对比粒径为 0.2mm 和粒径为 0.32mm 的模拟结果可以看出，此时主缝中砂堤尾部的倾斜角度略大，表明需要更大的流体速度才能流化颗粒。进一步注入颗粒，其在砂堤表面不断沉降堆积。当模拟时间为 200s 时，砂堤在进口附近达到平衡高度，此时砂堤顶部过流面积最小，流体速度最大。此后进一步注入的颗粒将会被运移至砂堤尾部沉降堆积，使得平衡高度向后延伸。

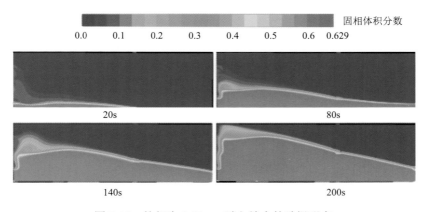

图 7-30　粒径为 0.45mm 时主缝中的砂堤形态

图 7-31 给出了次缝中支撑剂堆积的过程，同样对比粒径为 0.2mm 和粒径为 0.32mm 的模拟结果可以看出，粒径为 0.45mm 时颗粒堆积所形成的坡面倾斜角度更大，表明颗粒越大需要的重力分量或者流化速度越大，才能进一步向前输送。

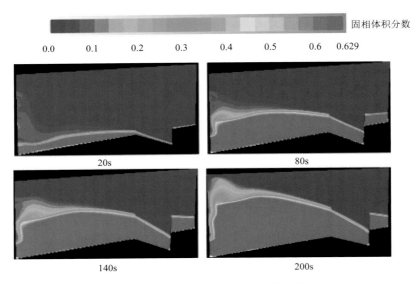

图 7-31    粒径为 0.45mm 时次缝中的砂堤形态

图 7-32 和图 7-33 分别给出了当支撑剂粒径为 0.6mm（20/40 目支撑剂）时主缝和次缝中砂堤堆积形态随时间变化的规律。如图 7-32 所示，该过程与较小粒径时类似，携砂液进入裂缝被携带到离入口较远的地方，开始时支撑剂在裂缝中较为均匀地铺置。随着携砂液的不断注入，支撑剂开始在入口处附近堆积，随着入口处砂堤高度增加，砂堤顶部与裂缝顶部之间的面积减少，所以缝内流速增大，支撑剂开始绕过离入口较近处的砂堤，在模型中间区域（离入口较远处）沉降。当模拟时间为 160s 时支撑剂在入口处达到平衡高度，即平衡时间为 160s。

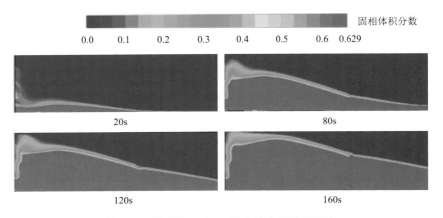

图 7-32    粒径为 0.6mm 时主缝中的砂堤形态

主缝中砂堤高度较低时，次缝中砂堤的形态（图 7-33）主要依赖于主缝中砂堤的高度（尤其是主缝与次缝交界处主缝中砂堤的高度），因为主缝中砂堤高度较低时，缝内流速较小，次缝中砂堤高度主要靠重力作用滚入的支撑剂堆积而成。但当排量较大时，进入裂缝中的支撑剂较多，相同时间下主缝中砂堤高度较高，同时由于重力作用滚入次缝中的支撑剂颗粒也较多，所以排量越大，次缝中的支撑剂堆积越快。当砂堤堆积较高时，裂缝中流速增大，流体也能携带颗粒进入次缝。

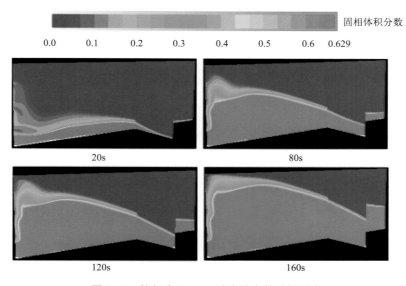

图 7-33　粒径为 0.6mm 时次缝中的砂堤形态

图 7-34 给出了四种粒径条件下支撑剂颗粒刚进入裂缝时砂堤堆积形态的对比。可以看出支撑剂粒径对砂堤影响较大，随着支撑剂粒径增大，支撑剂主要在离入口较近的地方堆积，支撑剂粒径越小越容易被输送到裂缝深处。图 7-35 给出了四种粒径条件下主缝中砂堤达到平衡高度后最终的堆积形态，可以看出随着支撑剂粒径的减小，砂堤的平衡高度越小，且支撑剂粒径越小，最终形成的砂堤形态离入口越远。

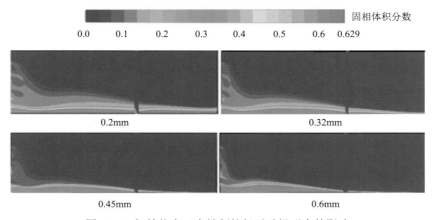

图 7-34　初始状态下支撑剂粒径对砂堤形态的影响

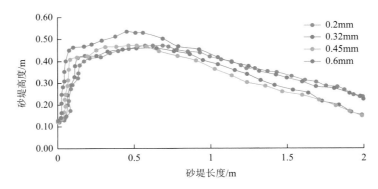

图 7-35　支撑剂粒径对砂堤最终形态的影响

### 7.3.2.3　支撑剂浓度的影响

图 7-36 给出了入口支撑剂体积分数为 4%时主缝中的支撑剂堆积过程。可以看出，此时砂浓度较低，携砂液进入裂缝后在裂缝中较为均匀地铺置，随着携砂液的不断注入，支撑剂开始在入口处附近堆积。随着入口处砂堤高度的增加，砂堤顶部与裂缝顶部之间的面积减少，所以缝内流速增大，支撑剂开始绕过离入口较近处的砂堤，在模型中间区域（离入口较远处）沉降。当模拟时间为 450s 时支撑剂在入口处达到平衡高度，即平衡时间为 450s。

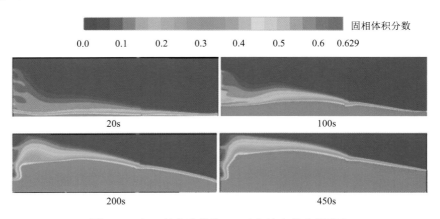

图 7-36　入口体积分数为 4%时主缝中的砂堤形态

结合前面支撑剂在次缝中的铺置规律发现，当主缝中砂堤高度较低时，次缝中砂堤的形态主要依赖于主缝中砂堤的高度（尤其是主缝与次缝交界处主缝中砂堤的高度），因为主缝中砂堤高度较低时，缝内流速较小，次缝中砂堤高度主要靠重力作用滚入的支撑剂堆积而成，所以次缝中砂堤的倾角较大（图 7-37）。

图 7-38、图 7-39 分别给出了入口处支撑剂体积分数为 6%时主缝和次缝中砂堤的形成过程。从图 7-38 中可以看出，携砂液进入裂缝后在裂缝中较为均匀地铺置，随着携砂液的流入，支撑剂开始在入口处附近堆积，随着入口处砂堤高度的增加，砂堤顶部与裂缝顶

部之间的面积减少，所以缝内流速增大，支撑剂开始绕过离入口较近处的砂堤，在模型中间区域（离入口较远处）沉降。对比体积分数为 4% 的计算结果可以看出，两者的主要差别在于浓度较高时堆积较快，其他特征差别不大。此工况时，当模拟时间为 300s 时支撑剂在入口处达到平衡高度，即平衡时间为 300s（图 7-38）。

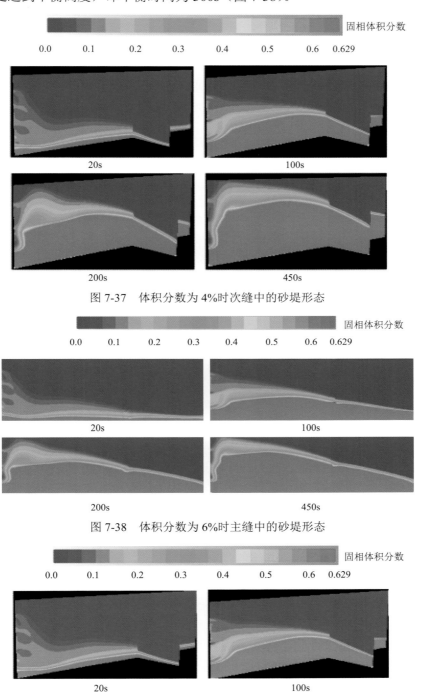

图 7-37　体积分数为 4% 时次缝中的砂堤形态

图 7-38　体积分数为 6% 时主缝中的砂堤形态

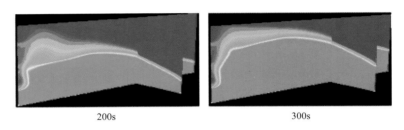

图 7-39　体积分数为 6%时次缝中的砂堤形态

图7-40展示了入口支撑剂体积分数为8%时主缝中砂堤的堆积过程。从图中可以看出，相比于前两种较小的支撑剂体积分数，8%支撑剂体积分数时砂浆沉降更快、距离进口位置更近，砂堤尾部形成的倾斜坡面角度更大。除此之外，裂缝中砂堤的堆积过程与前两种工况基本相同，不同的是此工况下模拟时间为 250s 时支撑剂在入口处达到平衡高度，即平衡时间为 250s。

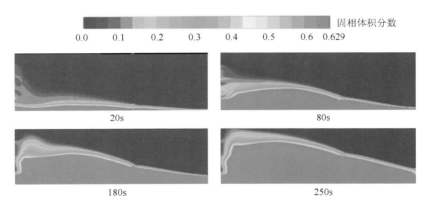

图 7-40　体积分数为 8%时主缝中的砂堤形态

观测此工况下次缝中支撑剂的铺置过程（图 7-41）可以发现，由于开始阶段次缝中支撑剂铺置是以重力为主导，所以其行为基本不随浓度的变化而变化，即次缝中支撑剂坡面角度相同。随着支撑剂不断地注入，裂缝中砂堤高度足够高时，次缝中流体速度也足够大，能够流化颗粒，此时次缝中支撑剂的堆积过程与前两种浓度稍有不同。

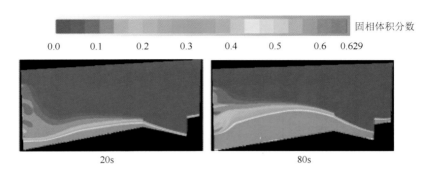

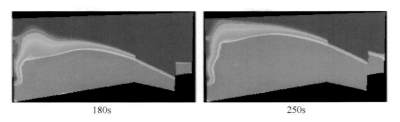

图 7-41　体积分数为 8%时次缝中的砂堤形态

图 7-42 给出了入口支撑剂体积分数为 10%时主缝中砂堤的堆积过程。如图所示，由于支撑剂浓度较高，在注入时间为 20s 时，支撑剂已经能够在裂缝中形成从缝口到末端一定厚度的堆积。随时间的增大，距离缝口较近的位置处砂堤高度增大更快，形成了从前到后的一个倾斜坡面。最终在大约 200s 时，缝口不远处最先达到平衡高度，即平衡时间为 200s，其后平衡高度不断向后延伸。

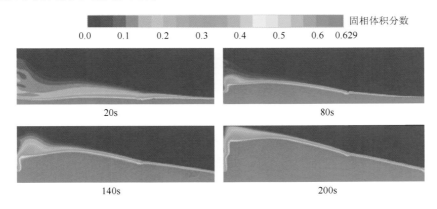

图 7-42　体积分数为 10%时主缝中的砂堤形态

观测次缝中支撑剂的堆积过程（图 7-43），可以发现其特征与前面的工况（图 7-37、图 7-39、图 7-41）并无明显差别，即当次缝和主缝相交的缝口支撑剂堆积高度达到一定值之后，重力作用下支撑剂颗粒进入次缝当中，形成具有一定倾斜坡面角度的砂堤形状并不断延伸和升高。当砂堤升高到一定高度时，次缝内流体速度增大到相应值，颗粒才能在流体的携带下向前运动。

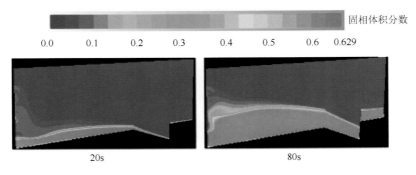

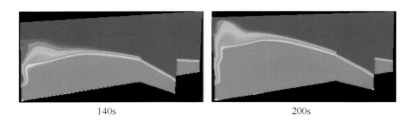

140s　　　　　　　　　　　　　　　　200s

图 7-43　体积分数为 10%时次缝中的砂堤形态

图 7-44 对比了四种支撑剂体积分数工况下，初始阶段主缝中砂堤的形态特征。从图中可以看出，初始时刻铺置特征差异并不明显，因为其影响是多因素共同作用。图 7-45 给出了达到平衡高度后砂堤表面的分布曲线，基本特征是体积分数越高平衡高度越大，但总体相差不大，而同时体积分数越大堆积位置距离进口越近。

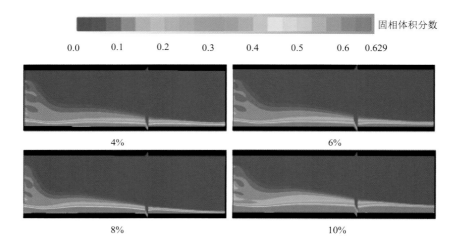

4%　　　　　　　　　　　　　　　　6%

8%　　　　　　　　　　　　　　　　10%

图 7-44　不同支撑剂体积分数条件下初始时的砂堤形状

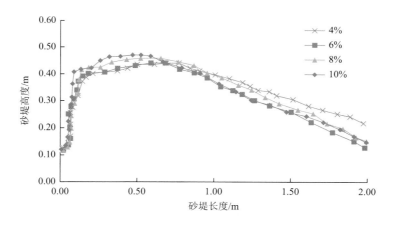

图 7-45　主缝中砂堤平衡高度对比

### 7.3.2.4　入口速度的影响

图 7-46 给出了入口速度为 0.6m/s 时主缝中支撑剂所形成的砂堤随时间变化的趋势。从图中可以看出，由于进口速度较小，其携带支撑剂的能力很弱，所以支撑剂颗粒进入裂缝后就迅速沉降至裂缝底部，然后向裂缝深部不断运动直至动能耗尽，因此，可以观测到裂缝当中支撑剂形成的砂堤尾部的倾斜坡面角度较大。随着支撑剂不断被注入，支撑剂在近井地带不断沉降使得砂堤不断升高。大约在 300s 时，砂堤达到平衡高度，其后注入的支撑剂将会被流化带到砂堤尾部沉降堆积，使得砂堤的平衡高度向后延伸。

图 7-47 给出了对应工况下次缝当中的支撑剂堆积过程。可以看出在 20s 时，次缝中只有少量支撑剂堆积，其后随着时间的增大砂堤按照相同的模式升高。

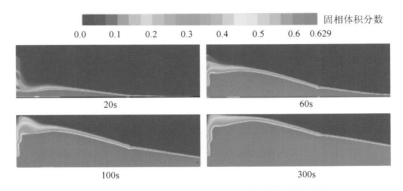

图 7-46　入口速度为 0.6m/s 时主缝中的砂堤形态

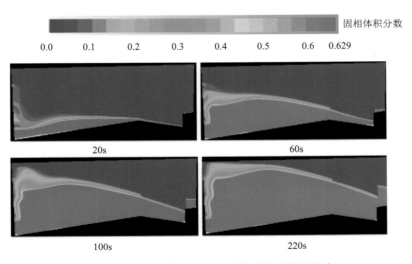

图 7-47　入口速度为 0.6m/s 时次缝中的砂堤形态

图 7-48 展示了入口速度为 0.8m/s 时主缝中支撑剂沉降从而形成砂堤的过程。从图中可以看出，当速度增大到 0.8m/s 时，初始时刻进入裂缝中的颗粒沉降至裂缝底部后

被携带至裂缝尾部，其距离比速度为 0.6m/s 时更远。当进一步注入支撑剂后，砂堤的堆积过程与上一工况一样，在近井地带不断升高，大约在 200s 时达到平衡高度，其后平衡高度不断向后延伸，不同之处在于此时砂堤的平衡高度明显低于速度为 0.6m/s 的工况。

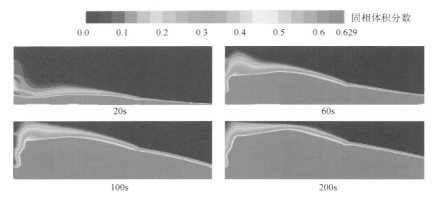

图 7-48　入口速度为 0.8m/s 时主缝中的砂堤形态

　　图 7-49 给出了进口速度为 0.8m/s 时次缝中砂堤的堆积过程。从图中可以看出，在注入时间为 20s 时，不同于 0.6m/s 的工况，此时次缝中已经形成了明显的支撑剂堆积。随时间的不断增大，次缝中支撑剂的堆积高度不断增加，但可以看出，此时次缝中支撑剂的堆积过程和 0.6m/s 时并无明显不同。

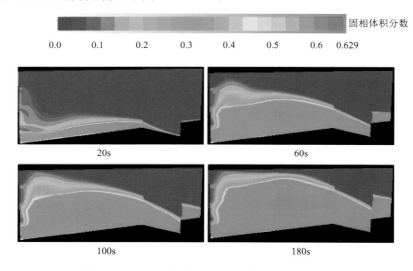

图 7-49　入口速度为 0.8m/s 时次缝中的砂堤形态

　　图 7-50 给出了入口速度为 1.0m/s 时主缝中支撑剂沉降并堆积成砂堤的过程。从图中可以看出，当速度增大到 1.0m/s 时，初始时刻进入主缝并沉降至裂缝底部的颗粒可以运移到裂缝尾部更远的位置。在支撑剂混合物注入时间约为 140s 时，可以看出此时主缝中砂堤达到了平衡高度，其后注入的支撑剂只能使砂堤向后延伸。

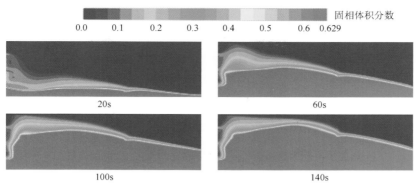

图 7-50　入口速度为 1.0m/s 时主缝中的砂堤形态

图 7-51 给出了此种工况下次缝内支撑剂的堆积过程。可以看出，这种工况下次缝当中支撑剂的堆积过程与较小速度时并无明显差别，砂堤尾部的倾角也差别不明显，其重要原因是次缝中砂堤的堆积初始阶段主要由重力主导，与流场注入速度关系不大。

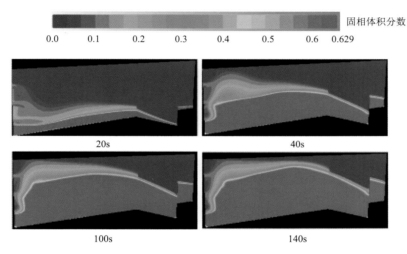

图 7-51　入口速度为 1.0m/s 时次缝中的砂堤形态

图 7-52 为模拟所得到的不同入口速度下 20s 时支撑剂的堆积形态。可以看出，速度越小，初始时刻支撑剂在裂缝中堆积的位置距离进口越近，砂堤尾部的倾斜角度越大。反之，速度越大，支撑剂沉降至裂缝底部后被输送至更远的地方，在裂缝中的铺置越均匀，其原因是其具有更大的初始动能。

图 7-53 给出了三种速度条件下砂堤达到平衡高度时砂堤的分布特征以及对应的速度场。左边是不同入口速度下砂堤达到平衡高度时的形态，右边是对应的不同入口速度下砂堤达到平衡高度时裂缝内的速度场。从图中可以看出，随着排量的增加，砂堤达到平衡高度时，排量越大，携砂液的过流断面越大，即排量越大，砂堤的平衡高度越小。入口速度为 0.6m/s 时，砂堤达到平衡高度时的时间即平衡时间为 300s；入口速度为 0.8m/s 时，平衡时间为 200s；入口速度为 1m/s 时，平衡时间为 140s。这表明排量越大，砂堤达到平衡高度的时间越少，即平衡时间越少。

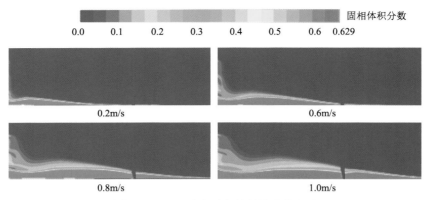

图 7-52　入口速度对支撑剂输送的影响

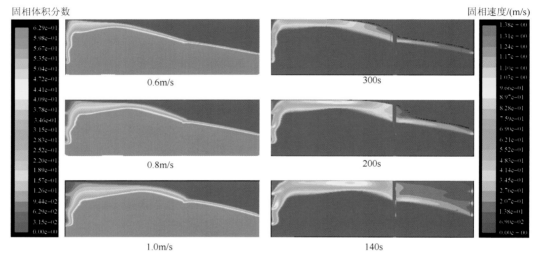

图 7-53　入口速度对砂堤平衡高度的影响

如图 7-54 所示，当入口速度为 0.6m/s 时，砂堤在离入口 0.1m 处达到平衡高度 0.52m；当入口速度为 0.8m/s 时，砂堤在离入口 0.18m 处达到平衡高度，其值约为 0.5m；当入口速度为 1.0m/s 时，砂堤在离入口 0.2m 处达到平衡高度 0.44m。所以随着入口速度的增大，即排量的增加，曲线向右和向下移动，即排量越大，砂堤前缘距离入口越远，砂堤形成的平衡高度也较小。

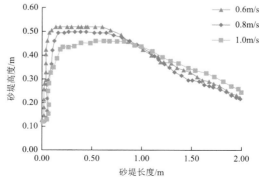

图 7-54　入口速度对砂堤形态的影响

### 7.3.3 复杂裂缝支撑剂输送规律

#### 7.3.3.1 T-2 型缝结构

T-2 型缝结构如图 7-55 所示。模拟时输入参数为：流速为 0.6m/s，支撑剂密度为 3200kg/m³、粒径为 40/70 目、浓度为 10%，压裂液黏度为 1mPa·s。

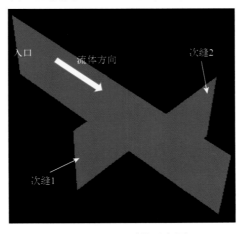

图 7-55 T-2 型缝示意图

图 7-56 展示了主缝中砂堤随时间变化的堆积形态。可以看出，主缝中支撑剂的铺置过程和垂直单翼缝中支撑剂的铺置过程相似，先是支撑剂在离入口较近的地方快速沉降，大多数支撑剂颗粒停止运动堆积在近井地带，而部分具有较高动能的支撑剂则运移至裂缝深部。随着主缝中砂堤高度的增加，砂堤的顶部和裂缝顶部之间的间隙减小，导致缝内流速不断增加，部分支撑剂开始被携带到离入口更远的地方并发生沉降。当注入时间达到 200s 时，主缝中砂堤达到平衡高度，其后注入的支撑剂将运移至砂堤尾部，不断延伸平衡高度。

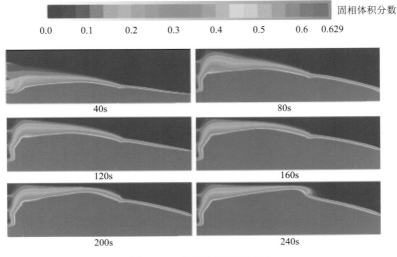

图 7-56 主缝中的砂堤形态

图 7-57 给出了次缝 1 和次缝 2（自入口端视图）中支撑剂沉降形成砂堤的堆积过程。可以看出，支撑剂进入主缝后开始在主缝中堆积，随着主缝中砂堤的堆积，支撑剂开始在重力作用下滚入次缝，所以开始时次缝中的砂堤均呈现出一定的倾角。当主缝中的砂堤在次缝 1 较近处达到平衡高度时，此时缝内流速较大，支撑剂可以被流体携带进入次缝中，次缝 1 中砂堤形态开始变得水平。离入口较远的次缝 2 由于其入口处的主缝中砂堤高度较低，缝内流速较小，所以支撑剂仍是以重力滚落的方式进入次缝 2，所以次缝 2 中砂堤的高度明显小于次缝 1 中砂堤的高度。由此看出，在重力作用和流体携带下，离进口越近的次缝最终形成的砂堤越高。

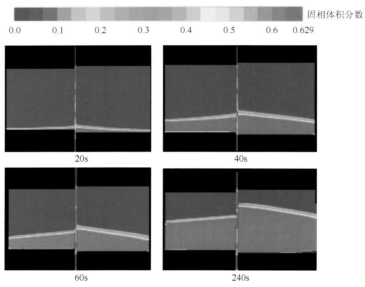

图 7-57　次缝中的砂堤形态

### 7.3.3.2　T-4 型复杂裂缝

T-4 型缝为四条次缝与一条主缝两两垂直相交，如图 7-58 所示。主缝尺寸为 3000mm×600mm×6mm，二级次缝 1 在主缝左侧 1500mm 处，二级次缝 2 在主缝左侧 2000mm 处，二级次缝尺寸为 2000mm×600mm×3mm，二级次缝与主缝垂直且关于主缝对称，三级次缝与二级次缝相交，与主缝平行，与主缝的间距为 500mm，三级次缝尺寸为 1500mm×600mm×3mm。模型中主缝的左侧存在三个入口，且均匀分布于主缝左侧（上部入口距裂缝顶部 120mm，中部入口位于缝高中间位置，下部入口距裂缝底部 120mm），每个入口的尺寸为 40mm×6mm，主缝右侧均匀分布三个出口，每个出口的尺寸也为 40mm×6mm，次缝的出口和主缝出口一样。

由于裂缝模型形状规则，采用的是正六面体进行网格划分，在主缝和次缝相交处以及入口和出口端进行了网格加密。主缝中网格数目在长度方向上为 150 个，高度方向上为 60 个，宽度方向为 4 个；二级次缝中长度方向上为 100 个，高度方向上为 60 个，宽度方向上为 2 个；三级次缝中长度方向上为 75 个，高度方向上为 60 个，宽度方向上为 2 个。模型共划分网格 78000 个。

模拟输入参数为：流速为 0.6m/s，支撑剂密度为 3200kg/m³，粒径为 40/70 目，浓度为 10%，压裂液黏度为 1.0mPa·s。

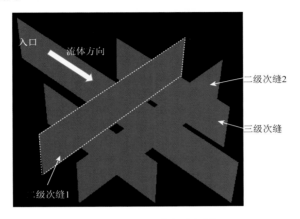

图 7-58　T-4 型缝示意图

图 7-59 给出了 T-4 型缝网络中支撑剂的铺置形态。可以看出，支撑剂开始主要在主缝中堆积，当主缝中入口处支撑剂堆积到一定高度后，支撑剂被输送进入次缝中。相对于主缝中的砂堤高度，次缝中的砂堤高度较低，支撑剂量较少，而且主要沉降在离主缝较近的次缝中，这主要是因为模拟工况中注入流体速度较小，砂堤表面的流体速度还不足以把大量的支撑剂携带进入下一级裂缝，支撑剂进入次缝的主要原因是重力的作用。当次缝中有足够的支撑剂堆积后，大量的支撑剂颗粒会同样在重力作用下进入下一级次缝。

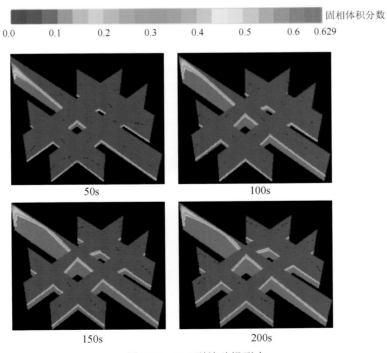

图 7-59　T-4 型缝砂堤形态

图 7-60 给出了不同时刻主缝中支撑剂铺置形成砂堤的形态。从图中可以看出，主缝中支撑剂的铺置过程和垂直单翼缝中支撑剂的铺置过程相似，先是支撑剂在离入口较近的地方快速沉降而堆积，形成一个向后延伸的倾斜堆积体。随着支撑剂的不断注入，主缝中砂堤高度不断增加，缝内流速不断增加，部分支撑剂颗粒开始被携带到离入口更远的地方沉积。当注入时间约为 150s 时，主缝中距离进口较近的位置砂堤达到平衡高度，其后平衡高度向裂缝深部延伸。由于有两条垂直相交的二级次缝，砂堤堆积过程中会向其分流，从图 7-60 中 200s 时间点可以看出主缝中砂堤表面上的两个间断点。

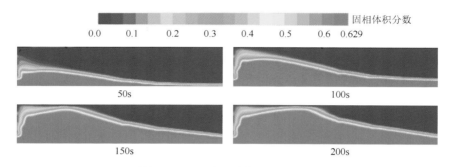

图 7-60　T-4 缝主缝中的砂堤形态

图 7-61 为支撑剂在二级次缝 1 中砂堤的堆积形态，可以看出，二级次缝中砂堤的形态受主缝中砂堤形态的影响，当主缝中砂堤在二级次缝进口逐渐堆积到一定高度后，较多的支撑剂颗粒才开始进入二级次缝。从图中可以看出明显的倾斜面，说明仍然是重力起到较为主要的作用。进一步观测二级次缝中支撑剂所形成的砂堤表面，可以看出其呈分段线性分布，显然该位置为三级次缝所在位置，也表明一部分支撑剂颗粒在二级次缝中向前运移，而另一部分支撑剂颗粒则进入了三级次缝中。

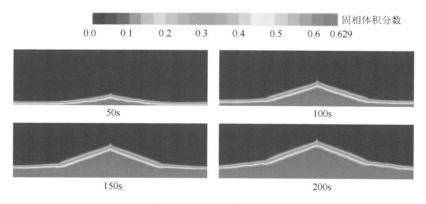

图 7-61　二级次缝 1 的砂堤形态

图 7-62 为支撑剂在二级次缝 2 中砂堤的堆积形态。对比图 7-61 和图 7-62 看出，在二级次缝 2 中支撑剂的输运、沉降及堆积行为和二级次缝 1 基本一致，即支撑剂首先在主缝和次缝相交的位置堆积一定的高度，然后在重力和流体输运的作用下向次缝中运动。支撑

剂首先抵达二级次缝 1 的进口，所以相同时间下其堆积必然更高，二级次缝 2 中则砂堤高度较低。随着支撑剂的不断注入，二级次缝中砂堤越来越高，当然更多的颗粒也从其中进入三级次缝之中。

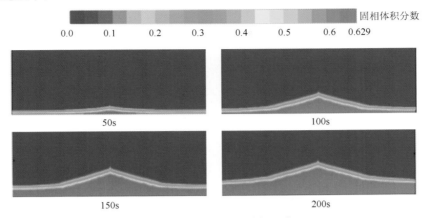

图 7-62　二级次缝 2 砂堤形态

图 7-63 为支撑剂在三级次缝中砂堤的堆积形态。结合二级次缝中的砂堤形态（图 7-61、图 7-62）发现，三级次缝中砂堤的形态受二级次缝 1 中和二级次缝 2 中砂堤形态的共同影响。由于二级次缝 1 支撑剂的堆积比二级次缝 2 更早，显然支撑剂首先从二级次缝 1 中进入三级次缝，而当二级次缝 2 中的支撑剂堆积到一定高度时，支撑剂也会由此进入三级次缝的右端。

从图 7-63 中可以看出，开始阶段三级次缝中砂堤的表面可以用三个线段连接。左侧线段较平，表明进入的支撑剂较多，其原因是支撑剂进入该区域时流动阻力相对较小，距离较短，铺置高度就较高。而右侧两条线段斜率较大（参见图 7-63 中 100s 时的云图），表明这个阶段中支撑剂从二级次缝 1 进入三级次缝后向前运移了更长的距离，当然铺置高度较低。随着时间的推进，当二级次缝 2 中进入的支撑剂不断增多后，右侧两条线段位置补充的支撑剂量增大，使得三条线段的斜率差别不再明显（参见图 7-63 中 200s 时的云图）。

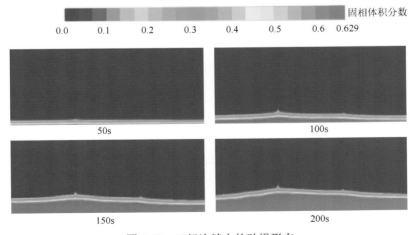

图 7-63　三级次缝中的砂堤形态

### 7.3.3.3　H-1型复杂裂缝

H-1型缝形态如图7-64所示，由一条垂直主缝和水平次缝垂直相交组成，水平次缝位于主缝缝高的中间位置，其尺寸为0.5m×0.5m×3mm。模拟输入参数为：流速为0.6m/s，支撑剂密度为3200kg/m³，粒径为40/70目，浓度为10%，压裂液黏度为1mPa·s。

图7-64　H-1型缝示意图

图7-65给出了主缝中支撑剂铺置随时间的变化趋势。可以看出，主缝中支撑剂的铺置过程和垂直单翼缝中支撑剂的铺置过程相似，即先是支撑剂在离入口较近的地方快速沉降并堆积，部分动能较大的颗粒运移到裂缝远端。随着支撑剂不断地被注入，砂堤高度整体向上升高，顶部间隙中流体速度越来越大，更多的支撑剂颗粒能被流化带至更远的裂缝深部。当注入时间达到一定时间后，砂堤的高度堆积到水平裂缝所在位置，部分支撑剂就有可能进入水平缝当中。显然，即使有可能进入水平缝中，大量颗粒仍然使得主缝中的砂堤不断升高而达到平衡高度。

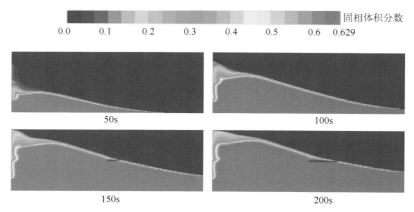

图7-65　H-1型缝主缝中的砂堤形态

图7-66为H-1型缝水平缝底部砂堤堆积形态图。如图所示，当主缝中的砂堤高度达到水平缝入口所在高度时，支撑剂开始进入水平缝内，此时携砂液从离入口较近端流入水平

缝内，并在水平缝下部沉降。随着进入水平缝中支撑剂的不断增多，支撑剂开始在离入口较近的地方沉降，并以圆形状向外辐射的方式在水平缝中沉降，且支撑剂先在离入口较近的一侧铺置，随着携砂液的不断泵入，最终水平缝的底部均铺满支撑剂。

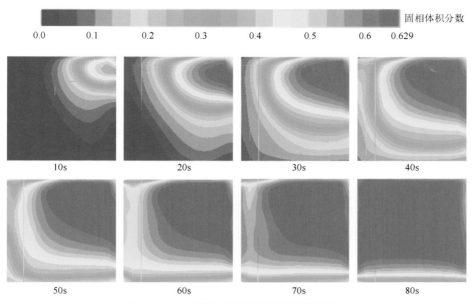

图 7-66　H-1 型缝水平缝底部砂堤堆积形态

　　图 7-67 为 H-1 型缝水平缝顶部砂堤堆积形态图。从图中可以看出，携砂液从右端流入，支撑剂先进入离入口较近的一侧，所以右端支撑剂浓度较高。由于裂缝高度较小，进入水平缝后的支撑剂大多沉降至水平缝底部，水平缝顶部浓度较小。对比图 7-66 可以得到，在相同时刻下，顶部含有支撑剂的面积明显小于底部支撑剂堆积的面积，所以可以发现，携

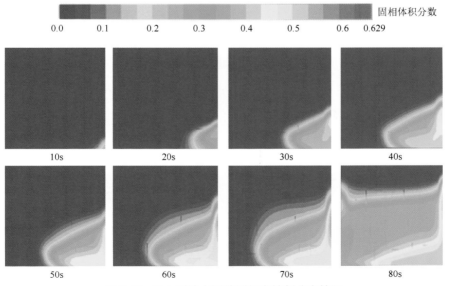

图 7-67　H-1 型缝水平缝顶部支撑剂分布情况

砂液进入次缝后快速地沉降在裂缝底部，顶部流体中支撑剂的浓度较低。当然，虽然水平缝进口处主缝中支撑剂堆积高度已经较高，但水平缝中不可能出现从底部到顶部支撑剂浓度均较高的铺置特征，因为这种特征会导致水平缝被堵塞，支撑剂颗粒无法继续进入。

## 7.4 大尺度复杂裂缝支撑剂输送模拟

### 7.4.1 滑溜水携支撑剂输送规律

图 7-68 为支撑剂在滑溜水中的输送过程。模拟输入参数为：流量为 $0.18\text{m}^3/\text{min}$，支撑剂密度为 $3200\text{kg/m}^3$，粒径为 40/70 目，浓度为 10%，压裂液黏度为 $1\text{mPa}\cdot\text{s}$。

因进入裂缝处速度较低，压裂液和支撑剂混合物迅速沉降至裂缝底部，然后不断推移至裂缝尾部。从图 7-68（a）可以看出，支撑剂最先到达主缝尾部，然后再出现在一级次缝尾部［图 7-68（b）］，最后抵达二级次缝的尾部。随着混合物的不断注入，整个裂缝的支撑剂堆积高度同时不断升高。从图 7-68（c）～（g）可以看出，在一级次缝和二级次缝中，支撑剂砂堤都有向后倾斜的角度，根据前面的研究结论可知，此时支撑剂前进的动力包括流体对流产生的阻力和倾斜面的部分重力。当注入时间为 1200s 左右时，主缝前段的支撑剂达到了平衡高度，继续注入支撑剂此位置的床面将不再升高，而一级次缝和二级次缝的支撑剂砂堤将逐渐达到平衡高度。

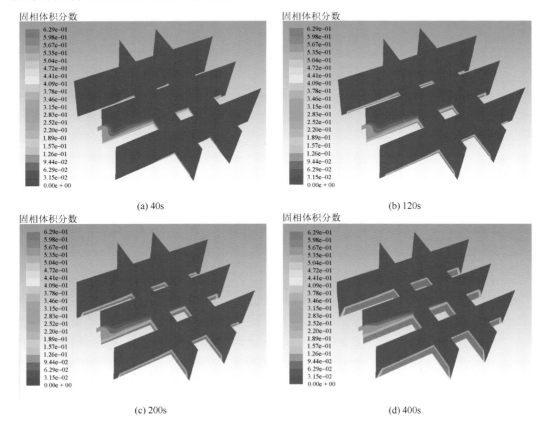

(a) 40s                    (b) 120s

(c) 200s                    (d) 400s

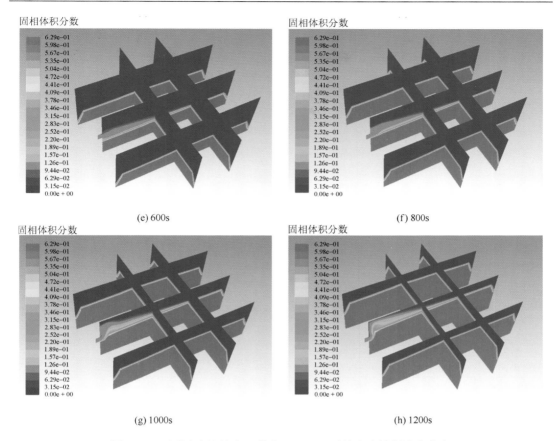

图 7-68　压裂液为滑溜水（黏度 1mPa·s）时缝内支撑剂浓度分布

　　对于网络裂缝中支撑剂输运的过程，可以通过其速度场分析原因。图 7-69 为不同时刻裂缝内压裂液相和支撑剂相的速度分布。图 7-69 中（a）为注入时间为 40s 时液相的速度矢量分布，从颜色和箭头长度可以看出，除了靠近裂缝底部附近区域以外，其他地方均为蓝色（表示速度非常小）。对比图 7-69（b）中的固相速度矢量分布可知，液相和固相速度相同的区域基本一致，均为裂缝底部一定厚度层。

　　从图 7-69 中可以看出，随着向裂缝深度和次级裂缝不断推进，该厚度层不断减薄、颜色不断变浅，产生这种现象的原因有二：其一是次缝不断增加导致流量持续分配，单个裂缝中的流体速度必然减少；其二是高速流体层不断和裂缝底部及上部低速流体摩擦，使速度更加小而平均。由此可知，当裂缝足够长时，支撑剂较难被送至裂缝尾部和多级次缝中。结合上述相图可知，随着混合物的速度不断减小，其推动支撑剂向前运动的能量变小，支撑剂形成的砂堤向前倾斜会利用一部分重力来运移支撑剂。

　　随着支撑剂的不断注入，速度较高的混合物流体带逐渐向上抬升，当注入时间为 1200s 时，该高速带达到裂缝顶部，支撑剂在此位置也达到平衡高度。

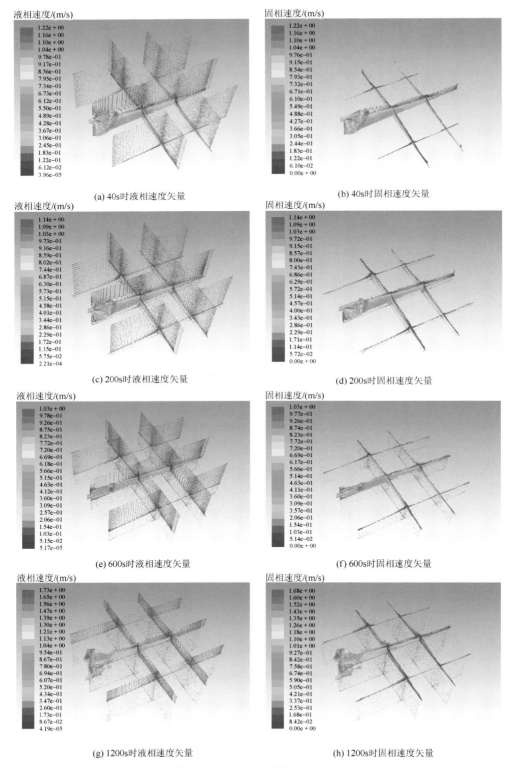

(a) 40s时液相速度矢量　　　　　　　　(b) 40s时固相速度矢量

(c) 200s时液相速度矢量　　　　　　　(d) 200s时固相速度矢量

(e) 600s时液相速度矢量　　　　　　　(f) 600s时固相速度矢量

(g) 1200s时液相速度矢量　　　　　　(h) 1200s时固相速度矢量

图 7-69　液相和固相速度矢量图

### 7.4.2　胶液携支撑剂输送规律

#### 7.4.2.1　胶液黏度为 30mPa·s

图 7-70 为支撑剂在黏度为 30mPa·s 胶液中的输送过程。模型输入参数包含：排量为 0.18m³/min，流体黏度为 30mPa·s，颗粒密度为 3200kg/m³，直径为 40/70 目，浓度为 10%。图 7-70 表明，对于黏度为 30mPa·s 的胶液，进入裂缝的支撑剂＋压裂液混合物由于对流沉降原因也会沉降至裂缝底部，但仍然有较多颗粒悬浮在流体中，从而在混合物向后运移时进一步沉降，也就是无砂流体和有砂流体分界面是一条缓慢下降的曲线。

由于较高黏性流体的携砂能力较强，从图 7-70 中可以看出，砂堤上的支撑剂被流体较容易地携带到裂缝尾部或次级裂缝中，从而逐渐出现裂缝尾部的支撑剂堆积更高的现象。随着裂缝底部支撑剂的铺置，裂缝中流场出现明显的变化，加之颗粒沉降性能差，在注入时间为 270s 时主缝前段流场充满了均有固相含量的流体。图 7-70（h）为主缝中间速度矢量场，可以看出，经过支缝时速度场有明显的减小，但同时由于黏度较高流体之间摩擦力作用较大，使得速度场分布较为均匀且范围大。

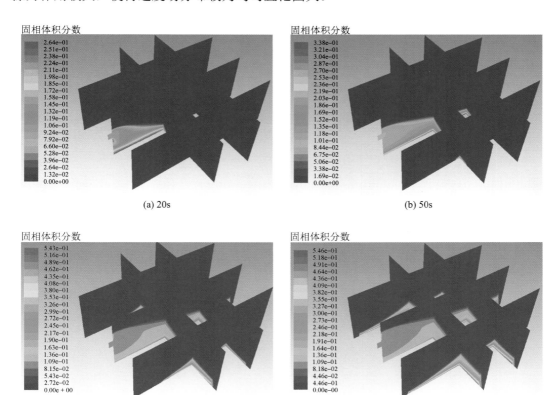

<table>
<tr><td>(a) 20s</td><td>(b) 50s</td></tr>
<tr><td>(c) 100s</td><td>(d) 150s</td></tr>
</table>

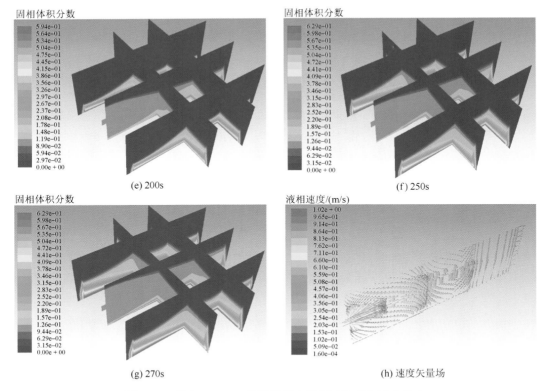

(e) 200s　　　　　　　　　　　　　(f) 250s

(g) 270s　　　　　　　　　　　　(h) 速度矢量场

图 7-70　黏度 30mPa·s 胶液输送支撑剂时浓度和速度分布

### 7.4.2.2　胶液黏度为 50mPa·s

图 7-71 为支撑剂在黏度为 50mPa·s 胶液中的输送过程。由图 7-71 可以看出，随着压裂液黏度的进一步增大，最先沉降至裂缝底部的支撑剂大多被向后携带至裂缝尾部（包括次缝当中）。由于支撑剂同时存在沉降的行为，底部的支撑剂堆积浓度较高而上部浓度较低。因此，在裂缝尾部压裂液会寻找阻力最小的通道流动，这会导致尾部部分支撑剂被卷起向上流动，从而在尾部形成较充分的铺置。同时，需要指出的是，此时裂缝中除底部外大部分位置铺砂浓度均较低。

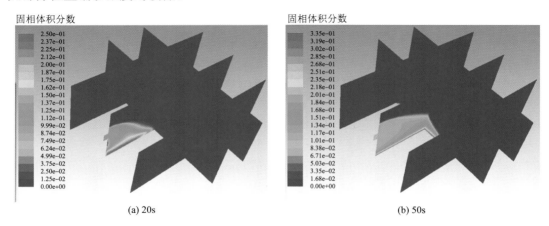

(a) 20s　　　　　　　　　　　　　(b) 50s

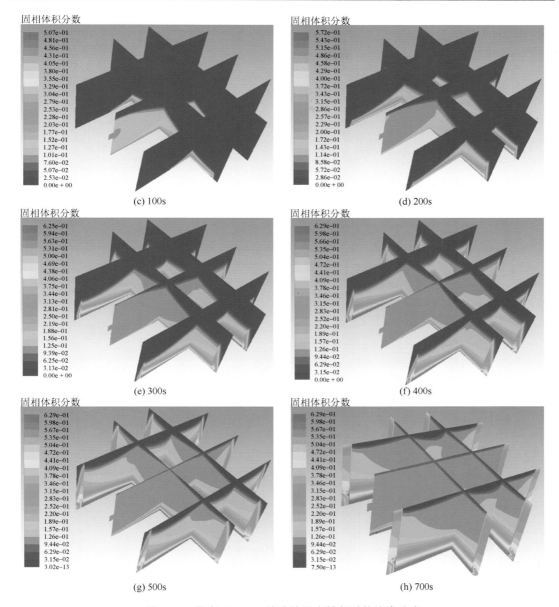

图 7-71　黏度 50mPa·s 胶液输送支撑剂时的浓度分布

### 7.4.2.3　胶液黏度为 70mPa·s

图 7-72 为支撑剂在黏度为 70mPa·s 胶液中的输送过程。对比图 7-71 和图 7-72，发现支撑剂在 50mPa·s 和 70mPa·s 胶液中的沉降和输送规律基本一致，同样是先沉降于裂缝底部的支撑剂会被不断带到主缝尾部或次缝，在裂缝底部并没有明显支撑剂堆积层。裂缝尾部支撑剂被高黏流体卷起封住了出口位置，也就是说随着时间的推移，尾部有明显的支撑剂堆积区，但前段则支撑剂堆积较少。

图 7-72（h）是速度矢量场，可以看到虽然经过分支缝时速度明显减小，但速度矢量

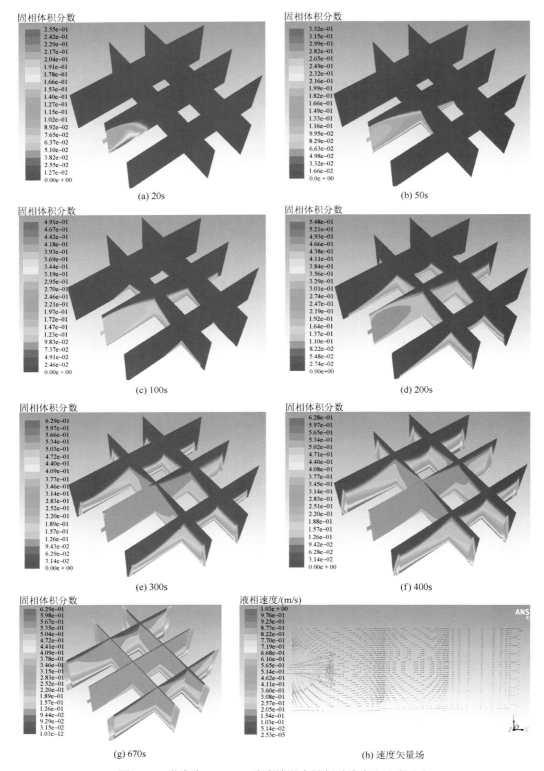

(a) 20s

(b) 50s

(c) 100s

(d) 200s

(e) 300s

(f) 400s

(g) 670s

(h) 速度矢量场

图 7-72 黏度为 70mPa·s 胶液输送支撑剂时浓度和速度分布

向下的特征并不明显，表明过程中混合物对流沉降行为是个缓慢的过程。由于黏性很高，即使很小的速度携砂能力也较强。

### 7.4.3　页岩储层压裂压裂液优化

对比滑溜水和胶液中支撑剂的输送过程，发现存在以下异同：

（1）低黏度的滑溜水输送支撑剂时，支撑剂和压裂液混合进入裂缝后会迅速沉降至裂缝底部［图 7-73（a）］，此时高速的流动区域都集中在裂缝底部（或支撑剂堆积过程中支撑剂砂堤顶部），支撑剂在高速流体的推动下向后移动直至流体动能耗尽［图 7-73（b）］；而较高黏度的胶液输送支撑剂时，支撑剂在输送过程中沉降较慢，形成了一条明显的有无支撑剂含量的分界线［图 7-73（c）］，该分界线沿裂缝长度方向不断降低，同时由于内摩擦力更大使得流场中速度分布均匀［图 7-73（d）］。

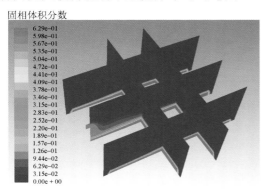

(a) 滑溜水输送200s时的浓度分布

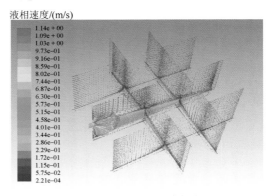

(b) 200s时滑溜水的速度矢量

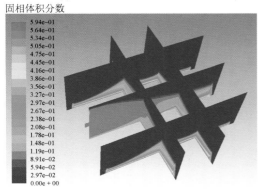

(c)胶液输送 200s时的浓度分布

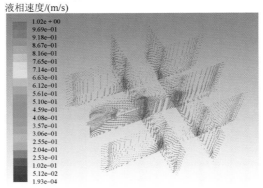

(d) 200s时胶液的速度矢量

图 7-73　滑溜水和胶液输送时的流动特征对比

（2）当滑溜水速度明显高于胶液速度时，其对支撑剂输送的效果与胶液较为接近（图 7-74）。其共同特征是两种流体此时对支撑剂砂堤上部的支撑剂流化能力均较强，即含有支撑剂的流动区域较宽，同时在整个裂缝底部都有支撑剂面的存在，因此在裂缝长度方向上可以将支撑剂输送至裂缝深部或二级次缝甚至更小的裂缝中。不同之处在于高速的滑溜水压裂液速度梯度较大，支撑剂的分布相对仍然比胶液中的分布集中，因此流体和支撑剂混合向远端输送的过程中能量损失较快，即向最远端或最小的裂隙中输送支撑剂的能力仍然稍弱。

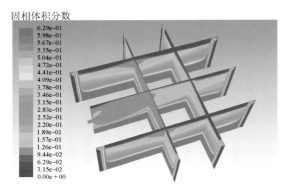

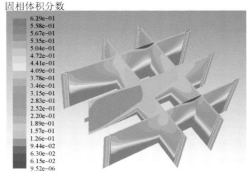

(a) 流量为0.9m³/min时滑溜水输送　　　　　　(b) 流量为0.5m³/min时，黏度为50mPa.s胶液的输送

图 7-74　不同流量胶液和滑溜水输送时支撑剂浓度分布

根据上面的分析看出，高速的滑溜水可以产生和黏度较高胶液相同的支撑剂输送效果。由于实际裂缝中表面粗糙度等原因会很大程度上影响支撑剂的输送过程，使得依靠大排量将支撑剂砂堤表面颗粒流化带入多级次缝的难度较高。因此建议可以采用适当量的胶液辅助支撑剂进入裂缝深部或多级次缝中，实施思路为：

（1）施工中首先使用大排量滑溜水携带支撑剂进入裂缝，经过一段施工时间后，可以在主缝和有效宽度不小于毫米级别的次缝中铺置形成砂堤，其中大排量流体注入保证了砂堤在主缝深部和较宽次缝中得到有效铺置。

（2）使用较大排量的胶液携带支撑剂进入裂缝，由于前一阶段支撑剂的铺置，裂缝中通道可以保证胶液 + 支撑剂混合物具有较高的速度，同时胶液具有较好的悬砂性能，可以保证支撑剂被带入设想的主缝尾部和多级次缝之中。

（3）当完成多级次缝的支撑剂有效铺置后，可以追加滑溜水 + 支撑剂的组合流体，对主缝和一、二级次缝中未完成铺置的区域补充支撑剂，从而实现整个裂缝有效的支撑剂铺置模式。

## 参 考 文 献

[1]　Mahrer K D，Aud W W，Hansen J T. Far-field hydraulic fracture geometry：a changing paradigm[J]. Society of Petroleum Engineers，SPE 36441，1996.

[2]　张旭东. 复杂裂缝中支撑剂输送规律数值模拟分析[D]. 成都：西南石油大学，2016.

[3]　Xu W，Thiercelin M J，Walton I C. Characterization of hydraulically-induced shale fracture network using an analytical/semi-analytical model[C]. SPE Annual Technical Conference and Exhibition，New Orleans，Louisiana，USA，SPE 124697，2009.

[4]　Meyer B R，Bazan L W. A discrete fracture network model for hydraulically induced fractures-theory，parametric and case studies[C]. SPE Hydraulic Fracturing Technology Conference and Exhibition，Woodlands，Texas，USA，SPE 140514，2011.

[5]　Ding J，Gidaspow D. A bubbling fluidization model using kinetic theory of granular flow[J]. AIChE Journal，1990，36（4）：

523-538.

[6]　Gidaspow D，Bezburuah R，Ding J. Hydrodynamics of circulating fluidized beds，kinetic theory Approach[C]. In Fluidization VII，Proceedings of the 7th Engineering Foundation Conference on Fluidization. 1992：75-82.

[7]　Lun C K K，Savage S B，Jeffrey D J，et al. Kinetic theories for granular flow：inelastic particles in couette flow and slightly inelastic particles in a general flow field[J]. Journal of Fluid Mechanics，1984. 140（140）：223-256.

[8]　Syamlal M，Rogers W，O'Brien T J. MFIX Documentation：Volume1，Theory Guide[M]. National Technical Information Service，Springfield，VA. DOE/METC-9411004，TIS/DE9400087，1993.

[9]　Simonin O，Viollet P L. Modeling of turbulent two-Phase jets loaded with discrete particles[M]//Hewitt F G，et al. Phenomena in Multiphase Flows.Washington，D C：Hemisphere Publishing Corporation，1990：259-269.

[10]　ANSYS，Inc. ANSYS Fluent Theory Guide[M]. ANSYS，Inc，2008.

[11]　Ogawa S，Umemura A，Oshima N. On the equation of fully fluidized granular materials[J]. Journal of Applied Mathematics and Physics，1980，31：483-484.

[12]　陶文铨. 数值传热学[M]. 2 版. 西安：西安交通大学出版社，2001.

[13]　Schaeffer D G. Instability in the evolution equations describing incompressible granular flow[J]. Journal of Differential Equations，1987，66（1）：19-50.

[14]　Johnson P C，Jackson R. Frictional-collisional constitutive relations for granular materials，with application to plane shearing[J]. Journal of Fluid Mechanics，1987（176）：67-93.

[15]　Troshko A A，Hassan Y A. A two-equation turbulence model of turbulent bubbly flow[J]. International Journal of Multiphase Flow，2001，27（11）：1965-2000.

[16]　张涛，郭建春，刘伟. 清水压裂中支撑剂输送沉降行为的 CFD 模拟[J]. 西南石油大学学报（自然科学版），2014，36（1）：74-82.

[17]　Sahai R. Laboratory evaluation of porppant transport in complex fracture systems[D]. Cocorado：Colorado School of Mines，2014.

# 第8章 页岩压裂水相自吸机理与返排优化

采用大规模水基压裂液的体积压裂是有效动用页岩气的关键技术。由于页岩特殊的多元组分和微观结构，压裂过程中进入地层的水相对页岩的影响不同于常规储层。压裂液的自吸作用是压裂到返排这个过程中的关键控制机制，因此，明确压裂液在页岩微观孔隙中的自吸流动机理、自吸对页岩微观结构及物性的影响规律，进而开展返排优化对提高页岩气的开发效果具有直接指导作用。

## 8.1 页岩多重孔隙水相自吸作用

页岩组分复杂，同时存在脆性矿物、黏土矿物、有机质多元组分，根据组分的不同页岩孔隙可划分为多重孔隙。每种孔隙不同的微观结构特征和物理性质直接影响自吸作用。

### 8.1.1 页岩多重孔隙特征

#### 8.1.1.1 页岩组分和孔隙类型

页岩具有多元组分特征，根据孔隙赋存的矿物组分，页岩基质孔隙可以划分为：黏土孔（图 1-10）、有机孔（图 1-11）、脆性矿物孔（图 1-12）。这里的脆性矿物包括石英、长石、方解石、白云石、黄铁矿等。页岩自吸流动研究十分关注微观孔隙的形态、尺寸大小及分布、润湿性等基本特征，该三类孔隙在以上基本特征方面存在显著差异。

#### 8.1.1.2 页岩微观孔隙形状特征

直观图像分析仅能定性了解形貌特征，对于研究自吸流动，需要对孔隙形态定量，因此借助图像处理技术，对场发射扫描电子显微镜图像进行灰度处理后用于形态分析（图 1-13）。

图像处理主要包括以下步骤：①图像采集；②图像二值化；③滤波锐化；④标定尺寸；⑤除杂（设置阈值）；⑥提取形态参数。基于 ImageJ 专业图像处理软件，通过面孔率校正孔隙分割阈值，按上述过程处理即可定量统计孔隙形状参数（表 1-11）。采用以上图像处理方法，分别统计有机孔、脆性矿物孔、黏土孔的孔隙形状参数（表 1-12）。

#### 8.1.1.3 页岩微观孔隙孔径分布

基于 FESEM 和图像处理法，可以直观地统计出有机孔、脆性矿物孔、黏土孔的孔径分布。在孔隙尺寸方面，孔隙直径：脆性矿物孔＞有机孔＞黏土孔（图 1-15、表 1-13）。Chen 等[1]、Kuila 等[2]也得到了类似的结论。

#### 8.1.1.4　页岩孔径分布的分形特征

分形维数可以定量反映页岩孔径的分布关系,而分形维数的测定方法通常有图像法[3]、压汞法[4]、气体吸附法[5]等。计盒法是常用的确定分形维数的方法,将图像用不同尺度 $d$ 的盒子去覆盖,记录覆盖测量分形的盒子数(如孔隙)$N$。根据多孔介质分形理论,孔隙数量度量 $N(d)$ 与测量尺度孔径 $d$ 满足以下幂函数关系:

$$N(d) \propto d^{-D_f} \tag{8-1}$$

两边取对数:

$$\ln N(d) = -D_f \ln d + \text{const} \tag{8-2}$$

双对数坐标中线性拟合的斜率 $D_f$ 即为分形维数,满足该线性关系的尺度范围为自相似区间的上下限。

由于测试原理的不同,三种方法均能获取孔径的分形维数,但各自统计的孔径范围不同。图像法孔径下限受图像处理的精度影响,但能区分不同类型的孔隙,可分别得到有机孔、脆性矿物孔、黏土孔的分形维数。压汞法和氮气吸附法取决于孔径解释的最佳范围,将压汞和氮气吸附的孔径分布叠加后,能够获得最大孔径分布范围的分形维数(图 8-1～图 8-3)。

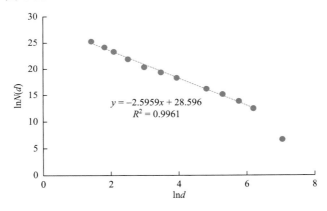

图 8-1　压汞法分形维数拟合曲线

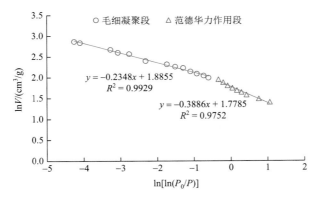

图 8-2　氮气吸附法拟合计算分形维数

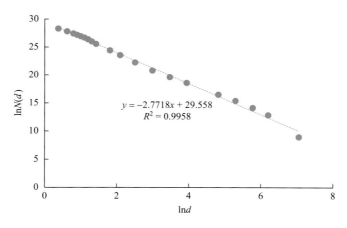

图 8-3　压汞与氮气吸附联合法分形维数拟合

综合各个方法可知，成像法、压汞法、联合法的结果十分接近。氮气吸附法在范德华力作用段的分形维数结果与其他方法的结果十分接近，仅毛细凝聚段结果略大于其他方法的结果，但总体来看不同方法的计算结果大体相近。

从孔径区间来看，不同的测试方法反映的孔径范围不同，但分形维数计算结果相近，说明页岩在完整孔径分布区间上均满足相同的分形标度关系。从孔隙类型上看，不同类型孔隙分形维数略有差异（表 8-1）：有机孔>黏土孔>脆性矿物孔。

表 8-1　不同方法分形维数结果

| 岩样 | 成像法分形维数 | 氮气吸附法分形维数 | | 压汞法分形维数 | 联合法分形维数 |
|---|---|---|---|---|---|
| | | 范德华力作用段 | 毛细凝聚段 | | |
| ① | 有机孔：2.694<br>黏土孔：2.615<br>脆性矿物孔：2.549 | 2.539 | 2.741 | 2.710 | 2.734 |
| ② | | 2.626 | 2.757 | 2.250 | 2.274 |
| ③ | | 2.611 | 2.765 | 2.596 | 2.772 |
| ④ | | 2.570 | 2.743 | 2.659 | 2.629 |
| ⑤ | | 2.629 | 2.740 | 2.603 | 2.620 |
| 平均值 | 2.619 | 2.595 | 2.749 | 2.564 | 2.606 |
| 孔径区间 | 6.8nm～1.51μm | 1.47～4.12nm | 4.12～128.3nm | 4.2nm～5.25μm | 1.47nm～5.25μm |

### 8.1.1.5　页岩多重孔隙的混合润湿性

页岩组分可以分为无机矿物和有机质两种，无机矿物包括脆性矿物、黏土矿物。在页岩气藏中，孔隙中矿物表面没有原始烃类影响，无机矿物如石英、硅酸盐、碳酸盐、铝硅酸盐表面均亲水，亲水排序：云母组成的黏土>石英>石灰石>白云石>长石。

对于有机质孔隙的润湿性，传统上均认为亲油不亲水，但近来一些实验证明干酪根中含有水分[6, 7]。有机质类型、成熟度对有机质润湿性影响较大。根据干酪根类型的划分依据[8]，从Ⅰ型到Ⅲ型干酪根，H/C 比、O/C 比均增加（图 1-34），润湿性降低，即接触角：

Ⅰ型＞Ⅱ型＞Ⅲ型。Mokhtari 等[9]对北美不同地区页岩进行了表面接触测试（图 1-35），验证了不同类型有机质润湿性的显著差异。

根据已知的脆性矿物、黏土矿物的润湿性，以及各矿物的体积百分数，根据公式（1-3）计算有机质接触角（表 8-2）。计算得该页岩有机质的平均接触角为 80.4°，润湿性为弱亲水，说明水相能够进入有机孔，但进入能力弱于无机孔隙[10]。

表 8-2　有机质润湿性计算表（$\theta_{app} = 60.5$）

| 参数 | 脆性矿物 | | | 黏土 | 有机质 |
|---|---|---|---|---|---|
| | 石英 | 碳酸盐矿物 | 其他 | | |
| 体积分数 $f$/% | 33.76 | 26.78 | 7.1 | 26.1 | 6.26 |
| 接触角 $\theta$/(°) | 10 | 20 | 31.5 | 11.5 | 80.4 |

### 8.1.1.6　页岩多重孔隙特征小结

通过川南龙马溪组页岩的微观结构测试及润湿性分析，有机孔、脆性矿物孔、黏土孔的微观结构特征汇总如表 8-3 所示。在孔隙形态方面，有机孔正圆度最高，而黏土孔最低。在面孔率方面，有机孔和黏土孔较高，而脆性矿物孔较低。在孔隙尺寸方面，脆性矿物孔较大，有机孔和黏土孔较小。在分形维数方面，三类孔隙略有差异，有机孔最高，而脆性矿物孔最低。润湿性方面，页岩具有混合润湿性，无机孔强亲水，而有机孔弱亲水。

表 8-3　三类孔隙微观孔隙结构特征对比

| 结构特征 | | 有机孔 | 脆性矿物孔 | 黏土孔 |
|---|---|---|---|---|
| 孔隙形状 | 形状特征 | 近似圆或椭圆 | 不规则多边形 | 狭缝状 |
| | 正圆度（Round） | 0.527 | 0.442 | 0.345 |
| | 圆度（Circl） | 0.583 | 0.418 | 0.426 |
| | Feret 比（FR） | 0.553 | 0.481 | 0.385 |
| 孔径分布 | 面孔率 | 高 | 较低 | 较高 |
| | 分布范围 | 介孔、微孔为主 | 大孔、介孔为主 | 介孔、微孔为主 |
| | FESEM 统计平均孔径/nm | 长轴：89.2<br>短轴：46.7 | 长轴：163.3<br>短轴：61.5 | 长轴：81.7<br>短轴：22.4 |
| 分形特征 | 分形维数 | 2.694 | 2.549 | 2.615 |
| | 标度区间/nm | 长轴：17.9～830<br>短轴：6.8～527 | 长轴：24.6～1293<br>短轴：7.5～897 | 长轴：23.7～1510<br>短轴：8.3～261 |
| 润湿性 | 接触角/（°） | 80.4 | 0～33 | 9.5～11.5 |
| | 亲水性 | 弱 | 强 | 强 |

### 8.1.1.7　页岩多重孔隙劈分

通过以上几个方面的对比分析，可为页岩自吸模型的物理模型建立提供基础。基于有机孔、脆性矿物孔、黏土孔的三元分类，多重孔隙表征需要劈分出各类孔隙的空间占比。

FESEM 等图像分析方法虽然直观，但不便于定量分析，且视域有限，不适用于多重孔隙劈分。王玉满等[11,12]基于页岩孔隙赋存组分建立了有机孔、脆性矿物孔、黏土孔的岩石物理表征模型（图 8-4），可用于孔隙度的劈分。

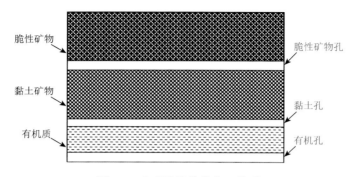

图 8-4　多重孔隙劈分物理模型

页岩基质孔隙表征模型：

$$\phi = \phi_{tb} + \phi_{tc} + \phi_{to} = \rho(\omega_b V_b + \omega_c V_c + \omega_o V_o) \tag{8-3}$$

式中，$\phi$ 为页岩总体积孔隙度，%；$\phi_{tb}$、$\phi_{tc}$、$\phi_{to}$ 分别为脆性矿物、黏土矿物、有机质所占的总孔隙度，%；$\rho$ 为页岩岩石密度，g/cm$^3$；$\omega_b$、$\omega_c$、$\omega_o$ 分别表示脆性矿物、黏土矿物、有机质的质量分数，%；$V_b$、$V_c$、$V_o$ 分别为脆性矿物、黏土矿物、有机质的孔容，cm$^3$/g。

上述参数中，三类矿物的孔容是计算的关键参数，对于在沉积环境、岩石学、地球化学、成岩作用等地质条件相似的地区或层系可认为其保持为一定值。通过孔隙度、岩石密度、全岩矿物组分测试，即可反求出脆性矿物、黏土矿物、有机质的孔容（图 8-5）。

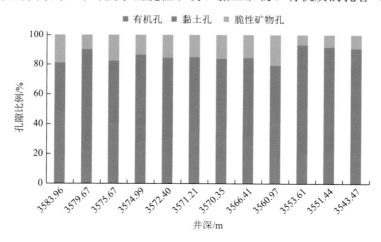

图 8-5　某井段多重孔隙劈分结果

从全井孔隙劈分结果看，井段上部孔隙度：黏土孔＞有机孔＞脆性矿物孔。在主力层（井段下部），有机孔与黏土孔的孔隙度相当，两者占比之和达 88%，脆性矿物孔的孔隙度最低。这与 FESEM 观察到的三类孔隙的发育情况基本一致。

## 8.1.2　页岩自吸流动基本特征

### 8.1.2.1　页岩自吸作用力

根据是否存在渗透压作用，页岩孔隙可进一步划分为黏土孔隙和非黏土孔隙（脆性矿物孔、有机孔）。黏土孔隙中黏土片表面带电荷，由于双电子层效应及地层内外矿化度差异会产生渗透压。非黏土孔隙由于表面不带电荷，无渗透压作用。因此，黏土孔隙中的自吸作用力有毛管力、渗透压、重力，非黏土孔隙的自吸作用力有毛管力、重力。液相的重力在页岩微观孔隙尺度下的自吸分析中可以忽略。

**1. 毛管力**

所有的多孔介质在水润湿的情况下在细小毛管中均会产生毛管力，对于形状简单的弯曲液面，压强方向与凹向一致，其大小由拉普拉斯方程确定。

$$p_c = \sigma\left(\frac{1}{R_1} + \frac{1}{R_2}\right) \tag{8-4}$$

式中，$p_c$ 为毛管压力，Pa；$R_1$、$R_2$ 分别为任意曲线的两个主曲率半径，m。

根据毛管孔隙的形状特征，可将毛管简化为圆形管、椭圆管、平行裂缝三类，其对应的毛管力模型如下：

$$p_c = \begin{cases} 4\sigma\cos\theta/d, \text{圆管} \\ 2\sigma\cos\theta(1/a+1/b), \text{椭圆管} \\ 2\sigma\cos\theta/w, \text{平行裂缝} \end{cases} \tag{8-5}$$

式中，$\theta$ 为水相润湿接触角，（°）；$d$ 为圆管直径，m；$a$、$b$ 分别为椭圆管的长轴、短轴，m；$w$ 为平行平板的缝宽，m。

**2. 渗透压**

1）渗透压效应

黏土矿物单元结构层内的高价阳离子容易被低价阳离子置换，引起黏土片表面带电荷，形成双电子层（图 8-6），这是黏土孔隙明显区别于有机孔和脆性矿物孔的地方。在黏土片负电荷作用下阴离子由于排斥作用无法通过水膜，对流受到限制，该效应称为"唐南排斥"（Donnan Exclusion）。由于阴离子无法扩散进入孔隙，伴随的阳离子也无法通过黏土。黏土能够成为半透膜是相邻黏土片的双电子层重合的结果。溶剂分子透过半透膜进入溶液的过程称为渗透现象，阻止这种溶剂扩散的反向压力称为渗透压。渗透压差的产生是半透膜和半透膜两端溶液浓度差共同作用的结果。

页岩中黏土孔隙由于双电子层作用，刚好充当了半透膜的作用；页岩中原始地层水的高矿化度，与外来水力裂缝中的压裂液的低矿化度，刚好形成离子浓度差。由此，在压裂缝中流体与页岩基质流体之间形成了渗透压（图 8-7）。

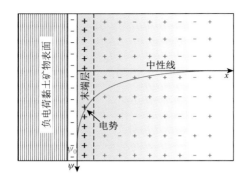　　　　　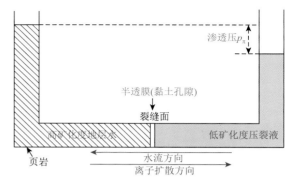

　　　图 8-6　黏土表面双电子层示意图　　　　　　图 8-7　页岩中渗透压形成示意图

　　对真实溶液计算半透膜两端的渗透压：

$$p_\pi = E_\pi \frac{RT}{V_w} \ln\left(\frac{a_f}{a_i}\right) \tag{8-6}$$

式中，$p_\pi$ 为渗透压，kPa；$a_f$、$a_i$ 分别为外来工作液的活度和页岩孔隙中原始地层水的活度，无因次，对于清水活度为 1；$R$ 为气体常数，值为 0.08206（L·kPa）/(mol·K)；$T$ 为地层温度，K；$V_w$ 为水的摩尔体积，值为 0.018L/mol。

　　在实际应用中，常采用范特霍夫公式计算渗透压[13-15]，式（8-7）与式（8-6）在 $\Delta C$ 小于 1mol/L 时计算结果误差低于 5%：

$$p_\pi = \varepsilon E_\pi RT \Delta C = \varepsilon E_\pi RT(C_{sh} - C_f) \tag{8-7}$$

式中，$C_{sh}$ 为页岩地层原始地层水中溶质的摩尔浓度，mol/L；$C_f$ 为压裂缝中外来工作液（如压裂液）中溶质的摩尔浓度，mol/L。

　　页岩地层水为多种离子混合溶液，而计算模型为单类溶液（如 NaCl）。为简化理论计算，可将所有其他类型的离子溶液转化为等效浓度的 NaCl 溶液。等效 NaCl 溶液总矿化度采用以下模型计算：

$$C_t = \sum_{i=1}^{n} \lambda_i C_i \tag{8-8}$$

式中，$i$ 代表离子种类数，无因次；$C_i$ 为第 $i$ 种离子的摩尔浓度，mol/L；$\lambda_i$ 为离子转换系数，无因次。

　　2）半透膜效率

　　实际页岩的黏土孔隙并非理想半透膜。半透膜效率 $E_o$ 表征半透膜阻止溶质（相对于水）透过的能力，值为 0～1。0 代表无阻止作用，溶质可以完全通过；1 代表理想半透膜，溶质完全不能通过。

　　唐南排斥取决于黏土片的间距和双电子层的厚度，当黏土片间距较小，双电子层完全重合时，离子不能通过 [图 8-8（a）]；当黏土片间距较大时，双电子层仅部分重合，中间电中性区域可通过离子 [图 8-8（b）]。黏土片附近的双电子层厚度在几个纳米至几十个纳米之间[16,17]，页岩黏土孔径分布范围大于该范围，因此实际半透膜效率小于 1。同时无半透膜特性的有机孔、脆性矿物与黏土孔杂乱分布而相互连通，起到离子扩散的流动通道作用，会进一步降低黏土孔隙的半透膜效率。

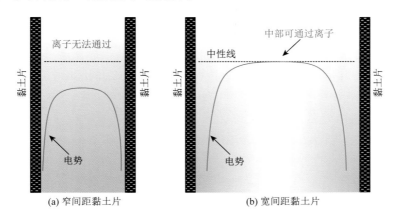

图 8-8　黏土片附近双电子层重合示意图

半透膜效率，从计算上表征为实际压差与理想渗透压间的比值：

$$E_\pi = \frac{\Delta p}{p_\pi} \tag{8-9}$$

致密页岩的渗透压直接测试较为困难，而 Fritz 等建立了半透膜效率模型[13, 18]：

$$E_\pi = 1 - \frac{(R_{ca-w}+1)C_a / C_s}{\{R_{ca-w}(C_a / C_c)+1+R_{a-mw}[R_{ca-m}(C_a / C_c)+1]\}\phi_w} \tag{8-10}$$

设 $K_s$ 为半透膜中溶质的分布系数：

$$K_s = C_a / C_s \tag{8-11}$$

式中，$C_s$ 为半透膜两侧溶液中溶质的算术平均值（平均矿化度），mol/L；$C_a$ 为半透膜孔隙中的阴离子浓度，mol/L。

$$C_s = \frac{1}{2}(C_f + C_{sh}) \approx \frac{1}{2}C_{sh} \tag{8-12}$$

$C_a$ 可以通过下式计算：

$$C_a = -\frac{1}{2}E_{CEC}\rho_{clay}(1-\phi_c) + \frac{1}{2}[E_{CEC}^2\rho_{clay}^2(1-\phi_c)^2 + 4C_s^2\phi_c^2]^{\frac{1}{2}} \tag{8-13}$$

式中，$E_{CEC}$ 为页岩的阳离子交换容量（cation exchange capacity，CEC），mmol/100g；$\rho_{clay}$ 为黏土矿物的密度，g/cm³；$C_f$ 为压裂液的离子浓度，mol/L；$C_{sh}$ 为储层中溶液的离子浓度，mol/L；$\phi_c$ 为页岩黏土矿物中半透膜的孔隙度，即黏土矿物的孔隙度，%：

$$\phi_c = V_c \times \rho_{clay} \tag{8-14}$$

式（8-10）中 $C_c$ 为半透膜中的阳离子浓度，通过下式计算：

$$C_c = C_a + E_{CEC}\rho_{clay}(1-\phi_c) \tag{8-15}$$

式（8-10）中 $R$ 为摩擦系数比，具体定义为

$$\begin{cases} R_{\text{ca-w}} = f_{\text{cw}}/f_{\text{aw}} \\ R_{\text{ca-m}} = f_{\text{cm}}/f_{\text{am}} \\ R_{\text{a-mw}} = f_{\text{am}}/f_{\text{aw}} \end{cases} \quad (8\text{-}16)$$

式中，$f$ 表示摩擦系数，c、a、w、m 分别表示阳离子（cation）、阴离子（anion）、水（water）、半透膜（membrane）。$f_{ij}$ 表示 1mol 组分 $i$ 和无穷多组分 $j$ 之间的摩擦阻力。

　　页岩的半透膜效率主要受黏土矿物孔隙度 $\phi_{\text{c}}$、平均矿化度 $C_{\text{s}}$、页岩的阳离子交换容量 $E_{\text{CEC}}$ 影响。半透膜效率 $E_{\text{o}}$ 与孔隙度 $\phi_{\text{c}}$ 负相关，与平均矿化度 $C_{\text{s}}$ 负相关，与阳离子交换容量 $E_{\text{CEC}}$ 正相关。图 8-9 展示了渗透压与矿化度差的关系。

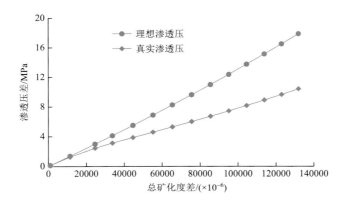

图 8-9　不同矿化度差下的渗透压

### 8.1.2.2　页岩自吸流动特性

　　页岩除了多重孔隙存在作用力机制的差异外，自吸流动还需考虑毛管形态、孔隙微尺度效应、孔径的分形特征、孔道迂曲特征。

**1. 毛管形态**

　　微观孔隙结构测试分析表明，页岩的微观孔隙实际上并非理想的圆形毛管，而是不规则形态。尤其是不同孔隙具有不同的形状因子（如长宽比），根据孔隙形态统计，有机孔近似椭圆，脆性矿物孔为不规则多边形，而黏土孔为狭缝状。毛管形态的差异直接影响毛管力的大小、毛管流动能力（图 8-10）。

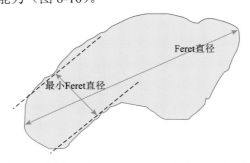

图 8-10　页岩孔隙的形状因子效应（Feret 直径）

**2. 孔隙微尺度效应**

页岩孔径分布范围为纳米到微米级，其主力区间为 1～100nm。砂岩的孔径大于 2μm，致密砂岩孔径为 30nm～2μm。页岩孔隙的尺度远小于常规砂岩和致密砂岩，由于孔隙尺度的变小，水相流动遵循的流动方程不同于宏观的管流方程，即流动方程存在微尺度效应，尤其是需要讨论其流动的连续性假设及边界条件（表 8-4）。

**表 8-4　微观液相流动的尺度效应[19-23]**

| 尺度 | 研究方法 | 原理 | 结论 |
|---|---|---|---|
| >1μm | 实验测试<br>（PIV、SFA/AFM） | 流量校核；<br>黏性系数校核 | 管内流动仍符合经典流体力学理论：N-S 方程、<br>无滑移边界 |
| 10nm～1μm | 实验测试（NanoPIV、SFA、AFM）；<br>分子动力学模拟 | | 连续性假设适用，但需修正：<br>考虑滑移修正 N-S 方程 |
| 1～10nm | 分子动力学模拟 | | 连续性假设可适用于 1nm；<br>大量 MDS 已证明，但尚需实验验证 |

注：SFA 为表面力测量；AFM 为原子力显微镜；PIV 为颗粒图像测速仪；MDS 为分子动力学模拟。

目前已有大量的实验证明[20]，10nm 以上尺度通道内的流动仍然满足连续性假设，而分子动态模拟从理论上预测了水相流动的连续性假设可以适用于 1nm[21, 22]。在 1μm 以下时，当流动特征尺度接近边界滑移长度时，需要考虑滑移边界修正 N-S 方程（图 8-11）。

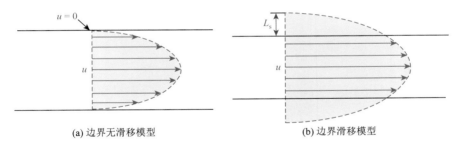

(a) 边界无滑移模型　　　　　　　　　　(b) 边界滑移模型

图 8-11　通过滑移长度修正边界条件示意图

页岩孔隙尺度小，在毛管力及渗透压的作用范围内，剪切速率有限，自吸流动适用于 Navier 边界滑移模型，滑移速度与局部剪切率成正比[24]。

$$v_s = L_s \left. \frac{\partial v_s}{\partial z} \right|_{wall} \tag{8-17}$$

式中，$v_s$ 为滑移速度，即壁面处的流体速度，m/s；$L_s$ 为滑移长度，即毛管内流速剖面虚拟延伸到速度为零时切线与管壁的距离，m。

虽然滑移长度受剪切速率、润湿性、粗糙度、电荷、含气的影响，但多因素的理论分析目前较为困难。低剪切速率下润湿性影响最为显著，边界滑移长度与润湿接触角之间满足以下关系[25, 26]：

$$L_s = C / (\cos\theta + 1)^2 \tag{8-18}$$

式（8-18）中 $C$ 为常数，MDS 拟合值为 0.41，而实验测试拟合值为 6。其数值差异源于

MDS 考虑边界为光滑理想壁面，而实验测试除了考虑润湿性的影响，还考虑了壁面粗糙度、溶解气等因素的综合影响，$C$ 取 6 更接近真实情况。

**3. 孔径的分形特征**

页岩孔径分布跨度大，基本覆盖纳米到微米的尺度范围，均匀毛管束模型无法适应实际页岩的孔径分布。根据 FESEM、压汞实验、氮气吸附实验的孔径分布研究，页岩孔径的跨尺度分布满足分形统计关系，因此可以采用分形理论描述其分形特征（图 8-12）。

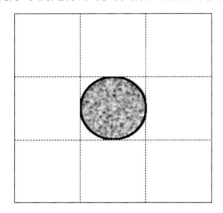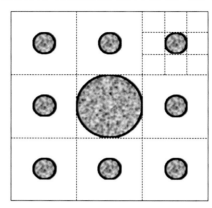

图 8-12　多孔介质分形特征

大量文献表明[4, 27, 28]，分形多孔介质满足以下分形标度律：

$$N(d) \propto d^{-D_f} \tag{8-19}$$

式中，$d$ 为单元直径，m；$N(d)$ 为构成整个分形物体的单元个数，个；$D_f$ 为分形维数，二维取 1～2，三维取 2～3。

多孔介质中孔径大于等于 $d$ 的累计孔隙数目与孔径关系满足如下标度关系：

$$N(L \geqslant d) \propto (d_{max} / d)^{-D_f} \tag{8-20}$$

可得到在区间 $d \sim d + \mathrm{d}d$ 中孔隙数目（$-\mathrm{d}N$）占总孔隙数目的百分数：

$$-\mathrm{d}N / N_t = D_f d_{min}^{D_f} d^{-(D_f+1)} \mathrm{d}d = f(d)\mathrm{d}d \tag{8-21}$$

式中，$f(d)$ 为孔径分布的概率密度函数。

多孔介质能否用分形几何理论处理的一个判据为 $(d_{min} / d_{max})^{D_f} \approx 0$。通常页岩孔径分布范围满足 $(d_{min} / d_{max}) < 10^{-2}$。

平均毛细管直径 $d_{av}$ 可通过孔径分布实验获取，或采用下式计算：

$$d_{av} = \int_{d_{min}}^{d_{max}} df(d)\mathrm{d}d = \frac{D_f d_{min}}{D_f - 1} \tag{8-22}$$

分形多孔介质单位总孔隙面积 $A_p$ 为[29]

$$A_p = -\int_{d_{min}}^{d_{max}} \frac{\pi}{4} d^2 \mathrm{d}N = \frac{\pi d_{max}^2 D_f}{4(2-D_f)} \left[ 1 - \left( \frac{d_{min}}{d_{max}} \right)^{2-D_f} \right] = \frac{\pi d_{max}^2 D_f}{4(2-D_f)}(1-\phi) \tag{8-23}$$

**4. 孔道迂曲特征**

实际孔道并非直线，而是弯曲复杂的流动通道，流动计算时需要将直毛管转换为弯曲通道，即要考虑孔道的迂曲度。对于致密页岩，迂曲度显著大于常规砂岩，因此需要考虑页岩的迂曲度特征（图 8-13）。

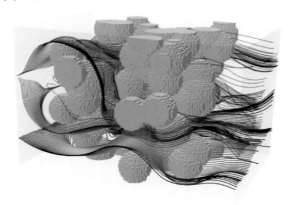

图 8-13　多孔介质中的流线弯曲特征

当流体通过随机和复杂多孔介质时，Wheatcraft 等[30]提出了描述非均质介质的弯曲流线的方程：

$$L_t(\varepsilon) = \varepsilon^{1-D_T} L^{D_T} \tag{8-24}$$

式中，$\varepsilon$ 为测量的尺度，m；$L_t$ 为实际流线长度，m；$L$ 为直线距离，m；$D_T$ 为描述流线弯曲程度的分形维数，二维取 1～2，三维取 2～3。

Yu 等[31]将式（8-24）中的测量尺度用毛细管直径来代替：

$$L_t(d) = d^{1-D_T} L^{D_T} \tag{8-25}$$

对上式两边取微分：

$$v_t(d) = D_T (L/d)^{D_T-1} v_0 \tag{8-26}$$

其中，$v_t = dL_t/dt$，为实际速度，$v_0 = dL/dt$，为直线速度。

式（8-26）描述了分形多孔介质的流速，将该式对孔径分布的概率密度函数 $f(d)$ 积分，即可得到所有弯曲毛管的实际平均流速[29]：

$$\overline{v}_t = \int_{d_{min}}^{d_{max}} v_t(d) f(d) dd = \frac{D_T D_f}{D_T + D_f - 1} d_{min}^{1-D_T} L^{D_T-1} v_0 \tag{8-27}$$

在方程（8-24）基础上，Yu[32]建立了弯曲流线迂曲度分形维数与平均迂曲度 $\tau$ 和平均毛管直径 $d_{av}$ 的关系式：

$$D_T = 1 + \frac{\ln \tau}{\ln(L/d_{av})} \tag{8-28}$$

平均迂曲度 $\tau$ 描述流体路径实际长度 $L_t$ 与压力梯度方向直线长度 $L$ 的比值。

$$\tau = \frac{L_t}{L} \tag{8-29}$$

迂曲度分为水力迂曲度、几何迂曲度。水力迂曲度代表流体实际流动流线的迂曲度，几何迂曲度代表几何路径的迂曲度，通常水力迂曲度≥几何迂曲度。水力迂曲度难以计算，也常采用几何迂曲度近似替代使用。

郁伯铭[28]、员美娟[33]、Ghanbarian 等[34]系统介绍了常用的迂曲度计算模型。水力迂曲度则通常通过实验或数模拟合的经验模型计算，但大多数经验模型主要针对颗粒床、充填沉积物等疏松介质，不适用于页岩等致密多孔介质。几何迂曲度主要基于不同颗粒形状及排列获得解析模型，以郁伯铭的颗粒几何分析为代表，平均迂曲度主要是孔隙度的函数[35]：

$$\tau = \frac{1}{2}\left[1 + \frac{1}{2}\sqrt{1-\phi} + \frac{\sqrt{\left(1-\sqrt{1-\phi}\right)^2 + (1-\phi)/4}}{1 - \sqrt{1-\phi}}\right] \tag{8-30}$$

该模型基于均匀正方形颗粒几何模型推导而来，模型假设较为简单，与实际页岩孔隙分布有所差异。Kozeny-Carman 曾基于毛管束模型推导了多孔介质渗透率和孔隙度的关系[36]：

$$K = \frac{d^2\phi}{32\tau^2} \tag{8-31}$$

基于该模型，已知渗透率、孔隙度、孔隙半径即可计算平均迂曲度，但该模型基于均质毛管束模型；Hager 等[37]考虑孔隙的实际非均质分布，建议改进为以下形式：

$$\tau = \sqrt{\frac{\phi}{32K}\int_{d_{\min}}^{d_{\max}} df(d)\,\mathrm{d}\,d} \tag{8-32}$$

由于页岩孔隙具有分形特征，将孔径密度分布函数式（8-22）代入式（8-32），得页岩的平均迂曲度计算模型：

$$\tau = \sqrt{\frac{\phi}{32K}\int_{d_{\min}}^{d_{\max}} df(d)\,\mathrm{d}\,d} = \sqrt{\frac{\phi}{32K}\frac{D_{\mathrm{f}}d_{\min}}{D_{\mathrm{f}}-1}} \tag{8-33}$$

## 8.2　页岩多重孔隙水相自吸模型

在页岩的多重孔隙研究基础上，根据是否存在渗透压作用，页岩孔隙可进一步划分为非黏土孔隙（脆性矿物孔、有机孔）和黏土孔隙。非黏土孔隙无渗透压作用，而黏土孔隙存在渗透压作用。在分别研究不同孔隙自吸模型的基础上，建立多重孔隙的自吸模型。

### 8.2.1　非黏土孔隙分形自吸模型

#### 8.2.1.1　考虑边界滑移的椭圆毛管流动方程

椭圆管内单相流体流动物理模型如图 8-14 所示。

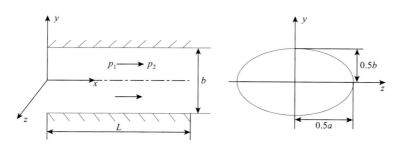

图 8-14　椭圆管内层流示意图

椭圆管内为定常层流不可压黏性流体，Navier-Stokes 方程简化为

$$\frac{\partial^2 u}{\partial y^2} + \frac{\partial^2 u}{\partial z^2} = \frac{1}{\mu}\frac{\mathrm{d}p}{\mathrm{d}x} \tag{8-34}$$

边界条件 1，由于椭圆中心处流速最大，仍然满足流速梯度为零：

$$\begin{cases} y=0, z=0, \dfrac{\partial u}{\partial y}=0 \\[2mm] y=0, z=0, \dfrac{\partial u}{\partial z}=0 \end{cases} \tag{8-35}$$

边界条件 2，边管壁处满足 Navier 滑移模型：

$$\begin{cases} u = -L_s \left.\dfrac{\partial u}{\partial y}\right|_{y=b, z=0} \\[3mm] u = -L_s \left.\dfrac{\partial u}{\partial z}\right|_{z=b, y=0} \end{cases} \tag{8-36}$$

将式（8-34）～式（8-36）联立求解，得椭圆管中流体流速分布：

$$u = \frac{\left(\dfrac{1}{2\mu}\dfrac{\mathrm{d}p}{\mathrm{d}x}\right)(a^2+2aL_s)y^2}{(a^2+b^2)+2(a+b)L_s} + \frac{\left(\dfrac{1}{2\mu}\dfrac{\mathrm{d}p}{\mathrm{d}x}\right)(b^2+2bL_s)z^2}{(a^2+b^2)+2(a+b)L_s} - \frac{ab(a+2L_s)(b+2L_s)}{2\mu[(a^2+b^2)+2(a+b)L_s]}\frac{\mathrm{d}p}{\mathrm{d}x} \tag{8-37}$$

当椭圆长短轴相等（$a=b$）时，式（8-37）退化为考虑边界滑移时的圆管内液体流动模型；当边界滑移长度 $L_s=0$ 时，式（8-37）退化为传统边界无滑移时的椭圆流动模型。

通过对椭圆极坐标变换、利用三角函数积分，对流速 $u$ 沿 $y$、$z$ 轴进行积分，最终得到椭圆管内的流量方程：

$$q = \frac{\pi a^2 b^2 [ab + 3(a+b)L_s + 8L_s^2]}{4\mu[(a^2+b^2)+2(a+b)L_s]}\frac{\Delta p}{L} \tag{8-38}$$

式（8-38）在椭圆长短轴相等（$a=b$）时，退化为考虑滑移长度时的圆管流量模型；在滑移长度 $L_s=0$ 时，退化为无滑移椭圆管流量模型。

#### 8.2.1.2　单毛管自吸模型

联立考虑边界滑移时的椭圆管流量方程（8-38）、椭圆毛管力方程（8-5），结合椭圆管流量与时间的偏微分关系：

$$q = \frac{\pi ab}{4}\frac{\mathrm{d}L}{\mathrm{d}t} \tag{8-39}$$

得到考虑边界滑移时的单个椭圆毛管自吸模型：

$$L = \sqrt{\frac{\sigma\cos\theta(a+b)[ab+3(a+b)L_s+8L_s^2]}{2\mu[(a^2+b^2)-2(a+b)L_s]}} \cdot \sqrt{t} \tag{8-40}$$

当然，令 $a=b$，$L_s=0$，式（8-40）退化为经典自吸模型（LW 模型）。

### 8.2.1.3 分形毛管束自吸模型

实际页岩为具有复杂空间结构的多孔介质,通过毛管束模型,可将单个毛管的自吸模型拓展到页岩整个孔隙介质上使用。页岩孔隙满足分形特征,为考虑孔径的非均质性,可通过引入分形理论进行描述。

椭圆短轴为 $b$,令椭圆长宽比为 $m$,椭圆管流量方程为

$$q = \frac{\pi m^2 b^3 [mb^2 + 6(m+1)bL_s + 32L_s^2]}{64\mu[(m^2+1)b + 4(m+1)L_s]} \frac{\Delta p}{L}$$
(8-41)

自吸压差为椭圆管毛管力:

$$\Delta p = p_c = 2\sigma\left(\frac{\cos\theta}{mb} + \frac{\cos\theta}{b}\right)$$
(8-42)

将式(8-25)中测量尺度孔隙直径 $d$ 用椭圆短轴长 $b$ 来代替:

$$L_t(d) = b^{1-D_T}L^{D_T}$$
(8-43)

仿照式(8-27),同理可得到所有弯曲椭圆毛管的实际平均流速:

$$\bar{v}_t = \int_{b_{min}}^{b_{max}} v_t(b)f(b)\mathrm{d}b = \frac{D_T D_f}{D_T + D_f - 1} b_{min}^{1-D_T} L^{D_T-1} v_0$$
(8-44)

将式(8-42)、式(8-43)代入式(8-41)后,简化为

$$q = \frac{\pi m(m+1)\sigma b^{1+D_T}\cos\theta[mb^2 + 6(m+1)bL_s + 32L_s^2]}{32\mu[(m^2+1)b + 4(m+1)L_s]L_0^{D_T}}$$
(8-45)

椭圆孔孔径同样满足分形标度关系式(8-21),该式可改写为

$$-\mathrm{d}N = D_f b_{max}^{D_f} b^{-(D_f+1)}\mathrm{d}b$$
(8-46)

同理,单毛管流量 $q$ 对所有椭圆孔隙积分即得到所有椭圆孔隙的总流量 $Q$:

$$Q = -\int_{b_{min}}^{b_{max}} q(b)\mathrm{d}N = \frac{\pi m(m+1)\sigma D_f b_{max}^{D_f}\cos\theta}{32\mu L^{D_T}}\int_{b_{min}}^{b_{max}} \frac{b^{D_T-D_f}[mb^2 + 6(m+1)L_s b + 32L_s^2]}{(m^2+1)b + 4(m+1)L_s}\mathrm{d}b$$
(8-47)

式(8-47)无法直接积分,需要采用数值积分。同时因为 $b_{max} \gg b_{min}$,为保证求解精度,采用 Gauss-Legendre 积分求解。构造线性变换:

$$b = \frac{b_{max} - b_{min}}{2}t + \frac{b_{max} + b_{min}}{2}$$
(8-48)

$$Q = \int_{b_{min}}^{b_{max}} f(b)\mathrm{d}b = \frac{b_{max} - b_{min}}{2}\int_{-1}^{1} f\left(\frac{b_{max} - b_{min}}{2}t + \frac{b_{max} + b_{min}}{2}\right)\mathrm{d}t$$

$$\approx \frac{b_{max} - b_{min}}{2}\sum_{k=0}^{n}\omega_k f\left(\frac{b_{max} - b_{min}}{2}t_k + \frac{b_{max} + b_{min}}{2}\right)$$
(8-49)

式中,$n$ 代表区间分段数;$t_k$ 为高斯点;$\omega_k$ 为对应权重系数。通过确定 $n$,查找高斯点和权重系数,如取 4 点公式:$t_k = \pm0.8611363$、$\pm0.3399810$,$\omega_k = 0.3478548$、$0.6521452$,叠加即可计算出结果。

式（8-49）整理得总流量 $Q$：

$$Q = \frac{\pi m(m+1)\sigma\cos\theta D_{\mathrm{f}} b_{\max}^{D_{\mathrm{f}}}(b_{\max}-b_{\min})}{64\mu L^{D_{\mathrm{T}}}} \sum_{k=0}^{n}\omega_k\left\{\frac{b_k^{D_{\mathrm{T}}-D_{\mathrm{f}}}[mb_k^2 + 6(m+1)L_{\mathrm{s}}b_k + 32L_{\mathrm{s}}^2]}{(m^2+1)b_k + 4(m+1)L_{\mathrm{s}}}\right\}$$

$$(8\text{-}50)$$

单位总孔隙面积 $A_{\mathrm{p}}$ 的表达式（8-23）推导于谢尔宾斯基地毯分形模型[29]，孔隙为椭圆时依然满足该关系：

$$A_{\mathrm{p}} = -\int_{b_{\min}}^{b_{\max}}\frac{\pi m b^2}{4}\mathrm{d}N = \frac{\pi m b_{\max}^2 D_{\mathrm{f}}}{4(2-D_{\mathrm{f}})}\left[1-\left(\frac{b_{\min}}{b_{\max}}\right)^{2-D_{\mathrm{f}}}\right] = \frac{\pi m b_{\max}^2 D^{\mathrm{f}}(1-\phi_{\mathrm{t}})}{4(2-D_{\mathrm{f}})} \quad (8\text{-}51)$$

所有弯曲毛管的实际平均流速为

$$\overline{v}_{\mathrm{t}} = \frac{Q}{A_{\mathrm{p}}} = \frac{\sigma\cos\theta_{\max}^{D_{\mathrm{f}}-2}(m+1)(2-D_{\mathrm{f}})(b_{\max}-b_{\min})}{16\mu(1-\phi)L^{D_{\mathrm{T}}}}\sum_{k=0}^{n}\omega_k\left\{\frac{b_k^{D_{\mathrm{T}}-D_{\mathrm{f}}}[mb_k^2 + 6(m+1)L_{\mathrm{s}}b_k + 32L_{\mathrm{s}}^2]}{(m^2+1)b_k + 4(m+1)L_{\mathrm{s}}}\right\}$$

$$(8\text{-}52)$$

将式（8-44）代入式（8-52），计算直线长度方向的自吸速度 $v_0$：

$$v_0 = \frac{\sigma\cos\theta b_{\max}^{D_{\mathrm{f}}-2}(m+1)(2-D_{\mathrm{f}})(D_{\mathrm{T}}+D_{\mathrm{f}}-1)(b_{\max}-b_{\min})}{16\mu D_{\mathrm{T}} D_{\mathrm{f}} b_{\min}^{1-D_{\mathrm{T}}}(1-\phi)L^{2D_{\mathrm{T}}-1}}\cdot\sum_{k=0}^{n}\omega_k\left\{\frac{b_k^{D_{\mathrm{T}}-D_{\mathrm{f}}}[mb_k^2 + 6(m+1)L_{\mathrm{s}}b_k + 32L_{\mathrm{s}}^2]}{(m^2+1)b_k + 4(m+1)L_{\mathrm{s}}}\right\}$$

$$= \frac{\mathrm{d}L}{\mathrm{d}t}$$

$$(8\text{-}53)$$

对时间 $t$ 积分，重新整理上式，得自吸直线长度 $L$：

$$L = \left(\frac{\sigma\cos\theta b_{\max}^{D_{\mathrm{f}}-2}(m+1)(2-D_{\mathrm{f}})(D_{\mathrm{T}}+D_{\mathrm{f}}-1)(b_{\max}-b_{\min})}{2\mu D_{\mathrm{f}} b_{\min}^{1-D_{\mathrm{T}}}(1-\phi)}\right.$$

$$\left.\cdot\sum_{k=0}^{n}\omega_k\left\{\frac{b_k^{D_{\mathrm{T}}-D_{\mathrm{f}}}[mb_k^3 + 6(m+1)L_{\mathrm{s}}b_k + 32L_{\mathrm{s}}^2]}{(m^2+1)b_k + 4(m+1)L_{\mathrm{s}}}\right\}\right)^{\frac{1}{2D_{\mathrm{T}}}}\cdot t^{\frac{1}{2D_{\mathrm{T}}}}$$

$$(8\text{-}54)$$

需要说明的是，计算累计自吸体积 $V$ 时应采用自吸面积乘以直线距离 $L$ 而非曲线距离 $L_{\mathrm{t}}$。统计学上，岩石的体积孔隙度 $\phi_{\mathrm{vol}}$、面孔隙度 $\phi_{\mathrm{area}}$、线孔隙度 $\phi_{\mathrm{line}}$ 三个数值应该相等，即 $\phi_{\mathrm{vol}} = \phi_{\mathrm{area}} = \phi_{\mathrm{line}} = \phi$。

自吸面积用 $A\phi$ 计算，$A\phi$ 乘以自吸长度 $L$，即为累计水相自吸体积：

$$V = A\phi\left(\frac{\sigma\cos\theta b_{\max}^{D_{\mathrm{f}}-2}(m+1)(2-D_{\mathrm{f}})(D_{\mathrm{T}}+D_{\mathrm{f}}-1)(b_{\max}-b_{\min})}{8\mu D_{\mathrm{f}} b_{\min}^{1-D_{\mathrm{T}}}(1-\phi)}\right.$$

$$\left.\cdot\sum_{k=0}^{n}\omega_k\left\{\frac{b_k^{D_{\mathrm{T}}-D_{\mathrm{f}}}[mb_k^2 + 6(m+1)L_{\mathrm{s}}b_k + 32L_{\mathrm{s}}^2]}{(m^2+1)b_k + 4(m+1)L_{\mathrm{s}}}\right\}\right)^{\frac{1}{2D_{\mathrm{T}}}}\cdot t^{\frac{1}{2D_{\mathrm{T}}}}$$

$$(8\text{-}55)$$

### 8.2.2　黏土孔隙分形自吸模型

#### 8.2.2.1　考虑边界滑移的平行平板内的流动方程

长度无限大、缝宽为 $w$ 的平行平板内的单相流体流动物理模型如图 8-15 所示。

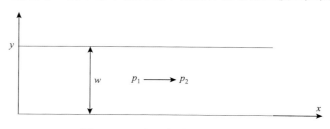

图 8-15　平行平板内层流示意图

平行平板内定为常层流不可压黏性流体，Navier-Stokes 方程可简化为

$$\mu \frac{\mathrm{d}^2 u}{\mathrm{d} y^2} = \frac{\mathrm{d} p}{\mathrm{d} x} = -\frac{\Delta p}{L} \tag{8-56}$$

其一般形式的解：

$$u = \frac{1}{-2\mu} \frac{\Delta p}{L} y^2 + C_1 y + C_2 \tag{8-57}$$

平行平板中心流速最大，流速梯度为零；而平行平板两端边界处满足边界 Navier 滑移模型。因此，边界条件为

$$\begin{cases} y = \dfrac{w}{2}, \dfrac{\partial u}{\partial y} = 0 \\ y = 0, u_{\mathrm{s}} = L_{\mathrm{s}} \dfrac{\partial u}{\partial y}; y = w, u_{\mathrm{s}} = -L_{\mathrm{s}} \dfrac{\partial u}{\partial y} \end{cases} \tag{8-58}$$

得到速度表达式：

$$u = \frac{1}{2\mu} \frac{\Delta p}{L}(wy - y^2 + L_{\mathrm{s}} w), (0 \leqslant y \leqslant w) \tag{8-59}$$

将整个平行平板积分，得到考虑边界滑移时的单个平行裂缝内的流量方程：

$$q = B \int_0^w \frac{1}{2\mu} \frac{\Delta p}{L}(wy - y^2 + L_{\mathrm{s}} w) \mathrm{d} y = \frac{Bw^3}{12\mu} \frac{\Delta p}{L} \left(1 + \frac{6L_{\mathrm{s}}}{w}\right) \tag{8-60}$$

式（8-60）为黏土孔隙自吸模型建立所需的基础流动方程，该方程与 Choi 等[38]得到的平板流动方程一致，这里进一步写成了滑移长度的函数，在滑移长度 $L_{\mathrm{s}} = 0$ 时，退化为无滑移平板流模型。

#### 8.2.2.2　单毛管自吸模型

黏土孔隙自吸作用力为毛管力加渗透压力，将平行平板下的毛管力方程（8-5），叠加渗透压方程（8-7），得到黏土孔隙自吸动力：

$$\Delta p = p_c + p_\pi = \frac{2\sigma\cos\theta}{w} + \varepsilon E_\pi RT(C_{sh} - C_f) \tag{8-61}$$

结合黏土孔自吸作用力方程（8-61）、平行平板流量方程（8-60），平行平板流量与时间关系：

$$q = Bw\frac{\mathrm{d}L}{\mathrm{d}t} \tag{8-62}$$

得到单黏土孔隙自吸长度：

$$L = \sqrt{\frac{\sigma\cos\theta}{3\mu}(w + 6L_s) + \frac{\varepsilon E_o RT(C_t - C_f)}{6\mu}(w^2 + 6L_s w)} \cdot \sqrt{t} \tag{8-63}$$

式（8-63）即毛管力和渗透压共同作用下的单毛管自吸模型，整理该式可以发现总自吸距离与毛管力、渗透压单独作用下的自吸距离满足平方和关系：

$$L = \sqrt{\frac{(p_{cp} + p_\pi)(w^2 + 6L_s w)}{3\mu}} \cdot \sqrt{t} = \sqrt{L_{cp}^2 + L_\pi^2} \tag{8-64}$$

黏土孔隙同时受毛管力和渗透压作用，因此主控机制取决于毛管力和渗透压的相对大小。毛管力由润湿性、表面张力、黏土片缝宽决定；渗透压受黏土矿物孔隙度、CEC、浓度差、离子类型、温度影响。边界滑移和流体黏土是共同影响因素。

### 8.2.2.3　分形毛管束自吸模型

圆形孔隙的分形统计性质，对于平行平板孔隙一样适用。将式（8-25）中圆管测量尺度孔隙直径 $d$ 用黏土孔宽度 $w$ 来代替，可得黏土孔隙迂曲流线与直线距离的关系：

$$L_t(w) = w^{1-D_T}L^{D_T} \tag{8-65}$$

同理，式（8-65）两边取微分得

$$v_t(w) = D_T(L/w)^{D_T-1}v_0 \tag{8-66}$$

采用与式（8-27）相同的思路，将式（8-66）对黏土孔隙缝宽的概率密度函数 $f(w)$ 积分，即可得到所有弯曲黏土毛管的实际平均流速：

$$\bar{v}_t = \int_{w_{min}}^{w_{max}} v_t(w)f(w)\mathrm{d}w = \frac{D_T D_f}{D_T + D_f - 1}w_{min}^{1-D_T}L^{D_T-1}v_0 \tag{8-67}$$

假设黏土片孔隙的侧面长度 $B$ 与宽度 $w$ 保持固定的比例 $\xi$，将自吸作用压差式（8-61）、式（8-65）代入平行平板流量方程（8-60），整理后得到单毛管自吸流量：

$$q = \frac{\xi\sigma\cos\theta}{6\mu}\frac{1}{L^{D_T}}(w^{2+D_T} + 6L_s w^{1+D_T}) + \frac{\xi}{12\mu}\frac{p_\pi}{L^{D_T}}(w^{3+D_T} + 6L_s w^{2+D_T}) \tag{8-68}$$

黏土孔隙缝宽同样满足分形标度关系，将圆形孔隙的分形标度关系式改写为关于缝宽 $w$ 的数量分布：

$$-\mathrm{d}N = D_f w_{max}^{D_f} w^{-(D_f+1)}\mathrm{d}w \tag{8-69}$$

同理，单毛管流量 $q$ 对所有黏土孔隙积分即得到所有黏土孔隙的总流量 $Q$：

$$Q = -\int_{w_{min}}^{w_{max}} q(w)\mathrm{d}N = \frac{\xi\sigma\cos\theta}{6\mu}\frac{D_f}{L^{D_T}}(A_1 + 6L_s B_1) + \frac{\xi p_\pi}{12\mu}\frac{D_f}{L^{D_T}}(C_1 6L_s A_1) \tag{8-70}$$

其中，

$$A_1 = \frac{w_{\max}^{2+D_T}(1-\beta^{2+D_T-D_f})}{2+D_T-D_f}; B_1 = \frac{w_{\max}^{1+D_T}(1-\beta^{1+D_T-D_f})}{1+D_T-D_f}; C_1 = \frac{w_{\max}^{3+D_T}(1-\beta^{3+D_T-D_f})}{3+D_T-D_f}$$

单位总孔隙面积 $A_p$ 的表达式（8-23）推导于谢尔宾斯基地毯分形模型[29]，孔隙为其他形状时依然满足该关系，因此黏土孔隙面积为

$$A_p = -\int_{w_{\min}}^{w_{\max}} \xi w^2 dN = \frac{\xi w_{\max}^2 D_f}{2-D_f}\left[1-\left(\frac{w_{\min}}{w_{\max}}\right)^{2-D_f}\right] = \frac{\xi w_{\max}^3 D_f (1-\phi)}{2-D_f} \qquad (8-71)$$

根据式（8-70）和式（8-71），所有弯曲毛管的实际平均流速为

$$\bar{v}_t = \frac{Q}{A_p} = \frac{2-D_f}{(1-\phi)}\left[\frac{\sigma\cos\theta}{6\mu}\frac{1}{L^{D_T}}(A_2+6L_sB_2)+\frac{p_o}{12\mu}\frac{1}{L^{D_T}}(C_2+6L_sA_2)\right] \qquad (8-72)$$

其中，

$$A_2 = \frac{w_{\max}^{D_T}(1-\beta^{2+D_T-D_f})}{2+D_T-D_f}; B_2 = \frac{w_{\max}^{D_T-1}(1-\beta^{1+D_T-D_f})}{1+D_T-D_f}; C_2 = \frac{w_{\max}^{1+D_T}(1-\beta^{3+D_T-D_f})}{3+D_T-D_f}; \beta = \frac{w_{\min}}{w_{\max}}$$

将式（8-72）代入式（8-67），计算直线长度方向的自吸速度 $v_0$：

$$v_0 = \frac{(D_T+D_f-1)(2-D_f)}{D_T D_f w_{\min}^{1-D_T}(1-\phi)}\left[\frac{\sigma\cos\theta}{6\mu}\frac{1}{L^{2D_T-1}}(A_2+6L_sB_2)+\frac{p_\pi}{12}\frac{1}{L^{2D_T-1}}(C_2+6L_sA_2)\right] = \frac{dL}{dt}$$
$$(8-73)$$

对时间 $t$ 积分，重新整理式（8-73），得自吸直线长度 $L$：

$$L = \left\{\frac{(D_T+D_f-1)(2-D_f)}{D_f w_{\min}^{1-D_T}(1-\phi)}\left[\frac{\sigma\cos\theta}{3\mu}(A_2+6L_sB_2)+\frac{p_\pi}{6\mu}(C_2+6L_sA_2)\right]\right\}^{\frac{1}{2D_T}} \cdot t^{\frac{1}{2D_T}}$$
$$(8-74)$$

根据毛管力和渗透压作用机制划分，可将式（8-74）变形为

$$L^{2D_T} = L_{cp}^{2D_T} + L_\pi^{2D_T} \qquad (8-75)$$

多种作用力机制下，总自吸长度与作用力单独自吸长度之间满足 $2D_T$ 次方和关系。其中，毛管力作用下自吸长度 $L_{cp}$ 为

$$L_{cp} = \left\{\frac{(D_T+D_f-1)(2-D_f)}{D_f w_{\min}^{1-D_T}(1-\phi)}\left[\frac{\sigma\cos\theta}{3\mu}(A_2+6L_sB_2)\right]\right\}^{\frac{1}{2D_T}} \cdot t^{\frac{1}{2D_T}} \qquad (8-76)$$

渗透压作用下自吸长度 $L_\pi$ 为

$$L_\pi = \left\{\frac{(D_T+D_f-1)(2-D_f)}{D_f w_{\min}^{1-D_T}(1-\phi)}\left[\frac{p_o}{6\mu}(C_2+6L_sA_2)\right]\right\}^{\frac{1}{2D_T}} \cdot t^{\frac{1}{2D_T}} \qquad (8-77)$$

根据页岩多重孔隙度劈分结果，黏土矿物自吸孔隙面积为 $A_c = A\phi_{tc}$，黏土孔隙累计自吸体积为

$$V_{\text{clay}} = A\phi_{\text{tc}} \left\{ \frac{(D_{\text{T}} + D_{\text{f}} - 1)(2 - D_{\text{f}})}{D_{\text{f}} w_{\min}^{1-D_{\text{T}}} (1-\phi)} \left[ \frac{\sigma \cos\theta}{3\mu} (A_2 + 6L_{\text{s}}B_2) + \frac{p_{\text{o}}}{6\mu} (C_2 + 6L_{\text{s}}A_2) \right] \right\}^{\frac{1}{2D_{\text{T}}}} \cdot t^{\frac{1}{2D_{\text{T}}}}$$

$$(8\text{-}78)$$

当不考虑渗透压时，式（8-78）右边括号内第二项为零，即简化为毛管力作用下平板裂缝分形自吸模型，简化后模型与圆形毛管分形自吸模型［式（8-55）］具有形式一致性。

### 8.2.3　页岩多重孔隙分形自吸模型

#### 8.2.3.1　模型建立

根据页岩多重孔隙劈分模型，页岩总孔隙度 $\phi$ 可以分解为有机孔、脆性矿物孔、黏土孔三重孔隙分别所占的总孔隙度 $\phi_{\text{to}}$、$\phi_{\text{tb}}$、$\phi_{\text{tc}}$。累计水相自吸体积 $V_{\text{im}}$ 为有机孔、脆性矿物孔、黏土孔自吸量的叠加，即页岩多重孔隙分形自吸模型为[39]

$$V_{\text{im}} = V_{\text{imo}} + V_{\text{imb}} + V_{\text{imc}} = A_{\text{f}}\phi_{\text{to}}L_{\text{o}} + A_{\text{f}}\phi_{\text{tb}}L_{\text{b}} + A_{\text{f}}\phi_{\text{tc}}L_{\text{c}} \qquad (8\text{-}79)$$

式中，$V_{\text{im}}$ 为页岩总自吸量，$\text{m}^3$；$V_{\text{imo}}$、$V_{\text{imb}}$、$V_{\text{imc}}$ 分别为有机孔、脆性矿物孔、黏土孔的自吸量，$\text{m}^3$；$A_{\text{f}}$ 为水相与页岩的接触面积，$\text{m}^2$。

有机孔、脆性矿物孔的自吸均满足式（8-54）和式（8-55）。由于有机孔和脆性孔的各项微观结构及物理性质参数存在显著差异，为便于计算，将自吸模型分开计算表达。

有机孔的分形毛管束自吸模型为

$$L_{\text{o}} = \left( \frac{\sigma \cos\theta_{\text{o}} b_{\text{maxo}}^{D_{\text{fo}}-2} (m_{\text{o}}+1)(2-D_{\text{fo}})(D_{\text{To}} + D_{\text{fo}}^{-1})(b_{\text{maxo}} - b_{\text{mino}})}{8\mu D_{\text{fo}} b_{\text{mino}}^{1-D_{\text{T}}} (1-\phi)} \right.$$

$$\left. \cdot \sum_{k=0}^{n} \omega_k \left\{ \frac{b_{ko}^{D_{\text{To}}-D_{\text{fo}}} [m_{\text{o}} b_{ko}^2 + 6(m_{\text{o}}+1)L_{\text{so}}b_{ko} + 32L_{\text{so}}^2]}{(m_{\text{o}}^2+1)b_{ko} + 4(m_{\text{o}}+1)L_{\text{s}}} \right\} \right)^{\frac{1}{2D_{\text{To}}}} \cdot t^{\frac{1}{2D_{\text{To}}}}$$

$$（8\text{-}80）$$

脆性矿物孔的分形毛管束自吸模型为

$$L_{\text{b}} = \left( \frac{\sigma \cos\theta_{\text{b}} b_{\text{maxb}}^{D_{\text{fb}}-2} (m_{\text{b}}+1)(2-D_{\text{fb}})(D_{\text{Tb}} + D_{\text{fb}}^{-1})(b_{\text{maxb}} - b_{\text{minb}})}{8\mu D_{\text{fb}} b_{\text{minb}}^{1-D_{\text{T}}} (1-\phi)} \right.$$

$$\left. \cdot \sum_{k=0}^{n} \omega_k \left\{ \frac{b_{kb}^{D_{\text{Tb}}-D_{\text{fb}}} [m_{\text{b}} b_{kb}^2 + 6(m_{\text{b}}+1)L_{\text{sb}}b_{kb} + 32L_{\text{sb}}^2]}{(m_{\text{b}}^2+1)b_{kb} + 4(m_{\text{b}}+1)L_{\text{s}}} \right\} \right)^{\frac{1}{2D_{\text{Tb}}}} \cdot t^{\frac{1}{2D_{\text{Tb}}}}$$

$$（8\text{-}81）$$

其中，

$$\begin{cases} b_{ko} = \dfrac{b_{\text{maxo}} - b_{\text{mino}}}{2} t_k + \dfrac{b_{\text{maxo}} + b_{\text{mino}}}{2} \\[3mm] b_{kb} = \dfrac{b_{\text{maxb}} - b_{\text{minb}}}{2} t_k + \dfrac{b_{\text{maxb}} + b_{\text{minb}}}{2} \end{cases}$$

式（8-80）、式（8-81）中采用了 Gauss-Legendre 积分，$n$ 代表区间分段数，$t_k$ 为高斯点，$\omega_k$ 为对应权重系数。

基于式（8-74），将黏土孔自吸长度的分形模型改写为

$$L_{\text{c}} = \left\{ \frac{(D_{\text{Tc}} + D_{\text{fc}} - 1)(2 - D_{\text{fc}})}{D_{\text{fc}} w_{\min}^{1 - D_{\text{Tc}}} (1 - \phi)} \left[ \frac{\sigma \cos\theta_{\text{c}}}{3\mu}(A_2 + 6 L_{\text{sc}} B_2) + \frac{p_{\pi}}{6\mu}(C_2 + 6 L_{\text{sc}} A_2) \right] \right\}^{\frac{1}{2 D_{\text{Tc}}}} \cdot t^{\frac{1}{2 D_{\text{Tc}}}}$$

（8-82）

其中，

$$A_2 = \frac{w_{\max}^{D_{\text{Tc}}}(1 - \beta_{\text{c}}^{2 + D_{\text{Tc}} - D_{\text{fc}}})}{2 + D_{\text{Tc}} - D_{\text{fc}}}; \quad B_2 = \frac{w_{\max}^{D_{\text{Tc}} - 1}(1 - \beta_{\text{c}}^{1 + D_{\text{Tc}} - D_{\text{fc}}})}{1 + D_{\text{Tc}} - D_{\text{fc}}}; \quad C_2 = \frac{w_{\max}^{1 + D_{\text{Tc}}}(1 - \beta_{\text{c}}^{3 + D_{\text{Tc}} - D_{\text{fc}}})}{3 + D_{\text{Tc}} - D_{\text{fc}}}; \quad \beta_{\text{c}} = \frac{w_{\min}}{w_{\max}}$$

#### 8.2.3.2　模型验证

为进一步验证模型正确性，通过井下页岩岩心的自吸实验进行对比。

实验方法：设计顺向式自吸实验[39, 40]；采用热缩管包裹岩心圆周面；采用岩样下面端面自吸；自吸流体为蒸馏水；采用赛多利斯 QUINTIX224-1CN 分析天平自动称重计量自吸量。

实验步骤：首先制备页岩标准小岩心柱及相关余样，测试相关岩心及自吸流体的基础参数；然后将岩心放置于烘箱内干燥 10h 以上，进行称重，采用热缩管包裹岩心圆周面；最后通过分析天平监测自吸量随时间的变化，实验后也进行同样的干燥处理和称重。实验装置如图 8-16 所示。

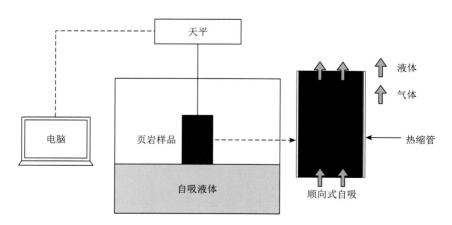

图 8-16　顺向自吸实验装置示意图

用于自吸计算的实验岩样及流体基础参数如表 8-5 所示。

**表 8-5　岩样及测试流体基础参数**

| 参数 | 数值 | | | 参数来源 |
|---|---|---|---|---|
| | 有机孔 | 脆性矿物孔 | 黏土孔隙 | |
| 润湿接触角 $\theta/(°)$ | 80.4 | 16.2 | 11.5 | 接触角测试及反算 |
| 边界滑移长度 $L_s/nm$ | 4.41 | 1.56 | 1.53 | 接触角拟合 |
| 最大孔隙尺寸 $b_{max}/nm$ | 627 | 1020 | 461 | FESEM |
| 最小孔隙尺寸 $b_{min}/nm$ | 1.47 | 7.5 | 1.47 | 孔径测试 |
| 孔隙长宽比 $AR/m$ | 2.336 | 3.286 | \ | FESEM |
| 矿物密度 $\rho/(g/cm^3)$ | 1.25 | 2.78 | 2.681 | Schön[41] |
| 分形维数 $D_f$ | 2.681 | 2.549 | 2.619 | FESEM |
| 迂曲度分形维数 $D_T$ | 1.212 | 1.297 | 1.255 | 模型计算 |
| 矿物孔隙度（ $\phi_o$、 $\phi_b$、 $\phi_c$ ）/% | 20.08 | 0.88 | 7.84 | 多重孔隙劈分 |
| 所占岩心孔隙度（ $\phi_{to}$、 $\phi_{tb}$、 $\phi_{tc}$ ）/% | 1.534 | 0.676 | 1.600 | 多重孔隙劈分 |
| 阳离子交换容量 $E_{CEC}/(mmol/100g)$ | 3.7 | | | 亚甲基蓝法测试 |
| 水相-岩心接触面积 $A_f/cm^2$ | 6.45 | | | 实验测试 |
| 水相黏度 $\mu/(mPa·s)$ | 1 | | | 实验测试 |
| 气水界面张力 $\sigma/(mN/m)$ | 74.1 | | | 实验测试 |
| 阳、阴离子与水摩擦系数比 $R_{ca-m}$ | 1.8 | | | 常数 |
| 阳、阴离子与半透膜摩擦系数比 $R_{ca-w}$ | 1.63 | | | 常数 |
| 阴离子-半透膜与阳离子-水摩擦系数比 $R_{a-mw}$ | 1.37 | | | 回归计算 |
| 地层水矿化度 $C_{ini}/(mol/L)$ | 0.525 | | | 色谱仪测试 |
| 实验温度 $T/K$ | 293 | | | 温度计测试 |
| 压裂液矿化度 $C_f/(mol/L)$ | 0.017 | | | 压裂液配方计算 |
| 气体常数 $R/[(L·Pa)/(mol·K)]$ | 8314.5 | | | 常数 |

从实验结果来看（图 8-17），自吸量与自吸时间的双对数曲线分为 3 个阶段：

阶段一：自吸量 $V$ 与时间 $t$ 双对数呈良好的线性关系，斜率为 0.3897，即自吸的时间指数为 0.3897，低于均匀多孔介质的数值（0.5），这正是页岩分形特征的体现。本段线性关系最好，正是完全遵循水相自吸流动过程的体现，孔隙微观结构尚无改变。

阶段二：双对数曲线线性相关性降低，从曲线形态上看，曲线斜率先增加再降低，平均斜率为 0.4423，较阶段一有大幅增加，这是因为页岩吸水产生诱导裂缝。产生诱导裂缝后增加孔隙、改善微观结构，故时间指数增加。

阶段三：曲线斜率降低，仅为 0.1821，逐渐趋近于平衡，这是因为自吸后水相饱和度逐渐增加，不断充填孔隙，孔隙逐渐接近饱和，故自吸速率降低。

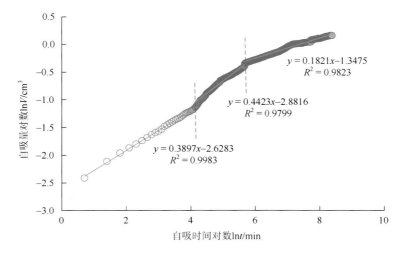

图 8-17　实验测试自吸量和自吸时间的双对数曲线

　　为与理论模型进行对比，应选用尚未产生诱导裂缝的数据进行验证，因此选择阶段一的数据进行对比。可以看出理论计算的时间指数为 0.3992，与实验测试中阶段一的结果（0.3897）十分接近。

　　在阶段一（自吸前 70min）理论计算值与实验测试值十分接近，充分证明了本书理论模型的准确性［图 8-18（a）］。从 70min 后进入阶段二、阶段三，其伴随着诱导裂缝、岩心尺寸效应的影响，自吸体积的增幅先升高、后降低，中间局部波动［图 8-18（b）］。中段测试值比理论值高是因为产生诱导裂缝促进了自吸，后段测试值比理论值低，是因为岩心尺寸效应，自吸趋于饱和，自吸速度降低，这与图 8-18 中的三个阶段划分是一致的。

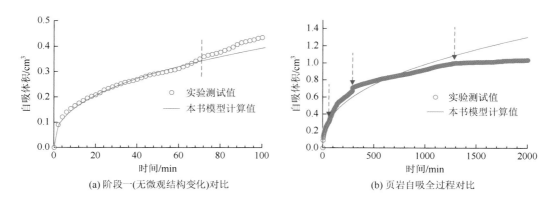

(a) 阶段一(无微观结构变化)对比　　　　(b) 页岩自吸全过程对比

图 8-18　理论模型计算值与实验测试值结果对比

　　从整个自吸实验过程来看，页岩实际的自吸是水相流动和微观结构动态改变的耦合过程，而传统砂岩等岩石自吸过程中微观结构几乎不发生改变，这便是页岩自吸的又一特点。

## 8.2.4　页岩多重孔隙水相自吸规律分析

### 8.2.4.1　自吸能力表征

无论是非黏土孔隙还是黏土孔隙的单毛管自吸模型、分形自吸模型，自吸长度和自吸体积均表现为以下形式：

$$V = C_{imV}t^{m} = A_{im}L = A_{im}C_{imL}t^{m} \tag{8-83}$$

式中，$m$ 为自吸时间指数，无因次，单毛管自吸时取 0.5，分形孔隙自吸时取 $1/(2D_T)$；$C_{imL}$ 为长度自吸系数，$mm/s^{m}$，数值为 $t = 1$ 时的自吸长度；$C_{imV}$ 为体积自吸系数，$cm^3/s^{m}$，数值为 $t = 1$ 时的自吸体积。

压裂液滤失与时间的关系为 $v = C_{w}t^{0.5}$，其中滤失系数 $C_{w}$ 代表滤失能力。借鉴该思路，式（8-83）中自吸系数反映了页岩孔隙的自吸能力。长度自吸系数反映自吸深度或长度的能力，体积自吸系数反映自吸量的能力。体积自吸系数和长度自吸系数之间满足自吸面积的倍数关系，即 $C_{imV} = A_{im}C_{imL}$。

### 8.2.4.2　自吸时间指数

基于单毛管（或均匀毛管束）自吸模型，自吸量与自吸时间关系为

$$V = C_{imV}t^{1/2} = A_{im}C_{imL}t^{1/2} \tag{8-84}$$

基于分形自吸模型，自吸量可以写为以下形式：

$$V = C_{imV}t^{1/(2D_T)} = A_{im}C_{imL}t^{1/(2D_T)} \tag{8-85}$$

对比毛管束模型，自吸时间指数仅时间指数不同，是均匀毛管束模型和分形自吸模型之间的差异。分形自吸模型则时间指数小于 0.5，这与分形模型表征的非均质孔隙分布有关。Li 等[42]、蔡建超等[43]也曾论述了分形多孔介质自吸时间指数不等于 0.5 的情况。Yang 等[44]、Singh[45]总结了页岩自吸实验的时间指数为 0.1～0.5，与非均质孔隙分布（分形特征）、孔隙连通性、黏土矿物诱发裂缝等有关。

从自吸量来说，自吸时间是关键因素，因此压后是否闷井对返排率至关重要。闷井时间越长，累计自吸量越大，返排率越低。

### 8.2.4.3　孔隙形态

不同长宽比下的流速剖面如图 8-19 所示，长宽比较大时，整体流速损失较大。在无滑移时，毛管壁面流速均为零，但毛管中心的流速（最大流速）差异较大，长宽比较大时中心流速显著降低。

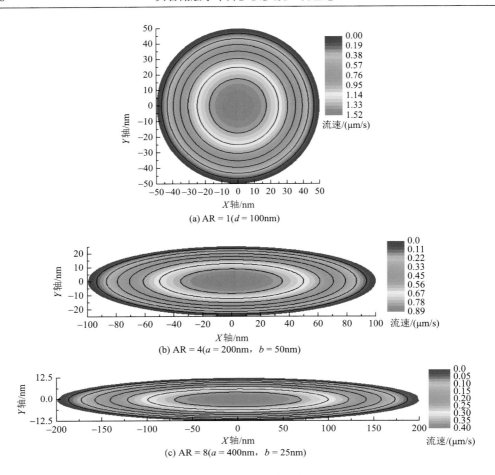

(a) AR = 1($d$ = 100nm)

(b) AR = 4($a$ = 200nm，$b$ = 50nm)

(c) AR = 8($a$ = 400nm，$b$ = 25nm)

图 8-19　不同长宽比椭圆管内的流速剖面（$L_s$ = 0nm）

　　流速与自吸系数分析。在相同的截面积条件下，不同长宽比时自吸参数如图 8-20 所示，随椭圆长宽比（AR）增加，毛管力增加，但平均流速（流量）却大幅下降，当（AR）>10 时，降幅近 70%［图 8-20（a）］。长度自吸系数随椭圆孔隙长宽比的增加呈下凹式降低，长宽比超过 15 后降幅较小；滑移长度越小，对孔隙形态的影响越突出［图 8-20（b）］。

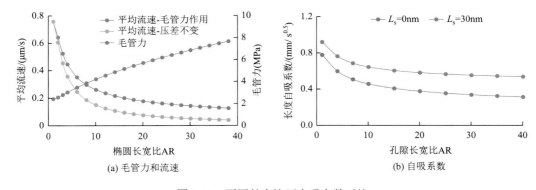

(a) 毛管力和流速

(b) 自吸系数

图 8-20　不同长宽比下自吸参数对比

## 8.2.4.4　孔隙尺寸与滑移长度

（1）孔隙尺寸。以圆管为例，平均流速与直径呈线性正相关，流量与直径呈平方正相关（图 8-21）。虽然孔隙直径越小，毛管力越高，自吸后的水相难以在生产时排出，因此返排率更低，但自吸过程中的流速和流量仍然更低。

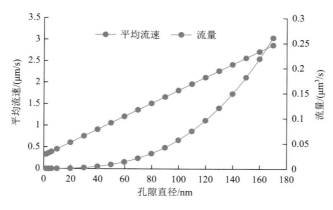

图 8-21　不同孔径下的流速与流量

（2）边界滑移。对比不同孔径时，可以发现边界滑移的影响取决于孔径和滑移长度的相对大小（图 8-22）。在滑移长度和孔径数量级相当时，流速随滑移长度增加而显著增加，增加可达数倍，但滑移长度超过 30nm 后增加倍数变化较小。当孔隙尺寸大于滑移长度 1 个数量级以上时，影响较小，当大于 2 个数量级时，边界滑移影响完全可以忽略。这就是孔喉尺寸较大的砂岩、碳酸盐岩不用考虑边界滑移的原因。

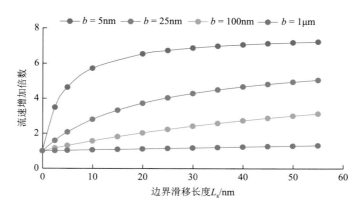

图 8-22　不同椭圆孔尺寸及滑移长度时的流速增加倍数

（3）自吸系数分析。如图 8-23 所示，在纳米尺度范围内，在孔隙尺寸及滑移长度较小时，自吸系数呈现上凸式增加，而在孔隙尺寸和滑移长度较大时，自吸系数的增加近似为线性。

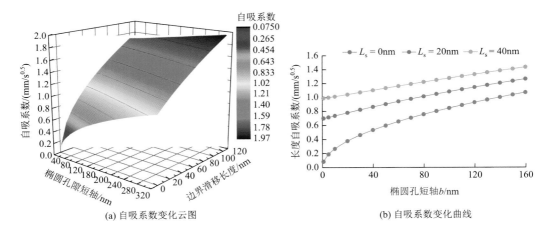

(a) 自吸系数变化云图　　　　　　　　　(b) 自吸系数变化曲线

图 8-23　长度自吸系数与滑移长度、孔隙尺寸关系（AR = 4）

### 8.2.4.5　分形参数

（1）孔径分形维数。如图 8-24 所示，分形维数增加，即相同孔径分布区间内，小孔隙的数量占比更高，椭圆孔隙短轴平均值降低；自吸系数也降低，在高分形维数阶段，自吸系数降低幅度更高。该分形自吸模型中分形统计性质基于二维分析模型，故分形维数取值范围为 1～2。

（2）迂曲度分形维数。如图 8-25 所示，迂曲度分形维数增加，自吸系数呈下凹式显著下降，这是因为迂曲度分形维数增加，其对应的孔隙平均迂曲度增加，流动通道更加曲折，直线距离更短。

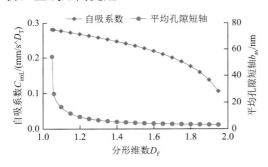
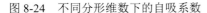

图 8-24　不同分形维数下的自吸系数

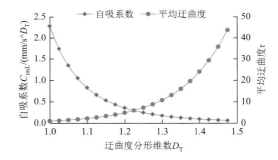

图 8-25　不同迂曲度分形维数下的自吸系数

### 8.2.4.6　流体性质

（1）润湿接触角。接触角直接影响毛管力的大小，同时也影响边界滑移长度的大小，润湿性对自吸系数的影响突出。随接触增加，自吸系数降低，尤其在接触角超过 45° 后降幅较大（图 8-26）。

（2）表面张力。表面张力直接决定毛管力的大小，自吸系数与表面张力满足平方根关系，随表面张力的增加而增加（图 8-27）。压裂液中加入表面活性剂，降低表面张力，自吸能力则会减弱，这是砂岩等常规储层中添加表面活性剂促进返排的基本原理。

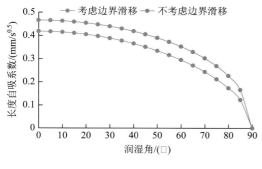

图 8-26　自吸系数与润湿角关系

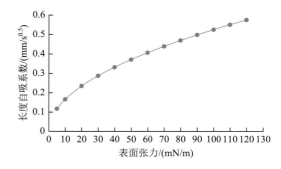

图 8-27　自吸系数与表面张力关系

（3）水相黏度。从图 8-28 可以看出，黏度的影响规律则与表面张力刚好相反，黏度对自吸系数的影响更为显著。滑溜水（黏度为几个毫帕/秒）的自吸系数是线性胶（黏度在 50mPa·s 以上）的数倍，而页岩压裂滑溜水占比较高，自吸作用十分显著。

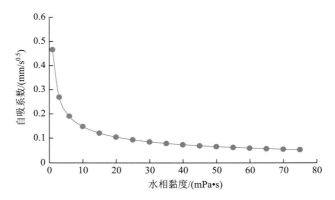

图 8-28　自吸系数与水相黏度关系

### 8.2.4.7　自吸面积

自吸面积对自吸的影响尤为突出，自吸的体积系数与长度系数满足自吸面积的倍数关系，即体积自吸系数与自吸面积为线性关系。

$$V = C_{\mathrm{imV}} t^{1/(2D_{\mathrm{T}})} = A_{\mathrm{f}} \phi C_{\mathrm{imL}} t^{1/(2D_{\mathrm{T}})}$$

（1）压裂缝面积。自吸面积 $A_{\mathrm{im}}$ 为压裂缝表面积 $A_{\mathrm{f}}$ 与孔隙度 $\phi$ 的乘积。自吸能力与压裂缝表面积 $A_{\mathrm{f}}$、孔隙度 $\phi$ 呈线性正相关。尤其是压裂缝面积的影响显著，页岩压裂改造体积和裂缝面积大，体积自吸系数高，这是页岩压后返排率低的重要原因之一。

（2）孔隙度。如图 8-29 所示，长度自吸系数与孔隙度呈线性正相关，而体积自吸系数与孔隙度呈上凹式增加。这是因为孔隙度越大，孔道迂曲度越小，流线越平直，越易流动；同时孔隙度增加，还能增加自吸面积，故从体积自吸系数上看，孔隙度影响更为明显。

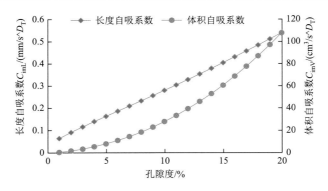

图 8-29　孔隙度对自吸系数的影响

### 8.2.4.8　渗透压作用

（1）矿化度差 $\Delta C$。自吸系数与矿化度差的关系如图 8-30 所示，随着地层水与外来压裂液间的浓度差增大，渗透压作用下的自吸系数也大幅增加；当矿化度差低于 9000ppm[①]时，毛管力自吸大于渗透压自吸，当矿化度差大于 9000ppm 时，渗透压自吸大于毛管力自吸。

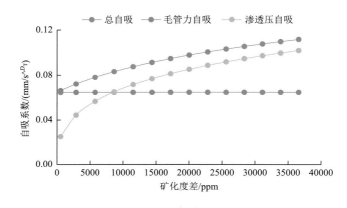

图 8-30　不同矿化度差下的自吸系数

（2）阳离子交换容量。如图 8-31 所示，阳离子交换容量增加，黏土孔隙半透膜效率增加，渗透压增加，自吸系数增加；阳离子容量超过 5mmol/100g 后影响程度较小。

（3）黏土孔隙度。如图 8-32 所示，黏土孔隙度增加，即黏土片间的距离越大，半透膜效率越低，因此渗透压越低，渗透压作用下的自吸系数越低。

### 8.2.4.9　页岩多重孔隙自吸能力对比

（1）自吸长度对比。如图 8-33 所示，在三类孔隙中，黏土孔的自吸长度最大，从长度自吸系数看，黏土孔最高，其次为脆性矿物孔，有机孔最低。自吸过程中，黏土孔的自吸速度最快，而有机孔最慢。在相同时间下，就水相自吸侵入的深度而言，黏土孔最深，有机孔最浅，自吸过程并非活塞驱替，而是非均匀前进。这主要反映在黏土孔除毛管力外还

---

① 注：1ppm=1×10$^{-6}$。

受渗透压作用，而有机孔润湿性较差，毛管力较小；在孔径、分形维数、迂曲度分形维数、孔隙形态方面的差异也是部分原因。

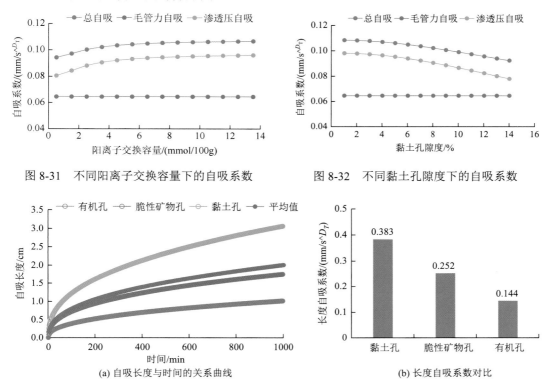

图 8-31　不同阳离子交换容量下的自吸系数　　　　图 8-32　不同黏土孔隙度下的自吸系数

(a) 自吸长度与时间的关系曲线　　　　(b) 长度自吸系数对比

图 8-33　不同类型孔隙自吸长度对比

（2）自吸体积对比：自吸体积取决于自吸长度和各类孔隙度的比重。如图 8-34 所示，黏土孔的自吸体积远大于有机孔和脆性矿物孔。在 1000min 时，黏土孔、脆性矿物孔、有机孔自吸量分别为 0.631cm³、0.153cm³、0.201cm³，黏土孔自吸量远大于脆性矿物孔和有机孔。这是因为黏土孔本身长度自吸系数更高，同时黏土孔的孔隙度占比最高。考虑到黏土孔诱导裂缝主要在黏土孔隙中产生，因此实际自吸量中的黏土孔含水比重会更高。

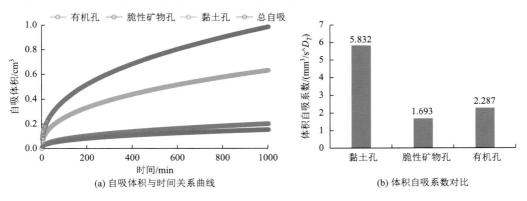

(a) 自吸体积与时间关系曲线　　　　(b) 体积自吸系数对比

图 8-34　不同类型孔隙自吸体积对比

## 8.3　水相自吸对页岩物性和结构影响

由于页岩具有特殊的微观结构，在自吸过程中，在毛管力和渗透压作用下，骨架应力会发生改变，破坏微观结构，从而影响渗透率等物性参数。在明确自吸流动规律基础上，进一步分析水相自吸后能否改善页岩的物性参数，这对于回答自吸量是否越高越好、压后是否需要闷井十分必要。

### 8.3.1　物性参数

#### 8.3.1.1　自吸实验

**1. 无围压自吸实验**

采用图 8-16 中的顺向自吸实验装置进行浸泡自吸测试，测试液体包括：滑溜水、线性胶、破胶液、蒸馏水、2%KCl 溶液、煤油。由于各个岩心孔隙体积不同，为便于将不同岩样的实验结果进行对比，定义自吸饱和度 $S_{\text{im}}$：

$$S_{\text{im}} = \frac{V_{\text{im}}}{V_{\text{pb}}}\tag{8-86}$$

式中，$S_{\text{im}}$ 为自吸饱和度，%；$V_{\text{pb}}$ 为岩样自吸实验前的孔隙体积，$\text{cm}^3$。

不同液体的自吸曲线如图 8-35 所示，自吸初期自吸能力排序：蒸馏水＞2%KCl 溶液＞破胶液＞线性胶＞滑溜水＞煤油。自吸后期自吸能力排序：蒸馏水＞破胶液＞线性胶＞滑溜水＞2%KCl 溶液＞煤油（表 8-6）。

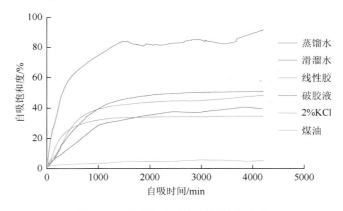

图 8-35　自吸饱和度与时间关系曲线

表 8-6　不同液体在页岩条件下的自吸结果

| 序号 | 液体类型 | 岩样渗透率/mD | 岩样孔隙度/% | 孔隙体积/cm³ | 累计自吸量/cm³ | 累计自吸饱和度/% |
|---|---|---|---|---|---|---|
| 1 | 蒸馏水 | 0.00308 | 2.02 | 0.5300 | 0.4840 | 91.32 |
| 2 | 滑溜水 | 0.00150 | 3.89 | 1.0050 | 0.3981 | 39.36 |
| 3 | 线性胶 | 0.02870 | 6.52 | 1.6539 | 0.7982 | 48.26 |

续表

| 序号 | 液体类型 | 岩样渗透率/mD | 岩样孔隙度/% | 孔隙体积/cm³ | 累计自吸量/cm³ | 累计自吸饱和度/% |
|---|---|---|---|---|---|---|
| 4 | 破胶液 | 0.1110 | 6.95 | 1.7783 | 0.9042 | 50.85 |
| 5 | 2% KCl 溶液 | 0.0340 | 8.69 | 2.3325 | 0.8087 | 34.61 |
| 6 | 煤油 | 0.0169 | 6.35 | 1.6539 | 0.0851 | 5.51 |

　　从自吸后期的实验结果来看，与初期存在一定差异。2%KCl 溶液在初期自吸速率高，后期自吸速率低，这是因为实验条件下初期渗透压为正，而后期渗透压为负。煤油在初期自吸速率较高，后期自吸速率较低，是因为煤油自吸不会产生诱导缝，随含水饱和度增加，自吸速率降低。测试的滑溜水和破胶液自吸量排序与理论计算认识有所差异，因为实验测试包含了孔隙结构的差异。在仅考虑液体性能参数时，滑溜水的自吸能力应比破胶液和线性胶更高。

　　从孔隙度来看（图 8-36），蒸馏水、滑溜水、线性胶、破胶液自吸后孔隙度均有不同程度增加，而 2%KCl、煤油自吸对孔隙度影响不明显。煤油自吸后孔隙度略有降低，可能是因为煤油自吸后无法通过烘干等手段完全排出。从渗透率来看（图 8-37），整体测试结果与孔隙度的分析结果一致，除了煤油，其他水基液体自吸后渗透率改善均在 2 个数量级以上。

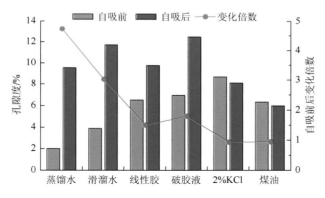

图 8-36　自吸前后孔隙度对比

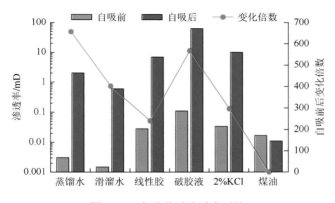

图 8-37　自吸前后渗透率对比

### 2. 带围压自吸实验

采用岩心夹持器对岩心进行围压控制，计量管通过体积法记录自吸量[39,40]，整个自吸实验装置如图 8-38 所示，自吸端与计量管相连，排出端与大气相通。自吸方式为顺向自吸，自吸液体为蒸馏水，测试围压为 2～10MPa。

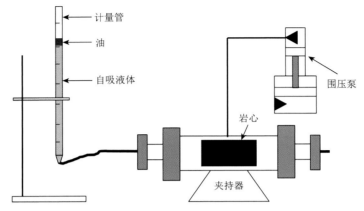

图 8-38　带围压的自吸实验装置示意图

测试结果如图 8-39 所示，随着围压增加，自吸速率和自吸饱和度明显下降，且差异较为显著，这是因为围压增加，*抑制了诱导裂缝的产生*；从 8MPa 围压测试的岩样来看，在自吸长达 16d 的条件下，依然没有达到平衡，而在无围压条件时 2～3d 即达到平衡。这说明围压增加，自吸速率显著降低，自吸所需时间更长。

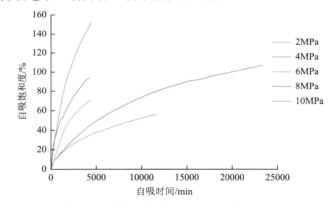

图 8-39　不同围压条件下自吸曲线的对比

从累计自吸饱和度来看（表 8-7），围压从 2MPa 增加到 10MPa，3d 累计饱和度从 151.54%降低到 35.59%。8MPa 围压下自吸时间增加到 16d 时累计自吸饱和度依然可达到 108.12%。

表 8-7　不同围压自吸实验的岩样参数及自吸参数

| 序号 | 围压/MPa | 岩样渗透率/mD | 岩样孔隙度/% | 孔隙体积/cm³ | 累计自吸量/cm³ | 3d 累计自吸饱和度/% |
|---|---|---|---|---|---|---|
| 1 | 2 | 0.00264 | 3.89 | 1.005 | 1.523 | 151.54 |
| 2 | 4 | 0.00075 | 3.54 | 0.920 | 0.865 | 93.99 |
| 3 | 6 | 0.08440 | 6.15 | 1.572 | 1.102 | 70.13 |

续表

| 序号 | 围压/MPa | 岩样渗透率/mD | 岩样孔隙度/% | 孔隙体积/cm³ | 累计自吸量/cm³ | 3d 累计自吸饱和度/% |
|---|---|---|---|---|---|---|
| 4 | 8 | 0.0198 | 6.68 | 1.737 | 0.816 | 46.97 |
| 5 | 10 | 0.0206 | 7.72 | 1.800 | 0.641 | 35.59 |

结果显示（图 8-40），自吸后孔隙度均有不同程度增加，为 1.06～1.57 倍。围压从 2MPa 增加为 10MPa，孔隙度增加倍数整体呈现降低的趋势。从渗透率对比来看（图 8-41），自吸后渗透率均有大幅的增加，变化倍数为 37.9～221.3 倍。在围压条件下，渗透率变化幅度低于无围压条件，主要是因为围压对吸水破坏的抑制作用，其次围压自吸实验的自吸面积为端面，小于无围压时浸泡自吸的自吸面积。

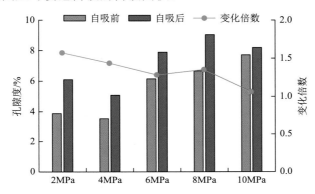

图 8-40　不同围压下自吸前后的孔隙度对比

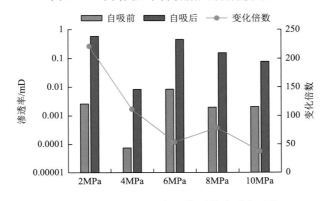

图 8-41　不同围压下自吸前后的渗透率对比

### 3. 物性参数与自吸量关系

将自吸实验结果整理为孔隙度、渗透率与自吸 3d 后的自吸饱和度关系图（图 8-42、图 8-43）。从孔隙度来看，孔隙度和渗透率变化倍数与自吸饱和度均呈良好的正相关关系（$R^2 > 0.7$）。孔隙度、渗透率随自吸量的增加而增加，这是因为自吸量增加，水相与页岩基质孔隙接触面积增加，产生诱导微裂缝的数量增加。也可以看到围压是影响渗透率的重要因素，无围压自吸后孔隙度增加幅度显著大于有围压自吸，这是因为围压作用下的诱导裂缝开度小、自吸速率更低。

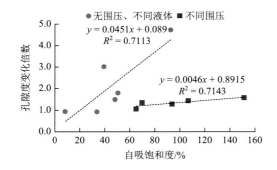
图 8-42　孔隙度与自吸饱和度关系

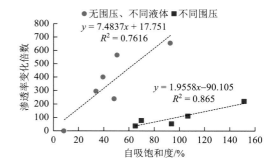
图 8-43　渗透率与自吸饱和度关系

### 8.3.1.2　驱替实验

实际的地下页岩压裂和返排过程中，压裂液主要流动于压裂缝中，通过裂缝面流动进入页岩基质。为模拟以上过程，将页岩小岩心柱剖缝后，放置于驱替装置夹持器中，用1000ppm 聚丙烯酰胺溶液（滑溜水）进行驱替实验。实验参数见表 8-8，实验正向、逆向交替驱替 3 次，驱替的流量和压差如图 8-44 所示，通过达西定律计算渗透率，结果如图 8-45 所示。

表 8-8　标准岩样驱替实验

| 实验岩心 | 处理方式 | 流体介质 | 流体黏度/(mPa·s) | 围压/MPa |
|---|---|---|---|---|
| 2.83cm×φ 2.5cm | 剖缝后驱替 | 1000ppm 聚丙烯酰胺 | 9 | 10 |

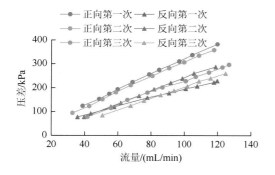
图 8-44　驱替过程中的压差和流量曲线

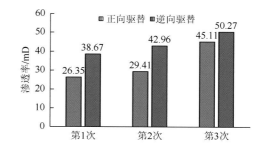
图 8-45　不同驱替次数下的渗透率对比

结果显示，渗透率随驱替次数（时间）的增加而增加，而通常认为聚丙烯酰胺高分子附着于裂缝面会起到伤害作用，会降低渗透率，因此渗透率的增加可解释为由水相吸入过程所引起。可能原因为吸水产生微裂缝、溶解部分矿物，从而对页岩微观结构起到破坏作用，从而改善物性。另外，逆向驱替的渗透率高于正向驱替，可能与页岩中孔隙和微裂缝发育的非均质有关。本实验也说明至少在 10MPa 围压条件下，页岩与含有高分子降阻剂的滑溜水作用过程中微观结构依然会被破坏，得到物性改善。

## 8.3.2　宏观结构

### 8.3.2.1　无围压自吸实验

自吸前后页岩的外观形态如图 8-46 所示，除了破胶液实验岩样实验前观察到有明显微裂缝，其余岩样均无明显微裂缝。从前后对比来看，水基液体自吸后均产生了明显的宏观诱导微裂缝，诱导微裂缝主要与层理方向平行；同时由于浸泡（逆向自吸）方式以及无围压，诱导裂缝不仅端面发育，岩柱圆周也十分发育，贯通性较强。

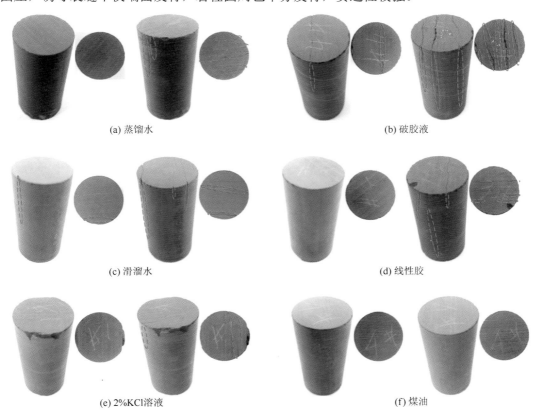

(a) 蒸馏水　　　　　　　　　　　　　　　(b) 破胶液

(c) 滑溜水　　　　　　　　　　　　　　　(d) 线性胶

(e) 2%KCl溶液　　　　　　　　　　　　　(f) 煤油

图 8-46　不同类型的液体自吸后诱导裂缝的特征

对比自吸量和图 8-46 中诱导裂缝的密度来看：诱导微裂缝的密度与自吸量尤其是累计自吸饱和度有较好的正相关性。自吸饱和度越高，在岩心内充满程度越高，与黏土片、微裂缝等薄弱结构接触的面积越大，从而诱导微裂缝数量越多。不同液体基本性能参数、页岩组分、微观结构等影响自吸量，而自吸量影响诱导裂缝数量。

### 8.3.2.2　带围压自吸实验

对比不同围压下的自吸实验结果（图 8-47）可知，自吸后在岩柱端面仍沿着平行层理方向产生了明显的微裂缝，但裂缝的密度明显小于无围压条件的岩样，且贯通性明显比无围压条件时差。随着围压的逐渐增加，诱导微裂缝的密度减小，但从肉眼上宏观观察区别相对较小。这是因为围压对裂缝开张破坏的抑制作用，使得诱导微裂缝的开度和尺寸均小于无围压时的岩样。

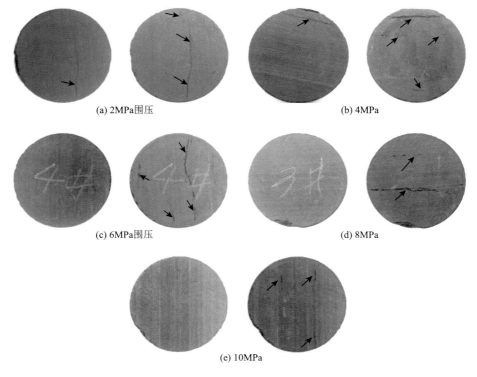

(a) 2MPa围压　　　　　　　　　　　　　(b) 4MPa

(c) 6MPa围压　　　　　　　　　　　　　(d) 8MPa

(e) 10MPa

图 8-47　不同围压下诱导裂缝的特征

对于同一岩样，自吸时仅有端面自吸，在不同面上的形态也不同。岩样在自吸端面上有明显诱导微裂缝，但在圆周面和底面则无明显裂缝（图 8-48）。这与自吸过程中水相与页岩的接触过程有关，端面附近，作用时间长，水相能够更深入地进入微观孔隙，增加了诱发裂缝的概率，而远离端面则相反，产生的宏观裂缝不明显。同时本实验为端面自吸，圆周面无法接触水相，故圆周面上微裂缝不明显。

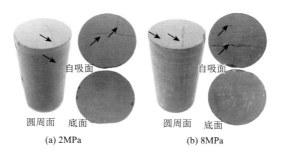

自吸面　　　　　　　　　　　自吸面

圆周面　　底面　　　　　　圆周面　　底面

(a) 2MPa　　　　　　　　　(b) 8MPa

图 8-48　自吸后岩样不同位置的形态对比

围压增加，抑制自吸过程中诱导裂缝的产生，自吸诱导裂缝减弱，自吸速率也降低，水相与黏土片孔隙、层理缝的接触面积更少，产生诱导裂缝相对更少。但即使在围压作用下，水相自吸后仍然能够产生一定的诱导微裂缝，只是产生诱导裂缝所需的时间更长。这说明水相自吸能够诱发页岩结构产生破坏，对改善物性有利。

### 8.3.2.3 诱导裂缝起裂时间与自吸量的关系

前文定性观察到宏观上诱导裂缝的数量与自吸量正相关，但宏观形态上微裂缝难以定量描述。自吸曲线却能同时反映出微裂缝的产生时间及自吸量的变化。因此可通过分析诱导裂缝的产生时间与自吸量的关系，间接反映自吸量对产生诱导微裂缝的影响。

定义诱导裂缝起裂时间 $t_f$ 为自吸过程中形成显著诱导裂缝的初始时间，可通过自吸量与时间的双对数曲线确定。偏离初始线性段（阶段一）的点即对应诱导裂缝产生点，如图 8-49（a）中的点 $A$；也可以通过自吸量与时间方根的曲线斜率确定，如图 8-49（b）中的点 $A$，当斜率显著偏离初始段，或出现显著波动的点即诱导裂缝起裂点。点 $B$、点 $C$ 也是产生明显诱导裂缝的时间点，通过斜率曲线，可以更为直观地看出，在中后期，斜率波动十分剧烈，这也是自吸后水相侵入深度增加，产生了更多诱导微裂缝的表现。

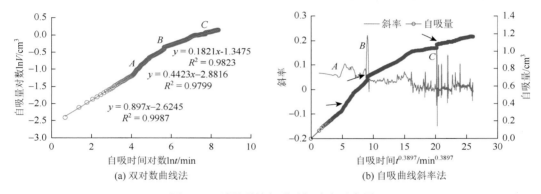

图 8-49 诱导裂缝起裂时间确定示意图

采用与以上相同的方法，对所有自吸实验的自吸数据进行处理，将所有实验的诱导裂缝起裂时间与自吸饱和度进行回归，结果如图 8-50 所示。可以看出在不同的条件下，即不同液体、不同围压、不同岩样尺寸、不同自吸方向、不同自吸方式、是否具有天然裂缝等条件下，诱导裂缝的起裂时间与自吸饱和度均呈现负相关。

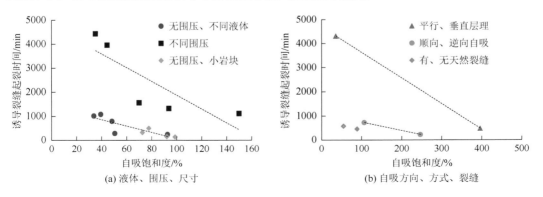

图 8-50 诱导裂缝起裂时间与自吸饱和度关系

　　累计自吸量越高的岩样，自吸能力越强，其诱导裂缝产生的时间越早；反过来，诱导裂缝会进一步促进自吸能力的提高，最终产生大量的微小裂缝。从图 8-50 还可以看出，围压条件、自吸方向对诱导裂缝起裂时间影响的敏感程度更高。

### 8.3.3　微观结构

#### 8.3.3.1　基于 SEM 的微观形态分析

　　测试方案：实验测试前将岩样分别沿平行层理、垂直层理方向一分为二。一半岩样直接采用扫描电子显微镜（scanning electron microscope，SEM）观测原始断裂面，另一半岩样则在自吸实验后对断裂面进行 SEM 观测。自吸实验条件：无围压、小岩块、2%KCl 溶液浸泡自吸 3d。

**1. 岩样断裂面（观测面）平行层理**

　　在自吸实验前，观测岩样整体形貌较为平整，无明显微裂缝［图 8-51（a）］；局部见层状或片状矿物平行于层理面覆盖分布［图 8-51（b）］；局部见小尺度不规则迂曲碎屑粒缘缝［图 8-51（c）］，主要为初始粒间缝。

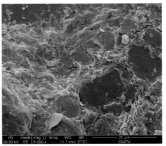

(a) 整体形貌平整　　　　　　　(b) 观测面层片状矿物　　　　　　　(c) 局部见碎屑粒缘缝

图 8-51　平行层理方向（自吸实验前）

　　在自吸实验后，整体形貌也十分平整，无明显微裂缝产生。观测平面更为光滑，可能为矿物表面溶解及伴随颗粒脱落造成，这可以从自吸实验中页岩干重降低得到证明［图 8-52（a）］。局部矿物鳞片状覆盖区域出现松动，开度有所增加［图 8-52（b）］。碎裂颗粒粒缘缝也出现松动特征，但尺度十分有限，仅局限于粒缘周围，贯通性较差［图 8-52（c）］。

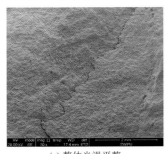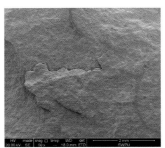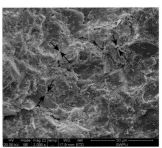

(a) 整体光滑平整　　　　　　　(b) 鳞片状覆盖松动　　　　　　　(c) 局部粒缘缝松动

图 8-52　平行层理方向（自吸实验后）

**2. 岩样断裂面（观测面）垂直层理**

在自吸实验前，能够观察到明显层理缝，局部张开但未贯通［图 8-53（a）］；在更小的观测尺度上，可发现平行层理的黏土层间缝［图 8-53（b）］，尤其可见大量黏土片与层理方向平行定向排列［图 8-53（c）］。Ghanbari 等[46]通过 BES/EDX 成像也观测到黏土片平行于层理分布。

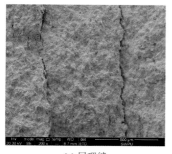
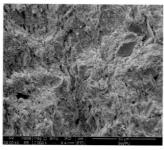
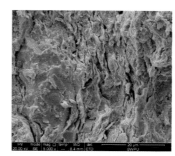

(a) 层理缝　　　　　　　　　(b) 平行层理黏土层间缝　　　　　　(c) 黏土片定向排列

图 8-53　垂直层理方向（自吸实验前）

在自吸实验后，层理缝明显张开、延伸、贯通，整体较为平直［图 8-54（a）］；与自吸前对比，层理缝张开后开度较大，可达 10μm 以上［图 8-54（b）］；黏土层间缝也有所张开、延伸，连通其他微裂缝，延伸方向总体平行于层理，受缝周碎屑颗粒、多裂缝等影响，迂曲度高于层理缝［图 8-54（c）］。

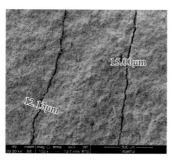

(a) 整体形貌　　　　　　　　(b) 层理缝张开　　　　　　　(c) 定向排列黏土缝的张开

图 8-54　垂直层理方向（自吸实验后）

层理缝初始渗透率高，是良好的流动通道，利于水力的传播，裂缝张开则进一步改善渗透率，促进流体进一步流动。黏土层间缝在毛管力作用以外还有渗透压作用，其自吸作用力更强，而层间强度较低，在裂缝尖端应力更集中，因此易张开扩展。黏土片分布与层理平行，因此黏土层间缝和层理缝为复合作用，相互促进。

从微观上观测，自吸诱导微裂缝主要产生于层理缝的张开及贯通、平行层理方向黏土层间缝的张开及连通，局部为局部粒缘缝松动扩展，裂缝尺度逐渐减小。

### 8.3.3.2　基于压汞的孔径分布分析

结合前文的自吸实验，通过压汞法可对比自吸实验前后页岩微观结构的差异。

**1. 无围压自吸实验结果分析**

首先分析无围压条件下自吸前后页岩的孔径，选取前文中的蒸馏水、2%KCl 溶液作为代表，同时考虑不同的自吸方式。图 8-55 即为自吸前后不同孔径范围内进汞量的对比，其中柱状图为区间进汞量，曲线图为累计进汞量，该进汞量为单位岩样体积的进汞体积，进汞量反映不同尺寸区间的孔隙体积。图 8-55（a）中自吸后岩样压汞测试结果在大于 2μm 段出现缺失，可能是由于为保证压汞制样的成功，制样时选取了无明显宏观裂缝的部分（压汞岩样厚度仅 1cm 左右，而自吸岩样为标准小岩柱）。

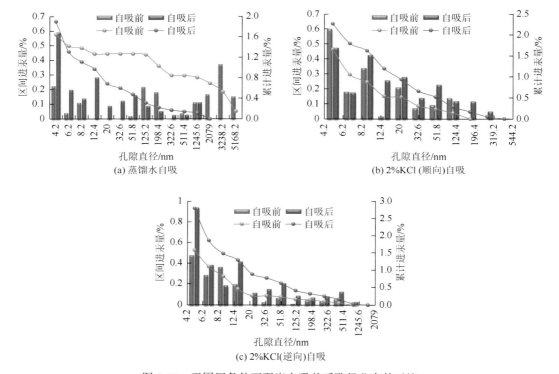

图 8-55　无围压条件下页岩自吸前后孔径分布的对比

无论何种水相液体、自吸方式，自吸后的累计进汞量均不同程度增加，这是因为自吸产生诱导裂缝，孔隙体积增加，这与自吸前后孔隙度的分析规律一致。进汞量增加的孔隙空间主要为几百纳米范围以下的微小孔隙，微米级以上的大孔增加幅度不明显。

从自吸后诱导裂缝引起的孔隙体积变化幅度来看，随着孔径减小，进汞量增幅逐渐增加。这说明，在越小尺寸的孔隙范围，产生的诱导裂缝越多、张开增幅越大。另外也说明诱导裂缝产生的主体为微小孔隙，层理缝等大尺度裂缝的张开为次要作用。从上文中对黏土孔隙的观测来看，页岩基质存在大量微小黏土孔隙，此类孔隙是自吸诱导裂缝的主体。

**2. 带围压自吸实验结果分析**

围压是自吸诱导缝的重要影响因素，图 8-56 为带围压自吸实验前后的孔径分布。

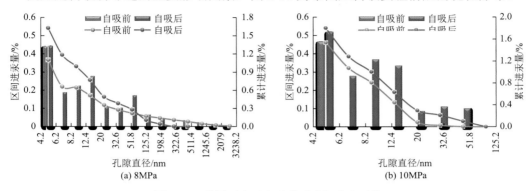

(a) 8MPa　　　　　　　　　(b) 10MPa

图 8-56　带围压自吸实验前后孔径分布对比

从结果来看，在 8MPa、10MPa 围压下，水相自吸依然能够明显增加孔隙体积。而增加的孔隙空间主要来源于 200nm 以下的孔隙，微米级孔隙甚至有所降低，当然其中部分原因为制样中的裂缝体积损失。其整体变化趋势与无围压自吸实验的结果一致，但孔隙体积增幅有所降低，这是由于围压对岩样破坏的抑制作用，自吸速率降低，水相与黏土孔隙接触概率降低，需要更长的自吸时间。

### 8.3.3.3　基于 CT 扫描的微观孔隙形态分析

SEM 观测具有成像精度高、观测直观的优点，但受制样约束，无法反映围压的影响。压汞分析法的局限在于测试后岩样无法重复利用，用邻样测试的可比性存在误差。CT 扫描由于对岩样无损，自吸前后数据的可比性更好，可以较好地克服以上方法的缺点。

**1. 实验方案**

本节采用 8.3.1 节中的驱替实验所用的岩样，通过驱替装置进一步开展驱替返排模拟实验（表 8-9），在实验前后分别采用 CT 进行扫描，进而观测微观结构的变化。实验用 CT 系统为美国通用电气公司生产的 phoenix nanotom 纳米岩心分析 CT 系统。

表 8-9　模拟实验基础参数

| 岩样尺寸/cm | 驱替压力/MPa | 驱替流量/(mL/min) | 聚丙烯酰胺浓度/ppm | 返排压力/MPa | 围压/MPa |
|---|---|---|---|---|---|
| $2.83 \times \phi 2.5$ | 7.5 | 2～0.2 | 1000 | 1 | 10 |

实验主要步骤如下：①岩样准备：小岩柱剖缝、压实；②实验前 CT 扫描：对岩样进行 CT 扫描，获取岩样内部微观结构参数；③驱替过程：采用降阻水在 10MPa 围压下驱替 14h；④返排过程：1MPa 返排压力下采用 $N_2$ 返排 23h；⑤实验后 CT 扫描：对岩样 CT 扫描，获取岩样吸水后的内部微观结构参数。

**2. 微观孔隙结构对比分析**

从 CT 扫描总体结果来看（图 8-57），中间横贯整个岩样的即为人工裂缝，人工裂缝方向大体与层理方向垂直（一般情况下，页岩压裂缝主要为垂直裂缝，与层理垂直）。存在 2 条肉眼未观察的层理缝，在实验前部分区域已经开启，但尚未完全贯通整个岩样。

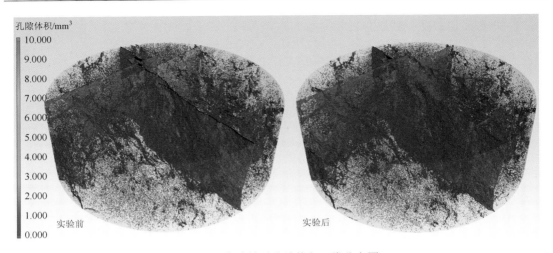

图 8-57　实验前后孔隙体积三维分布图

通过驱替和返排模拟实验后，2 条层理缝有明显的扩展行为，尤其在靠近驱替端面的岩样上部。在人工裂缝及层理缝周围，微裂缝连通性明显增强。从全局看，实验后的裂缝密度明显高于实验前，除了初始已有一定开度的 2 条层理缝外，无明显的大尺度裂缝（绿色及红色区域）产生，而孔隙体积较小（蓝色区域）的微裂缝却大幅增加。

从不同位置的切片来看，在驱替端面，微裂缝比较发育，实验后岩样微裂缝存在 4 种变化情况（图 8-58）。

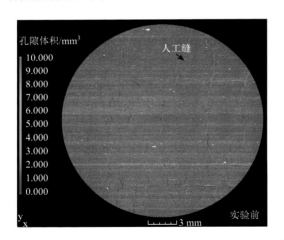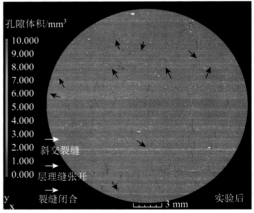

图 8-58　岩样驱替端面自吸前后微观结构对比

第 1 种为实验前初始斜交裂缝的进一步扩展，这种裂缝来源于页岩原始微裂缝以及剖缝等制样过程中产生的微裂缝，这种裂缝可以统称为原始裂缝或天然裂缝。这种裂缝形态和方向较为随机，与层理为斜交状态；这种裂缝因为在驱替过程中驱替压力、毛管力等流体压力作用下裂缝尖端应力集中，因此有所扩展。

第 2 种为层理缝的张开及扩展，这种层理缝主要来源于实验前局部具有一定开度的层理缝，除了第 1 种情况中的受力以外，还受到平行层理黏土孔隙的渗透压作用，在综合受力下，诱发层理缝的进一步张开、连通。

第 3 种情况则与前两种情况相反，局部存在层理缝或其他微裂缝的闭合或开度减小。这是因为自吸过程中存在黏土膨胀，对于尺度稍大的裂缝，膨胀释放，充填了部分裂缝空间，因此缝宽减小。此外，裂缝在围压的作用下，由于裂缝面的粗糙及非均匀性，局部受力点应力较高，接触点发生破坏，使得具有一定初始宽度的裂缝趋于闭合。这与页岩压裂缝形成的自支撑裂缝及天然裂缝性储层中存在显著的应力敏感性原理一致。

第 4 种为小尺度微裂缝的产生，在切片中为蓝色的离散点，广泛分布于页岩基质中，数量最多，是自吸过程中诱导裂缝的主体，来源于黏土片孔隙的吸水起裂破坏。

从垂直驱替端面方向切片，观测面平行于层理面时（图 8-59），由于深入岩样内部，水相直接接触较少，较大尺度的裂缝较少，但存在大量的离散微裂缝（即前面所述的第 4 种情况），因为尺度较小，在切片中呈蓝色点状分布，在岩样表面宏观上无法观测到。

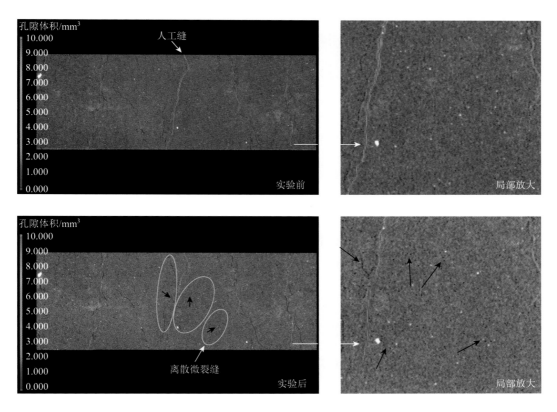

图 8-59　平行层理面实验前后微观结构对比

观测面垂直层理面时（图 8-60），前文所述的四种情况均存在。斜交裂缝与层理缝相互作用，同时存在斜交缝、层理缝张开扩展的情况。也观测到裂缝闭合的情况，在页岩内部也存在大量小尺度离散微裂缝。

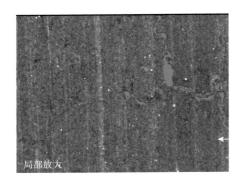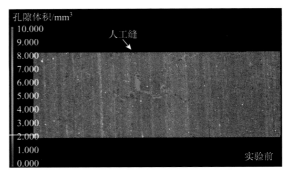

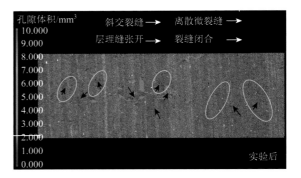

图 8-60　垂直层理面实验前后微观结构对比

　　以上分析充分说明裂缝的张开、产生、扩展、闭合等行为主要发生在层理面之间，这与前文 SEM 观测的黏土片与层理平行分布有关。页岩吸水作用主要通过初始裂缝、层理缝、黏土层间缝等薄弱面诱发破坏。

　　层理缝、初始微裂缝的延伸尺度较大、缝宽较大。层理缝张开延伸为平行层理平直延伸，初始微裂缝的延伸取决于初始裂缝走向。层理缝和初始微裂缝同时存在延伸和闭合两种情况。诱导裂缝的主体为基质内大量的黏土孔缝，此类诱导裂缝尺度较小，但由于黏土孔缝发育，分布较为密集。宏观上较离散，但微观上能局部相互连通，改善渗透性。

**3. 孔隙参数统计对比分析**

　　由前文的分析可知，吸水后微裂缝存在多种变化机制，定性上总体增加的微裂缝占据主导地位。通过 CT 三维计算机断层扫描技术，可定量分析实验前后微观孔隙的参数变化。

　　从具体孔隙直径分布频数来看（图 8-61），直径小于 $200\mu m$ 的孔隙数量大幅增加，而直径大于 $200\mu m$ 的孔隙数量则有明显降低。从孔隙体积分布频数来看（图 8-62），孔隙体积小于 $8\times10^{-5}mm^3$ 的孔隙大幅增加，而孔隙体积大于 $8\times10^{-5}mm^3$ 的孔隙数据出现震荡，但总体趋势为降低，与孔隙直径的分布规律大体一致。

　　由于小孔隙的数量大于大孔隙 1～2 个数量级及以上，因此总孔隙数量大幅增加，总孔隙体积也增加。

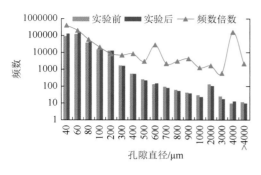

图 8-61　实验前后孔径分布频数对比

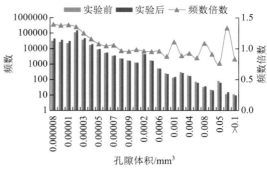

图 8-62　实验前后孔隙体积分布频数对比

通过与前面成像分析的对比，可以看出，小孔隙数量大幅增加，大量小尺度基质黏土孔隙或黏土层间缝吸水张开，产生大量的诱导裂缝的结果。尺度较大的人工裂缝、具开度的层理缝、原始天然裂缝等在水力作用下，会有局部张开扩展，但总体数量减少。这可能是因为黏土水化膨胀效应及裂缝承压效应。

黏土水化膨胀会充填较大尺度裂缝的空间，从而降低缝宽，大尺度粗糙裂缝因局部支撑剂应力集中而破碎，也会降低缝宽。基质内大量黏土孔缝由于黏土片的直接作用，张应力强，故产生裂缝、增加缝宽。

岩样孔隙参数总体统计对比如表 8-10 和图 8-63 所示。

表 8-10　实验前后孔隙参数对比（统计尺度 ≥24μm）

| 对比 | 孔隙数量/个 | 总孔隙体积/mm$^3$ | 平均直径/μm | 平均体积/($10^{-4}$mm$^3$) |
| --- | --- | --- | --- | --- |
| 实验前 | 286302 | 33.18 | 56.6 | 1.16 |
| 实验后 | 371414 | 37.33 | 53.3 | 1.01 |
| 变化值 | ↑85112 | ↑4.15 | ↓3.3 | ↓0.15 |
| 幅度/% | ↑29.7 | ↑12.5 | ↓5.8 | ↓12.9 |

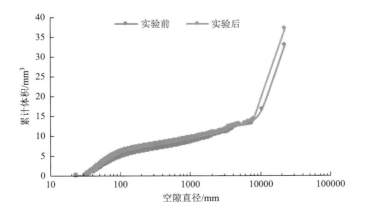

图 8-63　实验前后累计体积分布对比

由表 8-10 可知，孔隙数量增加 85112 个，增加幅度达 29.7%；总孔隙体积也增加了 4.15mm³，增幅为 12.5%；平均直径和平均体积则趋势相反，分别降低了 5.8%和 12.9%。

将所有产生的微裂缝处理为孔隙网络模型，可以在三维空间内清晰地看出该页岩在吸水实验中孔隙密度明显增加（图 8-64）。这些微观孔隙（实际为微裂缝）由于数量庞大，局部相互连通，所以孔隙度、渗透率能够得到改善。

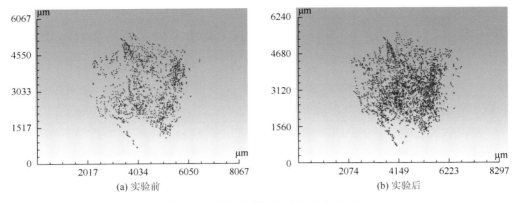

(a) 实验前  (b) 实验后

图 8-64　实验前后孔喉三维分布对比

### 8.3.4　质量变化

#### 8.3.4.1　岩样干重变化分析

页岩自吸前后，SEM 观测发现层理面上有显著的溶解或矿物脱落痕迹，为进一步验证以上现象，对岩样在自吸实验前后分别烘干 1d 以上进行称重对比。为方便定量对比，定义岩样自吸后的质量损失率为

$$E_{\text{loss}} = \frac{m_{\text{before}} - m_{\text{after}}}{m_{\text{before}}} \qquad (8\text{-}87)$$

式中，$E_{\text{loss}}$ 为质量损失率，%；$m_{\text{before}}$ 为自吸实验前岩样烘干后的质量，g；$m_{\text{after}}$ 为自吸实验后岩样烘干后的质量，g。

**1. 不同液体类型对比**

不同液体类型下岩样自吸前后质量对比见图 8-65，自吸前后质量损失率为 0.047%～0.543%。质量损失率最高的为蒸馏水，其次为线性胶、滑溜水、破胶液及 2%KCl 溶液，最低的为煤油。损失率的变化趋势与孔隙度、渗透率的变化趋势大体相同。

**2. 不同围压对比**

随着围压增加，质量损失率整体降低，与渗透率、孔隙度变化规律一致（图 8-66）。无围压条件下的浸泡自吸，蒸馏水自吸质量损失率为 0.543%，其他水基流体作用下，质量损失率也大于 0.250%。带围压自吸实验，流体为蒸馏水，自吸方式为端面自吸，损失率为 0.040%～0.143%。这是因为围压作用下，自吸量减小，流体在孔隙内的接触空间减小，溶解量更低；同时在端面自吸作用下，岩样外表面（尤其圆周及底面）碎屑颗粒脱落会减少。

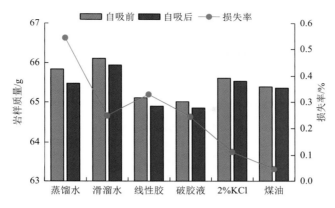

图 8-65　不同液体类型时自吸前后岩样的干重对比

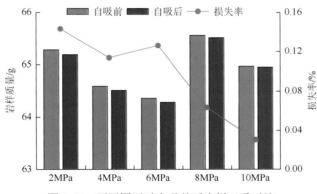

图 8-66　不同围压时自吸前后岩样干重对比

### 3. 不同岩样尺寸对比

不同尺寸岩样自吸前后质量对比如图 8-67 所示，实验岩样均为 2%KCl 溶液下浸泡自吸，随着岩样尺寸的增加，岩样干重损失率总体为降低趋势。小岩块（干重 2.28～4.36g）和标准岩柱（干重 65.62g）对比更为突出，小岩块质量损失率平均为 0.535%，而标准岩柱质量损失率仅 0.113%。这是因为岩样尺寸越小，自吸面积与岩样体积之比越大，水越能有效进入孔隙内部，岩样内含水饱和度上升越快，相应的溶解等效应越突出，质量损失率越大。

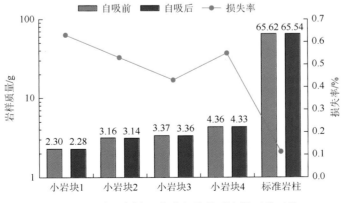

图 8-67　不同岩样尺寸时自吸前后岩样干重对比

**4. 质量变化与自吸量的关系**

从页岩的质量损失率与自吸饱和度的关系来看（图 8-68），自吸饱和度增加，质量损失率近似线性增加，即自吸量越大，质量损失越大。有无围压情况下的数据点分布于 2 个不同的区域，在无围压条件下损失率随自吸饱和度增加的幅度更大，有围压条件下增加幅度更小，这与前文孔隙度、渗透率的变化趋势相似。

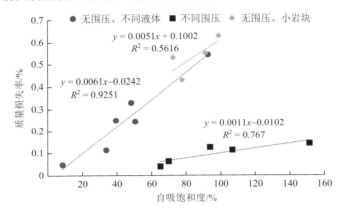

图 8-68　质量损失率与自吸饱和度的关系

## 8.3.4.2　矿物溶解及脱落对自吸表面的影响

采用基恩士超景深三维显微系统（VHX-5000）可以直观地检测自吸端面的形貌特征 [图 8-69（a）]，观测岩样为前文 8MPa 围压下蒸馏水自吸的岩样。可以看到端面存在明显的自吸诱导裂缝，与裂缝平行分布、覆盖范围较大的凹陷深灰色区即溶解区域。

将自吸端面裂缝周围溶解区域的表面形貌进行三维数字重构，可以清晰看到溶解区域形成了显著凹槽特征 [图 8-69（b）]，凹槽的形成是由于矿物溶解和脱落造成的体积损失。这充分揭示了自吸过程中岩样质量损失的原因，与 SEM 观测结果一致。

（a）自吸诱导裂缝及溶解区域

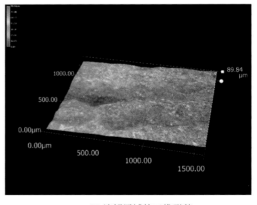

（b）溶解区域的三维形貌

图 8-69　岩样端面的自吸诱导裂缝及溶解区域（8MPa 围压实验样）

页岩在蒸馏水自吸后的溶解区域几何参数见图 8-70：溶解区域宽度可达 284.31μm，溶解凹槽深度达 58.26μm；而凹槽底部的诱导微裂缝的宽度为 5.3～9.0μm，SEM 观测到的缝宽略大于 10μm（该岩样无围压浸泡自吸）。溶解区域的宽度远远大于裂缝的宽度，但溶解区域与裂缝延伸方向一致，说明溶解行为在自吸流动的主通道附近更为突出，这是因为流动越强，传质作用越强，故而溶解效应也越强。

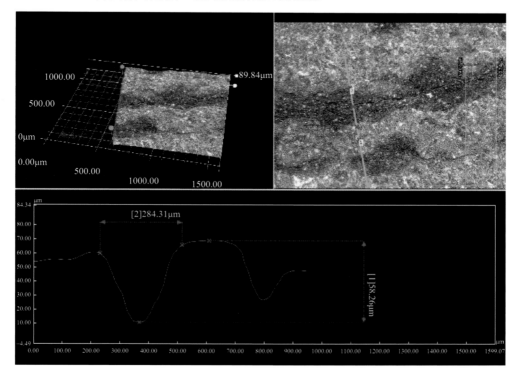

图 8-70 岩样端面溶解凹槽形貌、宽度、深度

页岩在自吸过程存在质量损失效应，这是因为矿物溶解及脱落造成，该质量损失将一定程度上增加孔隙体积。

### 8.3.5 自吸破坏力学分析

#### 8.3.5.1 诱导裂缝起裂模型

**1. 物理模型**

假设在平面二维无限大地层，页岩介质满足线弹性理论，单个黏土片孔隙（或裂缝）为椭圆形态，远场受最大主应力 $\sigma_1$ 和最小水平主应力 $\sigma_3$ 作用，同时椭圆孔内受均布压力 $p_n$ 作用（图 8-71）。对于黏土片孔隙，$p_n$ 包含原始孔隙压力 $p_p$、毛管力 $p_c$、渗透压力 $p_\pi$。

椭圆坐标系关系如图 8-72 所示，其中离心角与圆心角满足以下关系：

$$\tan\eta = \frac{a}{b}\tan\theta \qquad (8-88)$$

式中，$a$、$b$ 分别为椭圆长半轴、短半轴；$\theta$ 为椭圆孔周边某点的圆心角（椭圆上任意一点与椭圆圆心的连线与椭圆长轴正向的夹角），（°）；$\eta$ 为椭圆孔边某点的离心角（椭圆上任意一点在辅助圆上对应点与椭圆圆心的连线与椭圆长轴正向的夹角），（°）。

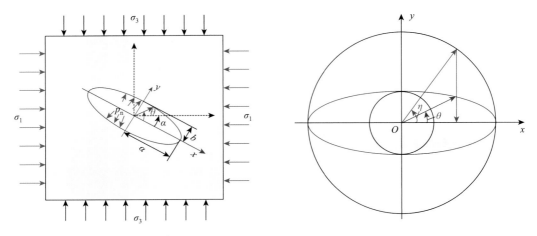

图 8-71　椭圆孔受力物理模型图　　　　图 8-72　椭圆离心角与圆心角示意图

**2. 椭圆孔边应力模型**

根据线弹性力学理论的叠加原理，椭圆孔在 $\sigma_1$、$\sigma_3$、$p_n$ 联合作用下的应力场模型，可以分解为 $\sigma_1$、$\sigma_3$、$p_n$ 各作用力单独作用下的应力场相叠加（图 8-73）。大量的页岩自吸实验结果表明，页岩吸水破坏主要为拉张破坏模式，因此更需要关注椭圆孔边拉应力的分布，即孔边周向应力。

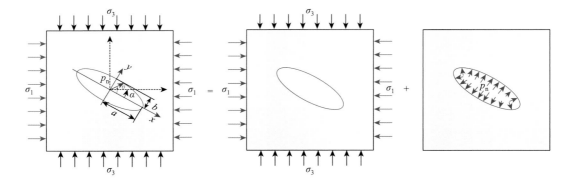

图 8-73　椭圆孔边应力叠加原理图

受远场压应力 $\sigma_1$ 作用时，椭圆孔边周向应力为

$$\sigma_\eta = \sigma_1 \frac{2ab+(a^2-b^2)\cos 2\alpha-(a+b)^2\cos 2(\eta-\alpha)}{a^2+b^2-(a^2-b^2)\cos 2\eta} \tag{8-89}$$

式中，$\alpha$ 为应力方位角，即主应力 $\sigma_1$ 与椭圆长轴正向的夹角，（°）。

受远场压应力 $\sigma_3$ 作用时，$\sigma_3$ 与椭圆长轴夹角为 $\pi/2+\alpha$，根据式（8-90）同理计算椭圆孔边周向应力为

$$\sigma_\eta = \sigma_3 \frac{2ab - (a^2 - b^2)\cos 2\alpha + (a+b)^2 \cos 2(\eta - \alpha)}{a^2 + b^2 - (a^2 - b^2)\cos 2\eta} \tag{8-90}$$

式中，$\sigma_1$ 为远场最大主应力，MPa；$\sigma_3$ 为远场最小主应力，MPa；$\sigma_\eta$ 为椭圆孔边周向应力，MPa。

将式（8-89）和式（8-90）相叠加，得无限大地层椭圆裂缝双向受压时的周向应力[47]：

$$\sigma_{\eta 1} = \frac{2ab(\sigma_1 + \sigma_3) + (\sigma_1 - \sigma_3)[(a^2 - b^2)\cos 2\alpha - (a+b)^2 \cos 2(\eta - \alpha)]}{a^2 + b^2 - (a^2 - b^2)\cos 2\eta} \tag{8-91}$$

椭圆裂缝内受均布压力时孔边的周向应力[47]：

$$\sigma_{\eta 2} = p_n \left[ 1 - \frac{4ab}{a^2 + b^2 - (a^2 - b^2)\cos 2\eta} \right] \tag{8-92}$$

在受到孔隙内部压力时，孔隙边界上产生应力 $\sigma_\eta < 0$，即为拉应力。

**3. 诱导裂缝起裂力学模型**

椭圆孔边破坏为拉张起裂，起裂准则为

$$\sigma_\eta |_{\eta = [0\pi]} \leqslant -\sigma_t \tag{8-93}$$

式中，$\sigma_t$ 为页岩的抗张强度，MPa。

假设 $\sigma_1$ 和 $\sigma_3$ 分别与椭圆长轴和短轴平行（$\alpha = 0°$），结合式（8-91）和式（8-92），得

$$p_n \geqslant \frac{(1 + 2a/b)\sigma_3 - \sigma_1 + \sigma_t}{2a/b - 1} \tag{8-94}$$

令 $\Delta p = p_n - \sigma_3$，即可得到 Özkaya 等分析生烃过程中裂缝产生的判别模型[48, 49]：

$$\Delta p \geqslant \frac{2\sigma_3 - \sigma_1 + \sigma_t}{2a/b - 1} \tag{8-95}$$

同理，可以得到在短轴端点处产生垂直裂缝的判别模型：

$$p_n \geqslant \frac{(2b/a - 1)\sigma_1 - \sigma_3 + \sigma_t}{2b/a - 1} \tag{8-96}$$

Özkaya 模型假设椭圆长轴方向与水平应力平行，且假设水平应力为各向同性，即不考虑水平最大和最小水平主应力间的差异。

通用情况：

$$\sigma_\eta = \sigma_{\eta 1} + \sigma_{\eta 2} \leqslant -\sigma_t \tag{8-97}$$

将式（8-91）、式（8-92）代入式（8-97），得孔边起裂压力 $p_f$：

$$p_f = p_n \geqslant \frac{2ab(\sigma_1 + \sigma_3) + (\sigma_1 - \sigma_3)[(a^2 - b^2)\cos 2\alpha - (a+b)^2 \cos 2(\eta - \alpha)] + \sigma_t[a^2 + b^2 - (a^2 - b^2)\cos 2\eta]}{4ab - [a^2 + b^2 - (a^2 - b^2)\cos 2\eta]}$$
$$\tag{8-98}$$

式中，$p_f$ 为椭圆孔边拉张起裂时的起裂压力，MPa。

其中，孔内压力为毛管力、渗透压力、孔隙压力之和：

$$p_n = p_c + p_\pi + p_p \tag{8-99}$$

### 8.3.5.2 诱导裂缝起裂因素分析

页岩自吸诱导裂缝的产生均为拉张起裂，因此无须分析孔边的剪切应力，重点分析椭圆孔边的周向应力及拉张起裂压力，计算基础参数如表 8-11 所示。

**表 8-11　计算基础参数**

| 椭圆长宽比 | 应力方位角 $\alpha$/(°) | 圆心角 $\theta$/(°) | 最大主应力 $\sigma_1$/MPa | 最小主应力 $\sigma_3$/MPa | 抗张强度 $\sigma_t$/MPa |
|---|---|---|---|---|---|
| 4 | 0 | 0 | 80 | 60 | 7 |

#### 1. 远场双应力作用

在远场最大、最小主应力同时作用时，孔边周向应力仍关于椭圆中心点对称（图 8-74）。在长轴方向（$\theta = 0°$），椭圆长轴与最大主应力平行（$\alpha = 0°$）时周向应力最小，垂直（$\alpha = 90°$）时周向应力最大。诱导裂缝起裂压力的大小与地层最大主应力的方向直接相关。远场主应力相等时起裂压力与应力方向无关。

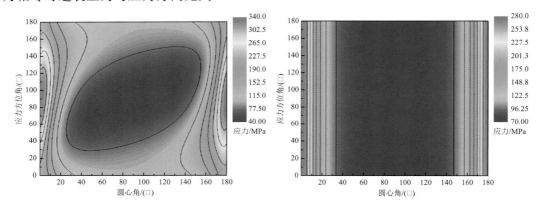

图 8-74　不同远场主应力组合下孔边周向应力的分布（AR = 2）

分别取应力方位角为 0°、45°、90°时，也能看出孔边周向应力的极值不同（图 8-75）。当应力方位角为 0°、90°时，最小值在短轴端点处（$\theta = 90°$），在应力方位角为 45°时，最小值在 $\theta = 50°$ 附近，而最大值在 $\theta = 175°$ 附近。

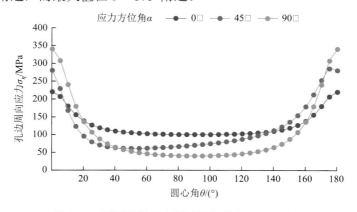

图 8-75　不同远场应力下的孔边应力（AR = 2）

当椭圆长宽比增加时，孔边应力整体分布规律同前，但在长轴端点应力快速集中，周向压应力大幅增加（图 8-76）。

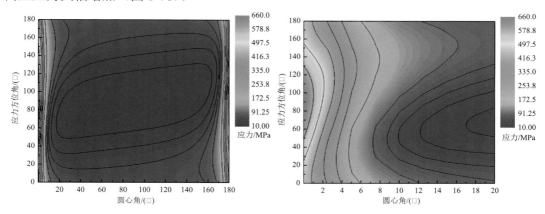

图 8-76　AR = 4 时远场双主应力作用下孔边周向应力

### 2. 孔内均布压力影响

自吸诱导缝能够张开起裂的主要动力来自孔内压力，分析结果如图 8-77 所示。

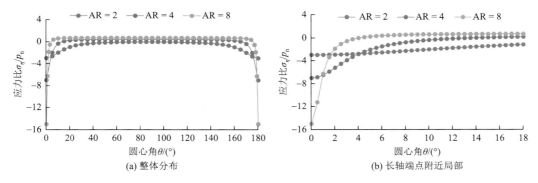

(a) 整体分布　　　　　　　　　　　　　(b) 长轴端点附近局部

图 8-77　不同圆心角处孔边周向应力与孔内压力比分布

当孔内压力单独作用时，孔边周向应力在短轴端点处（$\theta = 90°$）为零；在长轴端点处（$\theta = 0°$）最低，为负值，即产生张应力，且数值远大于孔内压力，为孔内压力 $p_n$ 的 2AR−1 倍（图 8-77）。页岩致密，孔隙尺寸小，黏土孔隙受毛管力、渗透压作用，孔内压力升高，孔边张应力增加，克服远场地应力产生的压应力和抗张强度作用时即能产生诱导裂缝。

#### 8.3.5.3　诱导缝起裂压力分析

椭圆孔拉张起裂压力的影响因素包括：圆周角、应力方位角、孔隙形态（长宽比）、抗张强度。

### 1. 圆心角（$\theta$）

椭圆孔边拉张起裂压力在椭圆长轴端点处（$\theta = 0°$）最低（图 8-78）。长轴端点附近起裂压力缓慢增加，但总体变化不大，当圆心角超过 5° 之后，起裂压力急剧增加，即椭圆孔起裂均在长轴方向发生拉张破坏。这与页岩自吸后观测到的诱导裂缝主要平行于层理方向一致，因为页岩中大量的黏土孔缝均平行层理定向分布。少量页岩的原始天然裂缝（与层理随机斜交）的开张延伸方向也是沿着初始裂缝的方向进行。对于地下页岩，自吸诱导裂缝的产生与层理、天然裂缝倾角相关。

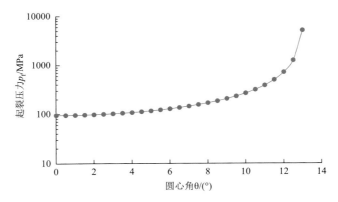

图 8-78　不同圆心角处的拉张起裂压力

**2. 应力方位角（$\alpha$）**

应力方位角在 $0\sim90°$ 范围内，起裂压力随应力方位角增加而增加，增加幅度逐渐增加再逐渐减小，即起裂方位在最大主应力方向（图 8-79）。

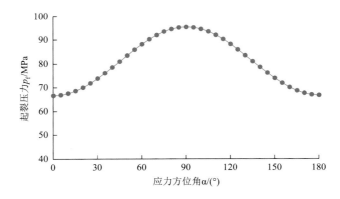

图 8-79　不同应力方位角时起裂压力

最大水平主应力即 $\alpha=0°$，这是因为垂直于最小主应力方向，压应力更低，阻力更小。对于地下页岩，在相同条件下，自吸诱导缝起裂方位与主应力方位相关：当最大主应力为垂向应力时，自吸诱导裂缝为垂直裂缝，当最大主应力为水平应力时，自吸诱导裂缝为水平裂缝。

**3. 椭圆长宽比（AR）**

椭圆的形态也是影响起裂压力的关键因素，随长宽比增加，起裂压力大幅降低。当长宽比超过 8（孔隙近似为裂缝）时，起裂压力已十分接近最大主应力与抗张强度之和（图 8-80）。因此，在毛管压力、渗透压作用下，叠加上原始地层的孔隙压力，孔内压力极易达到起裂压力，从而引起破坏。

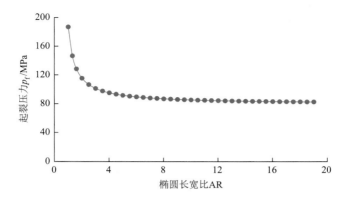

图 8-80　不同椭圆长宽比时起裂压力

#### 4. 各向异性抗张强度

如图 8-81 所示，起裂压力与抗张强度线性正相关，起裂压力增加值即等于抗张强度的增加值。页岩抗张强度有显著的各向异性，平行层理方向的抗张强度显著低于垂直层理方向的抗张强度（图 8-82），这由页岩各向异性的微观结构决定，8.3.3 小节中观测结果也证实了这一点。

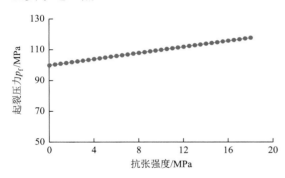

图 8-81　不同抗张强度下的起裂压力

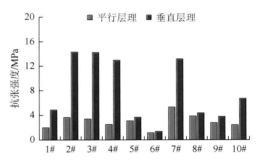

图 8-82　巴西劈裂法测试所得的抗拉强度

为定量分析不同方向上抗张强度的差异，定义页岩抗张强度各向异性系数：

$$R_t = \frac{\sigma_{tv}}{\sigma_{th}} \tag{8-100}$$

式中，$R_t$ 为抗张强度各向异性系数，无因次；$\sigma_{tv}$ 为垂直层理方向的抗张强度，MPa；$\sigma_{th}$ 为平行层理方向的抗张强度，MPa。

根据巴西劈裂法测试得到川南龙马溪页岩平行层理方向的平均抗拉强度为 3.03MPa，垂直层理方向的平均抗拉强度为 7.95MPa，各向异性系数为 2.62。Cho 等[50]测试得到 Boryeong 页岩的抗张强度各向异性系数为 2.2；侯鹏等[51]根据重庆龙马溪组页岩测得抗拉强度各向异性系数为 2.06。因此，从抗张强度的各向异性来看，自吸诱导裂缝也更易在平行层理方向产生。

### 8.3.5.4　页岩与砂岩自吸特征对比

目前大量的文献已经证明,砂岩、碳酸盐岩等传统岩石水相自吸并不会产生诱导裂缝,而页岩自吸后会产生诱导裂缝。前文自吸实验也证明在围压条件下页岩自吸也能产生大量微小诱导裂缝。Meng 等[52]通过自吸实验表明,砂岩、火山岩自吸后不会产生诱导裂缝,由于水相侵入,自吸后渗透率下降,而页岩自吸后产生了诱导裂缝且渗透率增加(图 8-83)。

图 8-83　去离子水自吸前后岩样对比(A-砂岩、B-火山岩、C-页岩;1-自吸前、2-自吸后)

目前的研究仅能宏观上分析页岩和传统岩石的差异,却未能系统解释其中的原因。将页岩孔隙特征分析、页岩自吸模型分析、页岩自吸诱导缝起裂分析结合起来,能够初步解释其中的机理。

页岩和砂岩的各项自吸特征对比如表 8-12 所示,碳酸盐岩和火山岩与砂岩均有类似之处,总结起来,页岩能够自吸产生诱导裂缝的机理如下:

(1)作用力方面,页岩孔喉致密、黏土含量高,毛管力和渗透压均远大于砂岩,故页岩自吸动力更强。

(2)页岩压裂液黏度低、用量大、缝网与地层接触面积大,故页岩自吸能力更强。

(3)破坏能力方面,页岩黏土孔隙比重高、层理发育,应力放大效应强,抗张强度低,页岩自吸起裂破坏的门槛更低。

(4)自吸结果方面,页岩自吸后能够沿层理及黏土孔产生自吸诱导缝,砂岩则不行,因此自吸后页岩能够改善渗透率,而砂岩则因为含水增加、黏土膨胀而渗透率降低。

**表 8-12　页岩和砂岩自吸特征对比**

| 对比项目 | 砂岩 | 页岩 | 机理分析 |
|---|---|---|---|
| 孔径直径 | 普通砂岩>2μm<br>致密砂岩 30nm～2μm | 1nm～1μm<br>(主体 1～100nm) | 页岩毛管力远大于砂岩 |
| 孔隙度/% | 6～30 | 2～10(一般<6) | 页岩半透膜效率更高 |
| 黏土含量/% | 1～20 | 10～50(本井 27.3) | 页岩渗透压高 |

续表

| 对比项目 | 砂岩 | 页岩 | 机理分析 |
|---|---|---|---|
| 孔隙类型 | 碎屑矿物孔为主 | 黏土孔、有机孔为主 | 页岩黏土孔隙含量高 |
| 孔隙形状 | 不规则多边形 | 黏土孔狭缝状 | 页岩孔隙长宽比更大，应力放大效应强 |
| 裂缝发育情况 | 中—低 | 中—高 | 促进页岩自吸 |
| 渗透率各向异性（层理及黏土孔） | 弱（黏土孔随机分布） | 中—强（黏土孔平行层理） | 页岩自吸流动与层理方向诱导破坏相互促进 |
| 岩石强度 | 中—高 | 中—低 | 页岩更易破坏 |
| 抗张强度各向异性 | 弱 | 强 | 页岩平行层理强度低 |
| 压裂液量/(m³/段) | 几十至几百 | >1000 | |
| 压裂液类型 | 冻胶（黏度高） | 滑溜水为主 + 线性胶（黏度低） | 页岩压裂液用量大、流动能力更强 |
| 压裂缝形态与面积 | 双翼缝（面积有限） | 缝网（接触面积大） | 页岩压裂后水相与地层接触面积更大 |

## 8.4　页岩压裂返排率预测与返排参数优化

自吸流动满足连续流动假设，在微观和宏观上规律一致，因此基于页岩的多孔孔隙自吸模型，通过尺度扩展，可以实现工程尺度的自吸分析。

### 8.4.1　页岩压裂返排率预测模型

#### 8.4.1.1　页岩压裂返排工艺流程

页岩压裂均采用水平井分段压裂，以桥塞分段为例，主要包括多簇射孔、压裂施工、泵送桥塞分段（图 8-84）。各段主压裂在射孔作业之后，主要包括以下过程：酸液预处理、前置液、携砂液、顶替、停泵，压裂完成后泵送桥塞分段，进入下一段的压裂施工。

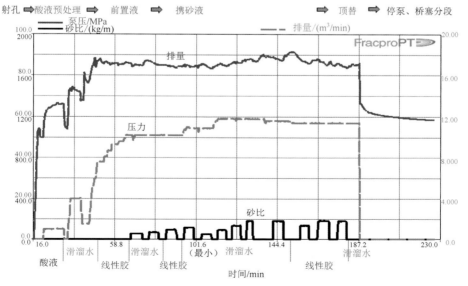

图 8-84　单段压裂施工流程

压裂施工的工作液中含有酸液、滑溜水、线性胶三种类型的液体。酸液主要对泥浆侵入区域进行解堵、对页岩钙质矿物进行化学损伤，降低地层破裂压力。酸液的用量远低于滑溜水和线性胶，对自吸流动影响较小，本书分析中暂不单独考虑。滑溜水和线性胶均是页岩压裂中所用的压裂液，均为传递水力作用，起到造缝、携砂等作用。两种压裂液在黏度等性能方面有所差异，在压裂造缝、携砂、滤失等施工调整中起到不同的作用，在压后进入地层的自吸特征也会不同。

压裂后返排投产包括：闷井、返排、生产三个阶段（图 8-85）。

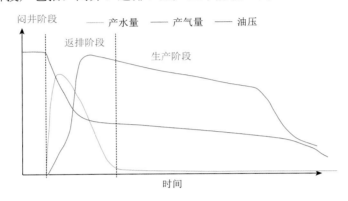

图 8-85　压裂后返排生产过程

压裂过程中向地层泵入大量的压裂液，在造缝外，起到携带支撑剂进入地层的作用。压裂施工结束后裂缝尚未闭合（动态裂缝），为防止支撑剂回流，需要在返排前进行一段时间的闷井。然后进行开井，在地层压力作用下将压裂液排出，即为返排阶段。随着返排的进行，地层含水降低，气相渗透率提高，产水量逐渐降低，产气量逐渐增加，进入稳定产气阶段，即生产阶段。

常规储层在防止支撑剂回流的情况下，为降低压裂液对地层的伤害作用，闷井时间尽可能降低。通过前文的对比研究发现，水相进入页岩基质后，能够产生诱导裂缝，改善地层物性，同时在气水置换作用下，降低缝内含水，对页岩气的生产有利。从这个角度出发，在保证支撑剂不回流的基础上，可以进一步增加闷井时间，调整地层自吸量，改善页岩气的生产动态。

页岩压裂为水平井多段压裂，压裂段数多，施工时间长，各段压裂液与地层作用的时间不同；在施工过程中涉及不同的压裂液类型，且存在用液量高、裂缝面积大的特点。对于现场井的自吸、返排率分析需要考虑以上实际情况。

### 8.4.1.2　实例井返排率计算

**1. 计算模型**

通过自吸量的计算，可以估算现场井的返排率，但分析尺度需要进行扩展。页岩自吸无论在孔隙微观尺度、室内岩心实验尺度，还是现场压裂井尺度，其流动规律一致[53]，区别仅在于自吸面积的不同。无论是何尺度，自吸模型［式（8-79）］可以改写为以下形式：

$$V_{im} = A_f(\phi_{to}C_{imo}t^{m_o} + \phi_{tb}C_{imb}t^{m_b} + \phi_{tc}C_{imc}t^{m_c}) \tag{8-101}$$

由于页岩多重孔隙的时间指数实际相差不大，可以认为时间指数不变，此时时间指数和自吸系数相当于平均值：

$$V_{im} = A_f\phi\bar{C}_{imL}t^{\bar{m}} \tag{8-102}$$

室内实验测试通过自吸量与时间的双对数曲线，即可拟合计算出平均时间指数 $\bar{m}$ 和平均自吸系数 $\bar{C}_{imL}$：

$$\ln V_{im} = I_{inter} + S_{slope}\ln t \tag{8-103}$$

$$\begin{cases} \bar{m} = S_{slope} \\ \bar{C}_{imL} = e^{I_{inter}}/(A_f\phi) \end{cases} \tag{8-104}$$

式中，$I_{inter}$ 为双对数曲线的截距，无因次；$S_{slope}$ 为双对数曲线的斜率，无因次。

室内实验方法基于具体的岩样分析结果，而理论模型则不受具体岩样的影响，在参数分析优化方面具有更好的适应性。

**2. 压裂缝面积 $A_f$**

对于现场压裂井，其关键在于压裂缝面积 $A_f$ 的确定。压裂缝面积可以通过微地震监测、压降分析、物质平衡法进行估算。

（1）压降分析法[54]：

$$A_f = \frac{1262T}{\sqrt{\phi_t k_m \mu_g c_t}}\frac{1}{m_4} \tag{8-105}$$

式中，$k_m$ 为页岩基质渗透率，mD；$\mu_g$ 为气体黏度，mPa·s；$c_t$ 为基质岩石压缩系数，MPa$^{-1}$；$m_4$ 为标准化压力（$|m(p_i) - m(p_{vf})|/q_g$）与时间平方根关系曲线的斜率。

（2）物质平衡法：

$$A_f = 2\frac{V_{inj} - V_{leak}}{w_f} \tag{8-106}$$

式中，$V_{inj}$ 为累计注入液量，m$^3$；$V_{leak}$ 为滤失液量，m$^3$，可通过压降数据获取，通常页岩储层滤失比例可占 10%～40%，霍恩河（Horn River）页岩估算的滤失比例达 30%[55, 56]；$w_f$ 为平均裂缝宽度，m。

（3）返排液矿化度分析法。压裂缝的缝宽通过常规方法较难获取，微地震、压降分析等均无法反映缝宽参数，Zolfaghari 等[57]根据压裂液返排的矿化度剖面提出了一种化学分析方法，该方法根据离子扩散的 Fick 方程及压裂液物质平衡建立，结果表明返排矿化度曲线能够反映缝宽分布。基于返排率与矿化度曲线，通过微分计算可得缝宽的密度分布函数：

$$f(w_f) = \frac{C_f^2 L_m}{2DC_{sh}\Delta t}\frac{dN_w}{dC_f} \tag{8-107}$$

式中，$\Delta t$ 为返排曲线离散单元时间，s；$N_w$ 为压裂后压裂液的无因次返排液量（阶段返排液量/累计返排液量），%；$L_m$ 为离子扩散特征长度，m；$D$ 为离子扩散系数，m$^2$/s；$C_f$

为压裂液的离子浓度，mol/L；$C_{sh}$ 为储层中溶液的离子浓度，mol/L。

通过该缝宽度分布函数，可求得平均缝宽，根据式（8-106）可计算各段裂缝面积。

**3. 自吸量计算**

页岩均通过水平井分段压裂开发，考虑到页岩水平井分段数较多（通常 10～20 段），施工时间较长，通常一天仅施工 1～2 段，端部与趾部压裂段时间间隔较大，因此自吸量计算需考虑时间差异。自吸过程可以分为 2 个阶段，第 1 个阶段为施工阶段，各段自吸时间不同；第 2 个阶段为闷井阶段，所有段的自吸时间相同，均为闷井时间。

施工阶段，段与段之间桥塞封隔，各段自吸独立，施工阶段总自吸量 $V_{im1}$ 为

$$V_{im1} = \sum_{i=1}^{n} V_{imf,i} = \sum_{i=1}^{n} A_f \left( \phi_{to} C_{imo} t_{f,i}^{m_o} + \phi_{tb} C_{imb} t_{f,i}^{m_b} + \phi_{tc} C_{imc} t_{f,i}^{m_c} \right) \tag{8-108}$$

闷井阶段，段间的桥塞已被钻通，自吸量 $V_{im2}$ 为

$$V_{im2} = n A_f \left( \phi_{to} C_{imo} t_{shut}^{m_o} + \phi_{tb} C_{imb} t_{shut}^{m_b} + \phi_{tc} C_{imc} t_{shut}^{m_c} \right) \tag{8-109}$$

则总自吸量 $V_{im}$ 为

$$V_{im} = V_{im1} + V_{im2} \tag{8-110}$$

式中，$V_{imf,i}$、$V_{im1}$、$V_{im2}$ 分别为施工阶段第 $i$ 段的自吸量、施工阶段单井总自吸量、闷井阶段单井总自吸量，$m^3$；$t_{f,i}$ 为施工阶段第 $i$ 段的自吸时间，为从第 $i$ 段施工结束到整个水平井压裂施工结束的时间段，s；$t_{shut}$ 为闷井时间，s；$n$ 为总压裂段数，段。

**4. 返排率 $N_{fb}$ 估算**

在毛管力和渗透压作用下，水相自吸进入页岩基质，而页岩初始含水饱和度较低，通常处于欠饱和含水状态，故假设自吸后水相处于束缚状态，没有排出。根据累计注入量、地层自吸量，即可估算出单井的返排率 $N_{fb}$：

$$N_{fb} = \frac{V_{inj} - V_{im}}{V_{inj}} \tag{8-111}$$

## 8.4.2 页岩压裂返排参数优化

### 8.4.2.1 储层及压裂施工基本参数

仍以该研究工区的某压裂井为例，压裂施工基本参数见表 8-13。其中返排液的主要离子成分为 $Na^+$、$Cl^-$，因此返排液离子扩散系数近似取 NaCl 的数值 $1.484 \times 10^{-9} m^2/s$[57]。

表 8-13 计算基础参数

| 参数项 | 数值 | 参数项 | 数值 |
|---|---|---|---|
| 压裂段数 | 16 | 压裂施工时间/d | 16 |
| 累计注入液量 $V_{inj}/m^3$ | 27740 | 平均单段液量 $V_{injfr}/m^3$ | 1733.75 |
| 滑溜水/线性胶液量比 | 7:3 | 基质 $Cl^-$ 矿化度/ppm | 15291.8 |
| 离散单元时间 $\Delta t$ /d | 1 | 扩散系数/($m^2/s$) | $1.484 \times 10^{-9}$ |

### 8.4.2.2　压裂液基本物性参数

实验测试了常用的滑溜水、破胶液、线性胶的液体性能（表 8-14）。表面润湿性通过 KRUSS DSA30S 界面参数一体测量系统进行测试，表面张力通过美国科诺公司 A201 型号全自动表面张力测定仪进行测试，液体黏度通过 ZNN-D6B 型电动六速黏度计进行测试。

**表 8-14　不同类型液体的基本性能参数对比**

| 液体类型 | 接触角/(°) | 黏度/(mPa·s) | 表面张力/(mN/m) | 矿化度/(mol/L) | 密度/(g/cm³) |
|---|---|---|---|---|---|
| 滑溜水 | 42.4 | 7 | 35.34 | 0 | 1 |
| 线性胶 | 41.4 | 52.5 | 33.12 | 0 | 1.004 |
| 破胶液 | 42.8 | 14 | 25.32 | 0 | 1.004 |

### 8.4.2.3　裂缝面积计算

根据现场返排液量与 Cl⁻ 数据，将返排液量无因次处理（无因次返排液量为返排液量与累计返排液量之比），插值处理得到返排 Cl⁻ 分布曲线（图 8-86）。

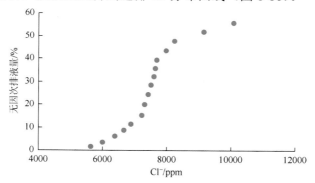

图 8-86　无因次排液量与 Cl⁻ 数据

基于以上数据，根据相关计算方法[57]即可得到裂缝缝宽（动态缝宽）的频率分布，其计算结果依赖于特征长度的取值。特征长度表征从裂缝中间点到能够产生返排 Cl⁻ 梯度的基质点的有效距离；通过自吸长度计算，在 10～20d 范围内自吸长度在几厘米至十几厘米之间，即估算特征值可取 0.1～0.2m（图 8-87）。

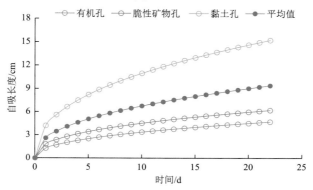

图 8-87　滑溜水自吸长度与自吸时间的关系

在特征长度为 0.1m 时，缝宽主要为 3.54～6.2mm，平均缝宽为 4.72mm；特征长度为 0.2m 时，缝宽主要为 1.8～3.0mm，平均缝宽为 2.36mm（图 8-88）。根据缝宽的计算结果，结合滤失量，可计算出裂缝面积（图 8-89）。在滤失量为 30%，缝宽分别为 2.36mm、4.72mm 时，裂缝面积分别为 $121.4 \times 10^4 \text{m}^2$、$80.9 \times 10^4 \text{m}^2$。

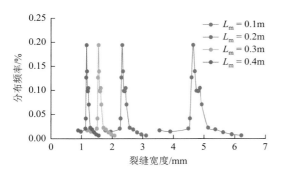 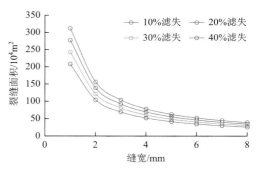

图 8-88　裂缝宽度-频率分布　　　　　　　图 8-89　裂缝面积计算结果

### 8.4.2.4　自吸量计算

单段压裂施工结束后，在地层高温作用下，实际加入的线性胶会逐渐破胶转化为破胶液，因此计算时可以考虑为滑溜水和破胶液。定义自吸率 $N_{\text{loss}}$ 为自吸量与有效造缝液量之比：

$$N_{\text{loss}} = \frac{V_{\text{im}}}{V_{\text{inj}} - V_{\text{leak}}} \tag{8-112}$$

已知线性胶用量为 30%，即返排自吸分析时考虑破胶液占比 30%、滑溜水占比 70%，在考虑 30%滤失时，通过式（8-112）即可计算单段自吸量和自吸率。

从分析结果来看（图 8-90），4mm 缝宽时，缝内完全为滑溜水时总共需 20d 即可全部自吸，而完全为破胶液时需要 45d。即仅考虑单段时，按 7∶3 加权计算共计需要 27.5d 使得自吸率达到 100%。

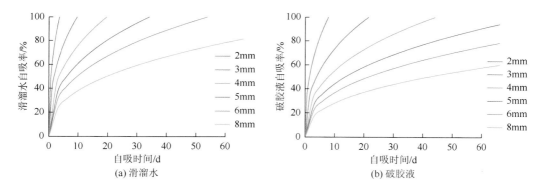

图 8-90　单重压裂液作用时单段自吸率对比

### 8.4.2.5　返排率计算

同理，采用式（8-101）即可计算单段、各压裂液返排率随自吸时间的变化关系（图 8-91）。

与图 8-90 结果对应，4mm 缝宽时，单独考虑单种液体作用时，滑溜水自吸 20d 后返排率即为零，而线性胶（进入高温地层后逐渐转变为破胶液）的返排率在 45d 后为零。同理按7：3 加权计算，即单段累计自吸时间（施工时间＋闷井时间）达到 27.5d 时，返排率接近于零。根据图 8-90 中的滑溜水、破胶液自吸参数，考虑液体比例、单段施工时间、闷井时间，即可叠加得到单井总的自吸率和返排率。

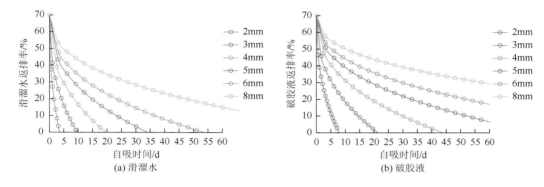

图 8-91　单种压裂液作用时单段返排率对比

页岩自吸的影响因素可以分为地质因素和工程因素，地质因素包括矿物组分、孔隙类型、孔隙尺寸、孔隙形态、分形特征等，工程因素包括自吸时间、压裂缝面积、自吸流体性质。在 8.2.4 节中已通过自吸系数分析了以上因素的影响规律，这里进一步进行工程尺度的参数优化。通过前文研究已知水相自吸对页岩基质物性的改善有利，改善程度与自吸量呈正相关，这里优化三个方面的工程参数。

**1. 闷井时间**

当自吸率 $N_{loss}$ 达到 100%时，说明裂缝中的压裂液完全自吸进入页岩基质，若要通过闷井达到水相全部自吸，则 $N_{loss}$ 达到 100%的时间即是需要的自吸时间。所需自吸时间减去压裂施工的时间即合理闷井时间。

仍以上节计算参数为例，在 4mm 缝宽、裂缝面积为 $42.48 \times 10^4 \mathrm{m}^2$ 时，结果如图 8-92所示，增加闷井时间，即增加自吸时间，在初始时自吸速率更快，后期自吸速率更慢。

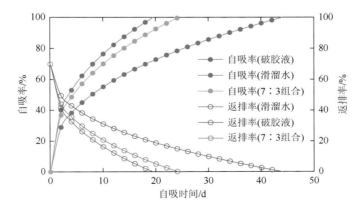

图 8-92　不同自吸时间下自吸率与返排率

　　该井一共 16 段，压裂施工 16d，各段施工间隔平均为 1d，压裂施工中损失的液量为滤失量，施工结束后各段的自吸量如图 8-93 所示，端部的第 1 段自吸量最高，趾部的最后 1 段尚未自吸。单井总液量为 27740m³，施工阶段总自吸量为 7811.7m³，闷井阶段平均单段所需自吸量为 725.39m³，即闷井阶段所需自吸率为 85.4%，根据图 8-93 可确定合理闷井时间为 17d。

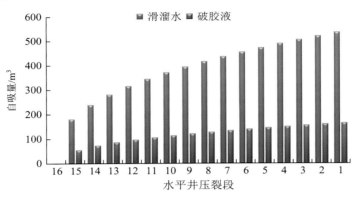

图 8-93　施工阶段水平井各压裂段的自吸量

**2. 压裂缝面积**

　　页岩储层致密，体积压裂设计本身致力于打碎地层，提高 SRV，增加地层气体产出的流动通道。在自吸分析时，压裂缝面积也是关键影响参数，如图 8-94 所示，随着压裂缝面积的增加，使得自吸率达到 100% 所需的自吸时间快速降低，所需时间与压裂缝面积的关系为

$$t = \left( \frac{V_{im}}{\phi_t C_{imL}} \frac{1}{A_f} \right)^{\frac{1}{\overline{m}}} \tag{8-113}$$

　　由于 $0 < \overline{m} < 0.5$，$1/\overline{m} > 2$，所需自吸时间与压裂缝面积呈幂函数降低关系。当压裂缝面积低于 $42.48 \times 10^4 m^2$ 时，自吸效率较低。因此从增强自吸能力的角度，应该优化设计压裂施工参数，增加压裂缝面积，此目标与页岩压裂增加泄气区域的出发点一致。

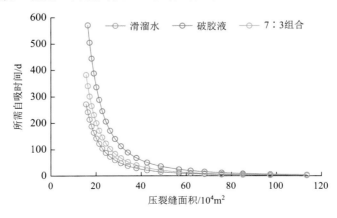

图 8-94　不同压裂缝面积下所需自吸时间

### 3. 压裂液性能参数

水相流体的性能参数（包括润湿性、表面张力、黏度、矿化度）差异，均会造成自吸能力的不同。从图 8-92 和图 8-94 即可以看出，滑溜水和破胶液的自吸能力有显著差异，滑溜水自吸能力明显强于破胶液，对不同的压裂液，其所需的闷井时间也明显不同。

表 8-15 列举了常用的各项液体的基本性能参数，通过自吸模型［式（8-79）］和式（8-102）计算自吸系数，对比可知（图 8-95），在自吸能力方面，蒸馏水＞2%KCl＞滑溜水＞破胶液＞线性胶＞煤油。这是不同液体体系的润湿性、表面张力、矿化度、黏度等各个参数差异的综合结果，反映在毛管力、渗透压、黏滞阻力的不同。在考虑自吸量与自吸时间存在时间指数的关系时，不同液体的自吸差异会更加明显，同时诱导微裂缝的作用也会进一步增加该差异。

**表 8-15　不同液体类型性能参数对比**

| 液体类型 | 接触角/(°) | 黏度/(mPa·s) | 表面张力/(mN/m) | 矿化度/(mol/L) | 密度/(g/cm³) | 自吸系数/(cm³/s^{DT}) | 自吸系数对比 |
| --- | --- | --- | --- | --- | --- | --- | --- |
| 蒸馏水 | 28.7 | 1 | 74.1 | 0 | 1 | 0.01562 | 6.21 $C_{inoil}$ |
| 滑溜水 | 42.4 | 7 | 35.34 | 0 | 1 | 0.00590 | 2.34 $C_{inoil}$ |
| 线性胶 | 41.4 | 52.5 | 33.12 | 0 | 1.004 | 0.00261 | 1.04 $C_{inoil}$ |
| 破胶液 | 42.8 | 14 | 25.32 | 0 | 1.004 | 0.00353 | 1.40 $C_{inoil}$ |
| 2%KCl 溶液 | 22.3 | 1 | 62.8 | 0.26 | 1.015 | 0.0086 | 3.24 $C_{inoil}$ |
| 煤油 | 3.9 | 3 | 27.4 | — | 0.8 | 0.00252 | 1 $C_{inoil}$ |

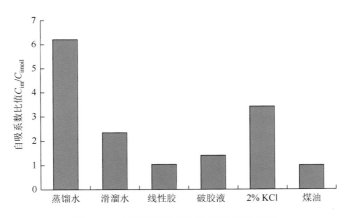

图 8-95　不同类型液体的自吸系数对比

蒸馏水黏度低、表面张力高、润湿性较好、矿化度为零，即毛管力、渗透压均高、黏滞阻力小，因此自吸系数最高。三种压裂液的润湿性均比蒸馏水低，黏度更高，表面张力更低，因此自吸能力比蒸馏水低。三种压裂液的润湿性、矿化度相当，主要区别体现在黏度和表面张力上，滑溜水黏度最低，表面张力略高，因此，自吸能力更强。破胶液由于黏度降低，自吸能力大于线性胶。

黏度、表面张力、润湿性、矿化度的单因素影响规律在前面已有大量论述，从结论来看，要增加自吸，可以从降低压裂液黏度、增加表面张力、改善润湿性、降低矿化度几个方面对压裂液的配方进行调整。这与传统砂岩地层压裂液追求降低表面张力、降低水润湿性、增加交换离子矿化度的思路相反，这是因为砂岩追求快速返排，降低伤害。而页岩在降低高分子等伤害的同时，应增加自吸、降低压裂液返排率。

由于清水本身具有低黏度、高表面张力、良好润湿性的基本特征，更利于水相自吸进入页岩。因此压裂液体系的优化，在满足压裂施工条件的基础上，应尽量采取清水、滑溜水等高自吸能力的体系。此类液体成分简单，增加自吸的同时能够减少添加剂和高分子等对地层物性的伤害。

对于矿化度的影响分析，低矿化度增加渗透压、增加自吸的同时也会引起黏土膨胀，对于页岩基础同时存在诱导微裂缝的有利作用，但也存在膨胀后充填微裂缝和部分孔隙的伤害作用，对于黏土膨胀对页岩物性的综合效应尚需要进一步研究。

# 参 考 文 献

[1] Chen Q，Zhang J，Tang X，et al. Relationship between pore type and pore size of marine shale: an example from the Sinian-Cambrian formation，upper Yangtze region，South China[J]. International Journal of Coal Geology，2016，158：13-28.

[2] Kuila U，Prasad M. Specific surface area and pore-size distribution in clays and shales[J]. Geophysical Prospecting，2013，61（2）：341-362.

[3] Krohn C E. Fractal measurements of sandstones，shales，and carbonates[J]. Journal of Geophysical Research Solid Earth，1988，93（B4）：3297-3305.

[4] Li K. More general capillary pressure and relative permeability models from fractal geometry[J]. Journal of Contaminant Hydrology，2010，111（1-4）：13-24.

[5] Pfeifer P，Cole M W. Fractal BET and FHH theories of adsorption: a comparative study[J]. Proceedings of the Royal Society of London，A：Mathematical and Physical Sciences，1989，423（1864）：169-188.

[6] Chalmers G，Bustin M. The effects and distribution of moisture in gas shale reservoir systems[C]. AAPG Annual Convention and Exhibition，New Orleans，Louisiana，USA，2010.

[7] Ruppert L F，Sakurovs R，Blach T P，et al. A USANS/SANS study of the accessibility of pores in the Barnett Shale to methane and water[J]. Energy & Fuels，2013，27（2）：772-779.

[8] Vandenbroucke M，Largeau C. Kerogen origin，evolution and structure[J]. Organic Geochemistry，2007，38（5）：719-833.

[9] Mokhtari M，Alqahtani A A，Tutuncu A N，et al. Stress-dependent permeability anisotropy and wettability of shale resources[C]. Unconventional Resources Technology Conference，Denver，Colorado，USA，URTEC 1555068，2013.

[10] Cassie A B D，Baxter S. Wettability of porous surfaces[J]. Transactions of the Faraday Society，1944，40：546-551.

[11] 王玉满，董大忠，杨桦，等. 川南下志留统龙马溪组页岩储集空间定量表征[J]. 中国科学：地球科学，2014（6）：1348-1356.

[12] 王玉满，黄金亮，李新景，等. 四川盆地下志留统龙马溪组页岩裂缝孔隙定量表征[J]. 天然气工业，2015（9）：8-15.

[13] Fritz S J. Ideality of clay membranes in osmotic processes: a review[J]. Clays & Clay Minerals，1986，34（2）：214-223.

[14] Cey B D，Barbour S L，Hendry M J. Osmotic flow through a Cretaceous clay in southern Saskatchewan，Canada[J]. Canadian Geotechnical Journal，2001，38（5）：1025-1033.

[15] Wang J，Rahman S S. Investigation of water leakoff considering the component variation and gas entrapment in shale during hydraulic-fracturing stimulation[J]. SPE Reservoir Evaluation & Engineering，2016，19（3）：511-519.

[16] Tchistiakov A A. Collid chemistry of in-situ clay-induced formation damage[C]. SPE International Symposium on Formation Damage Control，Lafayette，Louisiana，SPE 58747，2000.

[17] Johnston C T，Tombácz E，Dixon J B，et al. Surface chemistry of soil minerals[J]. 1989，363（6431）：37-67.

[18]　Wendell M I，Fritz S J. Osmotic model to explain anomalous hydraulic heads[J]. Water Resources Research，1981，17（1）：73-82.

[19]　Rahman M M，Chen Z，Rahman S S. Experimental investigation of shale membrane behavior under tri-axial condition[J]. Petroleum Science & Technology，2005，23（23）：1265-1282.

[20]　Javadpour F，McClure M，Naraghi M E. Slip-corrected liquid permeability and its effect on hydraulic fracturing and fluid loss in shale[J]. Fuel，2015，160：549-559.

[21]　Bocquet L，Charlaix E. Nanofluidics，from bulk to interfaces[J]. Chemical Society Reviews，2010，39（39）：1073-1095.

[22]　Sparreboom W，Berg A V D，Eijkel J C T. Transport in nanofluidic systems：a review of theory and applications[J]. New Journal of Physics，2010，12（3）：338-346.

[23]　李战华，郑旭. 微纳米尺度流动实验研究的问题与进展[J]. 实验流体力学，2014（3）：1-11.

[24]　Navier C L M H. Memoire sur les Lois du mouvement des fluides[J]. Mem.Acad. Sci. Inst. Fr.，1823，6：389-416.

[25]　Huang D M，Sendner C，Horinek D，et al. Water slippage versus contact angle：a quasiuniversal relationship[J]. Physical Review Letters，2008，101（101）：226101.

[26]　Wu K，Chen Z，Xu J，et al. A universal model of water flow through nanopores in unconventional reservoirs：relationships between slip，wettability and viscosity[C]. SPE Annual Technical Conference and Exhibition，Dubai，UAE，SPE 181543，2016.

[27]　Mandelbrot B B，Wheeler J A. The Fractal Geometry of Nature[M]. New York：Birkhauser Verlag A G，1983.

[28]　郁伯铭. 分形多孔介质输运物理[M]. 北京：科学出版社，2014.

[29]　Yu B M，Cai J C，Zou M Q. On the physical properties of apparent two-phase fractal porous media[J]. Vadose Zone Journal，2009，8（1）：177-186.

[30]　Wheatcraft S W，Tyler S W. An explanation of scale-dependent dispersivity in heterogeneous aquifers using concepts of fractal geometry[J]. Water Resources Research，1988，24（4）：566-578.

[31]　Yu B，Cheng P. A fractal permeability model for bi-dispersed porous media[J]. International Journal of Heat and Mass Transfer，2002，45（14）：2983-2993.

[32]　Yu B. Fractal character for tortuous streamtubes in porous media[J]. Chinese Physics Letters，2005，22（1）：158-160.

[33]　员美娟. 多孔介质中流体的若干流动特性研究[D]. 武汉：华中科技大学，2008.

[34]　Ghanbarian B，Hunt A G，Ewing R P，et al. Tortuosity in porous media：a critical review[J]. Soil Science Society of America Journal，2013，77（5）：1461-1477.

[35]　Yu B，Li J. A geometry model for tortuosity of flow path in porous media[J]. Chinese Physics Letters，2004，21（8）：1569.

[36]　Carman P C. Fluid flow through granular beds[J]. Institution of Chemical Engineers，1937，15：150-166.

[37]　Hager J，Hermansson M，Wimmerstedt R. Modelling steam drying of a single porous ceramic sphere：experiments and simulations[J]. Chemical Engineering Science，1997，52（8）：1253-1264.

[38]　Choi C，Westin J，Breuer K. Apparent slip in hydrophilic and hydrophobic microchannels[J]. Physics of Fluids，2003，15（10）：2897-2902.

[39]　何颂根. 页岩多重孔隙水相自吸作用模型研究[D]. 成都：西南石油大学，2017.

[40]　张晗. 页岩自吸作用行为实验研究[D]. 成都：西南石油大学，2017.

[41]　Schön J H. Physical Properties of Rocks：A Workbook，Handbook of Petroleum Exploration and Production [M]. Amsterdam：Elsevier，2011.

[42]　Li K，Zhao H. Fractal prediction model of spontaneous imbibition rate[J]. Transport in Porous Media，2012，91（2）：363-376.

[43]　蔡建超，郁伯铭. 多孔介质自发渗吸研究进展[J]. 力学进展，2012（6）：735-754.

[44]　Yang L，Ge H，Shi X，et al. The effect of microstructure and rock mineralogy on water imbibition characteristics in tight reservoirs[J]. Journal of Natural Gas Science and Engineering，2016，34：1461-1471

[45]　Singh H. A critical review of water uptake by shales[J]. Journal of Natural Gas Science and Engineering，2016，34：751-766.

[46]　Ghanbari E，Dehghanpour H. Impact of rock fabric on water imbibition and salt diffusion in gas shales[J]. International Journal of Coal Geology，2015，138：55-67.

[47]　Jaeger J C, Cook N G W, Zimmerman R. Fundamentals of Rock Mechanics[M]. 4th Edition. New Jersey: Wiley-Blackwell, 2007.

[48]　Özkaya I. A simple analysis of oil-induced fracturing in sedimentary rocks[J]. Marine & Petroleum Geology, 1988, 5(3): 293-297.

[49]　Lash G G, Engelder T. An analysis of horizontal microcracking during catagenesis: example from the Catskill delta complex[J]. Aapg Bulletin, 2005, 89 (11): 1433-1449.

[50]　Cho J W, Kim H, Jeon S, et al. Deformation and strength anisotropy of Asan gneiss, Boryeong shale, and Yeoncheon schist[J]. International Journal of Rock Mechanics & Mining Sciences, 2012, 50 (2): 158-169.

[51]　侯鹏, 高峰, 杨玉贵, 等. 黑色页岩巴西劈裂破坏的层理效应研究及能量分析[J]. 岩土工程学报, 2016 (5): 930-937.

[52]　Meng M, Ge H, Ji W, et al. Investigation on the variation of shale permeability with spontaneous imbibition time: Sandstones and volcanic rocks as comparative study[J]. Journal of Natural Gas Science and Engineering, 2015, 27: 1546-1554.

[53]　Makhanov K, Habibi A, Dehghanpour H, et al. Liquid uptake of gas shales: a workflow to estimate water loss during shut-in periods after fracturing operations[J]. Journal of Unconventional Oil and Gas Resources, 2014, 7: 22-32.

[54]　Bello R O. Rate transient analysis in shale gas reservoirs with transient linear behavior[D]. Texas: A&M University, 2009.

[55]　Bai M, Green S, Suarez-Rivera R. Effect of leakoff variation on fracturing efficiency for tight shale gas reservoirs[C]. The 40th U.S. Symposium on Rock Mechanics, Anchorage, Alaska, USA. 2005. ARMA-05-697.

[56]　Rogers S, Elmo D, Dunphy R, et al. Understanding hydraulic fracture geometry and interactions in the horn river basin through DFN and numerical modeling[J]. International Journal of Sports Medicine, 2010, 31 (7): 458-462.

[57]　Zolfaghari A, Dehghanpour H, Ghanbari E, et al. Fracture characterization using flowback salt-concentration transient[J]. SPE Journal, 2016, 12 (2): 233-244.